有色金属提取冶金手册

锡 锑 汞

《有色金属提取冶金手册》编辑委员会 编

本卷主编 赵天从 汪 键

北 京
冶金工业出版社
2009

内 容 提 要

本书是《有色金属提取冶金手册》第四卷，分为三篇。第一篇锡冶金着重介绍以锡精矿还原熔炼为中心的生产系统，包括锡精矿的炼前处理及各种熔炼方法、锡的精炼、副产品处理与伴生金属的综合回收，其中锡提取冶金各类工艺流程全面反映了当前国内外锡冶金的生产概况与科研成果。

第二篇锑冶金着重介绍现代生产广泛应用的硫化锑精矿挥发焙烧，挥发熔炼，氧化锑矿的还原熔炼，粗锑精炼及锑白生产。

第三篇汞冶金着重介绍汞冶金的四个主要流程(高炉、重选-浮选-蒸馏法、沸腾炉及湿法炼汞)，汞炱处理，汞精炼，三废处理及汞毒防治。

本书适用于从事锡、锑、汞冶金的科研、生产、设计、教学人员及高校有色冶金专业高年级学生、研究生，也可供生产管理人员参考。

图书在版编目(CIP)数据

有色金属提取冶金手册．锡锑汞/《有色金属提取冶金手册》编辑委员会编．—北京：冶金工业出版社，1999.3(2009.5重印)
ISBN 978-7-5024-2285-1

Ⅰ.有…　Ⅱ.有…　Ⅲ.①有色金属冶金—提取冶金—技术手册　②锡矿物—提取冶金—技术手册　③锑矿物—提取冶金—技术手册　④汞矿物—提取冶金—技术手册　Ⅳ.TF8-62

中国版本图书馆CIP数据核字(2009)第065775号

出 版 人　曹胜利
地　　址　北京北河沿大街嵩祝院北巷39号，邮编100009
电　　话　(010)64027926　电子信箱　postmaster@cnmip.com.cn
责任编辑　刁传仁　谭学余　美术编辑　李　新
责任校对　侯　瑂　责任印制　牛晓波
ISBN 978-7-5024-2285-1
北京百善印刷厂印刷；冶金工业出版社发行；各地新华书店经销
1999年3月第1版，2009年5月第3次印刷
850mm×1168mm　1/32；16.5印张；439千字；505页；2501-3500册
69.00元
冶金工业出版社发行部　电话：(010)64044283　传真：(010)64027893
冶金书店　地址：北京东四西大街46号(100711)　电话：(010)65289081
(本书如有印装质量问题，本社发行部负责退换)

《有色金属提取冶金手册》
编辑委员会

总 序 言

《有色金属提取冶金手册》是为有色金属工作者编写的一套较全面的工具书和参考书。凡从事有色金属提取冶金方面的生产、科研、设计、情报等科技人员都可从中找到简明扼要的现代资料。这套手册也可作为有色冶金专业教师、研究生及高年级学生的辅助教材，并可供需要了解有色冶金历史、现状及今后发展动向的企业经营管理人员参考。在不大的篇幅内系统介绍各种主要有色金属的生产是本手册的特点。

这套手册介绍了10种重金属、2种轻金属、9种稀有高熔点金属、全部稀土金属及金银铂钯等贵金属的发展史略，介绍了与这些金属提取冶金有关的物理化学、工业矿物原料、冶炼和精炼方法、工艺技术参数、现代化生产设备、有色金属提取冶金的能源与节能等，内容叙述详略适当，数据翔实可靠。

这套手册的编写人员主要为中南工业大学有色冶金系的教授和副教授，各卷的书名及其主编人如下：

有色金属总论	赵天从　何福煦
铜镍钴	夏忠让
锌镉铅铋	彭容秋
锡锑汞	赵天从　汪　键
铝	杨重愚　龙远志　杨济民
镁	徐日瑶
钨钼铼钛锆铪钽铌钒	李洪桂　莫似浩　林振汉　钟海云　赵秦生
稀土金属	潘叶金
贵金属	卢宜源　宾万达
现代化设备	陈文修　梅　炽
能源与节能	唐帛铭

在收集素材的过程中得到了校内外不少同志的大力支持，在此一并致谢。

《有色金属提取冶金手册》编辑委员会

1990年10月

本卷序言

锡、锑、汞都是我国的丰产金属，其生产历史悠久，提取技术居世界领先地位。这三种金属既有不少类似，又各具特色，由本书汇成一卷可收到融会贯通之效。本书的编写重点为生产技术及有关数据，也有必要的基础理论知识的阐述。本书取材着重于国内的生产实践与科研成果，同时兼容并蓄世界各国有关的技术资料。

本卷分为三篇。第一篇锡冶金，由汪键编写，第二篇锑冶金，由赵天从编写，第三篇汞冶金，由江开忠编写。

由于笔者水平有限，书中难免存在缺点和错误，恳请读者批评指正。

编　者

1998 年 2 月

目录

第二篇　锑冶金

第三篇 汞冶金

第一篇 锡冶金

第一章 锡及其化合物的性质[1~7]

锡是化学元素周期表中第Ⅳ族元素，原子序数为 50，相对原子质量为 118.69，有 10 种自然同位素。人工制成的锡放射性同位素有 10 种，其中 Sn^{113}，Sn^{119}和 Sn^{123}较适合于作示踪原子。

锡的原子价有 2 价和 4 价。锡的 2 价化合物没有 4 价化合物稳定，2 价化合物有时可作为还原剂使用。

锡绝对无毒，锡的化合物也很少有毒，故锡大量用于食物贮存器。

第一节 锡的物理性质

一、锡的外观特性

常温下锡为银白色，有金属光泽。浇铸温度高于 500℃时，锡锭表面生成氧化物膜，呈珍珠色；浇铸温度越低，表面越暗；少量铅、砷、锑等杂质的存在可改变锡的表面结晶形状，并使其变暗，利用此性质可判断锡的纯度。

锡条或锡片弯曲时，因孪生晶体间摩擦而发生响声，称为“锡鸣”。

二、锡的同素异形体

锡有三种同素异形体：灰锡（α-Sn）、白锡（β-Sn）和脆锡（γ-Sn），其转变情况见表 1-1-1。常见的是白锡。

白锡转变为灰锡因体积增大而碎成灰末，称为锡疫。灰锡出现时先呈分散的小瘤，然后破碎为粉末，逐渐布满整个表面，粉

表 1-1-1　锡的同素异形体的转变温度与特征[1,5]

项　目	同素异形体						
转变温度	灰锡	$\overset{18℃}{\rightleftharpoons}$	白锡	$\overset{161℃}{\rightleftharpoons}$	脆锡	$\overset{232℃}{\rightleftharpoons}$	液态锡
晶体结构	等轴晶系		正方晶系		斜方晶系		
密度/$g \cdot cm^{-3}$	5.85		7.5		6.55		6.988
外观特征	粉状		块状，有展性		脆性		
光谱揭示	Sn（Ⅳ）		Sn（Ⅱ）				

末的接触作用又加速此转变，最后全部成为粉末。白锡转变为灰锡的速度与温度、杂质含量及晶种的存在等因素有关。温度对灰锡小瘤长大线速度的影响见图 1-1-1，最大速度在－30℃附近。杂质及其他因素对这种转变的影响见表 1-1-2。为了避免锡疫，锡的贮存温度不应低于 10℃。灰锡重熔可再转变为白锡，但氧化损失大；重熔时加入松香、氯化铵可减少损失。

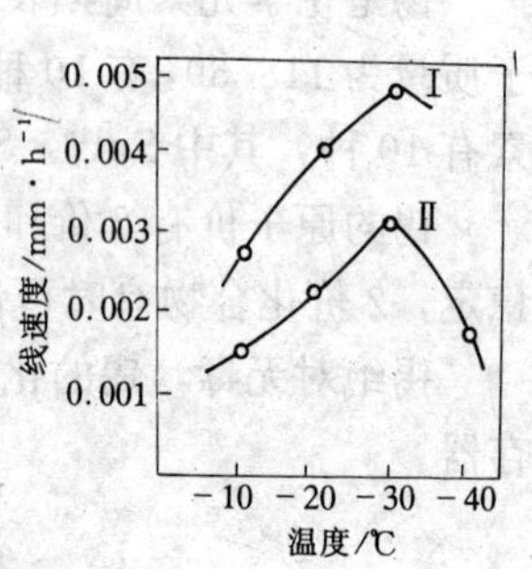

图 1-1-1　灰锡长大速度与温度的关系[1]

表 1-1-2　杂质及其他因素对白锡转变为灰锡的影响（－10℃）[1]

杂质对减慢转变的影响	杂质及其含量/%	无	1Pb	2Cd	0.1Bi	0.1Pb	0.5Bi
	转变速度/$mm \cdot h^{-1}$	0.02	0.00075	0.00095	0.0002	0.0001	无转变
加速转变的因素	1. 灰锡晶种感染白锡；2. 锡受压力加工；3. 用酸及 HCl，Cl_2，SO_2 等气体侵蚀白锡表面使之疏松						

白锡的展性仅次于金、银、铜，易制成厚0.04mm锡箔。其展性随温度而变，在100℃附近最大，200℃时失去展性。

白锡的延性差，不能拉丝。

白锡的莫氏硬度为3.75，比金软，比铅硬，杂质金属（如Fe，Cu，As，Sb等）能增加其硬度。

三、锡的物理常数

不同温度下，锡的密度，热导率、表面张力、粘度，电导率列于表1-1-3。锡的热力学数据列于表1-1-4。

表1-1-3　锡的某些物理常数[5]

温度/℃	密　度/g·cm^{-3}	热导率/W·$(m·K)^{-1}$	表面张力/N·mm^{-1}	粘度/mPa·s	电导率/S·m^{-1}
-170		382			
0		62.8			α约3×10^{10}，β11.0×10^{8}
13	α 5.77				
18	β 7.29				
20		59.9[6]			
100		60.7			15.5×10^{8}
200		56.5	685		20.0×10^{8}
280		34.1[6]			
232(s)	7.17				22.0×10^{8}
232(l)	6.97			2.71	45.0×10^{8}
250	6.982[1]	32.7		1.88	
300	6.92	33.7[6]		1.66	46.8×10^{8}
351				1.52[1]	
400	6.85	33.1[6]	580	1.38	49.0×10^{8}
450				1.27[1]	
500	6.78	33.1[6]	565	1.18	51.5×10^{8}
600	6.71		550	1.05	54.0×10^{8}
700	6.695[1]		535	0.95	56.3×10^{8}
800	6.57		520	0.87	58.7×10^{8}
900	6.578[1]				61.2×10^{8}
1000	6.518[1]				
1200	6.399[1]				

表 1-1-4　锡的热力学数据[5]

状态或转变点	ΔH°_{298}或L_t /J·mol^{-1}	S°_{298}或ΔS_t /J·(mol·K)$^{-1}$
灰锡	+1967.796±125.604	44.17074±0.041868
转变点 13℃	2093.4±83.736	7.3269
白锡在标准状态	0.0	51.246432±0.041868
熔点 232℃	7075.692±125.604	14.02578
液态		
$\bar{c}_P=221.9004+921.096\times10^{-4}(T-273.15)$ J·(kg·K)$^{-1}$(273.15～503.15K)[6]		
$\bar{c}_P=234.4608$J·(kg·K)$^{-1}$(505～1273.15K)[6]		
$\lg p=(8.23-15500T^{-1})\times133.3$Pa (505～2900K)①		
沸点 2623℃②	296425.44	102.36726
气态	301449.6−2093.4	168.476832

①文献[1]中为：$\lg p=8.83-15100T^{-1}$mmHg；

②锡的沸点在文献[1]中为 2270℃，文献[6]中为 2270±10℃。

物理常数中最值得注意的是锡的粘度低，故流动性很好。因此，锡的熔炼设备应注意防止漏锡。

热力学数据中最值得注意的是锡的熔点低，故便于在锅中进行火法精炼；沸点高，故可采用真空精炼法除去锡中易挥发的杂质（如铅等）。

第二节 锡的化学性质

锡的重要化学性质列于表 1-1-5。锡的电化学数据见表 1-1-6。

表 1-1-5 锡的化学性质[1~5]

锡的状态	外界条件	发生的变化
固态	1. 在空气中:常温下	稳定,因表面氧化膜致密可阻止继续氧化
	>150℃时	生成 SnO 和 SnO_2
	赤热的高温下	迅速氧化为 SnO 挥发
	2. 与水、水蒸气和 CO_2 接触	不起作用
	3. 与氟和氯在常温下接触	生成 SnX_2 和 SnX_4
	4. 在稀硫酸和稀盐酸中	溶解慢,生成 $SnCl_2$ 和 $SnSO_4$ 并放出氢气
	5. 在稀硝酸中	溶解慢,生成 $Sn(NO_3)_2$ 和 NH_4NO_3
	6. 在热的浓硫酸中	溶解快,生成 $Sn(SO_4)_2$ 并放出 SO_2
	7. 在热的盐酸中	溶解快,放出 H_2,生成 $SnCl$ 和 H_2SnCl_4 和 $HSnCl_3$
	通入氯气	全部变为 $SnCl_4$
	8. 在接近 45%的硝酸溶液中	锡溶解为黄色溶液,并放出气体 NO、N_2O、N_2 和 NH_3。溶液静置则被空气氧化生成不溶性盐而变得混浊。加盐酸可阻止沉淀发生
	9. 在 45%以上的硝酸溶液中	锡不溶解,但氧化为白色的 $Sn(NO_3)_4$,可溶于水,但很快就成为 SnO_2 的水合物而沉淀。加入盐酸可阻止沉淀生成
	10. 在氢氧化钠溶液中有氧化剂存在时	缓慢溶解、生成 $NaHSnO_2$、Na_2SnO_3 或 Na_4SnO_4 和 $Na_2Sn(OH)_6$①

续表 1-1-5

锡的状态	外界条件	发生的变化
熔融	1. 与空气接触	能溶解微量氧②
>650℃时	2. 与水蒸气接触	生成 SnO_2 和 H_2，并发热 96.71KJ
>610℃时	3. 与 CO_2 气体接触	生成 SnO_2 和 CO
	4. 与硫或 H_2S 接触	生成锡的硫化物

①锡在碱溶液中的此性质可用于回收马口铁废料中的锡；

②氧在熔融锡中的溶解度与温度的关系如下：

		536℃	600℃	700℃	751℃
溶解氧/%	原子	0.0012	0.0042	0.019	0.036
	重量	0.00016	0.00056	0.0026	0.0048

并可概括为下式：

$$\lg(N^{\frac{1}{2}} \cdot c) = -5670T^{-1} + 4.12$$

式中　N 为锡的摩尔分数，c 为氧在锡中的溶解度，以原子百分率计。

表 1-1-6　锡在水溶液中的电化学数据

项　目	电化学数据
电极反应及标准电极电位/V	$Sn^{2+} + 2e \longrightarrow Sn^0 - 0.136$ $Sn^{4+} + 2e \longrightarrow Sn^{2+} + 0.15$
电化当量/g·(A·h)$^{-1}$	Sn^{2+}：2.214；Sn^{4+}：1.107
氢在锡上的超电压/V	50A/m^2 时 1.026，100A/m^2 时 1.077

第三节　锡的化合物

一、锡的氧化物和硅酸盐

（一）锡的氧化物

锡有两个重要的氧化物，即氧化锡（SnO_2）和氧化亚锡（SnO）。它们的主要性质列于表 1-1-7。

表 1-1-7　锡氧化物的性质[1]

项　目	SnO_2	SnO
颜　色	天然的锡石（SnO_2）因含杂质不同而为黑、褐色；锡在氧中燃烧生成白色粉末	加热有 Sn（$OH)_2$ 沉淀的悬浮液制成的 SnO 为黑色粉末，中途呈亚稳态时为红色
密度和硬度	锡石密度 6.8～7.1g·cm^{-3}；莫氏硬度 6～7	密度 6.446g·cm^{-3}
熔　点	约 2000℃	约 1040℃
沸　点	2500℃①	1425℃②，蒸气呈聚合物 $(SnO)_x$，$x=1\sim4$
在酸、碱溶液中	均不溶	易溶于许多酸、碱、盐溶液中
高温下反应	1. 1080℃以上时，与熔融锡作用生成 SnO 挥发 2. 400℃以上时，与 H_2、CO 作用生成金属锡 3. 与赤热的固体炭作用生成金属锡 4. 赤热状态下与 CCl_4 或 NH_4I 等作用生成 $SnCl_4$ 5. 与熔融的 NaOH 作用生成锡酸钠，可溶于水	1. 在中性气氛中，385℃时开始发生歧化反应③： $2SnO=Sn+SnO_2$ 2. 液态 SnO 可稳定在 1000℃左右，但显著挥发
独特反应	与金属锌及稀盐酸接触，还原为锡。此性质用于鉴定锡石	

①文献［5］中 SnO_2 的蒸气压力用下式计算：

$$\lg p = 11.23 - 18220T^{-1} + 2.12 \quad \text{Pa}$$

由此式导出沸点为 1910℃。

②SnO 蒸气压力的计算式有几个：

文献［1］中列出的为：

$$\lg p = 10.775 - 13160T^{-1} + 2.12 \quad \text{Pa} \tag{a}$$

文献［5］中列出的有两个：

用蒸气压力法在 995～1166K 范围内测定而得到的为：

$$\lg p = 10.86 - 14220T^{-1} + 2.12 \quad \text{Pa} \tag{b}$$

用离子迁移法在 1280～1400K 范围内得到的公式为：

$$\lg p = 10.775 \pm 0.114 - (13161 \pm 156)T^{-1} + 2.12 \quad \text{Pa} \tag{c}$$

三式中（a）与（c）相近似。由式（b）外推法求出的沸点为 1483℃。

③文献［5］中歧化反应的温度为 280±20℃。

SnO_2 和 SnO 的 ΔG°的计算可参用以下各式[5]：

$SnO_{2(s)}$ $-544309.808+211.893T\pm2344.608$ J/mol（770～980K）

$2SnO_{(s)}$ $-579871.8+212.270T\pm1256.04$ J/mol（810～970K）

$2SnO_{(l)}$ $-539259.840+178.986T\pm2344.608$ J/mol（1370～1520K）

$2SnO_{(g)}$ $-80595.8-90.435T$ J/mol

（二）锡的硅酸盐

在通常的熔炼温度下，SnO_2 仅微溶于工业炉渣中，而 SnO 则易与酸性氧化物 SiO_2 生成 $SnSiO_3$。$SnSiO_3$ 的 ΔG°可近似地按下式计算[1]：

$$\Delta G^{\circ}=-350435.16+144.65T \quad \text{J/mol（1100～1350K）}$$

SnO-SiO_2 相图和 SnO 的活度示于图 1-1-2[5]。

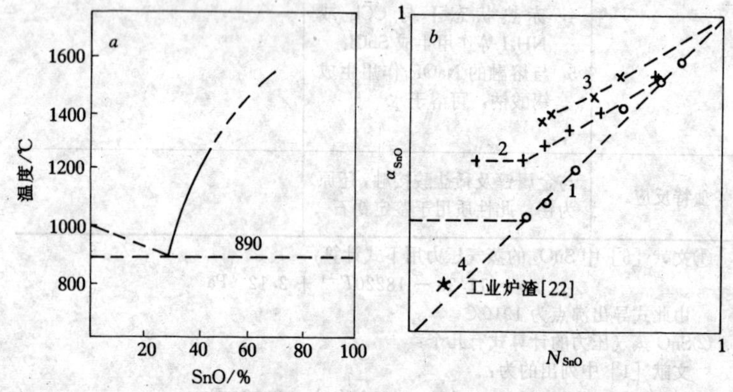

图 1-1-2 SnO-SiO_2 相图（*a*）和 SnO 活度（*b*）

1—1160℃；2—1100℃；3—1100℃；4—工业炉渣（1160℃）

二、锡的氢氧化物及其衍生物

Sn（OH)$_2$ 或 Sn（OH)$_4$ 并不以其本身形态存在于溶液中。其性质列于表 1-1-8。

表 1-1-8 $Sn(OH)_2$ 和 $Sn(OH)_4$ 的性质[5]

项 目	$Sn(OH)_2$	$Sn(OH)_4$
在水溶液中	由 Sn(Ⅱ)盐生成时为白色胶性沉淀，易溶于盐酸	由 Sn(Ⅳ)盐生成时为白色胶性沉淀，即正锡酸，主要呈碱性，易溶于盐酸，形成氯锡酸 H_2SnCl_6
溶于碱金属氢氧化物	生成亚锡酸盐 $HSnO_2^-$，加热该溶液时沉淀出 SnO	生成过锡酸盐 $Sn(OH)_6^{2-}$，可进而脱水成为锡酸盐 SnO_3^{2-}，易溶于酸；陈化时形成难溶的聚合物 $[H_2SnO_3]_5$，即β-锡酸。此胶体经干燥，在 600℃时形成 SnO_2

碱金属氧化物与适当比例的 SnO_2 共同加热时，可制备出不同成分的无水锡酸盐，除钠盐外，还有 K_2SnO_4，K_2SnO_3 和 K_2SnO_7。它们均与水及 CO_2 作用。从其水溶液中可结晶出 $K_2Sn(OH)_6$，加热时产生一系列水合物：$K_2SnO_3 \cdot H_2O$，$3K_2SnO_3 \cdot 2H_2O$，最后为 K_2SnO_3。过锡酸钠是难于处理的，因为其溶解度随温度及氢氧化钠浓度的升高而降低（见表 1-1-9）。

表 1-1-9 每 100ml 饱和溶液中 $Na_2Sn(OH)_6$ 的溶解度[5]

NaOH	0℃	20℃	40℃	60℃	80℃	100℃	120℃
0%	52	46	41.5	37①	33①	30①	
10%	22.5	19	16	13.5	11.5	11.0	11.5
20%	7	5.5	4.5	4.0	3.5	4.0	5.5
30%	0.5	0.6	0.7	1.0	1.2	1.5	2.0

①水解出现。

锡酸是弱酸，锡酸盐可被 CO_2 迅速分解，在热的锡酸钠溶液中加入碳酸钙可沉淀出锡酸钙。

亚锡酸盐的稀溶液能缓慢分解，加热则分解加快，析出黑色氧化亚锡：

$$HSnO_2^- \rightleftharpoons SnO + OH^-$$

在很浓的亚锡酸盐溶液中，亚锡酸盐本身自动发生氧化和还原作用，析出金属锡：

$$HSnO_2^- + HSnO_2^- = H_2O + SnO_3^{2-} + Sn^0$$

三、锡的硫化物和硫酸盐

（一）锡的硫化物

SnS 和 SnS_2 是人们熟知的，SnS_3 也确认其存在，Sn_3S_4 和 Sn_4S_5 也有报道，但它们主要是在地球化学反应中受关注。

只有 SnS 在高温下稳定。SnS_2 在 520℃时分解，SnS_3 在 640℃时分解。但是在硫分压过剩的情况下，这些硫化物能呈气态存在。

表 1-1-10 为 SnS 和 SnS_2 的分解压力实测数据及其计算式，表 1-1-11 为 SnS 和 SnS_2 的相似性质，表 1-1-12 为 SnS 的热力学数据。

表 1-1-10　SnS 和 SnS_2 分解压力的实测数据及其计算式[1]

温度/℃	350	400	450	500	783	882	980	1096	1196
SnS（高温下稳定）	$\lg p_{S_2}$/Pa				−8.790	−7.244	−5.568	−3.820	−2.410
	$\lg p_{S_2} = -\frac{15430}{T} + 5.98$Pa								
SnS_2（<520℃时稳定）	−11.900	−9.8674	−7.6184	−6.0584	$\lg p_{S_2}$/Pa				
	$\lg p_{S_2} = -\frac{19280}{T} + 14.536$Pa（计算式）								

表 1-1-11　SnS 和 SnS_2 的相似性质[1,5]

项　目	SnS	SnS_2
制备方法：		
1. 通 SO_2 入氯盐的低酸度水溶液中	由 Sn（Ⅱ）盐溶液生成黑色粉末 SnS	由 Sn（Ⅳ）盐溶液生成无定形 SnS_2

续表 1-1-11

项　目	SnS	SnS_2
制备方法： 2. 用锡箔与硫一起加热	750～800℃下无氧时生成铅灰色细片状 SnS 晶体	与 NH_4Cl 混合，在 500～600℃时生成金黄色片状 SnS_2 晶体，称“金箔”（将 SnS 与过剩硫熔化时亦可得“金箔”）
在水溶液中的溶解度积	1.6×10^{-28}	4.8×10^{-46}
在中等强度以上的盐酸中	溶解	溶解
在 Na_2S_x 的碱性溶液中	溶解生成硫代锡酸盐 M_2SnS_3，可结晶析出，其溶液在阴极析出锡，构成湿法冶金方法之一	加热时形成锡酸盐与硫代锡酸盐的混合物

表 1-1-12　SnS 的热力学数据[1]

					1000	1100	1230
熔点 880℃ 沸点 1230℃	蒸气压	温度/℃			1000	1100	1230
		p/kPa			0.773	3.053	101.31
		计算式：$\lg p=-10470T^{-1}+9.212$Pa　(936～1084K)①					
$Sn_{(l)}+\frac{1}{2}S_{2(g)}=SnS_{(s,l)}$		温度/℃	827	927	1027	1127	1227
		ΔG°/J·mol^{-1}	−68747	−60750	−54554	−48441	−42496

①文献［5］中载有另一公式为：

$\lg p=-10099T^{-1}+11.821$Pa（673～1250K），由此式推算出 SnS 沸点为 1482K。

SnS 的化学性质如下：

1）不溶于稀的无机酸，但溶于浓盐酸中生成 $SnCl_2$ 并放出 H_2S，此反应可逆，因酸度而定。

2）高温下，在空气中氧化为 SnO_2。

3）在 820℃时，与 PbS 形成共晶（9%SnS）；在 785℃时，与 FeS 形成共晶（80%SnS）。

4）在 Sn-Fe 锍中 SnS 的活度系数 γ 计算式为：

$$\lg\gamma_{SnS} = (283/T)N_{FeS}^2,(1073 \sim 1213K)$$

式中，N 为摩尔分数。

5）在液态锡中的溶解度很低，600℃时小于 0.05%S。在液态锡与液态 SnS 中的 S%如下（在 SnS 中，S 占 21.72%）：

T/℃	900	980	1080	1180
液相（1）Sn	2.33	2.27	2.27	2.52
液相（2）SnS	19.74	19.73	19.91	19.65

（二）锡的硫酸盐

锡的硫酸盐有硫酸亚锡 $SnSO_4$、硫酸锡 $Sn(SO_4)_2$ 和碱式硫酸锡 $Sn_3(OH)_2O \cdot SO_4$。它们的制备与性质列于表 1-1-13。

表 1-1-13 锡的硫酸盐的制备与性质

项目	$SnSO_4$	$Sn(SO_4)_2$	$Sn_3(OH)_2O \cdot SO_4$
制备	1. 在稀硫酸中溶解金属锡或 SnO 2. 在中性的 $CuSO_4$ 溶液中，用金属锡置换铜，生成 $SnSO_4$	1. 在热的浓硫酸中溶解锡 2. 加过量的稀硫酸于水合 Sn(Ⅳ)氧化物的水溶液中，加热可结晶出 $Sn(SO_4)_2 \cdot 2H_2O$	以氨水作用于 $SnSO_4$ 水溶液，可制成结晶形的 $Sn_3(OH)_2O \cdot SO_4$
性质	1. 在空气中常温下稳定 2. 在水中的溶解度：20℃时为 352g·L^{-1}，100℃时 220g·L^{-1} 3. 约 360℃时分解，产出 SnO_2 和 SO_2	$Sn(SO_4)_2 \cdot 2H_2O$ 极易吸潮并强烈水解	230℃时失水，形成 $Sn_3O_2SO_4$

四、锡的氯化物

锡的氯化物有氯化亚锡 $SnCl_2$ 和氯化锡 $SnCl_4$。它们的制备与外观形态见表 1-1-14；物理常数见表 1-1-15。它们均易溶于水，$SnCl_2 \cdot 2H_2O$ 在水中溶解度见表 1-1-16。$SnCl_4$ 则与水混溶形成许多结晶水合物，其数据与 $SnCl_2$ 及 $SnCl_4$ 的其他化学性质见表 1-1-17。

表 1-1-14 $SnCl_2$ 与 $SnCl_4$ 的制备与外观形态

项 目	$SnCl_2$	$SnCl_4$
制 备	1. 由锡与氯直接合成 $SnCl_2$ 2. 在热盐酸中溶解锡或 SnO，可制成 $SnCl_2 \cdot 2H_2O$	1. 在控制条件时由锡与氯直接合成 2. 通氯气于 $SnCl_2$ 水溶液中，可制成 $SnCl_4$
形 态	常温时 $SnCl_2 \cdot 2H_2O$ 为白色针状晶体，在空气中逐渐氧化或风化而失去水分。无氧时在高于100℃时加热可得无水白色透明的 $SnCl_2$	常温时 $SnCl_4$ 为无色液体，含水的 $SnCl_4$ 则为无色透明固体

表 1-1-15 $SnCl_2$ 和 $SnCl_4$ 的物理常数

项 目	$SnCl_2$	$SnCl_4$
密度/$g \cdot cm^{-3}$	3.95(晶体)，3.39(熔融态)	2.23(0℃时)
熔点/℃	247	−33
沸点/℃	652	114.1
比热容/$J \cdot (mol \cdot K)^{-1}$	80.64	164.54
熔化热/$J \cdot mol^{-1}$	12769.74	9169.09
蒸发热/$J \cdot mol^{-1}$	86834.23	37388.12
溶解热/$J \cdot mol^{-1}$	22483.12(18℃)	119323.80(18℃)

续表 1-1-15

项 目	$SnCl_2$	$SnCl_4$
蒸气压/Pa	$\lg p=-597282.56T^{-1}+1030.58$（520～925K）	$SnCl_4$ 蒸气压的测定值为： 0℃ 727.27Pa 20℃ 2477.12Pa 40℃ 6775.42Pa 60℃ 16291.95Pa 80℃ 34223.76Pa 100℃ 66127.71Pa 120℃ 119376.52Pa
$\Delta G^{\circ}/J\cdot mol^{-1}$	$Sn_{(s)}+Cl_{2(g)}=SnCl_{2(s)}$ $\Delta G^{\circ}=-349514.06+131.05T$ （298～520K） $Sn_{(l)}+Cl_{2(g)}=SnCl_{2(l)}$ $\Delta G^{\circ}=-333269.28+118.49T$ （520～925K） $Sn_{(l)}+Cl_{2(g)}=SnCl_{2(g)}$ $\Delta G^{\circ}=-247649.22+25.62T$ （520～925K）	$Sn_{(l)}+2Cl_{2(g)}=SnCl_{4(g)}$ $\Delta G^{\circ}=-512883.0+150.72T$ （500～1200K）

表 1-1-16 $SnCl_2\cdot 2H_2O$ 在水中的溶解度[7]

温度/℃	溶液密度/kg·L⁻¹	溶解度/kg·L⁻¹	溶解度/%
0	1.532	0.700	45.65
15	1.827	1.330	75
25			70.1
37.7～40.5	2.588	2.177	84.2

少量盐酸存在时减少溶解度，但在盐酸含量高时，由于生成 $H_2[SnCl_4]$和 $H[SnCl_3]$而增加 $SnCl_2$ 的溶解度（见图 1-1-3 和 1-1-4）。

表 1-1-17　$SnCl_2$ 和 $SnCl_4$ 的化学性质

$SnCl_2$	$SnCl_4$
1. 有氧时加热 $SnCl_2$，发生反应 $2SnCl_2+O_2=SnCl_4+SnO_2$ 同时存在水蒸气，则： $SnCl_2+H_2O+\frac{1}{2}O_2=SnO_2+2HCl$ 2. 在水溶液中，Sn^{2+} 易被负电性金属 Al、Zn、Fe 等置换成海绵锡 3. 水溶液暴露在空气中时易氧化生成 SnOCl 沉淀 4. 在水溶液稀释而不与氧接触时产生 Sn(OH)Cl 沉淀	1. 与水混溶时形成许多结晶水合物，其稳定温度如下： $SnCl_4\cdot 3H_2O$　64～83℃ $SnCl_4\cdot 4H_2O$　56～63℃ $SnCl_4\cdot 5H_2O$　19～56℃ $SnCl_4\cdot 8(9)H_2O$　低于 19℃ 2. Sn^{4-} 也易被负电性金属从水溶液中置换出来

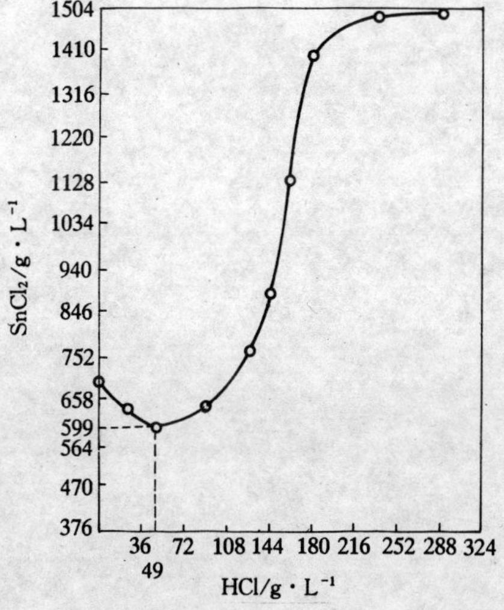

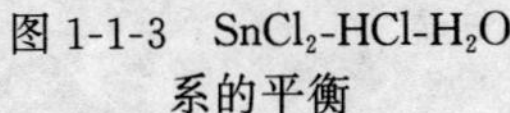

图 1-1-3　$SnCl_2$-HCl-H_2O 系的平衡

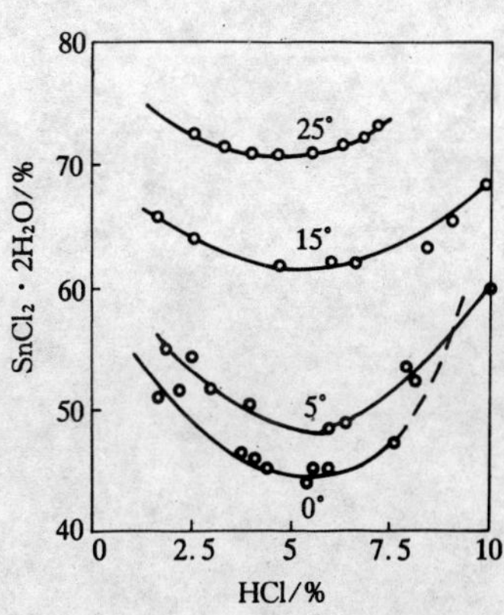

图 1-1-4　不同温度下 $SnCl_2$-HCl-H_2O 系的平衡

本手册有色金属总论卷已论述了锡的矿物和矿床（p.49～50），锡资源的储量及地理分布（p.87～89，p.91），锡的用途和供需状况（p.192～195），请参阅。

第二章 锡提取冶金的各类流程

锡精矿的成分是决定冶炼流程的重要依据。炼锡厂处理的锡精矿大致可分为三种类型[2,8,9]：(1) 高品位精矿，含锡60%以上，常超过70%；(2) 中品位精矿，含锡30%～60%；(3) 低品位精矿，含锡低于30%，甚至低于10%。此外，我国一些选矿厂在处理铁锡连生体矿时，还产出部分富中矿（5%～10%Sn）和难选中矿（1%～2%Sn)，国外一些选矿厂也产出3%～3.5%的中矿。

各类锡精矿的处理，目前仍然主要采用以还原熔炼为中心的火法炼锡流程，一般包括炼前处理、还原熔炼、炼渣和粗锡精炼等工序。锡的湿法冶金大多适合低品位精矿或中矿。

第一节 高品位锡精矿的处理

高品位锡精矿的处理仍然沿用传统的两段还原熔炼法。精矿先在较低的温度和弱还原性条件下还原，得较纯的粗锡（低于1% Fe)，同时产出富渣，称为一次熔炼；富渣在较高温度和强还原性条件下再熔炼，产出硬头（铁锡合金，返回处理）和废渣（1%～3%Sn)，称为二次熔炼。有的工厂还将二次渣再熔炼。由于精矿含铁低，硬头量少，锡与铁在生产中循环量不大，锡的回收率可高达99%。为了减轻粗锡精炼和浮渣返料熔炼的负担，在一次熔炼前多将精矿进行焙烧脱硫、砷。

高品位锡精矿炼锡流程可分为两次反射炉或短窑熔炼、两次电炉熔炼、三次反射炉熔炼，三次电炉熔炼、高品位精矿和低锡物料平行处理的两段还原熔炼等五种不同作法。

一、两次反射炉或短窑熔炼流程

采用两次反射炉或短窑熔炼的典型代表是东南亚各国，我国个别厂采用。

（一）马来西亚巴特沃思（Butter-worth）冶炼厂炼锡流

程[9,10]

处理的精矿典型成分（%）为：75.25Sn，0.02As，0.06S，0.67Fe，0.006Cu，0.024Pb，0.004Bi，0.31TiO_2。其炼锡流程见图 1-2-1。

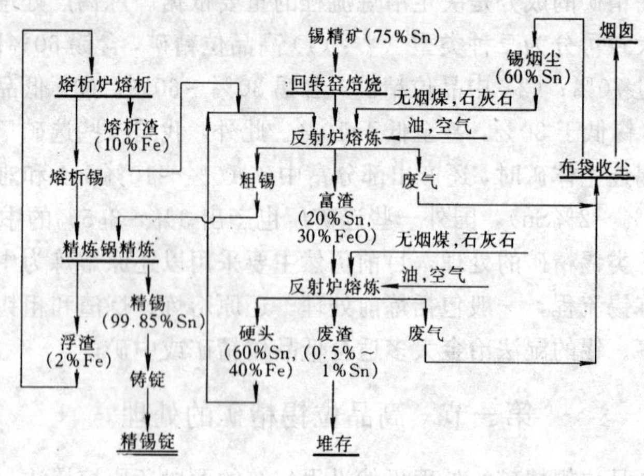

图 1-2-1 马来西亚巴特沃思冶炼厂炼锡流程

此外，该厂还处理中等品位的老挝锡精矿，含 40%Sn，20%Fe，并有其他杂质。经过图 1-2-2 所示的单独流程作炼前处理后成为高品位锡精矿，再进行还原熔炼。

（二）印度尼西亚佩尔蒂姆（Peltim）炼锡厂短窑炼锡流程[9,10]

处理的锡精矿成分（%）为：69.01～74.32Sn，0.003～0.057As，0.01～1.50S，0.86～2.4Fe，0.001～0.012Cu，0.001～0.073Pb，0.001～0.003Bi，0.001Sb，0.99～3.17SiO_2。其炼锡流程见图 1-2-3。

（三）我国赣州有色金属冶炼厂炼锡流程[11]

该厂的进厂原料是以钨为主，同时含有锡、钼、铋、铜的中矿或毛砂。中矿的一般成分（%）为：39.11～42.10WO_3，2.88～

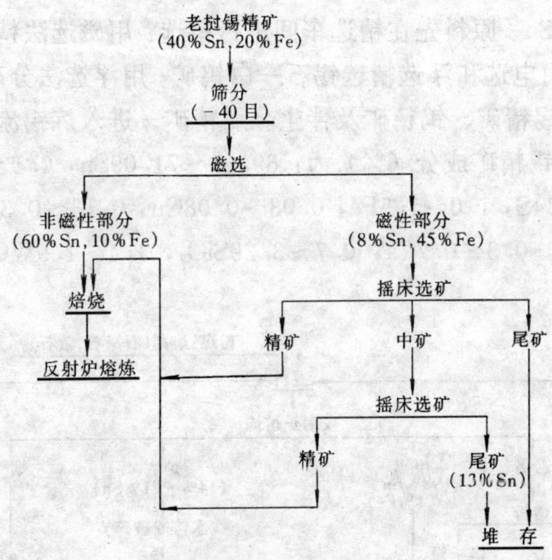

图 1-2-2 巴特沃思冶炼厂预处理老挝高铁精矿流程

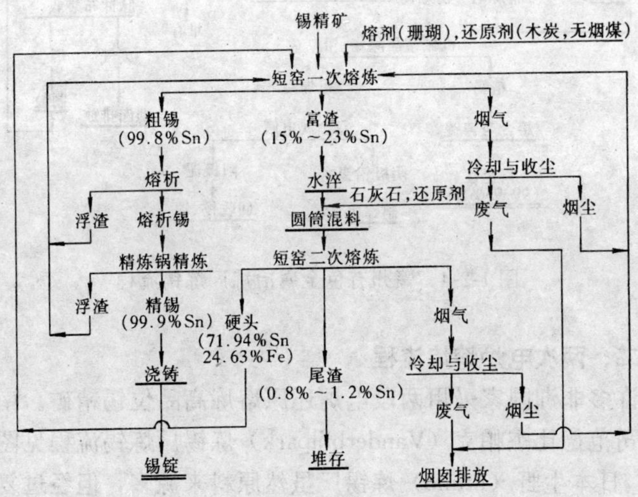

图 1-2-3 印度尼西亚佩尔蒂姆炼锡厂短窑炼锡流程

5.13Sn，0.74～1.06Mo，1.02～1.06Bi，2.10～2.70Cu。钨锡毛砂含40%Sn。原料先在精选车间进行精选：用磁选法精选锡石—黑钨矿；用电选和浮选精选锡石—白钨矿；用浮选法分离硫化矿。分别产出锡精矿、钨精矿及伴生金属精矿。进入炼锡流程（见图1-2-4）的锡精矿成分（%）为：69.51～71.09Sn，0.1～0.51As，0.16～0.34S，1.0～1.5Fe，0.03～0.08Cu，0.13～0.37Bi，0.14～0.21Pb，0.3～0.7Ca，0.7～3.29SiO_2，1.4～1.9WO_3。

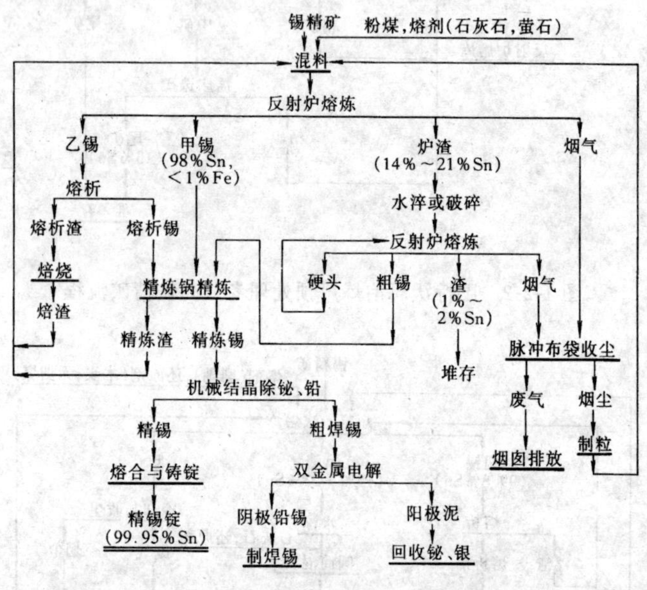

图1-2-4　赣州有色金属冶炼厂炼锡流程

二、两次电炉熔炼流程

许多非洲国家采用两段电炉还原熔炼高品位锡精矿。南非钢铁公司范德比杰帕克（Vanderbijlpark）炼锡厂炼锡流程见图1-2-5[10]。日本生野（Ikuno）炼锡厂虽然原料来源多，但经过复杂的炼前处理，亦采用如图1-2-6所示的两段电炉还原熔炼流程[10]。

范德比杰帕克炼锡厂处理的锡精矿成分（%）为：88SnO_2

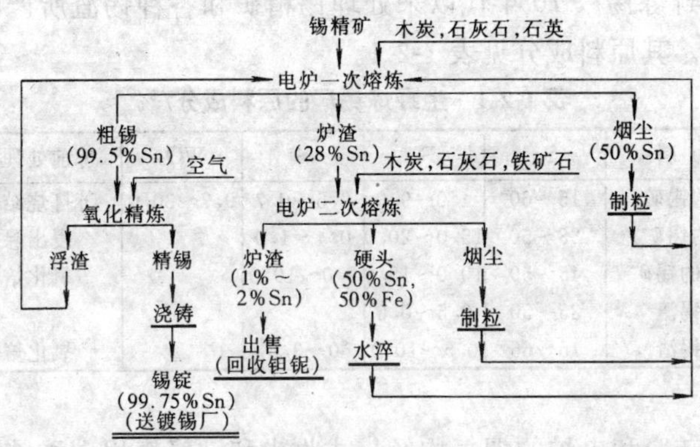

图 1-2-5　南非钢铁公司范德比杰帕克炼锡厂炼锡流程

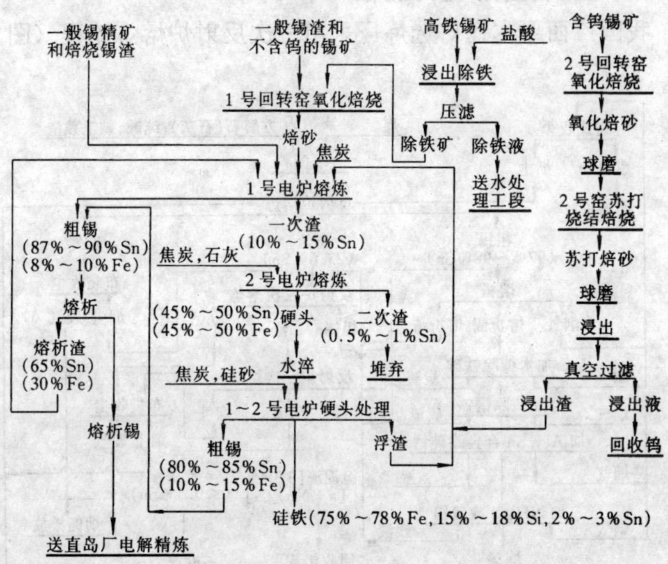

图 1-2-6　日本生野炼锡厂炼锡流程

(69.31Sn)，2～3Fe_2O_3，2～3$(Ta+Nb)_2O_5$，0.02～0.03Pb，<0.05 Cu、As、Sb，8～9SiO_2。钽铌富集在二次渣中供回收。

生野炼锡厂70年代以来处理锡精矿和各种锡渣所产的锡各占一半。其原料成分见表1-2-1。

表1-2-1 生野炼锡厂的原料成分/%

原 料	Sn	Fe	S	WO_3	炼前处理方法
含钨的锡矿	15～60	4.0～9.0	0.5～0.7	0.7～30.0	苏打烧结焙烧
高铁的锡矿	38～50	15.0～20.0	0.4～1.0		浸出除铁
不含钨的锡矿	45～50	10.0～15.0	7.0～10.0		氧化焙烧
焙烧锡渣	25～50	0.5～0.6			
一般锡渣	15～65	0.5～10.0	0～3.5		氧化焙烧

回转窑和电炉的烟气均经袋式收尘和洗涤塔用碳酸钠溶液脱硫，然后排放，电炉烟气最先还经过电收尘。

三、三次反射炉熔炼流程

我国广西栗木锡矿选炼厂采用三次反射炉熔炼流程（图1-2-

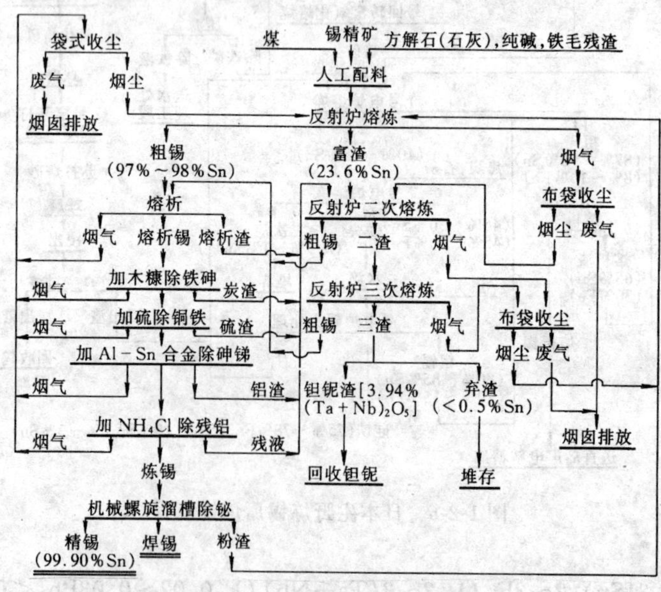

图1-2-7 栗木锡矿炼锡流程

7）处理钽、铌、钨均较高的高品位锡精矿，将钽、铌、钨富集在渣中，同时尽量回收锡[11]。其锡精矿成分（%）为：63～66Sn，0.8～1.2WO_3，3～5$(Ta，Nb)_2O_5$，0.6～2.7Fe，0.06～0.20As，0.02～0.2Cu，0.01～0.015Bi，0.28～0.70CaO，3.6～5.6SiO_2。

四、三次电炉熔炼流程

巴西锡公司炼锡厂为了将钽、铌富集于渣中便于回收，采用三次电炉还原熔炼流程（图1-2-8）[10]。该厂处理的物料较杂，有：(1) 泰国的高品位精矿，平均含锡65%以上；(2) 玻利维亚的不纯精矿，含30%～60%Sn，除含硫外，还含有较多的铅、砷、锑、铋和铁及低熔点脉石等；(3) 巴西的高铁精矿，平均含40%Sn，并有相当数量的钽铌矿物；(4) 各种残渣、浮渣等二次物料（约占总物料量的20%）。

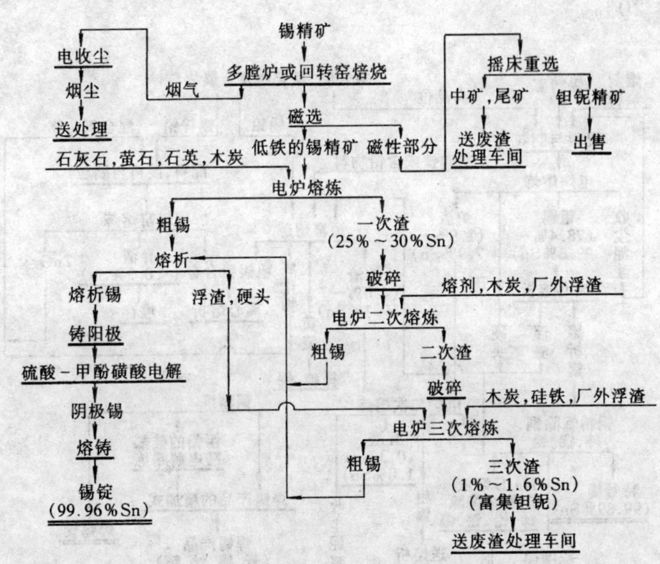

图1-2-8 巴西锡公司炼锡厂炼锡流程

（焙烧物料多用多膛炉，量少用回转窑）

五、高品位精矿与低锡物料平行处理的两段还原熔炼流程

德国杜伊斯堡(Duisbarg)炼锡厂[12]与玻利维亚长期保持合作关系，60年代末期在发展玻利维亚炼锡技术的同时，详细研究比较了鼓风炉、转炉（短窑）、反射炉和电炉等炼锡设备的单位生产能力、废气率、尘率、可达的温度、能耗和还原碳耗等指标，终于停用该厂已使用五十余年的老工艺和设备，从1976年起改用两段电炉熔炼处理高品位的锡精矿及含锡物料生产精锡；用短窑和回转窑熔炼低品位含锡物料及返料生产焊锡。其工艺流程见图1-2-9，处理的物料种类和成分列于表1-2-2。物料的物理状态差别很大：粒度从极细到块状（小于1～50mm），水分1%～40%（从干到湿），有的还含有金属。电炉入炉料的组成为：锡精矿可达75%，烟道尘可达50%，其他包括灰屑、泥浆、锡酸钙和中间产物，各可达20%。

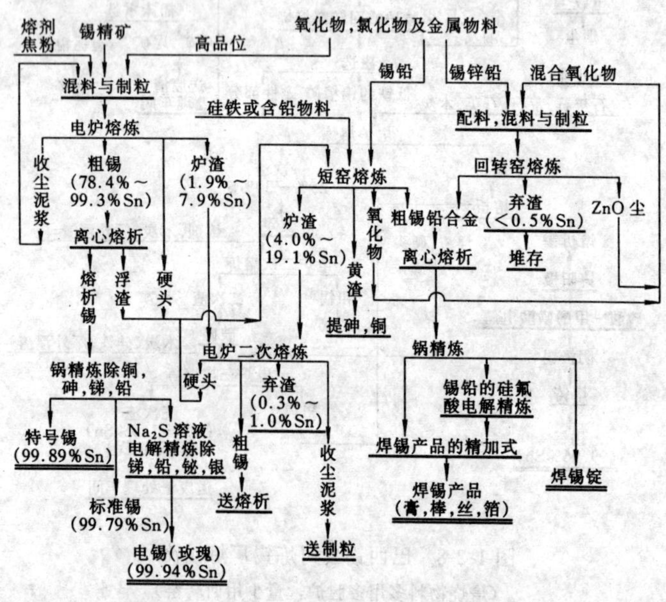

图1-2-9　德国杜伊斯堡炼锡厂炼锡流程

表 1-2-2 杜伊斯堡炼锡厂的锡物料成分

物料	Sn/%	Fe/%	Cu/%	Zn/%	Pb/%	Bi/%	Sb/%	Ag/$g\cdot t^{-1}$	物理状态
锡精矿	46.2~73.9	0.2~10.8	<0.01~0.2	<0.1~3.0	<0.01~7.1	<0.01~0.2	<0.01~2.9	<0.5~84	细粒到粗粒
氧化物烟尘	49.0~72.6	0.13~8.7	<0.1~0.3	<0.1~13.4	0.6~6.4	<0.01~0.04	<0.1~0.4	10~3000	细粒到块状
锡酸盐	36.3~40.3	0.05~0.1	0.01~0.1	<0.1~0.3	0.2~1.2	0.01	0.5~2.1	<10~30	
残渣	9.0~81.8	0.2~8.0	0.08~1.2	0.3~10.2	0.4~9.8	<0.01~0.03	<0.1~0.2	<10~1000	含有金属料
泥浆	42.0~75.5	0.29~11.0	0.01~0.4	<0.1~2.9	<0.1~4.0	<0.01~0.1	<0.1~0.3	<10~450	

第二节 中品位锡精矿的处理

中品位锡精矿含铁较多。为了减少铁在锡冶炼过程中的循环，对富渣的处理，现在倾向以硫化挥发法取代二次还原熔炼。这样可使锡铁分离很彻底，并且废渣含锡可降至0.1%以下，锡的回收率可达98%。其炼锡流程可分为：反射炉一次熔炼-烟化炉硫化挥发法处理富渣；短窑一次熔炼-烟化炉硫化挥发法处理富渣和贫精矿；炼前精选-电炉一次熔炼；炼前处理-电炉熔炼-烟化炉硫化挥发法处理富渣和贫精矿等。

一、反射炉一次熔炼-烟化炉硫化挥发法处理富渣的流程

我国的主要炼锡厂现在多采用反射炉与烟化炉流程。国外的典型代表厂是玻利维亚文托（Vinto）炼锡厂。

（一）国内炼锡厂

我国炼锡厂积累了采用这种工艺流程处理中等品位锡精矿的

丰富经验。各厂因铅、铋等杂质含量不同而又各有差异。来宾冶炼厂和云南锡业公司第一冶炼厂（简称云锡一冶）采用的流程（图 1-2-10、1-2-11）具有代表性[11]。

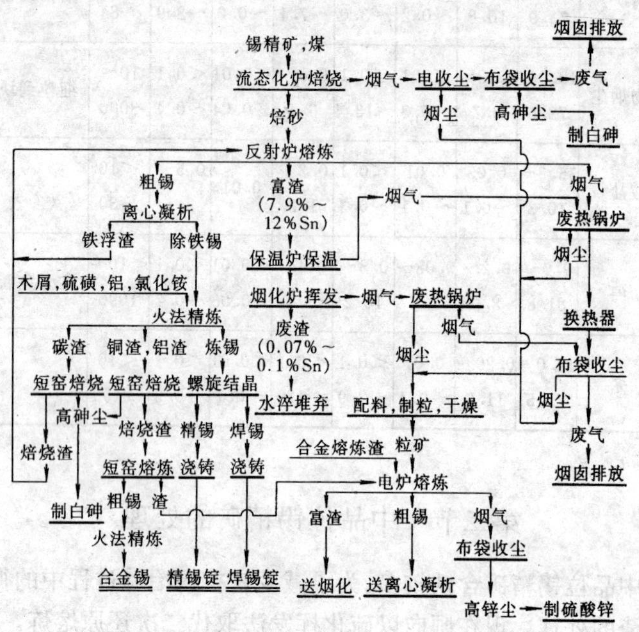

图 1-2-10　来宾冶炼厂炼锡流程

来宾冶炼厂是我国 80 年代建立的、以锡为主的大型有色冶金联合企业。该厂炼锡系统于 1988 年投产，其炼锡流程汇集了我国及国外先进技术，反映了我国的炼锡技术水平。该厂处理的锡精矿来自广西大厂矿务局选矿厂，含铁、砷、硫较高。设计采用的锡精矿平均成分（%）为：51.92Sn，1.10As，3.95S，8.91Fe，0.013Cu，0.46Zn，0.31Pb，0.24Sb，2.83CaO，8.11SiO_2。另有占总锡量约 2%的锡中矿，成分（%）为：8Sn，0.48As，2.69S，6.96Fe，0.17Zn，0.15Pb，0.73Sb，8.21CaO，41.5SiO_2。

云南锡业公司的锡矿除含铁、砷、硫高外，铅、铋亦高。图1-2-11是云锡一冶80年代的炼锡流程，处理的锡精矿成分（%）为：40～45Sn，0.4～3.0As，0.02～2.6S，16.3～25Fe，0.04～0.38Cu，5～15Pb，0.01～0.16Bi，0.1～0.33CaO，0.64～4.2SiO_2。锡精矿未作炼前处理。

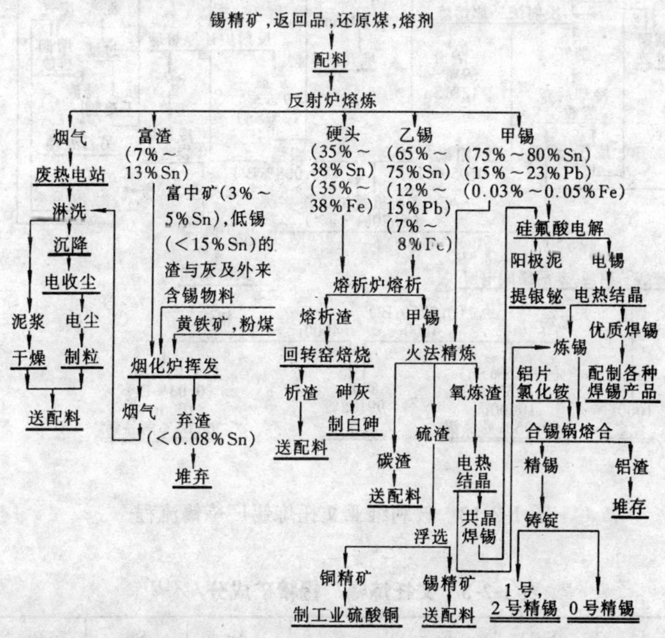

图1-2-11 云锡一冶炼锡流程
(部分共晶焊锡用真空蒸馏法分离锡铅)

(二) 玻利维亚文托炼锡厂

文托炼锡厂属于玻利维亚熔炼公司(ENAF)，1970～1977年先后分三期建成投产，其技术引自德国KHD工业设备公司。其炼锡流程见图1-2-12，处理的锡精矿成分见表1-2-3[9,13,14]。

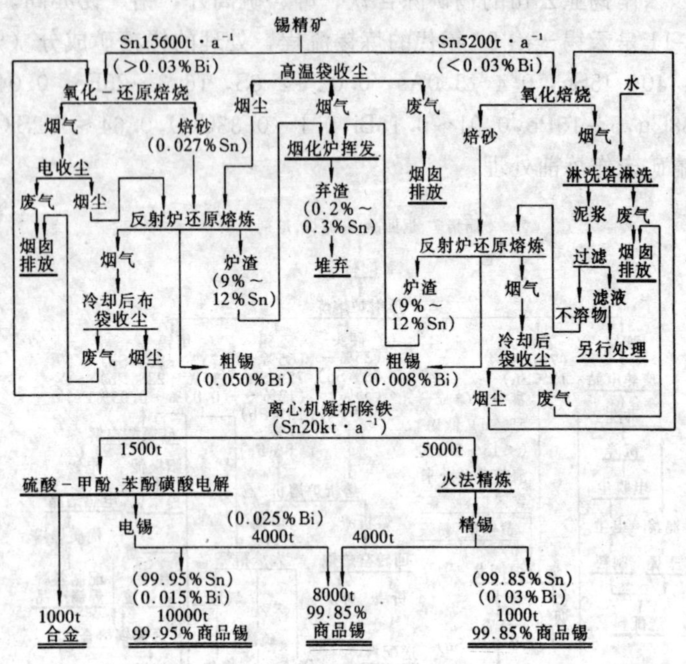

图 1-2-12　玻利维亚文托炼锡厂炼锡流程

表 1-2-3　文托炼锡厂锡精矿成分/%[13]

项　目	Sn	Fe	S	As	Sb	Pb
波动范围	20～60	3～23	0.6～15	0.04～2.2	0.006～0.11	0.006～0.35
平均成分	41.3	12.3	5.5	0.48	0.024	0.097

项　目	Bi	Cu	Zn	SiO_2	Al_2O_3
波动范围	0.003～0.25	0.013～0.3	0.03～1.1	1～15	1～6
平均成分	0.058	0.16	0.32		

二、短窑一次熔炼-烟化炉处理富渣和贫精矿的流程

德国弗赖贝格（Freiberg）炼锡厂采用短窑与烟化炉流程（图 1-2-13），锡精矿成分列于表 1-2-4。贫精矿和一次熔炼的富渣是在同一个烟化炉中处理的[9]。烟化炉烧重油加热，回转窑和短窑烧天然气加热。

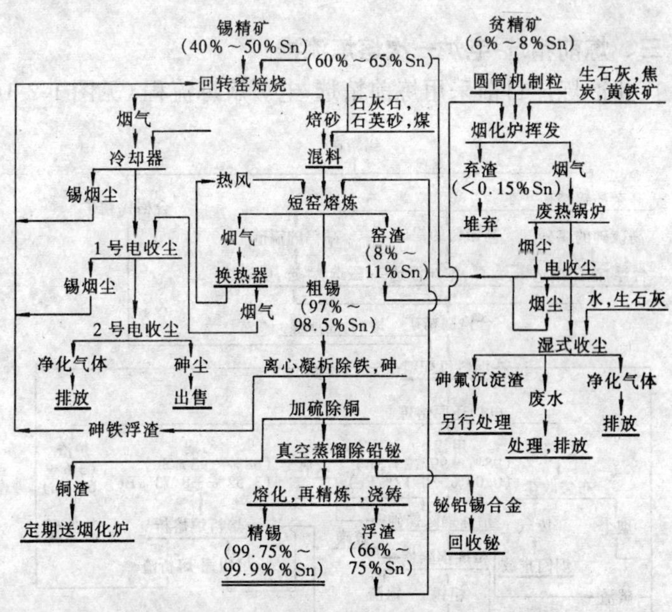

图 1-2-13 德国弗赖贝格炼锡厂炼锡流程

表 1-2-4 弗赖贝格炼锡厂处理的锡精矿成分/%

矿 别	Sn	Pb	Bi	As	Sb
贫精矿	6～9	0.02～0.04	0～0.1	0.2～0.4	0.001
富精矿Ⅰ	40～45	0.07～0.1	0.1～0.5	0.5～2.0	0.001
富精矿Ⅱ	35～45		0～0.1	0.5～1.0	0.01

续表 1-2-4

矿 别	FeO	CaO	Al_2O_3	SiO_2	F	H_2O
贫精矿	25～35	0.7～0.9	6～9	25～35	1～3	7～10
富精矿Ⅰ	25～34	0.3～0.6	3.3～5.0	3.7～5.0	1.0～1.5	7～10
富精矿Ⅱ	3.9～5.2	2～4	3～12	15～20	4～5	7～10

三、炼前精选-电炉一次熔炼流程

广州冶炼厂目前采用炼前精选-电炉熔炼流程（见图 1-2-14）。

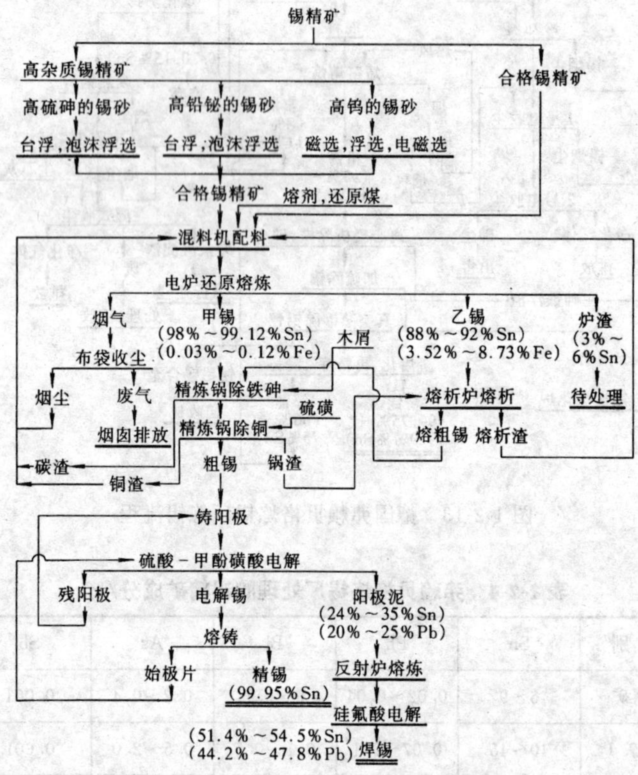

图 1-2-14 广州冶炼厂电炉炼锡流程

广州冶炼厂于1962年建成，是我国最先采用电炉炼锡的工厂[11,15]，该厂锡砂来自广东、湖南、江西等省70多个矿区和群采部分，矿源分散，质量不一，杂质多变。进厂锡砂以砂锡为主，大部分呈单体锡石状态，其化学成分（%）为：44～46Sn，0.001～8Bi，0.1～23WO_3，0.02～7.0Pb，0.02～1.6Cu，1.0～21Fe，0.02～13As，0.05～8S，2～25SiO_2，0.5～5Al_2O_3，0.5～6CaO。按杂质含量，锡砂大致分为三类，一般成分见表1-2-5，典型矿样成分见表1-2-6。如图1-2-4流程中所示，高钨与高铅、铋、砷、硫的锡砂，经过炼前处理后入炉，其中高铅、铋的锡砂（见表1-2-6）在浮选过程中产出的锡中矿（图中未示出）含砷、硫、铁、铅、铋均高，经焙烧-酸浸后入炉。

表1-2-5　广州冶炼厂人厂的各类锡砂成分/%

锡砂类别	Sn	Pb	Bi	As	S	Fe	WO_3
直接入炉的锡砂	>60	<0.8	<0.4	<0.5	<1.0	<7	<3
高钨的锡砂	44～55	0.5～5	0.1～6	0.5～7	0.5～3	8～16	3～23
高铅、铅、砷、硫的锡砂	41～66	1～7	0.5～8	2～13	1～8		

表1-2-6　广州冶炼厂人厂的典型矿样成分/%

锡砂矿样类别		Sn	Fe	S	As	Pb	Bi	WO_3
高砷、硫的锡砂		50～60	4～16	1～5	2～10	0.1～3	0.03～0.3	1～3
高铅、铋的锡砂	1号	45～60	6～10	4～5	0.7～3	1～3	3～4.5	3～7
	2号	41～45	6～10	2～4	3～5	1.5～4		
高铅的锡砂	1号	50～62	4～12	1～10	0.5～2	3.1～5.8	<0.1	
	2号	64～66	4～6	0.2	0.3～0.5	2～4	<0.1	
高钨的锡砂	高白钨	41～47	1～1.5	0.2～0.6	0.3～0.75	0.05～0.3	0.06～0.2	2.5～5
	高黑钨	44～50	3～4	0.4～1.0	0.3～0.5	1.6～3.2	0.1～0.3	16～21

四、炼前处理-电炉熔炼-烟化炉硫化挥发法处理富渣和贫精矿的流程

新西伯利亚锡业公司同时处理高、中、低品位锡精矿。高、中品位的精矿用电炉和反射炉熔炼，低品位精矿用烟化炉富集。进厂的粗精矿成分见表1-2-7。粗精矿在选矿车间集中精选，一般不丢尾矿；除产出富精矿外，还产出泥质精矿（含锡5%～10%到20%～30%不等）。

表1-2-7 新西伯利亚锡业公司进厂的粗精矿成分/%

粗精矿类别	Sn	Fe	Pb	Zn	Cu	As
1号砂锡粗精矿	40.3	7.5	0.1	0.2	0.1	0.3
2号砂锡粗精矿	57.6	4.8	0.1	0.1	0.1	0.4
1号脉锡粗精矿	17.7	22.2	1.6	0.5	0.2	1.1
2号脉锡粗精矿	27.1	12.0	1.3	2.7	0.5	1.9

粗精矿类别	S	SiO_2	Al_2O_3	CaO	WO_3
1号砂锡粗精矿	0.9	24.6	7.0	0.2	0.7
2号砂锡粗精矿	1.8	8.0	5.2	1.0	1.6
1号脉锡粗精矿	1.2	22.3	8.2	0.2	0.2
2号脉锡粗精矿	9.5	22.9	6.2	2.0	0.3

由于俄罗斯砂锡矿资源很少，必须开采复杂的多金属脉锡矿，因而从70年代末期起，研究锡精矿选冶结合的流程[16]，1985年后形成了图1-2-15所示的流程。该流程处理的精矿，除了锡和脉石组分外，还含有（%）：16.28Fe，0.68Pb，0.47Zn，0.36Cu，0.05Bi，0.025Sb，2.6As，6.3S，1.16WO_3。矿石精矿的主要部分进行精选，得到含锡57%～59%的精矿，此精矿与砂锡富精矿（62%～68%Sn）及硫化烟化挥发物（烟化尘）一起送去熔炼粗锡。精选得到的贫精矿（10%～15%Sn）与矿泥（9%～12%Sn）及富精矿

熔炼渣一起送烟化处理。

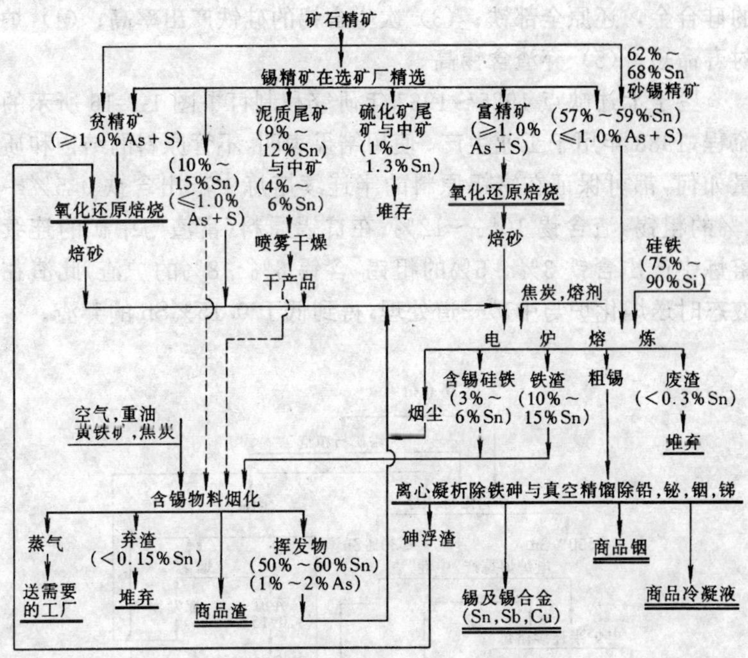

图 1-2-15　新西伯利亚锡业公司选冶联合流程

一部分富精矿和大部分贫精矿在熔炼前与精炼车间的含砷浮渣一起进行氧化、还原焙烧，获得砷、硫总含量不高于1.0%的焙砂，然后送去熔炼或烟化。此外，精选车间还回收以往排至尾矿坝的矿泥和石英尾矿中的大部分锡，成为石英锡石混合中矿（4%～6%Sn，0.5%～0.7%As），经烟化法富集，得到可直接熔炼成粗锡的烟化尘（50%～60%Sn，1%～2%As）。

在图 1-2-15 所示的流程中，精矿还原熔炼采用两个方案，二者在设备配置和工艺制度方面均有区别：富精矿和烟化尘在砖衬电炉中进行半连续熔炼，产出富渣（达 20%Sn）；贫精矿和中矿在碳衬电炉中进行间歇熔炼，产出弃渣（达 1.0%Sn）和含锡的硅铁（3%～6%Sn）。

产出弃渣熔炼的主要缺点是：(1) 电耗大；(2) 必须用昂贵的硅合金，还原全部铁；(3) 次生含锡的硅铁产出率高；(4) 炉衬寿命短；(5) 弃渣含锡高。

鉴于上述缺点 1985～1987 年研究和制订了图 1-2-16 所示的流程，1988 年用于工业生产。使用结果表明，不管原料的结构和质量如何，都可保证在富锡原料的半连续熔炼中产出含铁 0.5%～1%的粗锡，渣含锡 10%～12%；在贫锡原料（富渣与中矿的连续熔炼中产出含铁 3%～5%的粗锡，含锡 6%～8%的炉渣，此渣在液态时送烟化炉与中矿一道处理，得到低于 0.15%Sn 的弃渣。

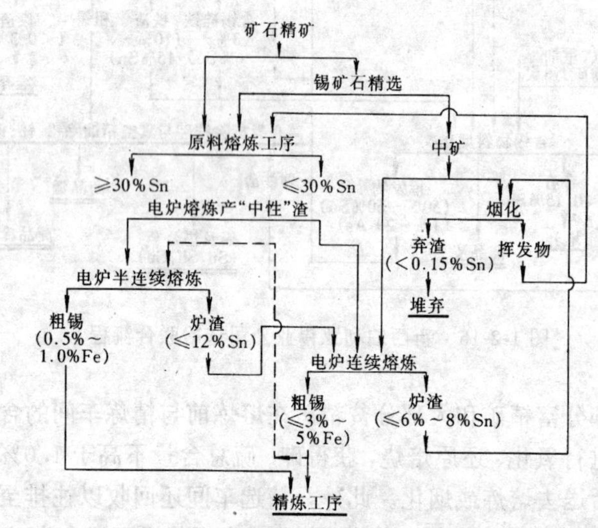

图 1-2-16 新西伯利亚锡业公司电炉-烟化炉工艺流程

第三节 低品位锡精矿和低锡复杂物料的处理

从 50 年代起，特别是 60 年代以后，各国作了很多低品位锡精矿及低锡复杂物料的处理研究工作，其中用于工业生产的主要是火法，湿法的处理则多停留于试验研究阶段。

一、炼前旋涡炉与烟化炉硫化挥发-电炉与短窑熔炼流程

玻利维亚文托冶炼厂处理低品位锡精矿的流程[19,20]见图1-2-17，其核心部分是旋涡炉硫化挥发。该厂1980年初投产，进厂的原料数量和成分见表1-2-8，低品位精矿含锡低而铁高，故采用此特殊工艺流程。

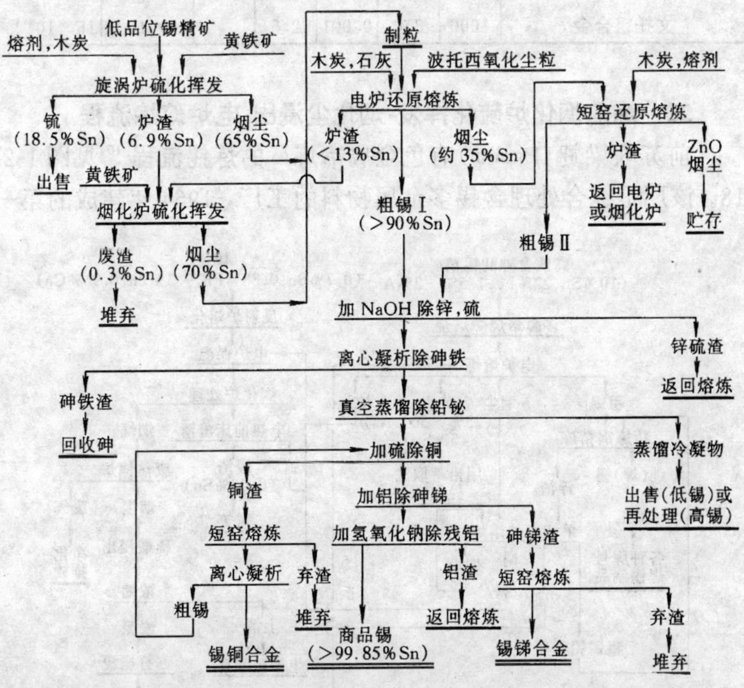

图1-2-17 文托冶炼厂低品位锡精矿炼锡流程

表1-2-8 文托冶炼厂低品位锡精矿进厂原料的数量与成分

原料名称	数量/ $t \cdot a^{-1}$	锡量/ $t \cdot a^{-1}$	成分/%					
			Sn	Fe	Sb	As	Pb	Cu
1号低品位精矿	7700	2000	26	19.5	0.55	0.7	0.65	0.1
2号低品位精矿	17300	4500	26	19.9	0.59	0.7	0.65	0.1
波托西烟化尘	5000	2750	55	1.5	1.5	3.0	2.5	
文托粗合金	1000	850	85	0.04	2.5	3.0	4.0	3.0

续表 1-2-8

原料名称	数量/ $t \cdot a^{-1}$	锡量/ $t \cdot a^{-1}$	成分/%				
			Zn	Bi	S	Au	Ag
1号低品位精矿	7700	2000	2.8	0.2	10.0		
2号低品位精矿	17300	4500	2.8	0.2	10.0	3×10^{-4}	8×10^{-4}
波托西烟化尘	5000	2750	3.5		3.0		
文托粗合金	1000	850	0.001	2.5		10×10^{-4}	15×10^{-4}

二、炼前烟化炉硫化挥发-烟化尘浸出-电炉熔炼流程

前苏联梁赞(Рязань)有色金属冶炼厂的炼锡流程[10]见图1-2-18。该厂是综合处理含锡多金属物料的工厂，1964年建成的第一

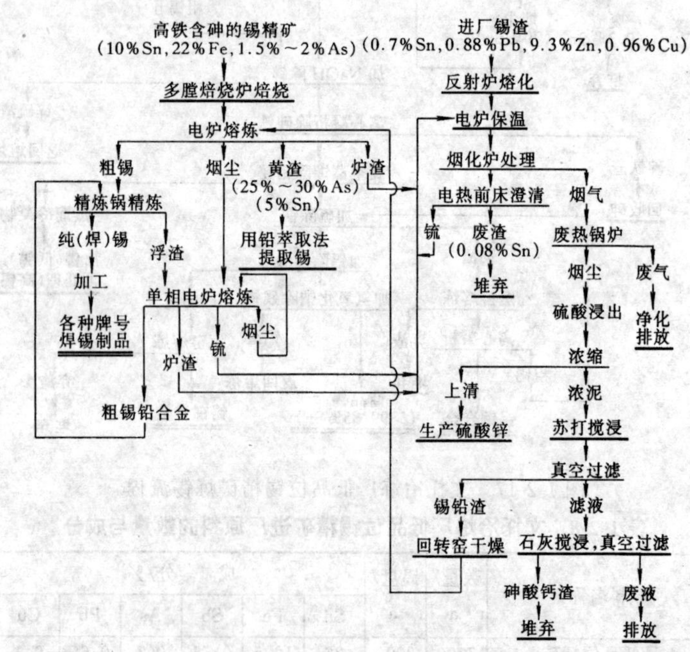

图1-2-18　梁赞有色金属冶炼厂炼锡流程

座大型烟化炉，处理外厂的含锡炉渣和本厂锡熔炼的返回炉渣。现

用于处理含锡、铅、锌、铜的复杂原料，低品位锡铅精矿，炼铜厂的含锡炉渣和烟尘，再生锡废料和高铁含砷的锡精矿等物料。该厂生产各种牌号的铅锡焊料制品和材料约 300 种，还有锡粉、焊锡粉、钎焊膏、巴比特合金以及硫酸锌、铜镉半成品等。其进厂的锡渣成分（%）为：0.7Sn，0.88Pb，9.3Zn，0.96Cu，42FeO，5CaO，25SiO_2，9Al_2O_3；本厂返渣成分（%）为：0.2Sn，0.6～1.5Pb，2.0～5.0Zn，用渣包直接加入保温电炉，然后入烟化炉。烟化尘经湿法处理成为锡铅渣，干燥后与焙烧脱硫砷后的高铁锡精矿（其产锡量占全厂锡产量的 40%）一起送三相电炉熔炼，返料用单相电炉熔炼。

三、炼前制粒烧结-鼓风炉熔炼-炉渣烟化炉处理的炼锡流程

英国卡佩尔帕斯（Capper Pass）冶炼厂的炼锡流程[10,21,22]见图 1-2-19。该厂是 1830 年建立的老厂，现在采用此种流程处理来自 40 多个国家的低品位（约 20%Sn）锡精矿、残渣、烟尘及各种再生物料（分为锡基、铜基和铅基三类，分别处理），生产四“9”锡、五“9”锡、电解锡、A 级锡（99.9%Sn）与河牌锡（99.8%Sn）以及焊锡与铜、铅、锑产品。该厂在鼓风炉炼锡中，有意识地用铅作为锡与银的捕集剂，该厂对锡渣烟化炉的研究亦卓有成效。

四、锡铅混合精矿制粒-鼓风炉熔炼-炉渣烟化炉硫化挥发的流程

云南省个旧市鸡街冶炼厂现用炼锡流程[11,23]见图 1-2-20。其处理的锡铅混合精矿成分见表 1-2-9。云锡三冶也采用类似流程（图 1-2-21），处理下列成分（%）的锡铅混合精矿[11]：15～25Sn，25～35Pb，13.58Fe，0.25SiO_2，1.55CaO，0.07MgO，1.03Al_2O_3，0.323Cu，1.43S，3.07As。

表 1-2-9　鸡街冶炼厂处理的锡铅混合精矿成分/%

精矿编号	Pb	Sn	Ag	Cu	Zn	S	As	SiO_2	FeO	CaO
1 号精矿	17.18	9.88	0.007	0.066	微	0.12	1.54	1.62	47.0	微
2 号精矿	19.00	21.50	0.013	0.017	微	微	0.50	3.82	26.16	1.16

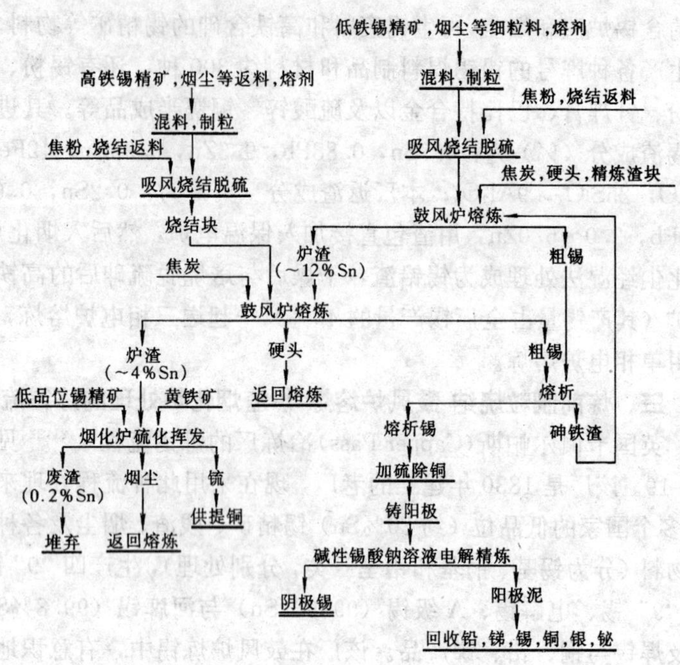

图 1-2-19　卡佩尔帕斯冶炼厂鼓风炉炼锡流程

五、云锡三冶处理难选锡中矿的工艺流程

云锡三冶成立于 1976 年 11 月，是我国采用氯化冶金工艺处理多金属难选贫锡共生矿，综合回收锡、铅、锌、铟、铋、银、镉和铁等有价金属的冶炼厂，是云锡公司采用高温氯化焙烧工艺处理高铁难选锡中矿的主要试验厂[11]。该厂处理的难选锡中矿含锡 1.5%～2%，分为高铁（>45%Fe）难选锡中矿和低铁难选锡中矿，其化学成分见表 1-2-10。处理高铁难选锡中矿采用的回转窑高温氯化工艺流程见图 1-2-22；处理低铁难选锡中矿采用的鼓风炉氯化工艺流程见图 1-2-23。

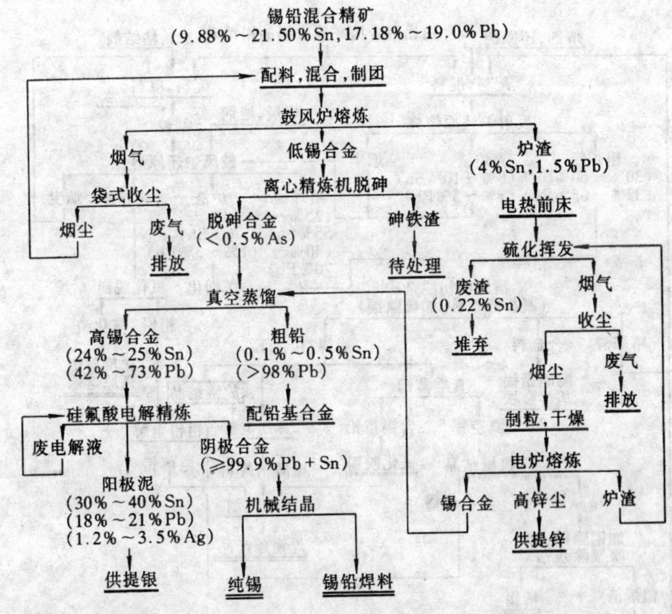

图 1-2-20 鸡街冶炼厂锡铅混合精矿的炼锡流程

表 1-2-10 云锡三冶难选锡中矿的化学成分/%

矿 名	Sn	Pb	As	Zn	Cu	Fe	SiO_2	CaO	MgO	Al_2O_3
卡房矿	1.31	1.81	0.517	0.76	0.227	41.09	8.14	2.23	1.22	4.90
新冠矿	1.535	2.273	0.65	0.667	0.324	47.20	3.77	0.70	0.50	3.38
古山矿	1.36	1.51	0.61	0.97	0.35	43.83	3.87	8.49	4.48	1.30
大屯矿	2.07	1.70	0.10	0.90	0.39	41.05	7.10	2.24	1.55	4.30
个旧矿	2.17	2.18	0.59	0.74	0.35	55.00	2.90	1.20	1.00	0.914
黄茅山矿	1.41	2.96	0.35	0.883	0.305	45.20	3.00	8.10	4.20	6.20
个旧湖尾矿	1.87	1～1.5	0.56	0.20		13.50	32.50	3.35	0.83	13.40

六、同时处理锡精矿与低锡物料的顶吹转炉炼锡流程

美国得克萨斯(Texas)炼锡厂采用图 1-2-24 所示流程[24～27]。顶吹转炉炼锡的特点是，在放出粗锡后紧接着在同一设备中进行

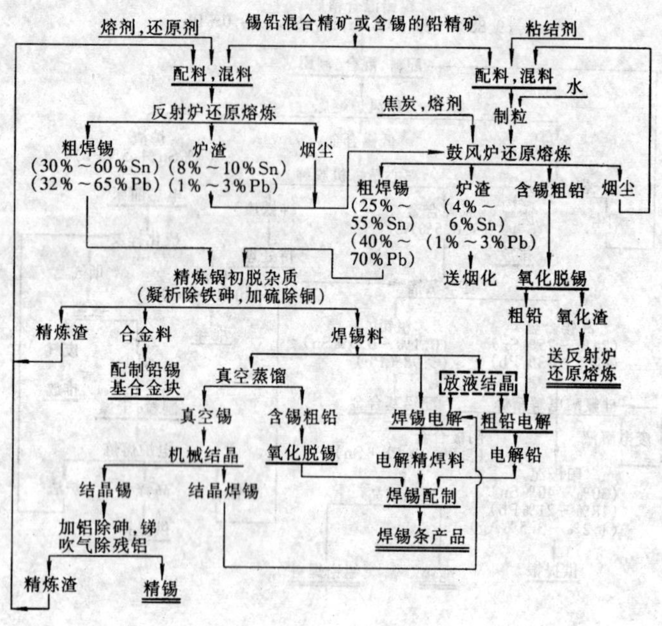

图 1-2-21　云锡三冶锡铅混合精矿直接还原工艺流程

炉渣烟化，当处理含锡低于15%的精矿时则不产粗锡而将全部炉渣直接烟化。

该厂在1963～78年间采用炼前焙烧和酸浸-两次反射炉熔炼流程处理玻利维亚低品位锡精矿。鉴于能适应反射炉两段熔炼法的精矿供应将逐渐减少，于1971年开始研究新的冶炼方法。经过广泛的调查研究，认为顶吹转炉适应性最好。经过中间试验后，1978年建成50t顶吹转炉并投产。从此，该厂连续使用30多年的44m^{2}反射炉被拆除，焙烧炉和酸浸用的高压釜等均停止使用。该厂顶吹转炉处理的物料一般成分见表1-2-11。其锡精矿主要来自玻利维亚、加拿大、秘鲁、马来西亚及美国阿拉斯加等地；锡炉渣和矿泥等多为该厂过去积存下来的；含锡的工业废料则来自世界各地。

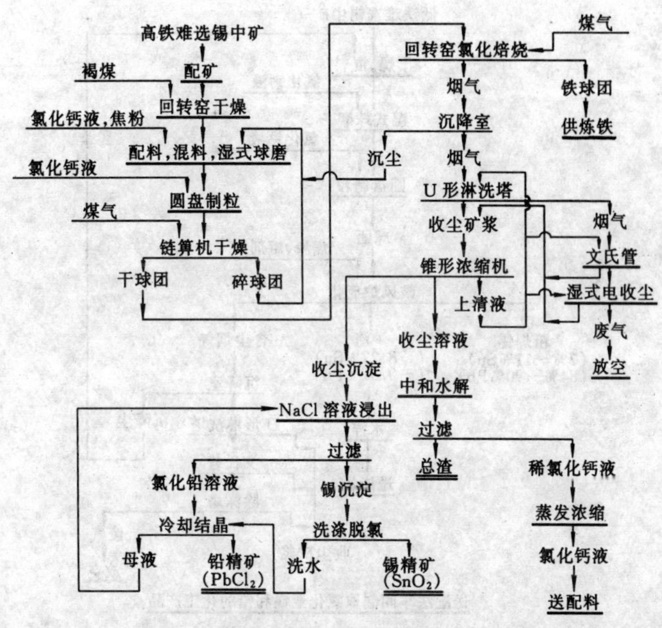

图 1-2-22　云锡三冶高铁难选锡中矿回转窑高温氯化工艺流程

表 1-2-11　得克萨斯炼锡厂顶吹转炉处理的物料成分/%

物料名称	Sn	Fe	Bi	Pb	As	Sb	S	Zn	WO_3	备注
一般锡精矿	20～40	8～30	0.2	0.5～1	0.5～3	0.1～2	3～10		0.1～30	Cu < 0.5% 用量较少
高品位锡精矿	70～75	1	0.01	0.1	0.2	0.1	0.5	0.1	0.2	含有 Cl^-
工业废料	10～30	1～5		<5						
锡炉渣	3～8								4～10	
中矿及矿泥	5									

七、赛罗熔炼法在锡冶金中的应用[28～31,45,46]

赛罗（Siro，亦译作“悉罗”）熔炼法是采用顶插喷枪浸没于

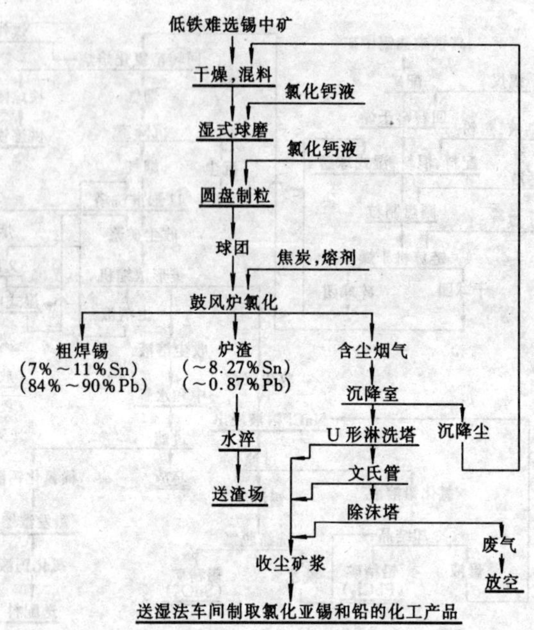

图 1-2-23　云锡三冶低铁难选锡中矿鼓风炉氯化工艺流程

熔体中的一种沉没燃烧熔炼法，系澳大利亚联邦科学与工业组织(CSIRO）与澳大利亚许多公司于 70 年代共同研制，由弗洛伊德(Floyd J. M.）教授等试验和设计的，经过十多年的试验研究，现在已进入工业试验阶段，赛罗熔炼炉系统组合见图 1-2-25。在赛罗熔炼炉中，既可单独熔炼锡炉渣，也可熔炼锡精矿并随后炼渣，还可处理含锡的硫化铜精矿（锍烟化法）等，为处理低品位的复杂锡精矿提供了良好基础。其优点为：熔炼速度快，单位处理量大，系一项强化冶金过程的新技术，值得重视。使用该法的关键问题是喷枪设计。

八、高砷锑的锡中矿单独冶炼流程

目前，各国炼锡厂对选矿过程中产出的复杂锡中矿，均采用

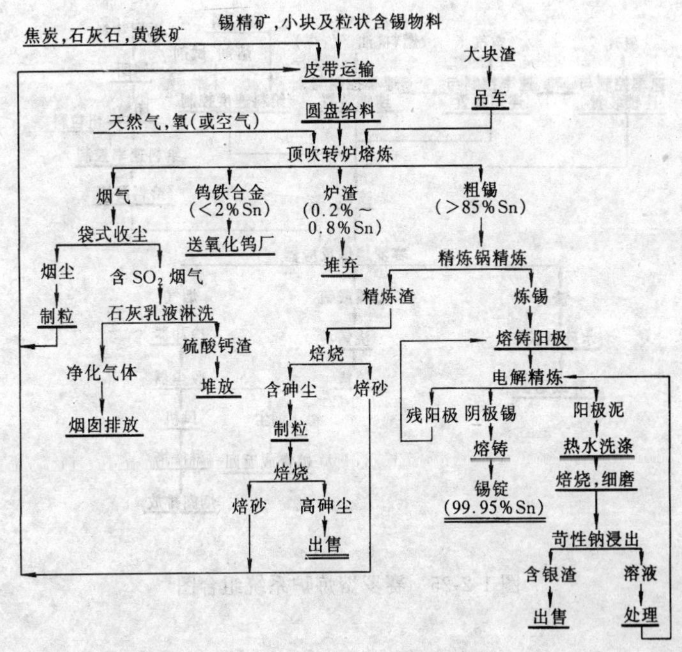

图 1-2-24 得克萨斯炼锡厂顶吹转炉炼锡流程

搭配方式掺入品位较高的锡精矿进行冶炼。我国有大量含砷、锑高的难选锡矿，因此 70 年代末以来作了许多试验研究工作。硫化挥发法富集锡很有效，因而采用选冶结合的流程。在选矿过程中只产出一种含砷、锑高的复杂锡中矿，以提高锡的回收率，随后将此复杂锡中矿在烟化炉中硫化挥发得到复杂锡烟尘。

复杂锡烟尘的处理尚处于试验阶段，有几种不同的流程。

流程之一[33]见图 1-2-26。试验所用的锡中矿化学成分（%）为：4.96Sn，4.33Pb，3.15Sb，1.77As，0.025Ag，0.011In，0.019Cd，0.30Cu，5.99S，0.30C，28.95Fe，0.88CaO，20.44SiO_2，3.05Al_2O_3，产品为锡酸钠。

流程之二[34]见图 1-2-27。试验所用锡烟尘的化学成分（%）

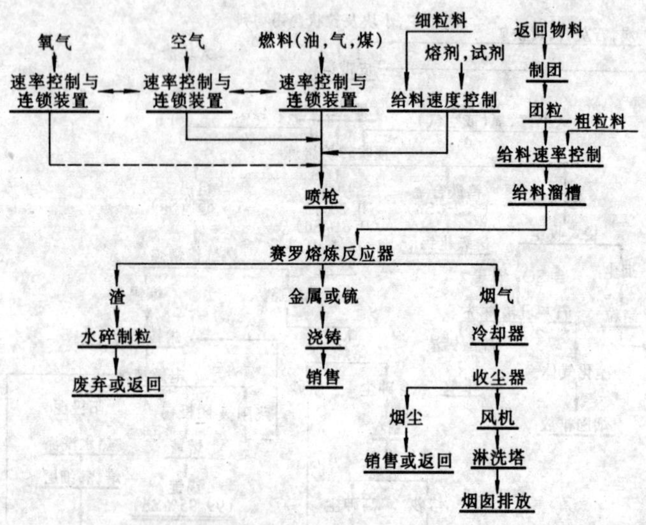

图 1-2-25　赛罗熔炼炉系统组合图

为：21.26Sn，17.92Pb，9.73As，12.56Sb，5.03Zn，0.041Ag，0.047In，0.19Cd，3.79S，2.63Fe，0.29CaO，3.28SiO_2。其物相分析见表 1-2-12。产品为锡铅合金。

表 1-2-12　高砷锑多金属锡烟尘的物相分析/%

锡		铅		砷		锑		锌	
物相	含量	物相	含量	物相	含量	物相	含量	物相	含量
SnO	5.7	$PbSO_4$	25.1	As_2O_3	32.3	Sb_2O_3	21.6	ZnO	6.2
SnO_2	87.9	PbO	57.1	$M_3(AsO_4)_2$	57.5	Sb_2S_3	4.3	ZnS	84.8
Sn	6.2	PbS	5.5	As	1.9	$M_3(SbO_4)_2$	74.1	不溶渣	0.9
		不溶渣	11.7	As_2S_3	8.3				

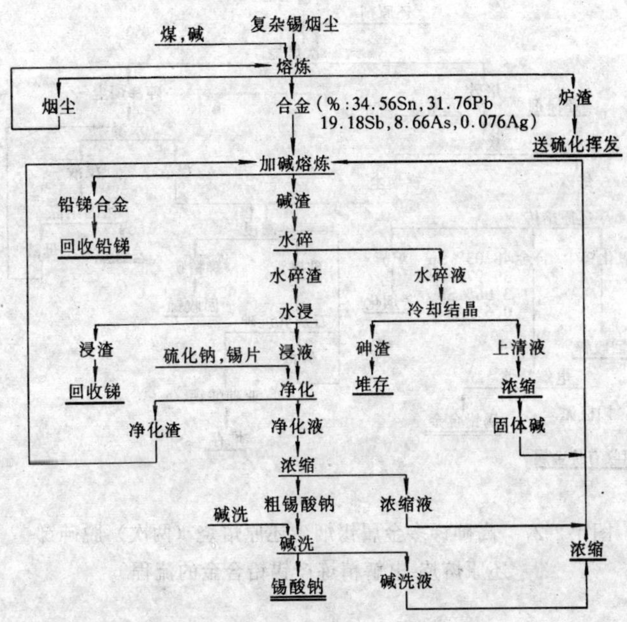

图 1-2-26　复杂锡烟尘熔炼-合金加碱熔炼-碱渣水浸-浸出液净化和浓缩产锡酸钠的流程

流程之三[35]见图 1-2-28。试料的化学成分（%）为：23.28Sn，11.81Sb，20.74Pb，4.79Zn，0.055Ag，2.56S，6.42As，1.85Fe，0.004Bi，0.81CaO，2.79SiO_2，1.20Al_2O_3，0.047In。这是一个湿法与火法相结合的流程，利用氯化还原浸出蒸馏法，一次彻底分离出砷；并能较彻底地脱除锑、铅、锌、银、铁等伴生元素，然后进入传统的火法流程。

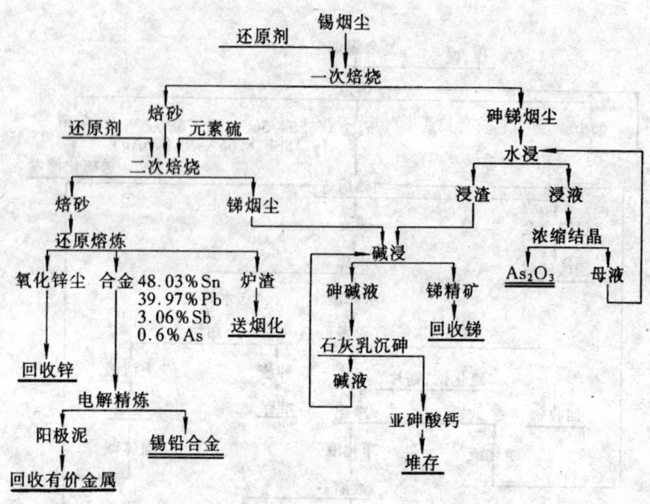

图 1-2-27　高砷锑多金属锡烟尘还原焙烧（两次）脱砷锑-还原熔炼-电解精炼产锡铅合金的流程

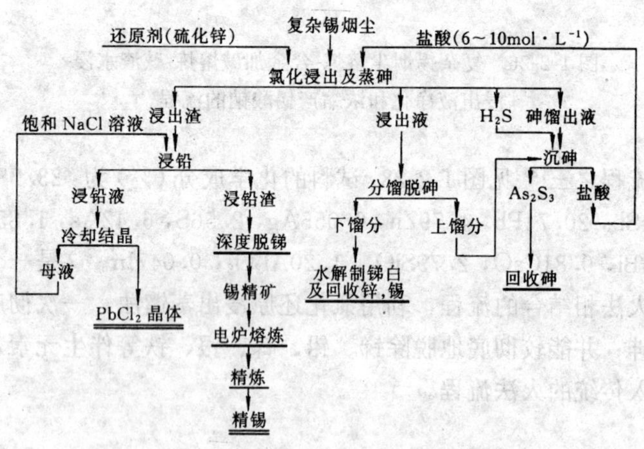

图 1-2-28　CR（氯化还原浸出蒸馏）法处理高砷锑多金属锡烟尘的原则流程

第四节 锡的湿法冶金

60 年代中期以来，各国对低品位锡精矿和复杂的锡矿物原料进行了许多湿法冶金的试验研究工作[5]，但用于工业生产的很少。由于自然界锡矿物主要为锡石，它不溶于普通的水溶液，因而锡的湿法冶金往往须先将锡石还原为亚锡态或金属态。直接处理锡石精矿的湿法冶金和电冶金方面的工作则报道很少。

一、SnO_2 还原为金属锡-酸浸-电积法

图 1-2-29 是加拿大新布伦瑞克(New Brunwick)冶炼厂的炼锡流程[1,36]。该厂处理的锡精矿含 25%～30%Sn，0.5%Zn，并有钨、钽、铌等杂质。在将 SnO_2 还原为金属锡前还进行还原焙烧-磁选，以脱去大部分钨、钽、铌。电积得阴极锡的纯度达 99.9%Sn。

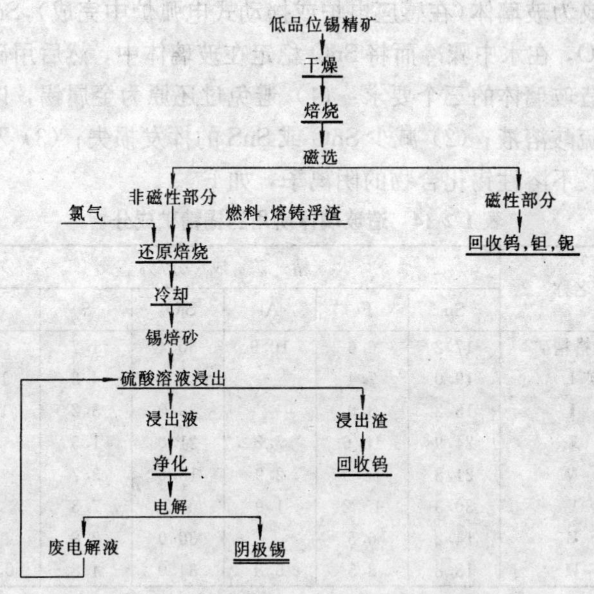

图 1-2-29 新布伦瑞克冶炼厂湿法炼锡流程

二、SnO_2 还原为金属锡-酸浸-铝屑置换法

还原-酸浸-置换法只见于试验研究报道[37]。试料成分见表 1-2-13。第一步是焙烧脱硫，然后用氢气将 SnO_2 还原为金属锡，再用盐酸或硫酸＋$FeCl_3$（NaCl）浸出锡，最后用铝屑从溶液中置换出锡。置换效率高，锡回收率达 99%以上。

表 1-2-13　试料成分/%

项　目	Sn	Fe	SiO_2	F	S	Ca	Mg	Al
试料 A	14.2	6.5	30.0	8.0	2.8	9.0	0.8	5.8
试料 B	18.8	8.5	34.0	0.98	4.8	0.83		5.6

三、SnO_2 还原为 SnO 稳定在玻璃体中-酸浸-电积法

还原-酸浸-电积法只见于试验研究报道[5,38]。试料成分见表 1-2-14。此法的特点是锡精矿与石英砂、石灰一道在 1200～1450℃时熔化成为玻璃体（在感应电炉或摇动式电弧炉中完成），SnO_2 还原为 SnO，在水中骤冷而将 SnO 稳定在玻璃体中，然后用硫酸浸出锡。造玻璃体的三个要求：(1) 避免过还原为金属锡，以免不溶于稀硫酸溶液；(2) 减少 SnO 或 SnS 的挥发损失；(3) 不存在可生成酸不溶性锡化合物的阴离子，如 F^-。

表 1-2-14　造玻璃体所用的锡精矿成分

精矿名称	精矿成分/%					
	Sn	Fe	Al	SiO_2	S	F
人工配搭精矿	17.2	6.6	10.9	30.4	1.7	
精矿 Ⅰ	19.0	7.4		42.0	4.8	1.7
Ⅱ	15.2	8.0		39.0	3.2	1.2
Ⅲ	24.9	15.6	7.2	21.0	1.5	
Ⅳ	21.8	16.9	2.9	15.6	3.7	
Ⅴ	30.3	15.2	1.9	9.2	7.3	
Ⅵ	14.2	6.5		30.0	2.8	9.0
Ⅶ	18.8	8.5	5.8	34.0	4.8	0.98

造玻璃体的 SiO_2 含量约 30%时，锡的浸出率最高。硫、氟和过多的 CaO 都降低锡回收率。过多的 CaO 可增强 SnO 挥发。氟明

显地稳定 Sn（Ⅳ）化合物，使之只溶于盐酸而不溶于硫酸，故须在浮选时将 CaF_2 降至 1%以下。硫不仅导致生成 SnS 而挥发，且生成的锡的硫化物不溶于玻璃体中；预焙烧可脱硫，但要避免铁氧化为 Fe_2O_3，增加以后还原的困难。此法的主要生产步骤见图 1-2-30。此法的一个发展是利用“玻璃体稳定亚锡”原理处理高铁的锡中矿，并且不用电积法，而是从硫酸浸出液中置换出海绵锡，用以制取锡酸钠等化工产品[39]。其生产工艺流程见图 1-2-31。

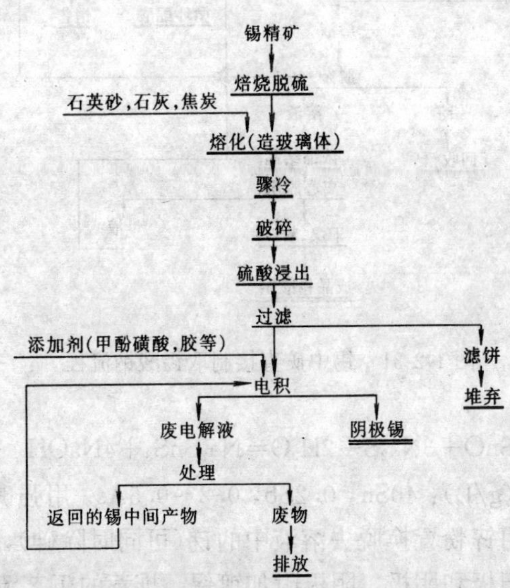

图 1-2-30 造玻璃体-酸浸-电积法炼锡原则流程

四、硫化钠＋氢氧化钠溶液高压浸出-电积法

Na_2S＋NaOH 高压浸出-电积法只见于试验研究报道[40]。试料成分（%）为：19.78Sn，0.80Zn，26Fe，0.02C，0.78As，1.32Sb，0.03Bi，1.00Pb，$3SiO_2$，13S，微量 CaO。在高压釜中，用 Na_2S 浓度为 50～200g/L 的碱性溶液，在 250～350℃条件下浸出，矿石明显溶解，按下列反应生成硫代锡酸钠：

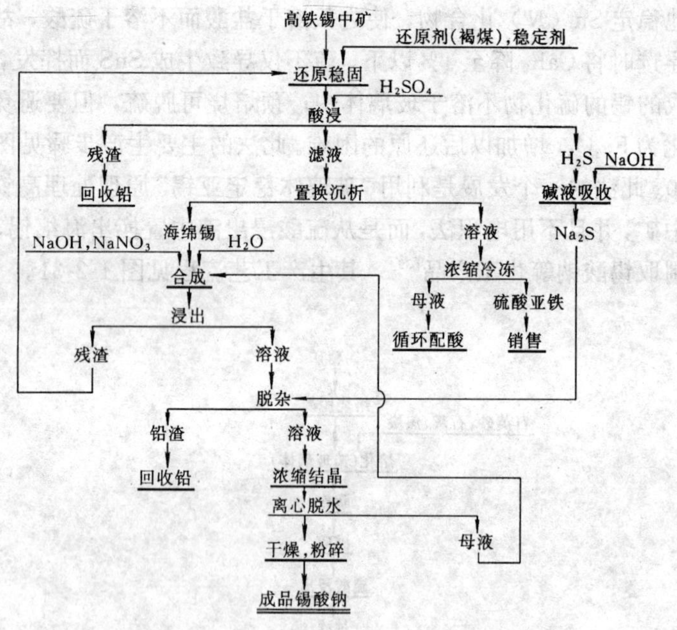

图 1-2-31　锡中矿直接制取锡酸钠流程

$$SnO+3Na_2S+2H_2O=Na_2SnS_3+4NaOH$$

浸出液成分 (g/L)：40Sn，0.2Sb，0.2～0.5As。用强碱性阴离子交换树脂或用锌粉置换脱去溶液中的锑(可同时除砷),然后电解,用薄钢板作阳极和阴极。阴极附加镀锡。推荐的工艺流程见图 1-2-32。

五、硫化挥发-NaOH+Na_2S 浸出烟化尘-电积法

硫化挥发-浸出-电积法只见于试验研究报道[41]。采用复杂锡矿石作原料，经硫化挥发得烟化尘，其成分（%）为：35.1Sn，2.0As，1.9Sb，0.2Bi，0.1Cu，5.4Pb，5.6S，3.4Zn。用 NaOH +Na_2S 的溶液浸出烟化尘。浸液中由 NaOH 与 Na_2S 提供的钠之比为 3∶1。由于烟化尘中除 SnO_2 外还有 SnO 和 SnS，浸出时须加入氧化剂。浸出过程中锑呈硫化物进入渣中。浸出液以结晶法

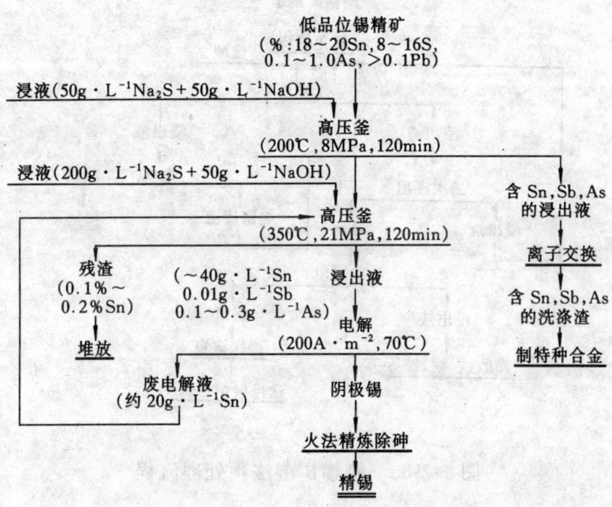

图 1-2-32　硫化钠碱性溶液高压浸出-电积法炼锡流程

脱砷后电积，产出 AAA 级锡。电流密度可达 $200A/m^2$，电流效率可达 95%以上。电解液为 Na_2SnO_3 和 Na_2SnS_3 的混合物。

六、黝锡矿的炼锡流程

我国对黝锡矿炼锡研究较多。在 70 年代，广西栗木锡矿选炼厂，即在工业生产中对黝锡矿采用图 1-2-33 的预处理流程，然后进入反射炉熔炼[1,11]，其全流程是湿法与火法相结合的。后来又有黝锡矿湿法炼锡的试验研究报道[42]。所用试料的化学成分和物相分析见表 1-2-15，推荐的炼锡流程见图 1-2-34。

表 1-2-15　黝锡矿精矿的化学成分和物相分析/%

化学成分	元素	Sn	Cu	Fe	Pb	As	Sb	Bi	S	Ag	SiO_2	CaO	
	含量	19.42	25.87	11.86	0.24	3.01	0.03	0.13	27.2	0.1275	0.55	0.35	
物相分析	矿物	黝锡矿	黄铜矿	铜蓝	黄铁矿	斑铜矿	铁闪锌矿	毒砂	其他	磁黄铁矿	锡石	辉铜矿	辉钼矿
	含量	75.5	10	0.9	1.3	1.3	1.4	7.8	2.6	少量	少量	微	微

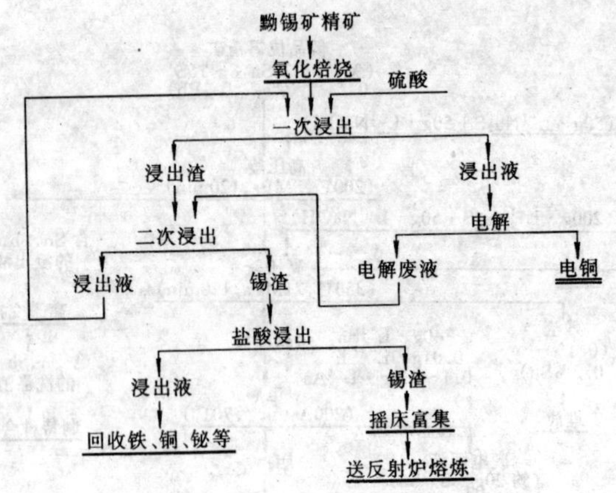

图 1-2-33 黝锡矿湿法预处理流程

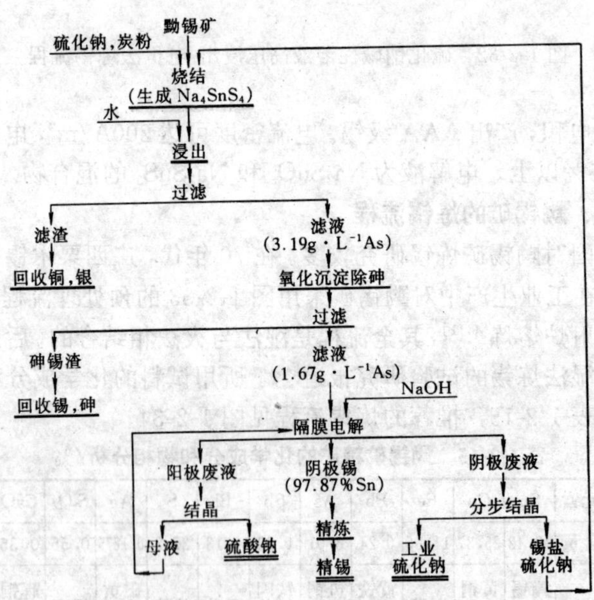

图 1-2-34 黝锡矿湿法冶炼流程

七、锡石精矿的湿法冶金和电冶金处理

锡石精矿的湿法冶金和电冶金法只见于试验研究报道[43]。试料为埃及东部沙漠地区中部艾格拉（Igla）锡石精矿，其化学分析和光谱分析的数据见表 1-2-16，推荐采用的炼锡流程见图 1-2-35。文献作者认为，流程中的三种冶金方法中，锡石在球磨高压釜中进行碱性浸出的优点较多。

表 1-2-16 艾格拉锡石精矿的化学分析和光谱分析

	组分	SnO_2	SiO_2	TiO_2	Fe_2O_3	Al_2O_3	MgO	FeO	MnO	Na_2O	K_2O	$+H_2O$	$-H_2O$
化学分析	含量/%	93.01	2.60	0.75	0.40	0.71	0.11	0.47	0.42	0.14	0.15	1.84	0.02
光谱分析	组分	Sc	Zr	Be	V	Pb	Cu						
	含量 $/10^{-6}$	30	290	4	92	43	56						

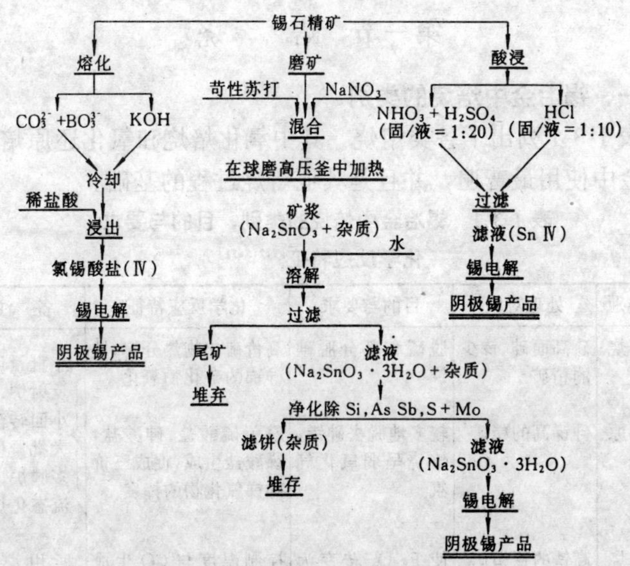

图 1-2-35 湿法冶金和电冶金方法处理艾拉格锡矿的工艺流程

第三章　锡精矿的炼前处理

锡精矿的炼前处理，一般是指精选、焙烧和浸出。其目的是除去精矿中有害杂质和提高精矿的锡品位，从而简化冶炼流程，提高锡的冶炼回收率，同时也有利于综合回收伴生的有价金属。在湿法流程中，焙烧和浸出占有很重要的位置。也有的火法炼锡流程中无炼前处理作业，但这样往往影响锡的冶炼直收率，并使精炼作业复杂化。

炼前处理的三类作业中，精选（如磁选、重选或浮选）属于选矿技术，以下只阐述焙烧和浸出。

第一节　焙　　烧

一、锡冶金中焙烧的类别

表 1-3-1 列出了各类焙烧，其中氧化焙烧和氧化还原焙烧在锡冶金中使用最普遍，并且是其他焙烧过程的基础。

表 1-3-1　锡冶金中焙烧的类别、目的与要求、化学反应特征[1,2,5,11]

焙烧类别	处理对象	目的与要求	化学反应特征	备　注
氧化焙烧	硫高而砷、锑少的精矿	脱硫和部分脱砷锑	高价硫化物热分解，铁砷锑的硫化物氧化	小批量用反射炉、小回转窑；大批量用多膛炉、流态化炉
氧化还原焙烧	砷锑高的精矿	较多地脱去砷锑，焙烧呈弱氧化气氛	避免硫酸盐、砷酸盐，锑酸盐生成，促成三价砷锑氧化物的挥发	
还原焙烧	高铁的锡精矿	使 Fe_2O_3 转变为 Fe_3O_4 便于磁选，或转变为 FeO 便于浸出	控制温度与 CO 生成率，使 Fe_2O_3 还原至要求的程度，而不使 SnO_2 还原	所用炉型同上

续表 1-3-1

焙烧类别	处理对象	目的与要求	化学反应特征	备 注
还原焙烧	复杂低锡物料	使 SnO_2 转变为 SnO 或金属锡供酸浸	用 H_2 还原	用于湿法炼锡
氯化焙烧	高铅铋精矿	使铅、铋呈氯化物挥发	氧化还原反应在前，氯化反应在后、氯化剂为 NaCl	多使用多膛炉，焙烧温度600～800℃
	高铁的锡中矿	脱除全部有色金属，使球团可用于炼铁	氧化还原反应在前，氯化反应在后并且进行得很充分，氯化剂为 $CaCl_2$	使用回转窑，焙烧温度1000～1050℃
苏打烧结焙烧	高钨的锡精矿	生成钨酸钠，便于水浸脱钨	伴有先行的氧化反应或氧化还原反应．以苏打作熔剂	多使用反射炉

二、多膛炉焙烧

多膛炉便于控制炉内气氛和温度，用于锡精矿焙烧脱硫砷和铅铋，炉膛为4～9层。其使用情况列于表1-3-2。

表 1-3-2 多膛炉的使用情况[1,13]

厂 别	炉层数和主要尺寸	焙烧对象与目的	床层温度 /℃	技术经济指标
印尼佩尔蒂姆炼锡厂	4层炉，外径3.66m，高7.1m	含0.01%～1.50%S，0.003%～0.057%As的锡精矿脱硫砷	400～800	炉能力：$8t\cdot d^{-1}$
玻利维亚文托炼锡厂	4座9层炉。3座用于焙烧脱硫砷，一座用于氯化焙烧脱铅铋	含0.6%～15%S，0.04%～2.2%As，0.006%～0.35%Pb，0.003%～0.25%Bi的锡精矿脱硫砷和脱铅铋	500→700→800(第4层)→350	床能力：$0.27t\cdot m^{-2}\cdot d^{-1}$ 脱杂率：约100%S，约85%As，20%～30%Sb、Pb、Bi 氯化焙烧时Bi降至低于0.1%、耗油和木炭用量皆4%

续表 1-3-2

厂　别	炉层数和主要尺寸	焙烧对象与目的	床层温度/℃	技术经济指标
俄罗斯新西伯利亚锡业公司冶炼厂	7 层炉，床面积 109m^2	含 0.9%～9.5%S，0.3%～1.9%As 的粗精矿，焙烧脱硫砷	400→750(第 2 层)→200(精矿含 S<3%时)，400→850(第 3 层)→250(精矿含 S>3%时)	床能力：0.15～0.3t·m^{-2}·d^{-1} 脱杂率：80%～97%S，70%～85%As 还原煤和重油的耗量均为 6%
美国得克萨斯炼锡厂	2 台 6 层炉，直径 4.12m(用于反射炉炼锡流程)	含 10.60%～27.50%S，0.25%～3.00%As，0.05%～1.50%Sb，0.05%～2.92%Pb，0.02%～0.12%Bi 的精矿脱硫砷和铅铋	482～510(第 1 层)→649～760(第 3～5 层)→316～427(第 6 层)	1t 精矿的天然气耗量：约 1590m^3·t^{-1} 焦粉耗量：3%～5%精矿量。氯化焙烧时每 1%Pb 加入 5% NaCl 可脱全部硫和大部分砷、铅

三、回转窑焙烧

回转窑机械化程度高，维护及操作简便，适应性较强，可用于锡冶金中的各类焙烧。其使用情况列于表 1-3-3。

表 1-3-3　回转窑焙烧用于锡冶金的情况[9,11]

厂　别	窑的主要尺寸	焙烧对象与目的	窑的工作状况	技术经济指标
广州冶炼厂	ϕ0.8m($\phi_{内}$0.55m)×7.0m	锡中矿脱硫砷，钨锡中矿进行苏打烧结焙烧	窑温 800～850℃，锡中矿料在窑内停留 1h，高硫砷的焙烧两次。烧结焙烧时焙烧 4h，烧结 3h	窑能力：2～3t·d^{-1}，粉煤用量：3%～5%矿量，苏打烧结焙烧时粉煤用量为 0%～2%矿量，苏打用量为 WO_3 含量的 1.3～1.5 倍

续表 1-3-3

厂 别	窑的主要尺寸	焙烧对象与目的	窑的工作状况	技术经济指标
衡阳冶炼厂	ϕ1.0m ×8.0m	S+As>1%的锡精矿，焙烧脱硫、砷	窑尾温度 450～520℃，窑尾负压19.61～29.41Pa，物料在窑内停留20～30min	床能力：2.2～2.7t·m^{-3}·d^{-1}，还原煤用量为精矿含(S+As)总量的0.5～1倍。燃煤率17.56%，硫和砷的脱除率大于90%，锡回收率大于99%
平桂矿务局西湾冶炼厂	ϕ1.2m ×20m	含2.44%S，1.79%As的锡精矿，焙烧脱硫砷	窑头温度850～900℃，窑中温度410℃，窑尾温度200～240℃，窑内微负压	日产20～25t焙砂，1t焙砂煤耗0.16t，脱硫率78.75%，脱砷率79.72%
云锡三冶	ϕ2.844m ×28m	含1.41%～2.17%Sn，1.27%～2.96%Pb，45%～55%Fe，并含有As、Zn、Cu的难选锡中矿，高温氯化挥发脱除有色金属得到可用于炼铁的球团	弱还原气氛，微负压。窑头温度1000～1050℃，窑尾温度500℃。窑转速110～130r/s。物料在窑内停留时间150～180min	窑能力：100t矿/d。金属挥发率：94%～96%Sn，>98%Pb，82%～90%As。流程总回收率：85%Sn，83%Pb，40%Cl_2。产出的锡精矿品位40%～50%，铅精矿品位高于60%
日本生野炼锡厂	1号窑：ϕ1.22m ×16.68m 2号窑：ϕ2.335m ×18.29m	1号窑焙烧不含钨的锡精矿（含7%～10%S），2号窑处理含钨的锡精矿（0.5%～0.7%S，0.7%～30%WO_3）	1号窑氧化焙烧，温度600～800℃。2号窑先在800℃下氧化焙烧脱硫，粉碎后加20%苏打混匀再在850℃下烧结	1号窑处理能力0.15～0.3t·h^{-1}，脱硫率为80%，2号窑处理能力1.5～2.0t·h^{-1}，WO_3浸出率82%

四、反射炉焙烧

我国有些小型炼锡厂采用反射炉焙烧，其情况见表 1-3-4。

表 1-3-4 反射炉焙烧用于锡冶金中的情况[11]

厂 别	炉面积/m^2	焙烧目的	炉温/℃	备 注
赣南炼锡厂	7	脱硫、砷	650～700	人工耙动
栗木锡矿选炼厂	7	高铜渣硫化		利用黝锡矿作硫化剂
郴州地区有色冶炼厂	2	脱硫砷	800～900	炉处理能力 $10t \cdot d^{-1}$

五、流态化炉焙烧[1,2,11,44]

国外炼锡厂使用流态化炉焙烧的很少，仅有前苏联的简短报道。我国柳州冶炼厂（简称柳冶）使用流态化炉焙烧锡精矿已有二十多年的生产实践经验。与多膛炉比较，此炉的炉床能率高，结构简单，操作全部机械化，维修方便；整个系统密封，消除了 As_2O_3 和 SO_2 的危害，劳动条件较好；燃料消耗低，生产成本低，经济效益好。图 1-3-1 为柳冶使用的流态化焙烧炉简图。

柳冶流态化焙烧炉的主要结构参数、操作条件及技术经济指标[11,44]如下。

主要结构参数：

炉型：圆形，单层；炉床面积：1.77m^2；本床直径：1.5m；上部内径：1.73m；排料口高：0.5m；下料口高：0.675m；炉内高：6.3m；排烟口位置及尺寸：顶部，ϕ350mm；风帽：176 个，按同心圆排列，间距 100mm，风帽密度 99 个/m^2；

风帽型式及风眼、气流喷出速度：侧孔式伞形风帽，风眼为 ϕ4mm × 4 孔，气流喷出速度 26.5m/s；气体分布板孔眼率：0.65%。

操作条件：

焙烧温度：850～950℃；炉气出口温度：450～500℃；炉内气氛：弱氧化气氛；1t 精矿需风量：850～1000m^3；空气过剩系数：1.1～1.4；鼓风压力：0.01274～0.01471MPa；气流操作线速度：0.45～0.85m/s；流态化层高度：0.5～0.8m；炉顶压力：0～

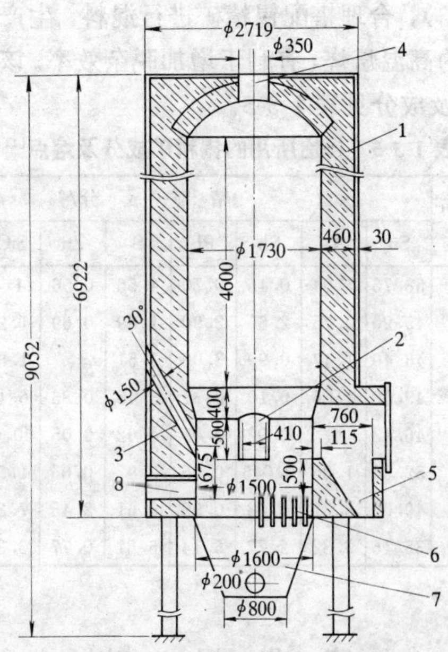

图 1-3-1 锡精矿流态化焙烧炉简图[44]

1—炉身；2—炉门；3—加料管；4—排烟口；5—排料口；

6—炉底；7—风箱；8—清砂炉口

19.61Pa；物料在炉内停留时间：2～2.5h；炉气在炉内停留时间：>8s；配煤率：2.5%～7%，使硫与煤量之和约为10%；工作日：300d/a。

技术经济指标：

炉床能力（按焙砂计）：11～18t $(m^2 \cdot d)^{-1}$；回收率：98%～99%；焙砂产出率：90%～94%；烟尘产出率：3.9%～5.5%；杂质脱除率（%）：91～94S，83～87As，56～62Sb，44～58Pb；出炉烟气成分（%）：5.5～10CO_2，8～14CO+O+O_2，1.5～3SO_2；每吨精矿的单耗：57kW·h，45kg 煤，21t 水，1个劳动工日。

柳冶能成功地进行锡精矿流态化焙烧的原因之一是，用小型模拟式流态化炉精确地测定了各种锡精矿的流态化熔点（比软化点低 50～100℃)，合理搭配锡精矿进行混料，生产中能成功地采用 850℃以上的高温焙烧，有利于增加脱杂效率。该厂所用的锡精矿流态化熔点及成分见表 1-3-5。

表 1-3-5 柳冶所用的锡精矿成分及熔点[11]

精矿序号	熔点/℃	配煤率/%	精矿成分/%								
			Sn	As	Sb	Pb	S	Zn	SiO_2	FeO	CaO
1	894	5.5	58.76	1.04	0.46	0.70	4.56	0.56	1.4	10.6	0.61
2	944	8.1	45.90	0.75	2.65	2.90	1.89	0.69	1.27	8.24	0.13
3	805	6.8	48.40	1.47	0.99	3.06	3.51		1.87	9.62	0.74
4	909	6.5	49.50	1.06	0.10	0.37	3.48	0.33	6.12	13.18	2.56
5	962	5.4	46.43	微	0.02	0.05	4.62	0.05	0.6	28.78	0.12
6	932	7.0	52.66	1.85	0.045	0.05	2.97	0.05	1.57	18.63	0.25
7	966	5.4	49.00	8.32	0.08	0.92	5.61	2.45	7.25	10.66	0.23
8	792	4.2	35.16	3.32	2.77	5.14	6.81	0.77	3.36	22.46	0.25

第二节 浸 出

一、锡冶金中浸出作业的类别

表 1-3-6 列出了锡冶金中的各类浸出，其中仅盐酸浸出和水浸出用于现在的工业生产中。

表 1-3-6 锡冶金中浸出的类别、目的与要求、化学反应特征[1,2,5,11,31～42]

浸出类别	处理对象	目的与要求	化学反应特征	备 注
盐酸浸出	氧化焙烧或氧化还原焙烧后的高铁锡精矿	除铁，同时除砷、铋、铜、锌、锑等杂质	伴生金属氧化物溶于盐酸中，得较纯的锡石精矿	由于烟化法炼渣及精炼技术的发展，现已少用
	焙烧脱硫后的高铋锡精矿	将铋溶出成为 $BiCl_3$ 溶液，水解后得 BiOCl 沉淀(提铋原料)	铋的氧化物溶于盐酸，得较纯的锡石精矿	现在使用较少

续表 1-3-6

浸出类别	处理对象	目的与要求	化学反应特征	备 注
盐酸浸出	含锡的钨精矿	分解白钨矿,回收其中的钨与锡	钨酸钙在盐酸中分解,钙进入溶液,得锡石与钨酸沉淀	锡石与钨酸的沉淀,再经氨溶,分离出锡石精矿
	含锡的黑钨精矿	溶去锡石表面的氧化铁,使锡石无磁性	氧化铁溶于盐酸中,留下锡石与黑钨矿	进一步磁选,分离出黑钨矿,得锡石精矿
	复杂锡烟尘	溶出 SnO_2 外的金属氧化物和硫化物,得较纯的 SnO_2 精矿	伴生金属的氧化物和硫化物转变为氯化物,然后分别回收	尚处于试验研究阶段
热水浸出	苏打烧结焙烧后的高钨锡精矿	热水浸出钨酸钠,得较纯的锡石精矿	钨酸钠溶于水中,锡石留于浸出渣	试验研究阶段
	硫化烧结后的黝锡矿	浸出硫代锡酸钠,分离出铜、银	硫代锡酸钠溶于水中,铜、银硫化物留于渣	
	复杂锡烟尘加碱熔炼的产物	浸出锡酸钠,净化后作为产品	熔体锡酸钠溶于水中,分离杂质	
硫酸浸出	氢气还原焙烧后的锡精矿	浸出呈 SnO 和金属态的锡,供电解或置换出锡	SnO 和金属锡溶于硫酸中,成为硫酸亚锡	
	稳定在玻璃体中的 SnO	浸出锡,供电解或置换出锡	SnO 溶于硫酸中,成为硫酸亚锡	
	氧化焙烧后的黝锡矿	浸出铜,得较纯的锡石精矿	氧化铜溶于硫酸中	

续表 1-3-6

浸出类别	处理对象	目的与要求	化学反应特征	备　注
Na_2S+NaOH溶液浸出	低品位复杂锡精矿	生成硫代锡酸钠,供电解提锡	在高压釜中进行,200℃时主要浸出锑砷,350℃时 SnO_2 溶解	试验研究阶段
	复杂锡矿硫化挥发产出的锡烟尘	使 SnO_2,SnO,SnS 转变为 Na_2SnS_3 和 Na_2SnO_3	常压下90℃时生成可溶于水的硫代锡酸盐和锡酸盐,供电解提锡	
苛性苏打+$NaNO_3$溶液浸出	锡石精矿	使 SnO_2 转变为 $NaSnO_3$ 溶于水中,净化后供电解提锡	高压浸出	

二、炼锡厂使用浸出作业的情况

炼锡厂生产中使用浸出作业的不多，其情况列于表 1-3-7。

表 1-3-7　炼锡厂使用浸出作业的情况[1,2,5,9,11]

厂　别	处理对象	使用设备	浸出概况	备　注
美国得克萨斯炼锡厂	焙砂成分(%)为：29.41Sn,24.30Fe,2.78Pb,0.107Bi,0.205Cu,0.419As,0.888Sb,915g·t^{-1}Ag	6台 ϕ3.66m的球形高压釜,钢壳内壁有橡胶-耐酸砖-环氧树脂层衬里,搅拌器转速1r·min^{-1}	20°波美盐酸浸出,温度105℃,工作压力0.3MPa,搅拌浸出4h	杂质脱除率(%)：88Fe,87.7Pb,93.5Bi,77.3Cu,89As,66.4Sb,97.5Ag。1978年改用顶吹转炉炼锡后,不用浸出系统

续表 1-3-7

厂 别	处理对象	使用设备	浸出概况	备 注
俄罗斯新西伯利亚炼锡厂	a. 高铁锡精矿 b. 含铋>0.01%的锡精矿 c. 白钨精矿 d. 黑钨精矿	φ2.1m×3.14m的圆筒形浸出器，钢壳内衬橡胶和瓷砖。圆筒转速为3～5r·min^{-1}	不含钨的锡精矿用密度为1.14kg·L^{-1}的盐酸浸出，温度110～130℃，工作压力0.2MPa，浸出2～6h	处理不含钨的锡精矿1t一次浸出耗盐酸250～400kg，二次浸出耗盐酸100kg。过滤、水洗，干燥后送熔炼
云锡三冶	成分(%)为15～20Sn，25～35WO_3，9.15Fe，0.11Bi，1.45S，0.1As的钨锡中矿，已经过焙烧脱硫和球磨	机械搅拌浸出槽φ1.6m，容积1.8m^3	盐酸浸出，白钨矿分解率97%～98.5%。锡石与钨酸进入沉淀。氨溶沉淀得55%～60%Sn的精矿（WO_3<3%）	锡实收率91%～93%，WO_3实收率81%～85%，1t矿的盐酸耗量3.0～3.7t
广州冶炼厂	钨锡中矿焙烧脱硫后的焙砂（含：27%～30%WO_3，6%～10%Sn，<1%As，0.02%～0.6%S)，经过磨碎→苏打烧结→再磨碎	机械搅拌浸出槽	水浸出，固：液=1：1～1.3，温度80～90℃，时间0.5～1.5h	

第四章　锡精矿的还原熔炼

锡精矿的还原熔炼是火法炼锡流程的核心，其目的是从矿石中提出尽可能多的锡，并且有效地分离出铁及其他一些杂质，以便精炼。随着矿源情况的变化及科技的发展，现在多种熔炼炉应用于锡精矿的还原熔炼。铁锡分离是还原熔炼中要首先考虑的基本问题。

第一节　锡精矿还原熔炼的类别

锡精矿还原熔炼的类别及主要特点见表1-4-1。

表1-4-1　锡精矿还原熔炼的类别及其主要特点[1,2,5,11,25~31,45~46]

熔炼类别	适用的物料	供热情况	作业特点	备　注
反射炉熔炼	细粒精矿锡品位40%~70%	可烧块煤、粉煤、重油、天然气供热。炉温由熔炼开始的900~1100℃至结束时的1300~1400℃	间断作业。还原过程容易调节。人工搅拌炉料。炉床面积由5~7m^2至50m^2，甚至66m^2。基建费用较少	热效率仅15%左右；废气量大，带走热量占总热量约60%，须利用废气余热。床能率为1~1.8$t \cdot m^{-2} \cdot d^{-1}$，正在研究连续熔炼
电炉熔炼	细粒物料也可处理，难熔物料，要求含铁2%~5%	电能供热，炉温达1400~1550℃，且易于控制	炉内高温和强还原气氛使炉料中铁大部分被还原	热效率高，接近50%，但电耗高。烟气量小，烟尘率低。床能率为2.5~3$t \cdot m^{-2} \cdot d^{-1}$，基建费高
鼓风炉熔炼	块状物料，可处理制粒后的低品位锡精矿	焦炭供热	连续作业，生产能力大，热效率高，基建投资少	1m^2炉床每昼夜产锡2.2t（英国卡佩尔，帕斯炼锡厂）

续表 1-4-1

熔炼类别	适用的物料	供热情况	作业特点	备　注
短窑熔炼	细粒物料和硬头等块状物料	烧重油供热，熔炼温度 1100～1250℃，最高温度 1350℃	间断作业。炉体转动，炉料与烟气的温差小，热效率高，熔炼反应易达到平衡	床能率：1.36t · m^{-2} · d^{-1}（印尼佩尔蒂姆炼锡厂），窑衬寿命短（8 个月），耐火材料消耗大，且其中吸收的锡难于回收。熔炼阶段的还原强度弱，渣含锡高，SnO 挥发多
顶吹转炉熔炼	细粒物料和炉渣等块状物料，包括 3%～8% Sn 的渣和 5% Sn 的中矿	烧天然气，重油，并以氧气助燃，升温快	炉子转动带来的优点与短窑熔炼相同，但熔炼强度更大，并且可在炉内炼渣，使渣含锡达 0.3%～0.5%	有效容积 16m^3 的转炉处理量 80 ～ 120t · d^{-1}。锡直收率 82%～84%，烟气量小。缺点：炉衬易坏，炉龄仅 90～100d（美国得克萨斯炼锡厂）
赛罗熔炼	熔融炉渣或块料，细粒物料，包括高、中、低品位锡精矿，中矿和烟尘	可烧煤气、天然气、重油或粉煤供热。褐煤作还原剂	半间断或连续作业。气、固、液三相反应，通过改变喷射条件及炉料组成可准确迅速控制熔池状态。反应温度 1300℃	床能率 12～24t · m^{-2} · d^{-1}，尚处于工业试验阶段，试验炉[43,44] 外径 1.8～2.0m，高 4.2～5.0m，结构简单，易于操作，但喷枪制作与控制要求严格，耐火材料损耗快

第二节 锡精矿还原熔炼中的锡铁分离

铁是影响锡精矿品位的主要杂质。由表 1-4-2 可见，锡精矿品位越低则铁含量越高。

表 1-4-2 典型锡精矿的锡、铁含量[11]

精矿品位	使用的厂家	Sn/%	Fe/%	备 注
高品位精矿	马来西亚巴特沃思冶炼厂	75.25	0.67	
	印度尼西亚佩尔蒂姆炼锡厂	69.01～74.32	0.86～2.4	
	赣州有色金属冶炼厂	69.51～71.09	1～1.5	
	栗木锡矿选炼厂	63～66	0.6～2.7	
中品位锡精矿	来宾冶炼厂	51.92	8.91	
	云锡一冶	40～45	16.3～25	
	玻利维亚文托炼锡厂	42.16	12.44	平均成分
低品位锡精矿	文托低品位锡精矿冶炼厂	26	19.9	
	云锡三冶（锡铅混合精矿）	15～25	13.58	含 25%～35%Pb

一、还原熔炼中锡与铁较难分离[1,2,5,11]

由表 1-4-3 可见，还原熔炼中，铁部分呈 FeO 态入渣，部分还原为金属溶于锡中。这是因为当 SnO_2 被 CO 还原为锡时，Fe_2O_3 还原为 Fe_3O_4 或 FeO 态后也可被进一步还原为铁，虽然要求更浓的 CO（见图 1-4-1）。当力图还原出较多的锡时，铁也还原较多。另一方面，当控制铁少还原为金属而让其造渣时，SnO 也随之造渣（见图 1-4-2）。因此，锡铁较难分离。

表 1-4-3 锡精矿中伴生金属氧化物的行为

杂质类别	还原熔炼（1000～1300℃）下的行为	备 注
Cu、Pb、Bi、As、Sb、Ag 等的氧化物	在 SnO 被还原之前就大量被还原为金属，然后进入粗锡	Pb、As、Sb 等能以金属或氧化物形态挥发进入烟尘

续表 1-4-3

杂质类别	还原熔炼（1000～1300℃）下的行为	备　注
SiO_2、CaO、MgO、Al_2O_3 等脉石类造渣成分	不还原而造渣	WO_3，$(Na, Ta)_2O_5$ 等也同样入渣
铁的氧化物	部分还原为FeO入渣，部分还原为金属溶于熔融态锡中	ZnO也部分入渣，但部分还原为金属锌挥发进入烟尘

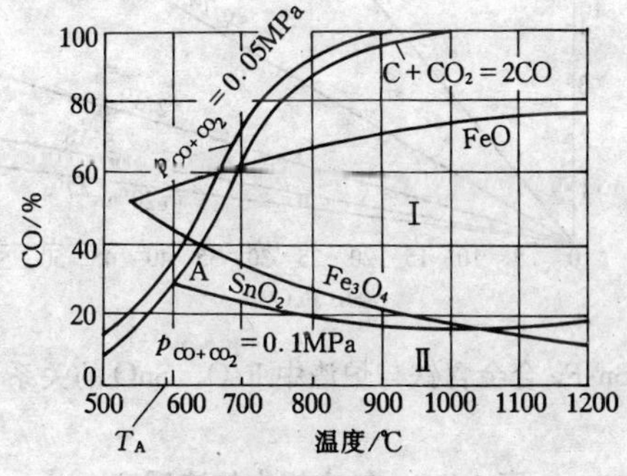

图 1-4-1　锡和铁的氧化物用碳还原的平衡曲线

T_A—SnO_2 开始被碳还原的温度，约 600℃；

Ⅰ—SnO_2 还原曲线以上的区域，在此区域内锡稳定存在；

Ⅱ—SnO_2 还原曲线以下的区域，在此区域内 SnO_2 稳定存在

工业上为获得较纯的粗锡便于精炼，先让一部分锡随铁入渣成为富锡的炉渣（富渣）。对富渣的处理，传统的两段熔炼法是再熔炼，深度还原锡，让同时还原的铁溶于锡中。由图 1-4-3 可见，铁在锡中的溶解度随温度升高而增加，500～1128℃铁的溶解度列于表 1-4-4。在 1128℃以上，当铁的溶解度超过 20%时，出现二液相分层区，分层区的范围随温度升高而缩小。在 1200℃时，二液相中一层含 51.1%Fe 和 48.9%Sn，另一层含 20.4%Fe 和 79.6%Sn。

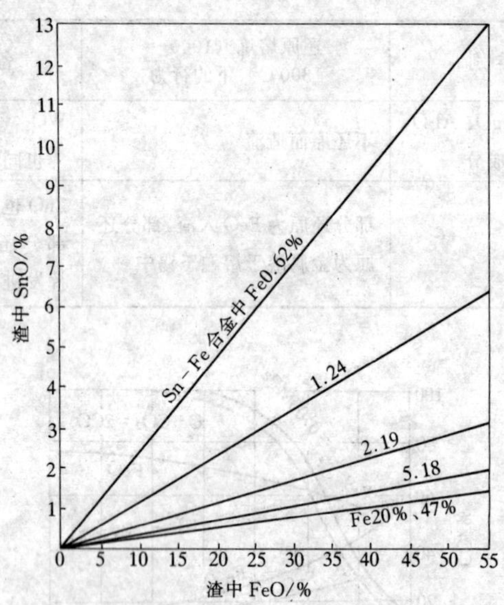

图 1-4-2　Sn-Fe 合金含铁与炉渣中 FeO、SnO 的关系（1200℃）

表 1-4-4　铁在锡中的溶解度

温度/℃	232	300	400	500	600	
Fe/%	0.001	0.0046	0.024	0.082	0.22	
温度/℃	700	800	900	1000	1100	1130
Fe/%	0.8	1.6	2.8	5.0	8.0	17.5

铁溶解在锡中成为液态合金。冷却时，铁的溶解度降低，析出过饱和部分。冷却温度不同则析出的晶体成分也不同（见表 1-4-5）。

表 1-4-5　铁锡合金组成与温度的关系

液态铁合金含铁/%	冷却结晶温度/℃	结晶组成和含铁/%
17.5～2.8	1130～901	α-Fe　82～84
2.8～1.3	901～781	ζ-Fe　约 37

续表 1-4-5

液态铁合金含铁/%	冷却结晶温度/℃	结晶组成和含铁/%
1.3～1.1	781～740	Fe_3Sn_2 42
1.1～0.08	740～496	FeSn 32
<0.08	496～232	$FeSn_2$ 18

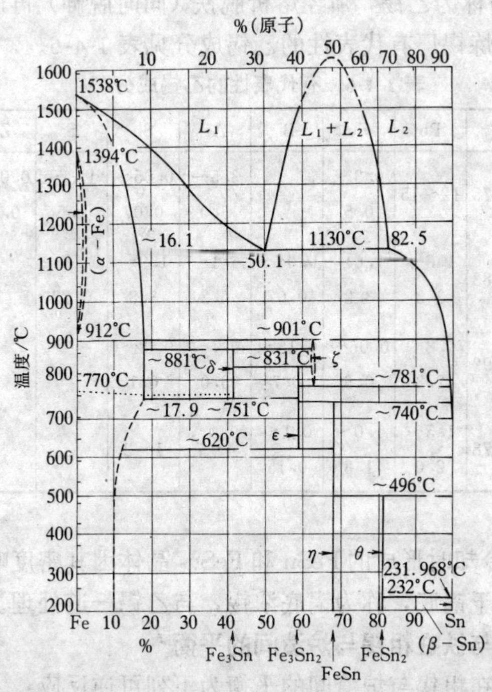

图 1-4-3 锡-铁二元系相图[1]

一般 900℃以上得到块状晶体，称为硬头，大部分为 α-Fe（含锡 15%～20%），并有少部分 ζ-Fe（含锡约 63%），所以许多工厂的硬头成分（%）为 35～39Sn，35～50Fe，10～20As，1～5S。硬头含砷高是因为砷与铁的亲和力大，还原出来的砷与铁化合而进入硬头。故锡炉料中含砷越高则硬头产出率越高。硬头须再熔炼以回收其中的锡。

如果粗锡冷却快或含铁不高(低于 3%)则冷却得到的各种晶体在液态锡中成为悬浮的 Fe_3Sn_2，FeSn、$FeSn_2$ 及锡铁与砷的化合物 Sn_3As_2、Sn_2As、Fe_3As_2、Fe_5As_4 等的颗粒，并且夹杂大量锡，冷却即为乙锡。低于 1%Fe 的称为甲锡。直接进入火法精炼锅；2%～12%Fe 的称为乙锡，须经熔析脱铁（同时脱砷）再进入火法精炼锅。我国炼锡厂有代表性的乙锡成分见表 1-4-6。

表 1-4-6　有代表性的乙锡成分/%

厂别	Sn	Pb	Cu	Bi	As	Sb	S	Zn	Fe
云锡一冶	65～75	12～15	0.3～0.5		3.5～5.0	0.05～0.07	1.3～1.5	0.01～0.02	7～8
柳州冶炼厂	78～83	1.8～3.3	1.6～3.2	0.04～0.07	6.1～6.2	1.9～3.8	0.58～0.72		2.4～3.7
广州冶炼厂	88～92	0.8～2.3	0.06～0.6	0.18～0.7	0.7～3.0	0.02～0.1			3.52～8.73
平桂冶炼厂	65～78	1.5～2.0	1.0～1.8	0.1～0.15	4～7	1～2			8～12

此外，冷却时形成的 FeSn 和 $FeSn_2$ 晶体因其密度略大于液态锡而有时沉于锅底，称为锅底浓锡，与乙锡一道处理。

二、锡与铁在粗锡与炉渣间的平衡[5]

锡与铁在粗锡与炉渣间的平衡为下列可逆反应：

$$SnO_{(s)}+Fe_{(m)}\rightleftharpoons Sn_{(m)}+FeO_{(s)}$$

式中脚码 (s) 表示氧化物溶于渣中，(m) 表示元素溶于金属相中。反应的平衡常数

$$K=\frac{(FeO)_s\times(Sn)_m}{(SnO)_s\times(Fe)_m}$$

式中　$(Sn)_m$ 和 $(Fe)_m$——锡和铁在金属相中的摩尔浓度；

　　$(SnO)_s$ 和 $(FeO)_s$——氧化物在炉渣中的摩尔浓度。

经过浓度计量单位转换，可写为：

$$\left|\frac{Sn/\%}{Fe/\%}\right|_{m} \times \left|\frac{Fe/\%}{Sn/\%}\right|_{s} = C \qquad (4\text{-}1)$$

C 是分配比，主要取决于 $(Fe)_m/\%$，其值变化很大，故采用 $\lg C$ 对 $(Fe)_m/\%$ 作图（见图 1-4-4）。对于传统的两段熔炼流程，只须指出两点，即 $(Fe)_m/\%=1$ 时，$C_1=150$；$(Fe)_m/\%=50$ 时，$C_2=13$。

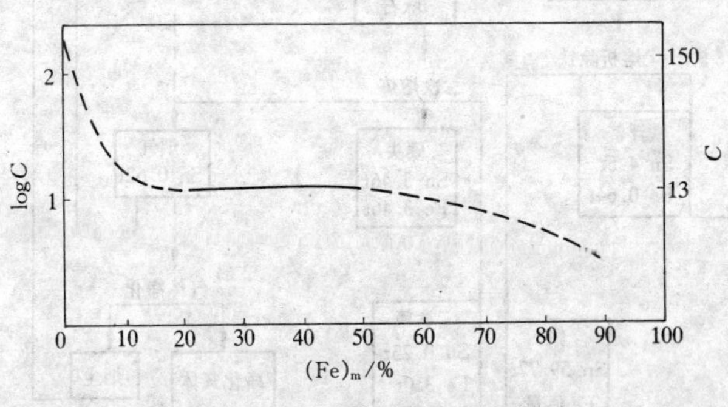

图 1-4-4　logC 与 $(Fe)_m/\%$ 的近似关系

三、锡与铁的平衡流程[5]

任何炼锡流程，进去的主要金属必须都在最终产物（金属锡、终渣及净化后废气）中出来，使工厂无中间产品积累。例如图 1-4-5 为两段熔炼法处理 100t 含 60%Sn 和 3%Fe 的精矿的物料流程。图中产物的金属含量是运用式（4-1）计算出的。从最终产物开始计算，净化气体中的痕量锡与商品锡中的痕量铁均可忽略不计。铁的出路只有二次渣，它必须含有 3t 铁。如果二次熔炼产出的硬头含 50%Sn 和 50%Fe，则分配 $C_2=13$，由式（4-1）求出 $|Sn|_s=0.23t$。剩下 59.77t 锡出现在商品锡中。

在一次渣中，铁含量的构成是由精矿中的铁加上返回熔炼的硬头中的铁，即（3+3.46）t，而锡含量的构成则是二次熔炼中烟尘的锡和硬头的锡，而来自精矿的锡仅等于将损失于渣中的那一部分锡，即：（0.62+3.46+0.23）t。这里是假设一次渣中的锡大

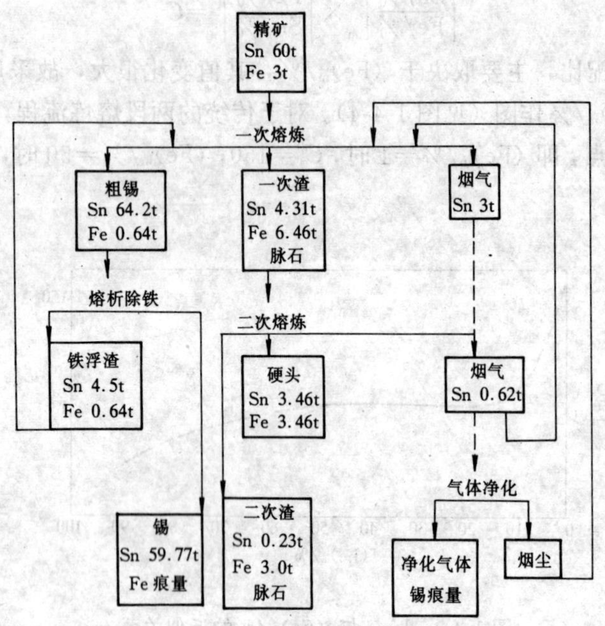

图 1-4-5 锡与铁的平衡流程（熔炼 100t 含 60%Sn、3%Fe 的锡精矿）

约有$\frac{1}{7}$在渣熔炼时挥发入烟尘（$4.31\times\frac{1}{7}=0.62$t）。

一次渣中 Fe/Sn＝6.46/4.31＝1.5，由式（4-1）求出粗锡含铁 $(Fe)_m\approx1\%$。

如果这部分铁经过熔析与锡分离，进入铁浮渣，再返回一次熔炼，则将提供恰好足量的铁，使第二批粗锡中的铁含量达到1%，这样就没有来自精矿的铁进入粗锡，而是全“冲”入一次渣。同样地，返回的烟尘和硬头中的锡仅允许 0.23t 来自精矿的锡进入一次渣；来自精矿的其余的锡（59.77t）全“冲入”粗锡。

由此可见，粗锡中循环的铁量和一次渣中循环的锡量像挡板一样，将精矿中的锡与铁分开，并且为此目的工序以后必须保持在一种能再为此目的而使用的状况。这种循环物料中的锡不能很容易地回收为商品锡，但可用于生产锡铅合金之类的产品。

平衡流程中各种产物成分的计算表明：炉渣、硬头和二次熔炼的烟尘中的锡与铁的含量，仅取决于精矿中的铁含量，与锡含量完全无关。

图 1-4-5 平衡流程中采用了下列比值，这是最佳实践中的颇为典型的数据：

炉渣	Fe/Sn	金属相	Sn/Fe
一次渣	1.5	粗锡	100
二次渣	13	硬头	1

如果 100t 精矿中的铁重量以 Y 表示，则这些产物中铁与锡的重量为：

产物	Fe	Sn
二次渣	Y	$Y/13$
一次渣	$2.154Y$	$2.154Y/1.5$
硬头	$1.154Y$	$1.154Y$
二次熔炼的烟尘		约 $0.20Y$

100t 精矿循环的硬头重量是 $2.31Y$。当 $Y<1$ 时，即处理高品位（Sn>70%）精矿时，循环的硬头量很少。但是，在图 1-4-5 的流程中，精矿含 3%Fe（此数值接近两段熔炼流程中允许含铁量的极限），每 100t 精矿产出的硬头量达 7t；如果中等品位的精矿含 10%Fe，则循环的硬头量将为 23t，这样大的循环量显然是不经济的。因而研究出了处理富渣的烟化炉硫化挥发法，经过此工序将铁排入弃渣而将锡富集在烟尘中返回熔炼，这样就大大减少了铁的循环量，从而相应地减少了锡的循环量。

实际生产中，须密切注意流程中铁的平衡，力求使精矿带入的铁量等于废渣带走的铁量，稳定中间产品数量并立即返回处理，以免积压。特别是在冶炼品位低的精矿时，甚至需要每天注意铁平衡，即使这样，有时也仍难维持铁的平衡。

第三节 反射炉熔炼

反射炉炼锡已有二百多年历史，现在世界的锡产量约有80%～90%是用反射炉熔炼的。

一、反射炉的结构与供热

液态锡在高温下渗透性极强，易从小缝隙中渗漏出来。炉底结构不好时，锡可渗入炉基地下2～3m，因此炼锡的反射炉特别注意炉底结构。炉底以下总是用钢壳包起来，钢壳外面借助空气冷却保护，即使这样仍不免漏锡，故还应采用措施取出渗漏的锡。玻利维亚文托炼锡厂则在镁砂烧结层和硬质粘土层以下敷设冷却水管以杜绝锡的渗漏[13]。

我国炼锡反射炉的炉床面积为5～50m²，国外炼锡反射炉的炉床面积一般也不超过50m²。

炼锡反射炉炉床的长宽比，一般为2～4：1，内高1.2～1.5m。

我国和国外炼锡反射炉的供热方式分别见表1-4-7和表1-4-8。

表1-4-7 我国炼锡反射炉的供热方式[11]

厂 别	炉床面积/m²	供热方式	备 注
云锡一冶	36.6,34.2,28.3	室式煤斗供粉煤喷烧	36.6m²炉为连续熔炼试验炉
	28.3,24.78,24.7,23.92	螺旋给煤和人工给煤	设有火仓5.3m²
	5.45	烧人工块煤	专处理硬头，火仓1.44m²
柳州冶炼厂	24,20,18	抛煤机供粉煤喷烧	
来宾冶炼厂	50	粉煤喷烧	有两台，其中一台进行连续熔炼
平桂矿务局冶炼厂	26,20 14	粉煤喷烧 人工烧煤	 设有火仓
其他厂家	5,6,7,10	人工烧煤	设有火仓

表 1-4-8 国外炼锡反射炉的供热方式[23]

厂 别	炉床面积/m^2	供热方式	备 注
马来西亚巴生炼锡厂	1号炉,40 2号炉,24 3号炉,40	烧重油,两个燃烧器	设有蓄热室提供预热空气(800～1000℃)作为两次空气
马来西亚巴特沃思炼锡厂	44.6,5台 (12.19×3.66)	烧重油	设有蓄热室预热空气
印度尼西亚佩尔蒂姆炼锡厂	49.5,3台 (3.962×12.497)	烧重油	每台反射炉设有两台换热器预热空气
玻利维亚文托炼锡厂	50,2台 36,2台	烧重油	水冷炉底,平炉顶
俄罗斯新西伯利亚炼锡厂	24,3台	烧重油	
美国得克萨斯炼锡厂	44.6,5台 (3.66×12.2)	烧天然气,设有蓄热室预热空气	曾连续使用30a以上,1978年因改用氧气顶吹转炉炼锡而拆除

二、反射炉炼锡的炉渣

反射炉炼锡采用的炉渣有两种类型:以 $FeO-SiO_2$ 为主的高铁质炉渣,以 $FeO-CaO-SiO_2$ 为主的低铁质炉渣。前者用于冶炼含铁15%～20%或更高的锡精矿,后者用于冶炼含铁不很高的高硅质锡精矿或富渣再熔炼。

$FeO-SiO_2$ 二元系有两个共晶,含 SiO_2 分别为38%和24%,共

晶温度都接近1180℃，故此类炉渣含SiO_2以不超过38%为限。由于此类炉渣含SnO较高，实际成为$SnO-FeO-SiO_2$系炉渣，其熔点为970℃和990℃。

由$FeO-CaO-SiO_2$三元组成的炉渣是锡冶金中常见的。图1-4-6是该三元系状态图的一部分。图中点①和②是由高品位精矿两段熔炼中典型的一次渣和二次渣在一年内的平均成分计算出的，它们合理地处于正硅酸盐2（CaO+FeO）·SiO_2线的附近。这类渣的真实液化温度比纯系统的等温线所指示的温度至少要低200℃。图中点ⓧ表示在二次熔炼中不再加CaO时二次渣将会达到的成分，它相当于熔点接近1250℃的高硅质炉渣；点ⓨ表示用CaO化学计量地取代（从渣中除去）FeO的效应，在反射炉能达到的任何合理温度下，这种渣只能是$2CaO·SiO_2$固体在流体中的糊状物。这显然不符合现场操作要求的流动性。某些工厂反射炉炼锡炉渣的成分和硅酸度K值见表1-4-9。

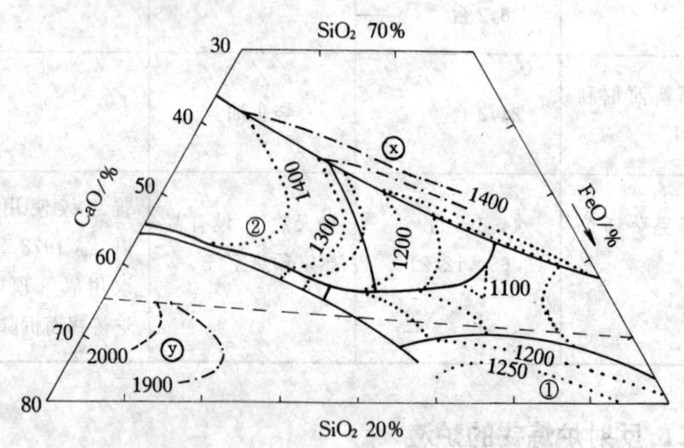

图1-4-6　$FeO-CaO-SiO_2$三元系状态图的一部分[5]

①—一次渣；②—真实的二次渣；ⓧ—未加CaO的二次渣；

ⓨ—用CaO化学计量地取代FeO的二次渣；

------—$2CaO·SiO_2-2FeO·SiO_2$线

表 1-4-9　某些工厂反射炉炼锡炉渣的成分和硅酸度 K 值[1,2,11]

厂　别	炉　渣　成　分/%						硅酸度 K 值	精矿含铁 /%
	Sn	SiO_2	FeO	CaO	Al_2O_3	其他		
云锡一冶	7～13	19～23	45～50	1.4～2.1	8.1～9.3		1.0～1.2	16.3～25
云锡三冶	8～10	24～28	35～45	1～3		Pb1～2	1.1～1.2	13.58（锡铅混合精矿）
柳州冶炼厂	11.09	19～26	30～42	5～15	5～8		1～1.4	6.4～22.5
	12.55	23～25	18～25	5～10	6～10		1.3～2.5	（炼烟尘）
	15.93	22～25	14～28	6～12	6～10		1.1～2.0	（炼返料）
来宾冶炼厂	7.9	26	37	8.31			1.34	8.91
平桂矿务局冶炼厂	8～12	14～22	35～38	3.5～6	4～8	WO_3 2～5 TiO_2 3～4	1.17	13.5～19.0
	6～9	18～22	25～30	5～8	8～12		1.31～1.37	（炼返料）
赣州有色金属冶炼厂	13.8～20.9	21.5～23	5.8～7.3	13.6～16.6		4～5 CaF_2	1.8～2.0	1～1.5
	1.8～2.7	22.4～31	6.0～9.6	16.5～23.1		5～6 CaF_2	1.84～2.62	（炼富渣）
栗木锡矿选炼厂	23.7	20.5	24.6	5.6		$(Ta,Nb)_2O_5$ WO_3	1.50	0.6～8.9
文托炼锡厂	9～12	30	30	14	11		1.5	12.44
巴特沃思炼锡厂	15.9～17.6	10～12	20～25	5～9	6～7	12.6～19.9	2.0～2.2	0.009
新西伯利亚炼锡厂	4～12	22～30	17～22	14～15	12～14		1.2～1.6	4.8～7.5

三、反射炉的主要技术条件和技术经济指标

某些工厂炼锡反射炉的主要技术条件和技术经济指标见表 1-4-10。

表 1-4-10　某些工厂炼锡反射炉的主要技术条件和技术经济指标[11]

项　　目	柳州冶炼厂	云锡一冶	平桂矿务局冶炼厂	文托炼锡厂	新西伯利亚炼锡厂
主要技术条件：					
熔炼温度/℃	1250～1350	1200～1350	1200～1350	1200～1280	1150～1400
熔炼周期/h·炉$^{-1}$	8～9.5	约 8	10～12	24	6
二次风温/℃	200～250	110～260	50～80		
炉尾负压/Pa	30～50	0～50	微负压		
技术经济指标：					
炉床能力/t·(m^2·d)$^{-1}$	0.92～1.00	1.18～1.34	0.87～1.02	1.30	1.8
直收率/%	78～89	77～81	78～89		直收率/%
富渣率/%	42～47	37～41	36～47		85～90（65～75 锡精矿）
烟尘率/%	11～15	12～15	5.8～9.1		73～84（50～65 锡精矿）
还原煤率/%	13～16	1t 粗锡的煤耗 0.89～1.37t	12～16	1t 炉料的重油耗量 150kg	1t 炉料的重油耗量 200～250kg
燃料煤率/%	40～52		65～76		

四、反射炉炼锡的产物

反射炉还原熔炼的产物有粗锡、炉渣和烟尘，有的还产出硬头。某些工厂反射炉炼锡的炉渣见表 1-4-9，粗锡和烟尘的成分分别见表 1-4-11 和表 1-4-12。

表 1-4-11　某些工厂反射炉还原熔炼的粗锡成分/%

厂　别	Sn	Pb	Cu	As	Sb	Bi	S	Fe	备　注
云锡一冶	75～85	15～23	0.2～0.4	0.4～0.8	0.04～0.06		0.06	0.03～0.05	甲锡
	65～75	12～15	0.3～0.5	3.5～5.0	0.05～0.07		1.3～1.5	7～8	乙锡

续表 1-4-11

厂 别	Sn	Pb	Cu	As	Sb	Bi	S	Fe	备 注
柳州冶炼厂	96.47	1.35	0.32	0.88	0.69	0.02	0.17	0.615	炼焙砂
	82.99	1.83	1.63	6.194	1.96	0.043	0.58	3.73	炼烟尘
	78.54	3.27	3.19	6.127	3.78	0.069	0.72	2.35	炼返回品
平桂矿务局冶炼厂	92～96	1.5～2.5	0.5～1.5	0.6～2	0.5～1.4	0.15～0.2		0.02～0.15	甲锡
	65～78	1.5～2.0	1～1.8	4～7	1～2	0.1～0.15		8～12	乙锡
赣州有色金属冶炼厂	97～98	0.16～0.21	0.1～0.26	0.2～0.4	0.006～0.009	0.34～0.43		0.2～0.4	
栗木锡矿选炼厂	97～98		0.6～1.12	0.25～0.84	0.06～0.2	0.06～0.2		0.024～0.4	
衡阳冶炼厂	92～98	0.26～0.57	0.5～2.34	0.49～1.32	0.05～0.8	0.1～0.35	微	0.55～1.65	
新西伯利亚冶炼厂	97～98.5	0.3	0.22	0.3	0.1	0.01	0.05	1.5	

表 1-4-12 某些工厂反射炉还原熔炼的烟尘成分/%

厂 别	Sn	Pb	Cu	As	Sb	S	Zn	造渣成分
云锡一冶								
烟道尘	8～30	7～9	0.1～0.3	0.9～1.2	0.01～0.03	1～3	7～10	21～28
淋洗尘	18～32	10～12	0.1～0.3	1～3	0.01～0.03	1～3	10～12	19～26
电收尘烟尘	38～46	15～17	0.1～0.3	1～3	0.01～0.04	1～3	13～20	3～9
柳州冶炼厂	43.09	1.37		2.82	0.53	0.695	9.19	
衡阳冶炼厂	45.5～57.2	0.85	0.06	0.7～1.64				
文托炼锡厂	约 70					2～4	3～6	
新西伯利亚炼锡厂	50～60					0.7～0.9		5.2～8.6

五、反射炉还原熔炼的物料平衡(金属平衡)和热平衡

表 1-4-13 和表 1-4-14 是我国云锡一冶和印尼巴生炼锡厂的反射炉炼锡物料平衡(金属平衡)数据。表 1-4-15 和表 1-4-16 是我国某厂及印尼巴生炼锡厂的炼锡反射炉热平衡数据。

表 1-4-13 云锡一冶反射炉炼锡的物料和金属平衡[11]

项目	物料名称	物料平衡			金属平衡	
		重量/t	含锡/%	重量比率/%	锡金属量/t	比率/%
收入	锡精矿	36092.931	43.03	59.28	15531.423	61.02
	返回品	23264.004	42.25	38.21	9828.900	38.61
	其他物料	293.948	31.91	0.48	93.785	0.37
	石英	1151.010		1.89		
	石灰石	83.330		0.14		
产出	粗锡	23642.940		38.83	19641.860	77.17
	富渣	24570.400		40.36	2708.910	10.64
	硬头	690.090		1.13	211.775	0.83
	烟尘	9351.970		15.36	2901.750	11.40
	损失	2630.242		4.32	−10.363	−0.04

注:1. 还原煤未记入物料;

2. 反射炉淋洗尘与烟化炉淋洗尘混合干燥,不便分开。

表 1-4-14 印尼巴生炼锡厂反射炉熔炼的物料和金属平衡

项目	物料名称	物料平衡			金属平衡	
		重量/t	含锡/%	重量比率/%	锡金属量/t	比率/%
收入	锡精矿	28163	74.73	72.90	21050	90.15
	浮渣	2459	69.60	6.37	1719	7.36
	烟尘	853	68.18	2.20	582	2.49
	无烟煤	6507		16.84		
	石灰石	653		1.69		

续表 1-4-14

项目	物料名称	物料平衡			金属平衡	
		重量/t	含锡/%	重量比率/%	锡金属量/t	比率/%
产出	粗锡	22079	99.01	57.15	21858	93.60
	一次渣	3871	17.80	10.02	689	2.95
	烟尘	694	67.52	1.80	469	2.01
	残余物	314	84.32	0.81	265	1.14
	损失	11677		30.22	70	0.3
	合计	38635		100.00	23351	100.00

表 1-4-15 某厂反射炉炼锡的热平衡[1]

热收入			热支出		
项目	GJ	%	项目	GJ	%
煤物理热	0.14	0.09	加热炉料	8.33	5.20
煤化学热	138.16	86.30	吸热反应	9.34	5.83
热风带入热	3.92	2.45	产品带出	5.95	3.72
硬头带入热	2.89	1.81	化学不完全燃烧	2.85	1.77
炉料物理热	0.15	0.09	机械不完全燃烧	20.52	12.82
无烟煤化学热	12.81	8.00	烟气带出	90.85	56.75
造渣热	2.01	1.26	其他损失	22.27	13.91
合计	160.1	100.00	合计	160.1	100.00

表 1-4-16 印尼巴生炼锡厂反射炉一次熔炼的热平衡

热收入			热支出		
项目	1t 矿热收入/GJ	%	项目	1t 矿热支出/GJ	%
重油燃烧	3.376	41.04	氧化物的分解	3.792	46.10
无烟煤燃烧	3.252	39.54	炉渣带走热(1250℃)	0.159	1.93
炉渣生成热	0.010	0.12	粗锡带走热(800℃)	0.226	2.75

续表 1-4-16

热收入			热支出		
项目	1t 矿热收入/GJ	%	项目	1t 矿热支出/GJ	%
炉料的显热	0.024	0.29	烟气带走热(1000℃)	0.551	31.02
80℃重油的显热	0.012	0.15	热损失	1.497	18.20
850℃热风的显热	1.438	17.48			
吸入 30℃空气的显热	0.007	0.09			
锡蒸气氧化热	0.106	1.29			
合计	8.225	100.00	合计	8.225	100.00

注：每吨矿石消耗的重油最少为 83L。

第四节　电炉熔炼

电炉炼锡始于 1934 年，首先在非洲扎伊尔马诺诺炼锡厂采用，以后逐渐在许多国家推广。我国广州冶炼厂于 1964 年最先使用电炉炼锡。

炼锡的电炉一般为电弧电阻炉，通常多为圆形，由三根电极供入三相交流电，靠电极与熔渣接触处产生电弧及电流通过炉料和炉渣的两种形式发热进行还原熔炼。炉料的受热熔化和还原反应均在炉料内部的固体和液体界面进行，然后向外扩展。

一、炼锡电炉的结构参数与功率

某些工厂炼锡电炉的炉膛直径与功率见表 1-4-17。

广州冶炼厂炼锡电炉的结构参数与功率如下[11]：

(1) 电炉结构参数

外形尺寸　　ϕ3400mm×2984mm

炉膛有效尺寸　　ϕ1920mm×1600mm

放锡口尺寸　　ϕ50mm×800mm

放锡口中心线至炉底的高度　　130～150mm

炉门（一个）尺寸　　350mm×450mm

炉顶高度　290～300mm

炉顶三个进料口直径　360mm

电极升降速度　1.2m/min，最大行程 2m

三个电极孔的同心圆直径　750mm

排烟口（一个）直径　360～500mm

炉底面积　约 2.8m^2

熔池深度　600mm

（2）功率：采用 800kVA 变压器，一次电压 1000V；二次电压有两级：85V 和 105V，电流 2540A。

表 1-4-17　某些工厂炼锡电炉的炉膛直径和功率

厂　别	炉膛直径/mm	功率/kVA	备　注
扎伊尔马诺诺炼锡厂	2500	1000	敞开式炉
巴西锡公司炼锡厂	（西门子-马丁型电炉）	600	两个顶电极，一个底电极
俄罗斯新西伯利亚炼锡厂	3340	1400（电极 ϕ400mm）	另有两座 1000kVA 炉，一座 250kVA 炼浮渣的电炉
日本生野炼锡厂	1950	1360	电极 ϕ250mm
	1650	1050	电极 ϕ250mm
南非范德比杰帕克炼锡厂	1520 电弧炉	350	电极 ϕ203mm
纳米比亚扎伊普拉特斯炼锡厂	2390	350	电极 ϕ203mm
玻利维亚文托低品位锡精矿冶炼厂	炉外径 5800	3300	电极 ϕ700mm
德国杜伊斯堡炼锡厂	2900	2000	电极 ϕ405mm

二、电炉炼锡的炉渣

电炉炼锡采用以 $CaO-Al_2O_3-SiO_2$ 三元组成为主的高钙硅质炉渣，其熔点高，导电性小。表 1-4-18 是某些工厂电炉炼锡的炉渣成分。

表 1-4-18　某些工厂电炉炼锡炉渣的成分[11]/%

厂　别	Sn	SiO_2	FeO	CaO	Al_2O_3	其　他	备注
广州冶炼厂	3～6	25～30	20～30	7～9	10～12		炼精矿及少量焙砂
新西伯利亚炼锡厂	0.3	45～50	2～7	15～18	14～17	2～3MgO	炼精矿，随后加硅铁炼渣
生野炼锡厂	10～15	25～30	15.4～23.2	6～10			炼精矿
	0.5～1.0	30～35	3.9～6.5	约 22			炼富渣
马诺诺炼锡厂	23～27	25～35	23～35	2～3		17～22(Ta，Nb)$_2$O$_5$	炼精矿
	1.5	25～35	8～10	15～20	6	9MgO，3MnO，1～2TiO_2，17～22(Ta，Nb)$_2$O$_5$	炼富渣
范德比杰帕克炼锡厂	30SnO_2	15	25	12	5	10(Ta，Nb)$_2$O$_5$	炼精矿
	2SnO_2	30	14	25	5	2MgO，2C，20(Ta，Nb)$_2$O$_5$	炼富渣和烟尘
扎伊普拉特斯炼锡厂	30SnO	15	25	12	15	1MgO，10(Ta，Nb)$_2$O$_5$	炼精矿
	1～2Sn，2SnO	30	14	25	5	2MgO，2C，20(Ta，Nb)$_2$O$_5$	炼富渣
杜伊斯堡炼锡厂	1.9～7.9	26.8～37.6	2.1～6.2	27.2～37.4	6.3～11.2	<0.02Pb <0.2～8.0Zn	富渣(1)
	4.0～19.1	25.9～32.9	16.0～23.5	15.9～26.6	2.2～10.9	0.04～0.6Pb 2.3～5.2Zn	富渣(2)
	0.3～1.0	37.1～39.3	0.3～2.8	37.9～50.4	6.4～13.5	<0.02Pb 0.3～0.5Zn	废渣

三、电炉炼锡的金属产物和烟尘

某些工厂电炉炼锡的金属产物(粗锡、硬头、贫硅铁)成分见表 1-4-19，烟尘成分见表 1-4-20。

表 1-4-19　某些工厂电炉炼锡的金属产物成分[11]

厂　别	产物名称	产物成分/%						备　注
		Sn	Pb	Fe	As	Sb	其　他	
广州冶炼厂	甲锡	98～99.12	0.33～0.12	0.03～0.12	0.15～0.25	0.01～0.02	0.07～1.18Cu 0.17～0.39Bi	炼精矿
	乙锡	88～92	0.8～2.3	3.52～8.73	0.7～3.00	0.02～0.10	0.06～0.60Cu 0.18～0.70Bi	炼精矿
新西伯利亚炼锡厂	粗锡	99		0.5～0.6				炼精矿，随后加硅铁炼富渣
	贫硅铁	3～4		50～65			18～25Si	
生野炼锡厂	粗锡	87～90		8～10				炼精矿
	硬头	45～50		45～50				炼富渣
	贫硅铁	2～3		75～78			15～18Si	加石英砂和焦炭炼硬头
	粗锡	80～85		10～15				
范德比杰帕克炼锡厂	硬头	50		50				加木炭，石灰石和铁矿石炼富渣
扎伊普拉特斯炼锡厂	硬头	50		50				加木炭炼富渣
杜伊斯堡炼锡厂	粗锡	78.4～99.3	<0.05～9.9	0.1～2.2	0.1～2.0	0.03～2.8	0.03～3.4Cu	炼精矿或制粒的炉料
	硬头	40.0～58.9	1.2～4.1	5.1～26.2	0.8～7.1	0.1～1.8	0.06～1.5Cu <0.2～3.9Zn	炼富渣

表 1-4-20　某些工厂电炉炼锡的烟尘成分[11]/%

厂别	Sn	Pb	Bi	As	S	FeO	SiO_2	CaO	Al_2O_3
广州冶炼厂	57.45～60.09	0.422～0.65	0.056～0.328	0.65～1.16	2.05	1.03～2.35	0.32～2.82	1.62	2.37～6.42
新西伯利亚炼锡厂	48～55					1.5～2.0	8～15	2～4	

四、电炉炼锡的技术经济指标和热平衡

某些工厂电炉炼锡的技术经济指标见表 1-4-21。可见，与反射炉炼锡相比，电炉炼锡的床能率较高，而产尘率较低。表 1-4-22 为某厂电炉炼锡的热平衡，可见，与反射炉炼锡相比，电炉炼锡的热效率较高。

表 1-4-21　某些工厂电炉炼锡的技术经济指标[11,16]

技术经济指标	广州冶炼厂	新西伯利亚炼锡厂		杜伊斯堡炼锡厂
		Ⅰ	Ⅱ	
床能率/t·$(m^2 \cdot d)^{-1}$	2.22～3.1	4.59	5.1	6.6
电极消耗/kg	5.34～7.15	6.07	6.28	2.0～2.3
吨矿电耗/kW·h	1276～1427	1028	870	750～950
回收率/%	95.82～99.01	88.75①	88.98①	99.5
直收率/%	89.26～93.47	79.35	76.91	72.57～80.90
炉料的锡品位/%	55.00～62.43	44.2	39.8	56.7～59.5
产渣率/%	21.07～23.17			27.6～37.2
渣含锡/%	4.21～8.65			8.3～19.1
产尘率/%	3.12～4.73			5
熔剂率/%	1.28～1.88（石灰石）	8.78（石灰）	8.4（石灰）	2.26～6.37（石灰石）
还原剂率/%	11.04～13.64（煤）	8.9（焦粉）	8.24（焦粉）	11.4～11.9（焦粉）

注：Ⅰ采用图 1-2-15 流程；Ⅱ采用图 1-2-16 流程。

① 不考虑熔炼烟尘的处理。

表 1-4-22 某厂电炉炼锡的热平衡(平均 1h)[1]

热收入			热支出		
项目	GJ/h	%	项目	GJ/h	%
电能带入热	5.3792	57.4	炉气带走热	1.8183	19.4
碳的燃烧热	3.6212	38.6	吸热反应热	3.8359	40.9
电极燃烧热	0.2730	2.9	熔体带走热	0.6711	7.2
造渣反应热	0.0842	0.9	热损失	3.0520	32.5
物料物理热	0.0197	0.2			
合计	9.3773	100.0	合计	9.3773	100.0

第五节 鼓风炉熔炼

鼓风炉是古老的炼锡设备，18 世纪以后逐渐被反射炉取代，其原因是鼓风炉仅适于处理块状物料，处理细粒物料须先制粒或烧结成块。燃料也必须用块状焦炭(同时也是还原剂)。现在仅少数工厂采用鼓风炉炼锡。

鼓风炉熔炼的特点是:过程连续，热效率高，燃料率较低，可处理低品位精矿，基建费用较少。

一、现有炼锡鼓风炉的结构参数与处理的原料

目前，国外仅有英国卡佩尔·帕斯炼锡厂用鼓风炉熔炼低品位锡精矿(先烧结成块)。我国鸡街冶炼厂和云锡三冶则用鼓风炉熔炼锡铅混合精矿(先制粒)。表 1-4-23 是这几个厂的鼓风炉结构参数和处理的原料。

表 1-4-23 某些工厂炼锡鼓风炉的结构参数和处理的原料[11]

厂别	结构参数	处理的原料
鸡街冶炼厂	风口区截面积: 4.8m×1.3m	锡铅混合精矿(9.88%～21.5%Sn, 17.18%～19.00%Pb)，混以石灰和烟煤，压密成团矿，自然风干
云锡三冶	炉缸面积: 1.08m^2	锡铅混合精矿(15%～25%Sn, 25%～35%Pb)与石灰、还原剂配料，混合，造球。球团自然干燥

续表 1-4-23

厂　别	结构参数	处　理　的　原　料
卡佩尔·帕斯炼锡厂	炉缸尺寸：6m×2m	精矿(20%Sn)、残渣、烟尘和再生物料，先与熔剂混合、制粒，再吸风烧结成块

二、鼓风炉熔炼的产物

表 1-4-24 是部分工厂的鼓风炉熔炼产物数据。

表 1-4-24　部分工厂鼓风炉炼锡的熔炼产物成分[11]

厂　别	产物名称	产物主要成分/%					
		Sn	Pb	SiO_2	FeO	CaO	其　他
鸡街冶炼厂	乙粗锡	67.25					
	锡铅合金	20.86	73.59				
	炉　渣	4	1.5				
云锡三冶	粗焊锡	25～55	40～70				2～5As
	炉渣	4～6	1～3				
卡佩尔帕斯炼锡厂	炉渣	4.5		20	35	12	ZnO，Al_2O_3 及其他氧化物

三、鼓风炉炼锡的主要技术条件及技术经济指标

表 1-4-25 是某些厂鼓风炉炼锡的主要技术条件和技术经济指标。

表 1-4-25　某些工厂鼓风炉炼锡的主要技术条件和指标[11]

技术条件与指标	鸡街冶炼厂	云锡三冶
风温	常　温	常　温
炉顶温度/℃	150～250	<300
床能率/$t\cdot(m^2\cdot d)^{-1}$	48～53	30
熔剂率/%	8～9	10～15
焦率/%	13～16	25～30
锡直收率/%	60～65	59.8
锡总回收率/%	98～98.3	97.11
产渣率/%		50～60
吨矿电耗/kW·h	190	

第六节　短窑熔炼

世界上最大规模的炼锡短窑在印度尼西亚佩尔蒂姆炼锡厂，是1967年投产的，处理高品位锡精矿。津巴布韦万基炼锡厂也用短窑熔炼高品位锡精矿。玻利维亚奥鲁罗炼锡厂用短窑处理低品位锡精矿借硫化挥发法富集锡，也作过处理富精矿的工业试验。德国杜伊斯堡炼锡厂用短窑熔炼厂外残渣及厂内返回品。我国来宾冶炼厂也用短窑熔炼高砷返回品。短窑可兼有焙烧挥发和熔炼的功能，而且设备密封，劳动强度小。其缺点是还原强度弱，因而渣含锡高，且SnO挥发多，并且窑衬寿命短，耐火材料消耗大，且其中吸收的锡难于回收，故短窑未能作为主干炼锡设备推广。

炼锡短窑的规格及处理的原料见表1-4-26；短窑炼锡的产物见表1-4-27；短窑炼锡的主要技术条件及技术经济指标见表1-4-28。

表1-4-26　某些工厂炼锡短窑的规格及处理的原料[11]

厂　别	短窑规格	处　理　的　原　料
佩尔蒂姆炼锡厂	3台，ϕ3.6m×8m（德国克勒克内公司设计）	一次熔炼：精矿（>70%Sn）、硬头、制粒的烟尘；二次熔炼：富渣
万基炼锡厂	（德国鲁奇型短窑）	一次熔炼：68%Sn的磁选精矿，返回的硬头；二次熔炼：富渣
奥鲁罗炼锡厂	3台，$\phi_{外}$ 2.8m×1.95m	低品位锡精矿：硫化挥发法（烟化法）富集锡；58.07%Sn的精矿：熔炼和炉渣烟化
杜伊斯堡炼锡厂	ϕ3.6m×8m	厂外残渣（含锡铅，呈氯化物或块状）；厂内返回品（包括硬头和烟尘）
来宾冶炼厂	ϕ2.5m×2.4m	厂内高砷返回品

表 1-4-27　部分工厂短窑炼锡的产物[11]

厂别	产物名称	产物成分/% Sn	其他
佩尔蒂姆炼锡厂	粗锡	99.79～99.83	0.089～0.144Fe，0.012～0.031Pb，0.010～0.188As，0.005～0.010Sb，微量 Cu，Bi，Ni，Co，Zn，Cd
	富渣	15～23	8～20SiO_2，20～26FeO，2～4CaO，2～4MgO
	硬头	71.94	24.63Fe，0.10Pb，0.021Cu，0.009Bi，0.008As，0.0057Sb，0.0023Co，0.019Ni，0.0002Zn，0.0008Ag，0.0001Cd
	尾渣	0.8～1.2	18～24SiO_2，14～21FeO，6～9CaO，2～4MgO
	烟尘	60～72	0.2～2SiO_2，1～4FeO，1.1～2.3CaO，0.2～3S，1～2C
奥鲁罗炼锡厂（炼 58.55%Sn 的精矿）	产物：　金属锡　浮渣　硬头　锍　烟尘　富渣　废渣 含锡/%：　99.35　68.09　48.48　3.48　39.35　2.05　1.27 锡分布率/%：　79.32　4.86　2.97　0.14　3.90　0.12　1.11		
杜伊斯堡炼锡厂	产物有：黄渣，炉渣，氧化物烟尘，粗焊锡，粗锡和 30%Sn，50%Fe 的硬头		
来宾冶炼厂	产物为：高砷烟尘和锡合金（焊锡或锡锑铜合金）		

表 1-4-28　佩尔蒂姆炼锡厂短窑炼锡的主要技术条件和技术经济指标

项目	数据	项目	数据
熔炼温度/℃	炼精矿时 1100	吨锡消耗还原剂/t	0.33
	炼富渣时 1250	吨锡电耗/kW·h	208.04
吨料熔炼时间/h	炼精矿 0.7	吨锡耗冷却水/m^3	5.88
	炼富渣 1.3		

续表 1-4-28

项 目	数 据	项 目	数 据
床能率/t·m^{-2}·d^{-1}	炼精矿 1.36	富渣率/%	25
	炼富渣 0.8	尾渣率/%	15
年工作日数/d	300	富渣含锡/%	15～25
耐火材料寿命/月	8	尾渣含锡/%	1～1.5
燃油量/L·h^{-1}	炼精矿 200	熔炼含 70%Sn 的精矿	
	炼富渣 280	的总回收率/%	98.5～99.0

第七节 顶吹转炉炼锡

顶吹转炉炼锡始于 1978 年美国得克萨斯炼锡厂，至今已有的文献仍然只限于该厂的独家资料[9,25～27]。赛罗熔炼法的发明者弗洛伊德(Floyd)J. M. 认为，顶吹转炉炼锡是可与赛罗熔炼法相比的强化熔炼技术[45]。顶吹转炉由于炉体旋转可以连续完成炉料的混合，并且由于熔渣在炉内形成“淋雨”作用，为炉内气相提供巨大的渣暴露面积，因而可在同一设备中分阶段、连续地进行熔炼和氯化挥发或硫化挥发作业，也可单独进行粗炼或富渣与贫精矿的烟化。得克萨斯炼锡厂称该法为 RTSV 工艺(即:Rotary Tin-Smelting-Vaporation Process，转炉锡熔炼-挥发工艺)。其缺点是炉衬易损坏，因而炉龄短，这可能是此法尚未得到推广的主要原因。

一、炼锡顶吹转炉的结构和附属设施

转炉结构与炼钢或炼铜、镍及其再生金属的卡尔多(Kaldo)转炉相似。图 1-4-7 是顶吹转炉结构示意图。其结构参数与附属设施简介如下。

(一)转炉的主要结构数据

外形尺寸　　ϕ4420mm×6610mm

炉膛尺寸　　ϕ2820mm×5700mm

炉膛空间　　约 30m^3(有效容积为 16m^3)

炉口(炉顶进料口)　　ϕ1500mm

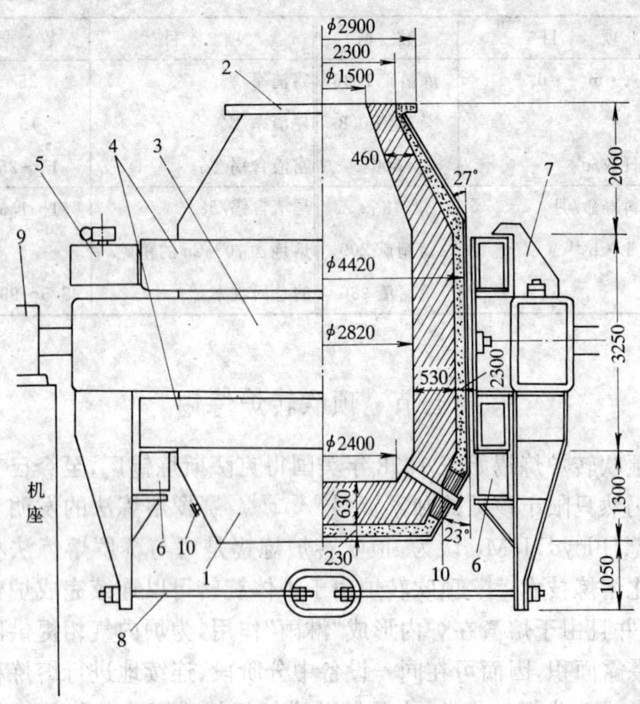

图 1-4-7 顶吹转炉结构示意图[25]

1—炉体；2—加料口；3—空心钢环（倾斜装置）；4—回转用的钢环；
5—回转传动轮；6—承重托轮；7—减速装置和电机；8—固定拉杆；
9—炉体支承轴承；10—放锡口

放锡口：ϕ300mm，三个接近炉底，按圆周三等分布置，另一个在炉底中央，作备用孔；

炉子自重：300t，其中耐火材料约 160t；

炉壳由 30mm 厚钢板制成，内砌两层耐火砖，第一层为厚 230mm 的高铝砖，第二层是炉膛内衬，用熔铸的铬镁砖制成；因易于损坏的程度不同，内衬砖厚分别为：炉底 630mm，炉身 530mm，炉口 460mm。内衬砖寿命一般为 90～100d，相当于熔炼 200 炉。

(二)传动机构

炉子传动机构由倾斜装置和回转装置两部分组成。倾斜装置3是个空心钢环,连接承重托轮6和固定拉杆8,靠机座上的轴承9支承整个炉体,用电动机经减速箱进行倾斜转动,能以轴承为中心旋转360°;回转装置由炉体上两个钢环(辊环)4和上下各两个电动机经涡轮减速带动回转传动轮5与钢环4进行摩擦传动,使炉体回转,其旋转速度为10~40r/min。

(三)喷枪装置

喷枪是顶吹熔炼的关键。正常操作时,插入炉内的喷枪处于高温状态下,受高速气流的磨损和熔体的冲刷。喷嘴材质一般用低碳钢,最好用高温耐蚀钢(即铬钢或镍铬钢)。喷枪规格为ϕ400mm×6000mm,其夹套式壁中用水冷却,枪管中心装有天然气和备用油的喷出管。喷枪安装在活动排烟罩上,其倾斜角一般为20°,与转炉正常生产时的倾斜度相同。活动排烟罩则固定在电动轨道上。

(四)进料系统

炉顶进料斗有两个:一是进大块的返回浮渣,由吊车直接吊入料斗垂直进炉;另一个是进块度小于60mm的含锡物料,以及熔剂、黄铁矿等,经皮带运输机送至炉顶料斗,再经圆盘给料机、螺旋进料机和加料的溜槽入炉。

炉侧边设有安装了空调器的控制室,测量仪表按操作程序自动控制供电、供水、供气(天然气、氧气、空气等)、加料、炉子传动等全部操作过程。值班人员只作检查与调整。

二、顶吹转炉炼锡的操作特点

顶吹转炉操作包括:进料、熔炼、放锡、炉渣烟化、放渣等过程。

(1)进料与熔炼:新炉在烘炉至1100℃后,先装入洗炉料再正式进料,每炉进料量为50t,先装入10~15t大块料,然后将炉子倾斜至20°,开电动轨道车,套上活动烟罩,插入喷枪,开动炉子旋转,转速为15~20r/min,同时开天然气及氧气加热,迅速升温至1200~1250℃,控制炉内气氛,开动小块料进料系统,连续进入碎料。如果操作正常,在2h左右进完余下的35~40t料,继续熔炼1

～2h，停炉取渣样，如渣含锡达6%～8%，即可放锡。

(2)放锡：先停止加热，用氧气烧穿放锡口，锡即流入前床。每次放锡量约10～30t(由原料品位而定)。放完锡，封好锡口，随即进行炉渣烟化。

(3)炉渣烟化：用硫化挥发法处理富渣及含锡工业废料。放锡后立即开天然气及氧气加热，迅速升温至1300～1350℃，炉转速为20～25r/min，加入一定量的黄铁矿和焦炭，加大空气量，进行挥发熔炼。当富渣含锡为6%～8%时，经2.0～2.5h后，停炉取渣样，进行炉前快速分析(8min内完成)。当渣含锡达0.3%～0.5%时即可放渣。弃渣含锡，视渣中WO_3含量及国际市场锡价格而定，一般控制在0.2%～0.8%范围内；如果炉渣含$WO_3>3\%$，则将渣含锡降至0.2%以下，继续升温至1400～1450℃，加入焦炭进行高温还原熔炼1～2h，使大部分WO_3还原而生成钨铁合金，停炉取渣样，当渣中$WO_3<0.2\%$时，即可放出合金，然后放渣。

(4)放渣：当渣含锡和WO_3达到要求时，停炉后倾斜，把渣从炉口倒出，经渣槽流入露天渣场，冷却后铲碎出售。

放完渣即开始下一炉的进料。如果进高品位精矿，可连续炼3～5炉，使炉内渣量达30t左右，才进行炉渣烟化挥发；如果进低于15%Sn的低品位精矿，则不产粗锡，全部烟化。

由于入炉物料含锡品位多变，在同一炉中处理不同物料时是分炉进行，操作时间见表1-4-29。

表1-4-29 顶吹转炉炼锡处理不同物料的作业时间

物料	作业时间/min				
	进料	熔炼	放出金属	烟化	放渣
原生锡物料：精矿	300	75	30	210	15
烟尘	240	15	20	0	0
低品位锡物料：炉渣	180	60	0	120	20
低品位残渣	240	30	0	180	20
原生锡铅物料：低品位锡	300	30	30	210	15
铅残渣	360	30	0	120	20

烟气处理：由于采用富氧或纯氧助燃，因而生成的气量较少。烟气的出炉温度一般为1100～1250℃，经水冷烟道进入袋室时温度低于200℃。袋室用脉冲收尘器（耐温塑料纤维袋能在300℃正常使用达一年）。经袋室收尘后的SO_2烟气通入两座石灰乳淋洗塔处理（一般SO_2吸收率大于90%），然后排入70m高烟囱。

三、顶吹转炉炼锡的产物成分和主要技术经济指标

产物成分见表1-4-30。主要技术经济指标如下：

日处理量：80～120t　　炉子寿命：90～100d

年生产时间：290d　　锡直收率：82%～84%

产尘率：8%～10%　　产渣率：约35%

渣含WO_3：0.2%　　WO_3回收率：90%～95%（入钨铁）

吨矿能耗：12.56～14.65GJ（相当于3000～3500m^3天然气）

吨矿氧耗：0.4t　　1kg锡消耗黄铁矿：1.5～1.8kg

吨矿消耗耐火材料：15kg　　吨矿水耗：23m^3

吨矿消耗工时：1.5工时

表1-4-30　顶吹转炉炼锡的产物成分/%

产物名称	Sn	Fe	Pb	As	Sb	Zn
粗锡	>85	<3	2	3	3	
钨铁	<2	60			0.1	
烟尘	60～62		0.5	0.5	0.013	3～9.5
富渣	3～10			0.1～0.2		0.5～0.7
尾渣	0.1～0.8			0.1～0.2		0.5～0.7

产物名称	FeO	SiO_2	CaO	其他
粗锡				0.5Bi，1.1Cu
钨铁				3～4C，20W
烟尘	1.13	1.5	0.77	0.15～0.2Bi，0.1Cu
富渣	10～30	30～35	9～12	4～9MgO
尾渣	32～36	32～34	12～13	5～8MgO

第八节 赛罗熔炼

赛罗熔炼最初是为了改进反射炉炼锡的传统两段法，用于处理锡炉渣；后来发展到熔炼铜、镍、铅、锌硫化物和渣处理。1978 年在悉尼联合炼锡厂建立了 5t 规模的锡精矿还原熔炼工业试验炉；1980 年 9 月在阿伯福尔（Aberfoyle）公司的卡尔古利（Kalgoorlie）镍冶炼厂建成了 4t/h 规模的处理低品位复杂锡精矿的锍化半工业试验炉并试车，至 1982 年 3 月完成了一批试验[28～31,45～53]。

悉尼联合炼锡厂的工业试验炉，外径 1.8m，长 5m，内墙厚 0.25m，用 60%和 40%的铬镁砖作衬里。炉身为圆筒形竖式炉，结构较简单。喷枪为 ϕ50 钢管，内套喷油管，固定在喷枪架上以便于控制升降。图1-4-8是赛罗熔炼过程示意图。该炉可熔炼高、

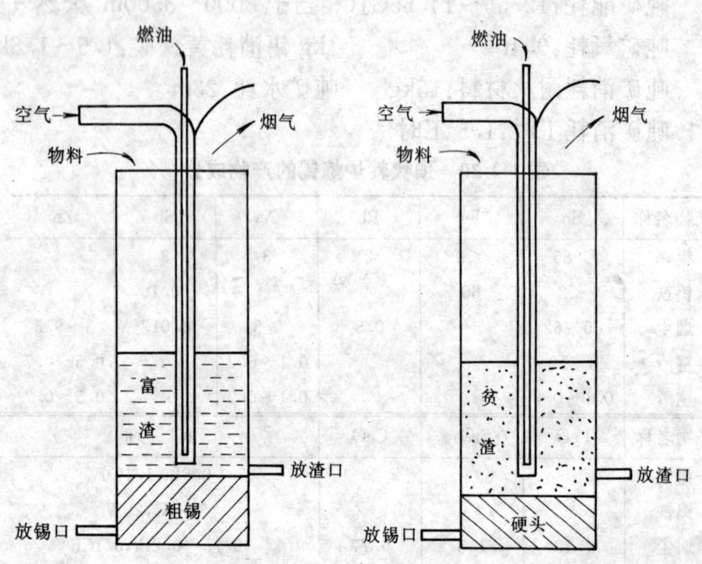

图 1-4-8 赛罗熔炼过程示意图

第一段炼精矿，加入的物料为锡精矿、熔剂、还原剂；

第二段炼富渣，加入的物料为硫化剂、还原剂

中品位的锡精矿，也可熔炼10%～30%Sn的低品位锡精矿。熔炼过程为：首先加入锡精矿熔炼约6h，得出粗锡和富渣（15%～16%Sn），温度1300℃，放出粗锡；接着加入第二次料熔炼，又放出粗锡；再加入第三次料熔炼，又放出粗锡。进料次数视精矿品位高低而不同。至炉内富渣液面达到2～2.5m高度时则不再进料而转入炼渣阶段。炉渣贫化作业约4h，终渣含锡低于1%，生成的氧化锡进入收尘系统，锡铁合金（60%Sn，40%Fe）沉于炉的下部，可留在炉内作为熔池，也可作下一炉的返料。

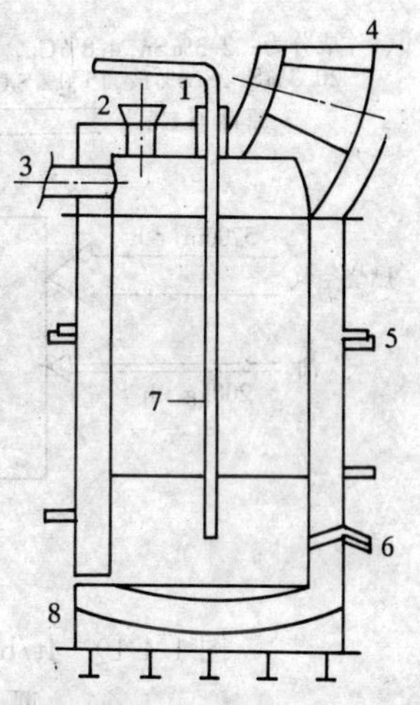

图1-4-9 4t/h 锍烟化的赛罗熔炼炉示意图

1—喷枪插入口；2—加料口；3—测孔；4—出口烟道；5—水冷却；6—放渣口；7—喷枪；8—放锡口

图1-4-9是4t/h锍烟化的赛罗熔炼半工业试验炉，其内径为2m，内高4.2m，熔池平均深度1.3m，炉内壁衬高质量的铬镁砖和浇铸的铬镁砖。

图1-4-10是4t/h锍烟化的赛罗熔炼炉处理锡铜混合精矿的物料平衡。熔炼速率达到0.5～1t/(h·m^3)。

表1-4-31是该锍烟化炉的典型物料平衡数据。

表1-4-31 4t/h锍烟化赛罗熔炼炉的典型物料平衡

进炉	出炉
炉料成分/%：4Sn，25S，3Fe，20SiO_2 进料速度：4t·h^{-1} 空气：5700m^3·h^{-1} 燃料油：300kg·h^{-1}	烟尘：含55%Sn，产出量为280kg·h^{-1} 炉渣成分/%：43FeO，33SiO_2，0.14Sn，30S 渣量：3.5t·h^{-1} 废气成分：74%N_2，8%SO_2 废气量：6000m^3·h^{-1}

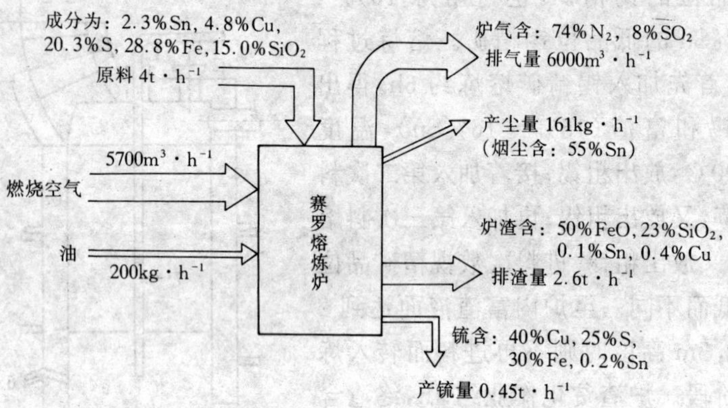

图 1-4-10 4t/h 锍烟化的赛罗熔炼炉处理锡铜混合精矿的物料平衡

第五章 锡炉渣、低品位锡精矿和低锡复杂物料的处理

近三十多年来，锡炉渣的处理由再熔炼产出锡铁合金（硬头）发展到硫化挥发法（烟化法），使锡呈硫化锡挥发，在气流中氧化为SnO_2，将铁留于弃渣中，排除了铁在流程中的循环。烟化法经验也成功地用于处理富锡中矿。与此同时，氯化挥发法在处理贫锡中矿方面也取得了进展。

第一节 锡炉渣的处理

在传统的两段炼锡法中，锡炉渣（富渣）的处理采用再熔炼法，即再炼渣，以回收富渣中的锡而产出弃渣。在多种炼渣法[2]中以加石灰石（或石灰）再熔炼法和加硅铁再熔炼法使用最普遍。70 年代以来，为适应中品位和低品位锡精矿冶炼的需要，烟化炉硫化挥发法处理炉渣取得了很大进展。

一、加石灰石（或石灰）再熔炼法[2]

再熔炼法的实质是在比上一次熔炼更高的温度下进行强还原熔炼，使渣中的锡以金属或合金形态提取出来。

加入石灰（或石灰石）时，炉渣发生以下反应：

$$nSnO \cdot SiO_2 + CaO = CaO \cdot SiO_2 + nSnO$$

$$2FeO \cdot SiO_2 + CaO = CaO \cdot SiO_2 + 2FeO$$

从而增大了渣中 SnO 和 FeO 的活度。实践证实：加入 CaO 利于还原锡，同时也增加了铁的还原，得到含铁高的粗锡或硬头。

当炉渣中 CaO 很高时，铁与锡接近完全还原是可能的，但 CaO 含量过高则渣熔点高，甚至得到 SiO_2-CaO-Al_2O_3 三元系炉渣，这种渣仅适于电炉熔炼。

加石灰石熔炼炉渣的操作数据（表 1-5-1）表明，此法一般能使渣含锡降至 1%左右。曾有用鼓风炉炼渣的，但终渣含锡高达

4.5%～8%。

表 1-5-1 富渣再熔炼的操作数据[5,11]

项目		巴特沃思炼锡厂	佩尔蒂姆炼锡厂		马诺诺炼锡厂	生野炼锡厂
熔炼炉	类型	反射炉	反射炉	短窑	电炉	电炉
	规格	44.6m^2	50m^2	ϕ3.6m×8m	850kVA	1050kVA
	燃料	油	油	油	电	电
操作条件	富渣含锡/%	18～20	20	15～25	23～27	10～15
	处理量/$t \cdot d^{-1}$		25	18.5	25	10.8
	还原剂用量			15%～18%(煤)	1t 渣用 0.33m^3 木炭	10%(焦粉)
	石灰石用量/%			4～10	10	20
	熔炼周期/h			22		4
	熔炼温度/℃	1500	1450	1350	1350	1300～1400
指标	燃料消耗		250$L \cdot h^{-1}$	280$L \cdot h^{-1}$	610$kW \cdot h \cdot t^{-1}$	960$kW \cdot h \cdot t^{-1}$
	废渣含锡/%	0.5～1.0	0.8～1.0	0.8～1.2	1.5	0.5～1.0
	硬头含锡/%	60	80	71.94	40～80	45～50

二、加硅铁再熔炼法[1,2,54]

此法只适宜于电炉熔炼。加硅铁炼渣主要是为了分离铁锡，其原理是根据锡在硅铁合金中不混溶的性质。图 1-5-1 表明，Si-Sn 系没有化合物生成，硅在锡中的溶解度随温度升高而增大。在 Fe-Si 系中能够生成 FeSi 和近似于 $FeSi_2$ 的固溶体，这些化合物生成处显示出熔点的极大值(FeSi 为 1400℃，$FeSi_2$ 为 1220℃)，表示 Fe 与 Si 的原子间结合力很强；而在 Fe-Sn 系中生成的化合物都在较低温度时分解，表示 Fe 与 Sn 的原子间结合力较弱。这些力相互作用的结果，当温度为 1300℃时，在 Fe-Si-Sn 三元系中出现宽阔的两液相分层区(图中扇形部分)：底层为锡，含 Si 和 Fe 很少；上层为硅铁，含锡很少，特别是在含硅 23%～30%靠近稳定化合物

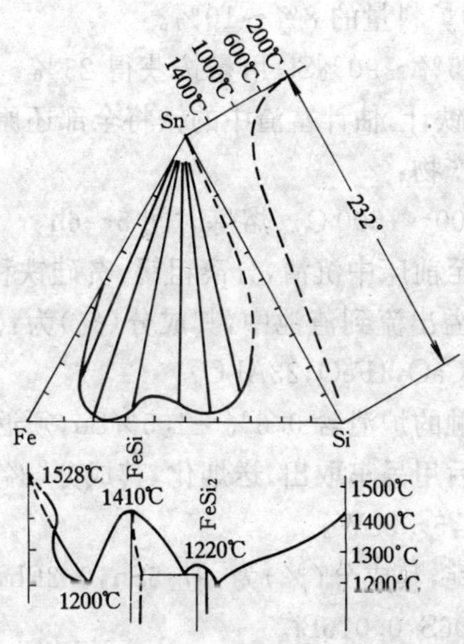

图 1-5-1 Fe-Si-Sn 三元系相图[1]

FeSi 的部分区域内，含锡只有 2%～4%。实践表明：当硅铁含硅高于 16%时，其含锡量低于 3%。

此法需要大量还原剂以防 Fe-Si 被氧化，还需要在 1400℃以上的高温(用大量石灰石造成高 CaO 渣)，才能保证物料熔化和分层。按计算量加入富硅铁可得到较好结果。

加硅铁炼渣，由于要加入大量石灰石和还原剂，最终也将得到 SiO_2-CaO-Al_2O_3 三元系炉渣，故最适宜于在电炉中进行，并且应采用埋弧熔炼以保证硅铁不被氧化。

新西伯利亚炼锡厂早期采用电炉加硅铁炼富渣的操作数据[2]如下：

炉料：

供提锡的物料：主要为富渣，含 4%～7%Sn，15%～25%Fe；此外，还有硬头和修炉时的含锡物料。

还原剂：碎焦和空气-煤粉混合物(2∶1)，其量为炉料的 8%～10%。

熔剂：石灰为炉料量的8%～10%。

富硅铁：含75%～90%Si，用量按获得23%～25%Si和75%～77%Fe的贫硅铁计，估计富渣中的铁将全部还原进入贫硅铁。

熔炼条件与产物：

熔炼温度1400～1500℃。熔炼时间5～6h。

熔炼产物放至前床中沉清，分离粗锡、贫硅铁和废渣。

废渣由前床溢出流到渣池中，其成分（%）为：0.1～0.3Sn，45～52SiO_2，25～30CaO，1FeO，23Al_2O_3。

与贫硅铁接触的炉渣含0.6%～1.5%Sn，须返回处理。

贫硅铁冷却后用吊车取出，送烟化，其成分（%）为：50～65Fe，18～25Si，3～4Sn，5～25W。

粗锡浇铸成锭，其成分（%）为：97.5Sn，0.3Pb，0.7Fe，0.2Cu，0.6As，0.1Sb，0.06S，0.016Bi。

烟尘用淋洗塔和电收尘收集，其成分（%）为：48～55Sn，8～15SiO_2，1.5～2.0Fe，2～4CaO。

锡在熔炼产物中的分配为：粗锡占58%～64%；废渣和贫硅铁5%～15%（其中废渣占3%～4%）；烟尘12%～20%；损失2%。

指标：

电炉生产率：4.0～4.2t/(m^2·d)。

焦炭消耗：180～190kg/t。石灰消耗：120kg/t。

硅铁（90%Si）消耗：8～10kg/t。

电极消耗：9～10kg/t。　电能消耗：1100kW·h/t。

近年来该厂在电炉熔炼次精矿的后期加硅铁炼渣，操作数据如下。

电炉：

两座电炉：炉直径4.5m，内衬碳砖；炉顶周边有三个加料孔，间断加料；放锡与放渣共用一个出口。

每炉装三根电极，电极直径400mm。

炉功率1800kVA：控制电压150～180V，电流4000～5000A。

炉处理量 20～30t/d。 炉龄 4～6 个月。

炉料：

炉料主要是含 25%～40%Sn 的次精矿及各种精炼渣。

加入 60%～70%Si 的硅铁。

熔炼温度与产物：

熔炼温度 1350～1500℃。

由炉内放出的熔融物上层为贫硅铁，含 4%～5%Sn，凝固后吊送烟化系统处理；中层为炉渣，含 0.3%Sn；底层为锡液。

三、锡炉渣的硫化挥发法[1,2,11,22,57～60]

为了处理铁锡比高且品位波动大的锡精矿，国外采用锡炉渣的硫化挥发法（烟化法）。其基本作法是：在液态炉渣中鼓入燃料（粉煤或燃料油）空气混合物与硫化剂（黄铁矿粉末），并强烈搅拌，使渣中锡变成 SnS 挥发，部分锡呈 SnO 挥发，在气流中最后变为 SnO_2 烟尘，收集后返回一次熔炼。

（一）烟化过程发生的化学反应[55]

$$2FeS_2 \longrightarrow 2FeS + S_2$$

$$SnO \cdot SiO_2 + FeS \longrightarrow SnS + FeO \cdot SiO_2$$

$$SnO + CO \longrightarrow Sn + CO_2$$

$$CO_2 + C \longrightarrow 2CO$$

$$Sn + FeS \longrightarrow SnS + Fe$$

$$4SnO + 3FeS \longrightarrow 3SnS + Fe_3O_4 + Sn$$

$$SnO + FeS \longrightarrow SnS + FeO$$

其总反应为：$Sn^{2+}_{(s,l)} + S^{2-}_{(s,l)} \longrightarrow SnS_{(g)}$

加入粉煤或燃油是为了维持必要的温度和创造还原条件。

由于 Fe_3O_4 会抑制锡的挥发，为了烟化成功，应避免下列反应发生：

$$3FeO_{(渣)} + CO_2 \longrightarrow Fe_3O_4 + CO$$

如果炉渣含有饱和量的 FeO，则有可能发生 Fe_3O_4 的生成反应。在这种情况下须借助下列还原反应来消除 Fe_3O_4：

$$Fe_3O_4 + CO \longrightarrow 3FeO + CO_2$$

为此，CO 和 CO_2 的分压比须大于 0.105。

在一定限度内添加黄铁矿可由于下列反应而减少 Fe_3O_4 的生成：

$$FeS + Fe_3O_4 \longrightarrow 4FeO + SO_2$$

添加少量表面活化剂（P_2O_5，Na_2O，CaF_2）可大大降低 FeO 的活度，从而防止固态 Fe_3O_4 的生成，其原因可能是改变了硅酸盐的结构。据此可解释当加入黄铁矿时烟化炉中突然出现强烈搅拌的原因[55]。

含 SiO_2 高于 35%的炉渣，因其凝结的大块而碰撞炉壁使炉子发生强烈震动。含 SiO_2 高于 40%的炉渣实际上难于烟化或几乎不能烟化。

由于炉子易发生强烈震动，故烟化炉必须是独立的设施，设有独立的支柱。

烟化过程中，黄铁矿加入量不能过多，否则 FeS 与 SnS 形成锡锍（见图 1-5-2），锍中的 SnS 较难挥发，而以金属状态溶于锍中的锡则得不到挥发。为避免锡锍生成，除了控制黄铁矿用量外，生产中常采用氧化气氛，促成下列反应发生：

$$FeS_{(渣)} + 3CO_2 \longrightarrow FeO + SO_2 + 3CO$$

为保证上述反应完成，必须满足下列条件：

p_{SO_2}	0.1	0.01	0.001	0.0001
p_{CO}/p_{CO_2}	<0.136	<0.295	<0.634	<1.360

基于上述原因，将硫锡比控制在 0.9～1.4 间。玻利维亚文托炼锡厂的烟化操作中 S：Sn>2.0 时通常有元素硫出现，这种元素硫可能呈八面体的形态，离开熔渣层而与气化物一起沉积于收尘器中。

实际操作中，在已控制黄铁矿加入量的情况下，还须控制燃烧系数 α，当炉渣需要加热或氧化已生成的锍时，采用氧化气氛，这时 $\alpha>1$；当进行还原和硫化反应时，则 $\alpha<1$，但以不出现金属铁为极限，常采用 $\alpha=0.7～0.9$。

（二）烟化速度

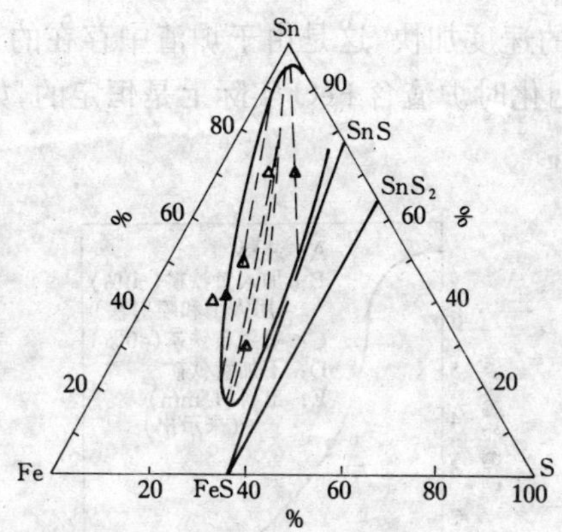

图 1-5-2 Fe-Sn-S 三元系相图

烟化炉的生产率受制约于加入的空气量、燃料量和黄铁矿量，这三者的比例要精确控制。

燃料和空气的混合物喷入熔渣层内形成的搅拌作用促进了烟化过程，加快了烟化速度。为使喷入物的能量尽可能全部用于搅拌炉渣而不在熔池的上面传播，必须精确选定炉子的尺寸，特别是要控制喷嘴的适当斜度。熔池表面的渣波形式是产生剧烈飞溅的原因之一，这种飞溅现象是在波浪的振幅增大时发生的，可以在该系统的许多装置中导致共振现象。

锡硫化为 SnS 的速度决定于硫化剂加入的数量、种类、时机和方法。例如用黄铁矿对炉渣进行烟化时(巯也可以用作硫化剂，取代黄铁矿)，在开炉期的头 1/3 的期间内加入规定装入的黄铁矿重量的 60%，获得最佳的结果。SnS 挥发是气体体积的函数，也决定于气体中 p_{SO_2}；温度增高时 p_{SO_2} 增大，则使 SnS 挥发所需的气体量较少。

由锡的烟化速度曲线(图 1-5-3)可见，起始几分钟内，挥发速度较大。假如作成半对数图，则挥发速度将呈现一条直线。由于锡不是通过化合物的分解挥发，只呈 SnS 形态挥发，所以烟化反应是准一级反应，也是多相平衡反应。当渣受到剧烈搅拌时，SnS 从炉渣挥发出来的速度加快，这是由于炉渣中存在的 FeO 影响最终平衡的成分。烟化时炉渣含 FeO 实际上是恒定的，如前所述，必须避免生成 Fe_3O_4。

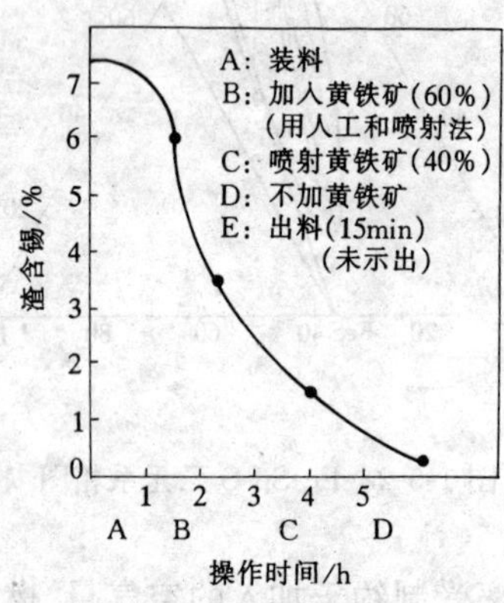

图 1-5-3　锡的烟化速度

须指出的是：图 1-5-3 所示的挥发曲线形态仍有可能没有完全达到平衡。玻利维亚文托炼锡厂和我国云锡一冶的经验证明，获得接近完全脱去锡的弃渣(含 0.02%Sn)是可能的。

锡烟化炉的操作数据见表 1-5-2，热平衡见表 1-5-3，特性数据见表 1-5-4。

表 1-5-2　锡渣烟化炉操作数据[11,55]

项　目	玻利维亚文托炼锡厂①	云锡一冶②
	2 座 2.88m²(小) 1 座 4.0m²(大)	2 座 2.6m²(小) 1 座 4.0m²(大)
进料品位/%Sn	7.32	7.33③
进料数量/t·炉⁻¹	12～16(小) 18～20(大)	6～15
1t 渣的黄铁矿用量/t	0.217	0.10～0.14

续表 1-5-2

项目	玻利维亚文托炼锡厂①	云锡一冶②
	2 座 2.88m^2(小) 1 座 4.0m^2(大)	2 座 2.6m^2(小) 1 座 4.0m^2(大)
1t 渣的黄铁矿喷射量/t	0.081	
燃烧空气/$m^3 \cdot h^{-1}$	1400	4500～8000（三项合计）
鼓空气运送黄铁矿/$m^3 \cdot h^{-1}$	500	
燃烧空气的压力/$kg \cdot cm^{-2}$	1.3	0.9～1.1④(二次风)
燃烧空气的温度/℃	260	
燃料	油 240L·h^{-1}	1t 料耗煤 0.55～0.72t
油与空气之比	0.126(L∶m^3)	
黄铁矿与空气之比	0.1187(kg∶m^3)	
空气系数		0.8～1.0
逸出的气体温度/℃	1290	1150～1250(炉温)⑤
炉压/Pa		−3～−10
冷却水的温度/℃	42/53	
装料时间/min	30	
出料时间/min	15	
烟气量/t·h^{-1}	1.74	
烟气含锡/t·h^{-1}	0.127	
硫锡化(S∶Sn)	1.57	
黄铁矿进炉温度/℃	40	
卸渣温度/℃	1300	
1t 料的卸渣量/t	1.03	1.02
弃渣含锡/%	0.222	0.07～0.085
烟化周期/min	360	
实际烟化时间/min	310	

①主要为 1974 年 7 月的统计数字；

②为 1982～1986 年的统计数字；

③进料中包括：富渣(11.06%Sn)，富中矿(4.71%Sn)，返渣(0.09%Sn)，烟道尘(13.2%Sn)，云锡渣(8.50%Sn)，外来渣(7.22%Sn)，含锡物料(8.69%Sn)；

④另有送粉煤和黄铁矿的一次风压力为 0.05～0.07MPa；

⑤熔化炉的炉温 1350～1450℃，炉压 0～30Pa，熔渣温度高于 1200℃。

表 1-5-3 卡佩尔·帕斯炼锡厂锡渣烟化炉的结构数据及其热平衡[22]

项目		衬砖烟化炉		水套烟化炉	
加料量/t·炉$^{-1}$		45.7		91.4	
炉容积/m^3		16.9		34.3	
炉宽×长/m		2.13×3.66		2.74×5.18	
静止渣深/m		2.28		2.44	
加料速度/t·h^{-1}		6.78		15.7	
进喷水塔炉气量/m^3·h^{-1}		15686		39073	
进喷水塔炉气温度/℃		800		1414	
耗油量/L·h^{-1}		909		1909	
水套热损失/GJ·h^{-1}·m^{-2}				0.45	
热平衡		GJ·h^{-1}	%	GJ·h^{-1}	%
供热	风口燃烧热	32.6	73.6	94.2	75.8
	CO在烟道燃烧热	4.3	9.7	13.0	10.5
	黄铁矿燃烧热	7.0	15.8	16.3	13.1
	SnS氧化放热	0.4	0.9	0.8	0.6
	共计	44.3	100.0	124.3	100.0
耗热	熔化炉料热	8.8	19.9	20.5	16.5
	冷却水热损失	16.7	37.7	23.8	19.1
	辐射和其他损失	2.1	4.7	4.2	3.4
	烟道气体带走热	16.7	37.7	75.8	61.0
	共计	44.3	100.0	124.3	100.0

表 1-5-4 处理含锡物料的烟化炉特性数据[11,22,57~60]

项目	苏联			德国	玻利维亚	英国	中国
	梁赞厂		新西伯利亚厂	弗来贝格厂	波托西炼锡厂	卡佩尔帕斯厂	云锡一冶
炉型	水套炉		水套炉	水套炉	水套炉	水套炉	水套炉
燃料	粉煤	天然气	重油+煤	重油+焦炭	液体	重油	粉煤

续表 1-5-4

项 目	苏 联			德 国	玻利维亚	英 国	中 国
	梁赞厂		新西伯利亚厂	弗来贝格厂	波托西炼锡厂	卡佩尔帕斯厂	云锡一冶
投产年份(年)	1964	1972	1967	1976	1980	1973	1963(炼富渣) 1973(炼富中矿)
炉底面积/m²	13	13	4.9	5.3	17.5	14.2	2.6(2 座) 4.0(1 座)
生产能力/$t \cdot m^{-2} \cdot d^{-1}$	33.5	39.5	27.5	15 (14～18)	22～25	26.4	15～20 ($2.6m^2$ 炉) 20～26 ($4m^2$ 炉)
吨料燃料单耗/t	124	120	120	520 (油)	250	1909 $L \cdot h^{-1}$	550～720
作 业	挥发	挥发	挥发	挥发	熔化-挥发	挥发	挥发
Sn 含量/%							
原 矿	1.08	1.05	2.2	6～9	5 (3～10)	7.5	3～5①
弃 渣	0.13	0.08	0.17	0.13	0.1	0.28	<0.08①
烟尘中锡回收率/%	94.1	88.5～94	90.2	96～97	>95		>95①

①处理锡中矿的数据。

第二节 低品位锡精矿的处理

低品位锡精矿主要用火法处理，湿法处理现在仍多数处于试验研究阶段。

火法处理低品位锡精矿现在普遍采用硫化挥发法富集锡，然后熔炼所得的锡烟尘(见图 1-2-18 和图 1-2-19)；有的则是将低品位(贫)精矿与富渣一道硫化挥发，然后熔炼所得的混合锡烟尘，如

图1-2-13和图1-2-15至图1-2-17的流程。硫化挥发的工业设备，以烟化炉使用较多，短窑使用较早，旋涡炉则适用于锍的烟化且处理能力较大。其他设备如回转窑、流态化炉、电炉也都进行过试验[58]。

在既可处理高品位锡精矿又可处理低品位锡精矿的强化熔炼设备如顶吹转炉和赛罗熔炼炉中，低品位锡精矿也是先进行硫化挥发，然后再熔炼所得的锡烟尘，如图1-2-25和图1-2-26所示的流程(有关数据参看第四章第七和八节)。也可在低品位锡精矿中有意地配入含铅的物料，或将锡铅混合精矿在炼前制粒再进行鼓风炉熔炼产出锡铅合金，如图1-2-20和图1-2-21，图1-2-22所示的流程(有关数据参看第四章第五节)。

低品位锡精矿在烟化炉中硫化挥发富集的有关数据见本章第一节。这里补充介绍低品位锡精矿在短窑和旋涡炉中的熔炼。

一、短窑熔炼

玻利维亚奥鲁罗炼锡厂在60年代中期就开始用短窑对低品位锡精矿进行硫化挥发富集[61]，其操作数据如下。

短窑：$\phi_{外}$ 2.8m×1.95m，处理能力4.8～20.4t/d，窑转速0.2r/min；

炉料：精矿　含Sn4%～10%，S：/Sn＝3～5：1(硫主要来自黄铁矿)，木炭占料重的5%；

渣型　SiO_2：FeO：其他＝46：38：12(43：43：14)，生成温度1100℃(1050℃)；

挥发作业每批炉料处理8～20h，分三阶段：

加热　800℃前挥发水、砷、锑的硫化物；

挥发锡　800～950℃→1000℃挥发锡，料中锡降至0.3%～0.4%；

造渣　1000～1100℃，使渣易流动放出，此时锡挥发很少；

燃烧、收尘：用燃料油加热，以换热器来的预热空气助燃；

收尘系统　炉气被抽至炉外的氧化与沉渣室(在此通入二次空气，使SnS氧化为SnO_2，温度达

850℃)→热交换器→旋风收尘器(4 个)→扩散式收尘器→冷却器(烟气降至 80℃,以上所得的氧化尘为烟尘Ⅰ)→袋式收尘器(羊毛织袋,得烟尘Ⅱ)→净废气放空。

产品:	烟尘Ⅰ	烟尘Ⅱ	全部烟尘平均
品位	25%Sn	50%Sn	45%Sn
锡回收率	20%×85%	80%×85%	85%

二、旋涡熔炼

旋涡熔炼适于处理含铜较多的低品位锡精矿,产出锍而炉渣较少。1980 年投产的玻利维亚文托低品位锡精矿冶炼厂较早采用此法[9,19,62]。其操作数据如下:

旋涡炉:ϕ1.4m×2.3m,生产能力 100t/d,配套设备为分离室接通电热沉淀池;

炉料组成(t/d):锡精矿 77.5,黄铁矿 8.8,石灰石 8.8,木炭 3.9;

原料成分(%):	Sn	S	Cu	Fe	Pb	Sb	As
锡精矿	25.0	10.0	0.1	18.7	0.6	0.6	0.7
黄铁矿	0.25	45.0		44.5	0.15	0.2	0.6

炉料要求:粒度 −2mm,S/Sn=0.6,Fe∶SiO_2∶($CaO+Al_2O_3$)=29.4∶32.6∶16.3。

熔炼作业:为连续作业,预干燥至水分低于 1%的炉料经给料器混合后进入贮料斗,用双螺旋料机使贮料斗卸出的料经下降管轴,通过旋涡炉盖送入竖立的旋涡炉;热的燃料油和经过空气预热器预热至 450℃的空气借助特别的喷嘴按切线方向喷入炉中。挥发温度 1400℃。

熔炼产物分离:反应气体和熔体经旋涡炉底的开口进入水冷的分离室分离,熔体流入沉淀池(电阻加热),让炉渣与锍分离;反应气体与数量很少的电炉废气一道被抽至水冷的再燃烧室(使 SnS 氧化为 SnO_2),热气体经空气预热器冷却至 250℃,再在蛇形管道中用二次空气冷却至布袋收尘器容许的温度后收尘,废气含

4%CO。定期由沉淀池放出渣与锍

能耗：每吨精矿耗燃料油 220kg，耗电 270kW·h

产物/t·d^{-1}		回收率/%				
		Sn	Cu	Pb	Sb	As
锍	1.5	18.5 (1.5)	3.3 (64.3)	7.7 (24.2)	3.1 (9.6)	0.8 (2.0)
炉渣	60.3	6.9 (21.5)				
锡氧化尘	23.5	63.0 (76.3)		1.3 (63.9)	1.3 (63.9)	2.4 (95.0)

前苏联对多金属低锡物料(包括低品位锡精矿)在旋涡炉中进行了挥发-锍熔炼法(即锍烟化法)的半工业试验获得了许多有参考价值的数据[63]。送去熔炼的精矿粒度为 3～4mm，泥矿和尾矿的粒度基本上小于 0.15mm。燃料为天然气，还原剂为烟煤。其设备配置流程有两个方案，见表 1-5-5，试验结果见表 1-5-6 至表 1-5-8。

表 1-5-5 前苏联处理低锡物料的旋涡炉熔炼设备配置方案[63]

方案	炉容积/m^3	附属设备	废气系统	供　热
Ⅰ	0.18	炉下有气体分离室	有废热利用系统和布袋收尘器	用液体燃料加热，鼓风预热至 250～400℃
Ⅱ	0.1	炉上配置溢气室	废气和熔体一道排入电炉，废气用电收尘室砷冷凝器和净化系统进行收尘和净化	用天然气加热，鼓风不预热

表 1-5-6 各类物料旋涡熔炼挥发锡的结果[63](方案Ⅰ)

待处理物料	品位/%			生产率/t·m^{-3}·h^{-1}	过剩空气系数	炉渣含锡/%	锡挥发率/%(按差额计)
	Sn	S	C				
尾矿焙砂	2.04	2.5		2.6	1.19	2.19	6.0
	2.24	1.3		2.8	1.15	2.15	5.0
	2.7	1.2	5.0	2.9	0.99	1.70	40.0

续表 1-5-6

待处理物料	品位/% Sn	品位/% S	品位/% C	生产率 /t·m⁻³·h⁻¹	过剩空气系数	炉渣含锡 /%	锡挥发率 /%（按差额计）
尾矿焙砂	2.7	1.2	6.0	2.8	0.98	1.66	42.0
	1.73	10.9①		2.9	1.01	0.33	85.0
	1.50	17.3①		3.0	0.90	0.26	85.0
泥状氧化产品	1.80	0.6	13.0	5.8	0.91	1.31	44.0
	1.70	3.7	2.1	6.5	0.89	1.05	47.0
	1.90	4.2	16.0	4.8	0.94	0.86	55.0
泥状硫化精矿	3.3	25.7		2.6	1.11	0.94	81.5
	3.3	25.7		2.9	0.98	0.32	92.8
	3.3	25.7		2.9	0.97	0.22	94.8
	3.3	25.7		2.2	0.94	0.13	96.9
	3.3	25.7		3.0	0.92	0.30	92.5
	3.3	25.7		4.1	0.89	0.29	92.8
硫化矿尾矿	0.85	14.5		2.7	1.18	0.25	74.0
	0.85	14.5		2.6	1.10	0.17	82.0
	0.85	19.0		3.3	1.0	0.15	84.0
	0.80	18.0	7.4	3.0	0.97	0.08	91.0
	0.78	17.1		3.1	0.95	0.07	92.0
	0.82	18.5	8.7	2.8	0.95	0.05	95.0
	0.85	19.0		3.3	0.92	0.05	95.0

①添加黄铁矿。

表 1-5-7　多金属含锡物料旋涡熔炼挥发锡的结果[63]（方案Ⅱ）

待处理物料	品位/% Sn	品位/% Cu	品位/% Pb	品位/% Zn	品位/% As	锡分布 /%
铜精矿	1.1	20.0	2.5	2.9	4.0	
锍	0.2～0.3	28～67.0	痕～1.0	0.3～0.17	痕～0.4	8～12
炉渣	0.15～0.2	1.2～2.7	痕	0.7～1.0	痕～0.03	9～12
挥发物	6.0～8.0	1.6～2.0	12～17.0	12～14.0	15～17.0	78～82
多金属精矿	0.7	2.2	5.0	5.0	1.5	
锍	0.13～0.23	7～25.0	痕～1.8	痕～2.4	痕	16～20
炉渣	0.10～0.18	0.7	痕～0.4	1.4～1.9	痕～0.03	7～9
挥发物	2.5～3.0		14～22.0	约 25.0	5～12.0	72～76

续表 1-5-7

待处理物料	品位/%					锡分布/%
	Sn	Cu	Pb	Zn	As	
粗精矿	0.3	1.9	5.5	1.2	1.9	
锍	0.3～0.9	19～31.0	痕～1.7	1.5～3.0	痕～0.3	4～7
炉渣	0.3～0.5	0.4～0.6	痕～0.36	0.5～1.7	痕～0.3	10～14
挥发物	20～21.0	0.3～0.4	18～20.0	9～11.0	14～15.0	81～85
中矿	1.0	1.2	0.2	0.8	3.5	
锍	0.7～1.2	7～20.0	痕	1.4～2.1	0.4～0.7	7～9
炉渣	0.36	0.55	痕	0.3	0.1	34～37
挥发物	9～12.0	0.4～0.9	2～3.0	2～3.0	25～28.0	42～45

表 1-5-8 锡精矿旋涡还原熔炼结果[63]（方案Ⅰ）

锡品位/%	生产率/$t\cdot m^{-3}\cdot h^{-1}$	炉渣中锡品位/%	过剩空气系数/%	锡还原率/%	锡产出率（按加料量计）/%	
					金属	挥发物
泥状氧化精矿						
13.1	4.9	0.89	6.3	75.8		25.5
12.75	7.9	0.91	15.5	83.2		17.4
16.0	8.8	1.02	14.6	66.6		10.3
14.35	8.1	1.0	14.7	66.0		19.2
14.65	8.6	1.0	16.1	57.6		9.6
14.65	9.4	1.0	16.7	73.1		8.8
14.3	10.2	0.96	16.2	72.2		0.1
低品位锡精矿						
32.0	8.1	0.96	21.9	76.8	20.4	4.7
32.6	7.8	0.96	24.2	95.5	53.8	4.7
32.6	6.2	0.93	37.0	91.4	46.5	6.2
32.6	7.4	0.89	10.6	66.9	34.6	6.7
32.6	6.8	0.94	25.3	68.1	35.7	1.7

试验结果表明，在弱还原性气氛下，硫化物料中（含锡最高不超过3.3%）锡可挥发92%～97%；氧化物料在不加硫化剂的情况下，锡挥发很不完全，仅40%～42%（参看表1-5-6）；但是Pb、Bi、As挥发完全。旋涡炉膛中发热率$p=12\sim16MJ/(m^3\cdot h)$，炉的单位生产率$q=2.6\sim3.0t/(m^3\cdot h)$。

在熔炼复杂铜-锡矿的选矿产品时，锡、铅及大部分锌、砷、铋、镉、稀有金属等进入挥发物。而铜和贵金属则进入锍。锍的组分可通过调节燃料用量和空气量进行调节（参看表1-5-7），这时$p=10\sim12MJ/(m^3\cdot h)$，$q=3\sim5t/(m^3\cdot h)$。

泥状氧化精矿在弱还原气氛中进行还原熔炼时（还原剂用量为11%～15%，不加石灰）锡不能从炉中流出铸成锭。锡的还原率为67%～83%，挥发物产率10%左右（参看表1-5-8），这时p一$12\sim15MJ/(m^3\cdot h)$，$q=8\sim10t/(m^3\cdot h)$。

低品位锡精矿在有还原剂（10%～15%）和石灰（10%～15%）参与下进行还原熔炼，从炉中放出液态锡铸锭的产率为20%～53.8%，锡的还原率为67%～95.5%，烟尘产出率为1.7%～6.7%（参看表3-5-8）。这时$p=12\sim15MJ/(m^3\cdot h)$，$q=6.2\sim8.1t/(m^3\cdot h)$，这两个指标比电炉和反射炉的同类指标高出19倍。

第三节 复杂含锡物料的处理

复杂含锡物料的处理是指难选锡中矿和高砷锑富锡中矿的处理，其他复杂含锡物料的处理在第四章顶吹转炉熔炼、赛罗熔炼和鼓风炉熔炼中已有述及。

难选锡中矿分为低铁和高铁的两种，均有成功的工业生产经验，其处理流程见图1-2-22和图1-2-23，有关数据如下。

云锡三冶鼓风炉氯化法处理低铁难选锡中矿的数据[11]：

设备：氧化鼓风炉1.45m²，处理中矿能力44t/d，利用率36.16%；

炉料：由炉顶经密闭双料盘加入炉内；

球团配料比：低铁锡中矿∶还原剂（焦粉）∶氯化剂（$CaCl_2$）＝100∶5∶8；

炉料配比：球团∶焦炭∶熔剂＝100∶28∶15；

技术条件：料柱高 2.5m±，风口比 5%，风压 5332～10664Pa，鼓风量 2000m^3/（m^2·h），炉顶温度 300～400℃；

收尘系统：烟气沉降室→U 形淋洗塔→文氏管→电收尘；

产物：沉降室机械尘（返回配料）

收尘矿浆送湿法车间处理；溶液（Sn60～150g/L，Pb0.3～3g/L）制取氯化亚锡；沉淀（Sn18.81%，Pb40%～50%）制取铅的化工产品，如黄丹或三盐基硫酸铅。

云锡三冶回转窑高温氯化焙烧高铁难选锡中矿数据：

设备：回转窑 ϕ2.844m × 28m，处理能力 100t/d，利用率 75.07%。

炉料：球团配料比　锡中矿∶还原焦粉∶氯化钙＝100∶4.5∶8

焙烧的技术条件（煤气加热）：　微负压操作，弱还原气氛

窑头温度 1000～1050℃，窑尾温度 500℃

窑转速 110～130s/r，炉料在窑内停留 150～180min

技术指标：　金属挥发率（%）：Sn94～96，Pb>98，As82～90

流程总回收率（%）：Sn85，Pb83，$Cl_2$40

产物成分（%）：

	Sn	Pb	As	Zn	Cu	Fe	Cl^-
锡精矿	>40	<3	0.4	0.28	0.031	10	<1
铅精矿	>1	>60	0.22	0.07	0.034	3.36	24.3
铁焙球	<0.1	<0.05	<0.1	0.2～0.3	0.2～0.25	>47	0.54
总渣	0.1～0.5	0.7～0.8	5～7	5～6	0.5～0.6	4～5	13～18

烟气处理与收尘系统同鼓风炉氯化法。

高砷锑富锡中矿可少量搭配在低品位锡精矿中一起处理，其单独处理流程尚处于试验阶段，不同的处理方案见图 1-2-26 至图 1-2-28，有关数据见表 1-5-9 至表 1-5-12。

表 1-5-9　高砷锑富锡中矿硫化挥发-酸化焙烧-浸出-还原熔炼-真空蒸馏产粗锡的试验数据[32]

工序	设备	主要技术条件	产物	Sn 含量/%	Sn 直收率/%	Pb 含量/%	Pb 直收率/%	Sb 含量/%	Sb 直收率/%	Zn 含量/%	Zn 直收率/%	As 含量/%	As 直收率/%	Ag 含量/g·t^{-1}	Ag 直收率/%
硫化挥发	烟化炉(1m^2)	鼓风强度：24～28m^3·m^{-2}·min^{-1}，投料量：1.3t·炉$^{-1}$，硫铁加入量：10%±，炉内气氛：1.2%～4%CO，放出口渣温：1160～1180℃	炉渣	0. 076～0. 20		0. 012～0. 20		0. 019～0. 13		0. 51～1. 29		0. 019～0. 11		70～102	
			烟尘	17. 36～24. 96		19. 90～20. 86		11. 40～13. 13		6. 56～9. 12		2. 36～8. 63		450～600	
					96. 32		97. 73		96. 37		60. 03		96. 44		60. 98
酸化焙烧	回转窑 ϕ250mm×400mm	硫酸加入量：40%，焙烧温度：400℃，焙烧时间：2h，投料速度：18.2kg·h^{-1}，窑转速：115s·r^{-1}	烧渣	18. 43	99. 24	16. 56	96. 26	9. 71	94. 31	5. 04	99. 5	2. 54	55. 1	950	99. 5
			白砷	微		微		0. 75～0. 84		0. 032～0. 095		69. 37～70. 13		S：4. 10～4. 92	

续表 1-5-9

工序	设备	主要技术条件	产物	成分											
				Sn		Pb		Sb		Zn		As		Ag	
				含量/%	直收率/%	含量/%	直收率/%	含量/%	直收率/%	含量/%	直收率/%	含量/%	直收率/%	含量/g·t^{-1}	直收率/%
水浸	浸出槽(1.2m^3)	固液比=1∶1,浸出时间:60min,浸出温度:>70℃,投料量:300kg·槽$^{-1}$	浸渣	24.51	99.5	21.86	99.5	12.81	97.14	1.08	83.35	2.35		633	99.5
			浸液/g·L^{-1}	微		1.07		2.00		76.29		8.28		痕	
盐浸	浸出槽(1.2m^3)	固液比=1∶8,浸出时间:60min,浸出温度:90℃,投料量:50kg·槽$^{-1}$,氯化钠浓度:常温饱和	浸渣	22.13~29.4	99	2.63~6.13	76.68	11.99~14.88	95.8	0.26~0.81		2.80~3.41		318~693	93.4
			$PbCl_2$结晶	0.10~0.64		62.34~71.7		0.37~1.17		0.1~0.49		0.05~0.15		30~100	
			硫酸钙渣	0.10~1.20		1.04~5.87		0.23~0.93		0.20~0.39		0.20~0.70		50~125	

续表 1-5-9

工序	设备	主要技术条件	产物	成分											
				Sn		Pb		Sb		Zn		As		Ag	
				含量/%	直收率/%	含量/%	直收率/%	含量/%	直收率/%	含量/%	直收率/%	含量/%	直收率/%	含量/$g \cdot t^{-1}$	直收率/%
熔炼	反射炉($2m^2$)	还原煤量：10%，炉温1300℃，投料量：1400kg·炉$^{-1}$，炉尾负压－50～－80Pa	合金	41.74	68	23.41		24.59	73.8	0.045		4.34			
			炉渣	15.06		6.30		7.46		1.99		1.67			
真空蒸馏	真空炉蒸馏面积$900cm^2$	输入电压：10～12V，输入电流：1600～1800A，真空度：66.6～93.3Pa，蒸馏温度：1100～1200℃	粗锡	84.51	88.67	10.71		3.06				0.53			
			铅锑合金	1.61～8.91		33.87～27.5		64.25～59.81	79.65			0.11～0.82		400	
			高砷合金	0.49		2.7		<0.5				84.65		200	
		(直收率)合计			56.77		71.78		49.7		49.8		53.1		

表 1-5-10 高砷锑复杂锡烟尘熔炼→合金加碱熔炼→碱渣水浸→浸出液净化和浓缩产锡酸钠的试验数据[33]
（熔炼的试料是表 1-5-9 中硫化挥发所产的锡烟尘）

工序	设备	主要技术条件	产物	成分/% Sn	Pb	Sb	As	Ag	NaOH/g·L⁻¹
熔炼	100 号石墨坩埚	炉料(60kg·锅⁻¹)配比为烟尘：还原煤：纯碱=100：17：5，熔炼温度1250～1300℃	合金	34.56	31.76	19.18	8.66	0.076	
			炉渣	4.53	3.02	2.48	1.26		
加碱熔炼	不锈钢锅 ϕ200mm×400mm	加入合金：25kg·锅⁻¹，温度：450℃，碱耗系数 NaOH/(Sn+Sb+As)=1.3	底合金	0.063	72.70	24.56	微		
			水淬渣	19.82	5.65	5.06	2.01		14.15
			水淬液	8.98	3.60	1.05	3.70		208.8
水浸	浸出槽(0.3m³)	液固比=3：1，温度：常温，浸出时间：1.5h，澄清时间：18h	水浸液	44.55	<0.01	0.47	2.47		36.36
			水浸渣①	18.76	23.41	19.37	4.83		0.76
净化	净化槽(0.3m³)	温度>95℃，时间：5～6h，澄清时间：36h，硫化钠加入量：10g·L⁻¹，锡片为精锡	净化液	77.1	<0.001	0.003	1.77		59.22
			净化渣②	17.04	0.05	2.80	11.41		4.49
浓缩与碱洗	浓缩槽(0.3m³)	浓缩至浆糊状，碱洗液：NaOH250g·L⁻¹	锡酸钠	41.43	0.001	0.022	0.009		2.81
			浓缩洗液	8.17			0.49		205.91
			浓缩洗渣	5.91			10		4.13

①水浸渣可进行二次水浸，以进一步回收锡；二次水浸液返回一次水浸；
②净化渣含锡高，主要是由于碎锡片落入净化槽所致，此渣可返回加碱熔炼。

表 1-5-11　高砷锑多金属锡烟尘还原焙烧（两次）脱砷锑→还原熔炼→电解精炼产锡铅合金的试验数据[34]

工　序	设　备	主要技术条件与指标	产　物	成　分/%					
				Sn	Pb	As	Sb	Zn	S
一次焙烧	管状电炉	还原剂（炭）加入量：15%，焙烧温度：700℃，焙烧时间：2h，不断搅拌，挥发率（%）：1.86Sn、1.18Pb、1.26Zn、47.34Sb、92.58As	挥发物			42.72 (As_2O_3)	34.28 (Sb_2O_3)		
			焙　砂	26.69 (SnO_2)	23.87 ($PbSO_4$)	0.95	9.83		
二次焙烧	管状电炉	炭加入量 11%，元素硫加入量 6%，焙烧温度 700℃，焙烧时间：3.5h，不断搅拌，挥发率（%）：6As、44Sb、6.2Pb、2.86Sn、1.8Zn（两次焙烧合计：除砷率 98.58%，除锑率 91.34%）	挥发物	3.04	4.39	5.11	62.93		
			焙　砂	30.82	25.46	0.45	1.03	8.02	0.1～0.21
还原熔炼	电　炉		粗焊锡	48.03	39.97	0.6	3.06		
			氧化锌烟尘					>40	
挥发物的处理		一次焙烧挥发物，用水浸回收砷，制成白砷产品； 二次焙烧挥发物与一次焙烧挥发物的水浸渣一道进行碱浸，深度除砷得锑精矿							

表 1-5-12 CR 法处理高砷锑多金属锡烟尘的试验数据[35]

工序	设 备	主要技术条件与指标	产物及其成分
氯化浸出及蒸砷	CR 法试验装置：电加热和电磁搅拌；每批处理的烟尘量为 30g 和 300g	技术条件： 1. 浓盐酸用量： 浓盐酸(ml)：烟尘(g)＝4：1 2. 1g 烟尘用 0.1887g 硫化锌(还原剂) 3. 盐酸与硫化锌分两批加入 (1)第一、二批盐酸分别为 $10mol \cdot L^{-1}$、$6mol \cdot L^{-1}$ (2)第一批盐酸量：第二批盐酸量＝5：1 (3)第一批 ZnS 量：第二批 ZnS 量＝1：1.83 (4)第一批硫化锌随烟尘一道加入反应器的第一批盐酸中 (5)第二批盐酸和 ZnS 在反应后 2h 加入 4. 温度：105℃ 5. 总反应时间：4h 6. 体系压力：99325Pa 7. 浸出渣以 $6mol \cdot L^{-1}$盐酸洗 3～5 次后，用热 NaCl 溶液浸出铅的指标：	1. 浸出渣(锡精矿)，成分(%)为：49.32～49.42Sn，2.61～4.04Sb，0.86～0.97Pb，0.76～1.59Zn，0.54～0.95As，0.0128Ag； 2. 浸出液，成分($g \cdot L^{-1}$)为：3.03～3.76Sn，23.0～32.11Sb，0.33～0.39As，1.16Sb，41.36～53.02Zn，4.35～5.76Fe，0.031～0.133Ag，4.21～5.48S，1.0～1.09Ca； 3. $PbCl_2$ 晶体：浸出渣用热 NaCl 溶液浸出铅后的滤液冷却结晶的产物，品位 99.93%； 4. As_2S_3 沉淀：馏出液与蒸砷废气中 H_2S 作用的产物，品位 86.45%，杂质含量 13.55%(其中 Sb3.62%) 注：扩大试验(每批用 300g 烟尘)的浸出渣成分(%)为：55.66Sn，2.65Sb，4.06Pb，0.51Zn，0.44As，4.60S

续表 1-5-12

工序	设　备	主要技术条件与指标	产物及其成分
氯化浸出及蒸砷	CR 法试验装置：电加热和电磁搅拌；每批处理的烟尘量为 30g 和 300g	(1)按渣汁，锡入浸率为 78.54%～85.86%；杂质浸出率(%)为：88.38～95.66Sb，96.75～97.76As，98.21～98.39Sb，93.85～98.64Zn，98.66Ag，84.99$S_{总}$ (2)馏出率(%)：0.106Sn，1.68Sb，95.35As，74.78$S_{总}$，54.66Cl^- (3)酸耗：在回收馏出液中盐酸的情况下(约回收 50%的盐酸)，1t 烟尘的酸耗为 1.814t	
浸出渣深度脱锑	设备为实验室常用的搅拌浸出槽	此工序的原理是利用 KI(还原剂和催化剂)与还原剂锑粉将渣中高价锑还原为 3 价锑，然后浸出。其技术条件为： 盐酸浓度：6mol・L^{-1}，液固比：6，KI 浓度：5g・L^{-1}，10g 渣用锑粉 0.1813g，浸出温度：95℃，浸出时间：2h，脱锑率达 61.8%	1. 产品为锡精矿，含 61.34%Sn，1.62%Sb 2. 锡精矿中 Sb/Sn＝2.62%(得克萨斯炼锡厂粗锡阳极中的锑锡比为 3.29%)

第六章　粗锡的精炼

因处理的精矿纯度不同，熔炼产出的粗锡成分波动很大（参看本篇第四章有关表），要达到精锡的化学成分要求（表1-6-1）必须精炼。精炼流程的繁简取决于粗锡中杂质种类与含量。在选用精炼流程时应考虑产品结构（即在生产精锡的同时，是否也生产焊锡或轴承合金甚至化工产品），有价金属回收率，节能和环保问题[64]。

表1-6-1　我国精锡品号的化学成分[1,2]

锡品号	代　号	Sn/%（不小于）	杂质/%（不大于）						
			As	Fe	Cu	Pb	Bi	Sb	S
特一号锡	Sn—01	99.96	0.003	0.004	0.004	0.03	0.003	0.005	0.001
一号锡	Sn—1	99.90	0.015	0.007	0.01	0.05	0.015	0.015	0.001
二号锡	Sn—2	99.75	0.02	0.01	0.03	0.08	0.05	0.05	0.01
三号锡	Sn—3	99.56	0.02	0.02	0.03	0.30	0.05	0.05	0.01
四号锡	Sn—4	99.00	0.10	0.05	0.10	0.66	0.05	0.15	0.02

注：1. 在所有的品号锡中，锡以100%减去As，Fe，Cu，Pb，Bi，Sb和S的百分含量总和计算；

2. 经需方同意，特一号锡含铋量可不大于0.005%，但杂质总和不得大于0.05%；

3. 所有的品号锡保证铝和锌各不大于0.002%。

粗锡精炼的基本作法可分为两类：火法精炼和电解精炼。高纯锡的生产是将精锡进一步提纯，仍然采用电解精炼和火法精炼（真空挥发法与区域熔炼法）。

第一节　粗锡的火法精炼

粗锡火法精炼包括：熔析法和凝析法除铁、砷；加铝除锑、砷；加硫除铜；结晶分离法除铅、铋；氯化法除铅；加碱金属除铋；真空蒸馏除铅、铋。

一、熔析法和凝析法除铁、砷

铁、砷等杂质在液态锡中的溶解度随温度变化而改变,并且它们与锡结合成熔点较高的化合物。熔析法是将固体粗锡加热到锡的熔点以上,锡熔化为液体而高熔点化合物仍为固体,让固体从液体中分离出来以除去铁、砷;凝析法是将液态粗锡降温,铁、砷等杂质在锡液中的溶解度减少,达到过饱和状态,呈固体化合物以浮渣形式析出(参看第四章的图 1-4-3 及图 1-6-1 和图 1-6-2。)

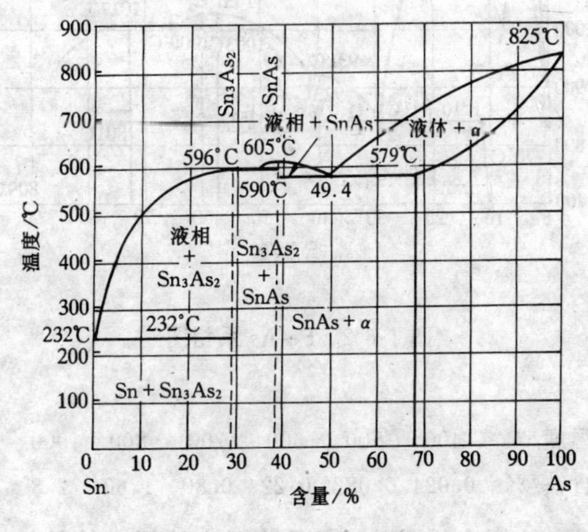

图 1-6-1 Sn-As 系相图[1]

(一)熔析法除铁、砷[1,2,11]

此法用于处理含铁、砷高的粗锡——乙锡。乙锡的成分可参看表 1-4-6。

铁:图 1-4-3 表明,温度升高至 232℃时开始析出液态锡,继续升温至 496℃→740℃→831℃→900℃时,Sn-Fe 合金以 $FeSn_2$,FeSn,Fe_3Sn_2,Fe_3Sn,α-Fe 等化合物和固溶体形态依次分解,析出液态锡后保持固态,最后转变为 α 固溶体(熔析渣的主要成分)。

熔析出的锡随温度升高而含铁量上升,其值为:

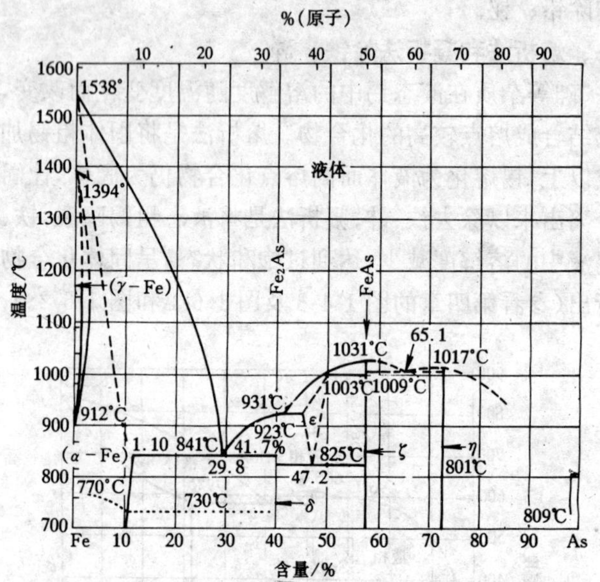

图 1-6-2　Fe-As 系相图

温度/℃	400	500	600	700	800	900	1000
锡液含铁/%	0.024	0.082	0.22	0.80	1.60	2.8	4.0

故低温熔析出的锡含铁较少，高温熔析出的锡含铁较高。

砷：根据图 1-6-1，砷与锡生成 Sn_3As_2 和 SnAs，可呈固态除去。砷在锡液中的溶解度也随温度上升而增大，超过 596℃时 Sn_3As_2 将熔化，失去除砷作用，故处理含砷高而含铁低的粗锡时，熔析温度应低于 596℃。

铁砷同时存在于粗锡中对熔析除铁、砷有利。因为铁对砷的亲和力大，生成化合物 Fe_2As（熔点 931℃）和 FeAs（熔点 1031℃），其间还有 ε 固溶体（见图 1-6-2），从而减少了铁、砷与锡的化合物。铁砷化合物和 ε 固溶体因其熔点均很高而留于熔析渣中，提高熔析温度不会使它们熔化，却能加快熔析速度和降低渣含锡。

铜：Sn-Cu 系相图(图 1-6-3)中有含 0.7%Sn 的共晶体，熔点 227℃。粗锡含铜超过 0.7%，升温至 227℃以上则出熔析出液态粗锡，其含铜量随温度增高而增高，故必须将熔析温度限制在 232℃附近，使产出的液态锡含铜接近 0.7%方能有效。但这样作会延长作业时间并造成残渣含锡高，所以生产中不采用此法除铜。

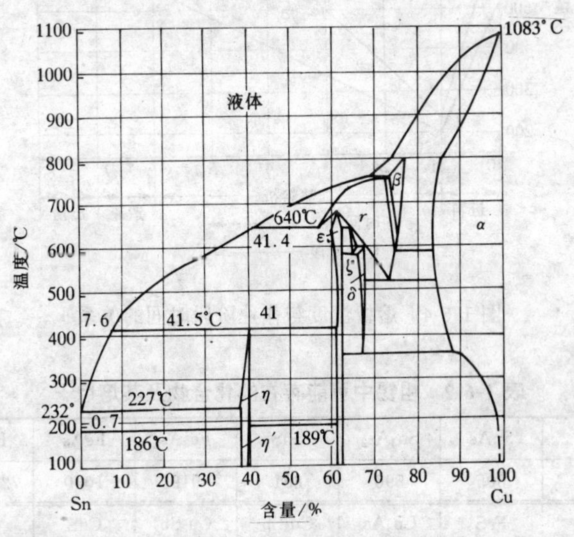

图 1-6-3 Sn-Cu 系相图[1]

综上所述，粗锡熔析的技术条件为：(1)粗锡中铁、砷同时存在，可提高熔析温度，后期炉温升至 800～900℃，以降低渣含锡。生产过程中的熔析温度与作业阶段时间的关系见图 1-6-4 的曲线 1。造渣阶段即降低渣含锡阶段。(2)含砷粗锡，熔析阶段的温度不宜超过 550℃，过高则有大量砷进入析出的锡。以图 1-6-4 的曲线 2 控制为好。

粗锡中有许多杂质相互生成一些难熔的化合物，表 1-6-2 列出了可能存在的某些化合物，它们在熔析时大部分留在固体渣中，因此熔析作业也可附带除去一些别的杂质如 S，Sb，Cu 等。

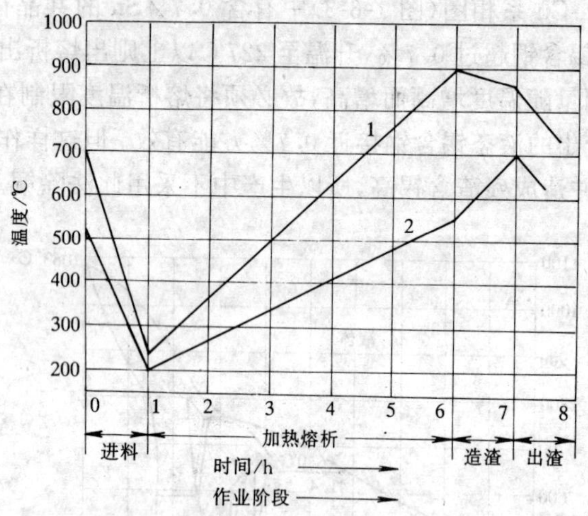

图 1-6-4 熔析温度与作业阶段时间的关系

表 1-6-2 粗锡中可能存在的化合物及其熔点[1]

化合物	SnAs	Sn_3As_2	SnS	Fe_2As	FeAs	$FeSb_2$
熔点/℃	605	596	881	919	1030	729 分解
化合物	FeS	Cu_3As	Cu_2Sb	Cu_3Sb	CuS	
熔点/℃	1190	830	586 分解	675 分解	1135	

熔析设备、作业数据与产物成分：实施熔析的设备有斜底的熔析反射炉和电热熔析炉，其作业情况视粗锡中杂质的种类和含量而异。例如，云锡一冶的粗锡含杂质很突出(表 1-4-6)，其作业数据见表 1-6-3；有些杂质较少的粗锡则只用低温或低，中温熔析。不同熔析阶段析出的锡成分差别很大(表 1-6-4)。

所用设备为斜底反射炉，炉底面积 14.1m^2，火仓面积 2.88m^2，烧块煤供热。每炉进料量 6～9t，炉料组成：乙锡(78.58% Sn) 81.94%，锅渣(甲锡凝析初期未加木屑前产出的浮渣)(76.88%Sn)18.06%。

表 1-6-3　云锡一冶粗锡熔析的作业数据[1]

项　目	低温熔析	中温熔析	高温熔析
熔析的温度·时间（进料温度 300℃）	300～500℃，1～1.5h	500～700℃，1～2.5h	700～900℃，1～2.5h
鼓风机供风	风压 5kPa	风量 $4800m^3 \cdot h^{-1}$	电机功率 9.3kW
产物：	含锡量/%	直收率/%	后续处理
熔甲锡	84.34	75.58	送精炼锅进一步脱杂
熔析渣	40	18.02	送回转窑焙烧脱砷
砷尘	27.18	0.11	送白砷炉生产白砷
烟道尘	21.44	0.04	送反射炉配料

表 1-6-4　熔析炉原料与不同熔析阶段的产物成分[1]/%

原料或产物	Sn	Cu	Pb	Bi	Sb	As	Fe	S
原料：乙锡	77.5	4.95	2.34	0.02	0.01	6.11	1.64	1.01
产物：析出锡	94.2	1.36	3.85	0.05	0.02	0.42	0.003	0.02
后期析出锡	83.0	10.31	0.85			4.19	0.14	
熔析渣	43.5	1.24	1.06			15.67	21.34	3.06

（二）凝析法除砷铁

熔析法可除去大部分铁砷，但不能达到精锡对铁砷含量的要求，须再进行凝析法处理。

铁在锡熔点附近的溶解度如下：

温度/℃	232	300	400
铁溶解度/%	0.0010	0.0046	0.024

因此，液态锡的温度降至熔点附近，其含铁量可降至 0.001%，能满足任何品级精锡的要求，凝析出来的铁呈 $FeSn_2$ 细粒晶体（图 1-4-3）。

在相同温度下，液态锡能溶解的砷比铁多，在 232℃时砷的溶解度为 0.14%～0.18%。

凝析出来的砷呈 Sn_3As_2 细粒晶体，有一部分晶体悬浮在液态锡中不易分离出来。将锯木屑搅在锡液中，可使 Sn_3As_2 晶粒粘附在木屑上成为浮渣。

铁与砷共同存在于液态锡中，生成熔点较高的铁砷化合物，可降低砷在锡液中的含量，其关系示于图 1-6-5。图中曲线 1 和 4 分别为液态锡中仅含砷和铁时，砷或铁的溶解度与温度的关系。比较曲线 1、2、3 可看出液态锡中 As/Fe 值减少，即含铁量相对增多时，在同一温度下，砷溶解度减少，有利于凝析除砷。

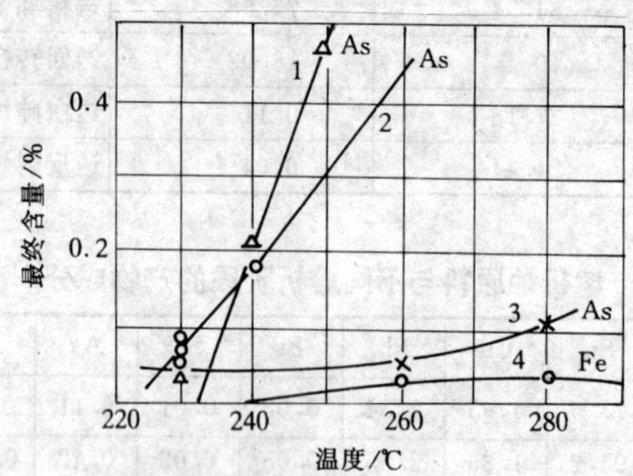

图 1-6-5 粗锡含砷、铁量不同时，液态锡含砷与温度的关系[1]

1—As/Fe=∞；2—As/Fe=2.2～2.76；

3—As/Fe=0.75～1.33；4—As/Fe=0

240±10℃时粗锡凝析前含砷量 As_A 与含铁量 Fe_A 之比、凝析后最终含砷量 As_E 与始含砷量 As_A 之比的关系示于图 1-6-6。由图

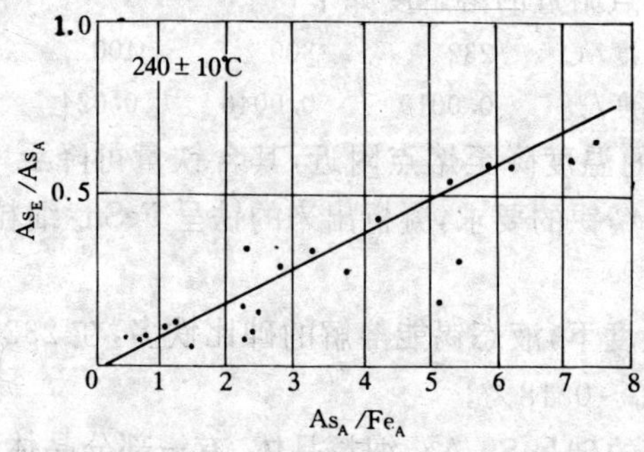

图 1-6-6 As_E/As_A 与 As_A/Fe_A 的关系[1]

可见：$As_A/Fe_A<1$ 时，砷可除至很低值。当粗锡中含铁量大于含砷量的 2～3 倍时，铁与砷优先结合、从锡液中结晶析出、进入浮渣的重量比例为 Fe ∶ As＝1 ∶ 1，相当于 Fe-As 系相图中 Fe_2As 与 FeAs 之间 ε 固溶体区域。这样可使粗锡含砷降至 0.03%。

凝析法除砷的限度取决于待处理的粗锡的熔点，而杂质（特别是铅）可降低粗锡熔点，从而提高除砷效率。但是，若粗锡含铜大于 0.5%，必须先加硫除铜，再凝析除砷铁。

凝析法除砷铁的实施，过去曾用插木法、吹气法（鼓入空气或水蒸气）、过滤法（自然过滤，用木炭或石棉作过滤介质；或采用真空连续过滤），现在则多用精炼锅加木屑搅拌除砷铁或者用离心过滤除砷铁。

1. 加木屑搅拌法[1,11]

设备：精炼锅（钢板焊制），又叫氧化锅。容量 30～35t，最小 7～8t，配固定的或活动的搅拌机。

原料：粗锡（甲锡或熔甲锡），含 0.2%～0.5%As，入锅温度 280～300℃，流动性好。

作业特点：加锯木屑于锡液中，使凝聚力较小的 Sn_3As_2 和 $FeSn_2$ 等细粒晶体在搅拌作用下粘在木屑上，同时利用木屑在高温下产生水蒸气和碳氢化合物，使铁、砷氧化成为浮渣而析出液面。

作业过程：最初降温凝析产出含杂质较高的锅渣，捞尽后再加木屑搅拌。当看不出结晶析出时则应降温（每次不超过 20℃），每次搅拌 10～15min，加入适量木屑（木屑：(Fe＋As)＝3～3.5 ∶ 1）。捞去浮渣后显现出洁净的锡液面。随着温度下降，结晶析出物逐渐增多。粗锡中砷、铁比不同则操作中会出现不同情况：(1)粗锡中砷多铁少时，Sn_3As_2 结晶析出，在锡液面上呈砂粒状耀眼的粒子。这时木屑投入量以不影响旋涡正常为适度。粗锡含砷大于 0.5%时，浮渣层厚而松散，不能进行正常搅拌，应停搅拌捞渣。若看不到耀眼的粒子析出则表明锡含砷已很低，应喷水强制降温，待有晶粒析出时再搅拌和加木屑。后期析出的晶粒很细；(2)粗锡含铁、砷相等或铁比砷多时，锡液降温则铁与砷优先结合，生成Fe-As化合物及ε固溶体，上浮到锡液表面，凝聚成非常粘稠的浮渣，这时可开搅拌和木屑促进晶粒凝聚和上浮。此种浮渣为粒状散渣，孔隙大，有利于分离出锡液滴，捞渣后再搅拌和加木屑。最后将温度降至锡液熔点附近(220～250℃)，则铁已除至0.003%以下，砷除至0.03%以下。

粗锡中砷降至0.2%以下时，加入高铁粗锡(如精炼锅底的浓锡)有利于进一步除砷。

砷高铁低的粗锡用此法除砷、铁产出的炭渣成分见表1-6-5。炭渣率2%～5%，作业耗时1.5h。

表1-6-5　炭渣成分/%[1]

渣　号	Sn	Fe	As	Cu
1	70.10	2.85	20.91	0.60
2	70.83	0.51	19.65	0.03
3	64.10	0.67	21.61	0.03
4	58.20	15.18	18.80	0.18

2. 离心过滤法[11,65～68]

粗锡离心过滤法除砷、铁的工艺是70年代初期发展起来的，我国在80年代中期开始试验和使用，旨在取代过去长期使用的粗锡熔析-凝析加木屑搅拌除铁砷的方法。因为后者有劳动强度大、劳动条件差、作业时间长、生产能力低、浮渣产量大和渣含锡高、直收率低等缺点。

离心过滤法是运用凝析原理，根据锡、铁、砷的各种固体化合物在不同温度下开始析出的性质，采用金属离心机控温过滤，分离固液两相以脱除铁、砷等杂质。

我国试用的有两类流程：(1)固体粗锡熔化后凝析(图1-6-7)；(2)液态粗锡直接凝析(图1-6-8)。

云锡一冶是以离心机代替熔析炉，柳州冶炼厂(柳冶)则是以离心过滤法代替在盛锡桶中加煤粉和人工搅拌降温捞渣法。这两个厂用离心过滤法除砷铁的主要技术条件和指标见表1-6-6，柳冶

表 1-6-6 离心过滤除砷铁的主要技术条件和指标[11,65~68]

厂别	主要技术条件						
	离心过滤器					过滤温度/℃	
	带孔转鼓尺寸/mm	分离因数	转速/$r \cdot min^{-1}$	最大提升高度/mm	提升速度/$m \cdot s^{-1}$	粗锡和渣乙锡	尘乙锡
柳冶	ϕ500×200	3～23	110～310	1000	0.2	750～520	600～500

厂别	主要技术经济指标/%													
	原料成分			产品成分			滤渣成分			直收率	渣率	脱 Fe 率	脱 As 率	金属平衡
	Sn	Fe	As	Sn	Fe	As	Sn	Fe	As					
柳冶	92.24	1.85	0.64	96.52	0.075	0.23	66.27	12.32	3.82	94.72	5.95	96.33	67.46	99.00
柳冶	95.72	1.50	0.34	98.99	0.063	0.22	54.06	16.09	1.69	94.81	8.59	92.04	40.48	99.86
柳冶	85.64	5.85	1.13	98.48	0.34	0.23	44.46	19.19	1.46	91.44	15.57	95.38	83.81	99.52
云锡一冶	67.66	10.53	12.20	84.24～85.14	0.1～0.0372	0.45～0.2	30.16～33.53	18.42～24.7	18.7～24.2	83～87	26～34	>99.5	98～99	98.9～99.9

还作出了新旧两种方法的技术指标对比(见表 1-6-7)。

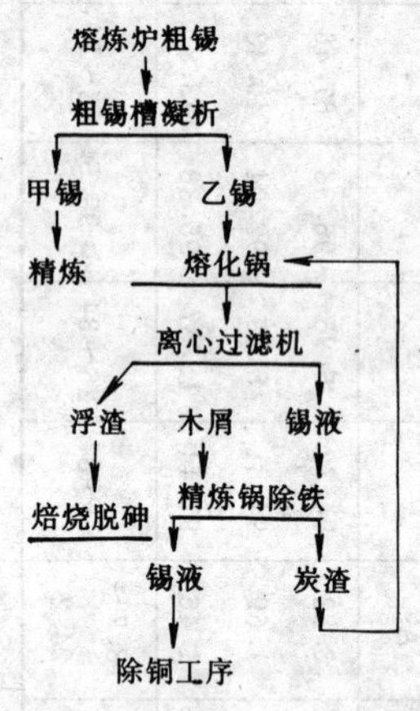

图 1-6-7　云锡一冶离心过滤除砷铁的流程[66,68]

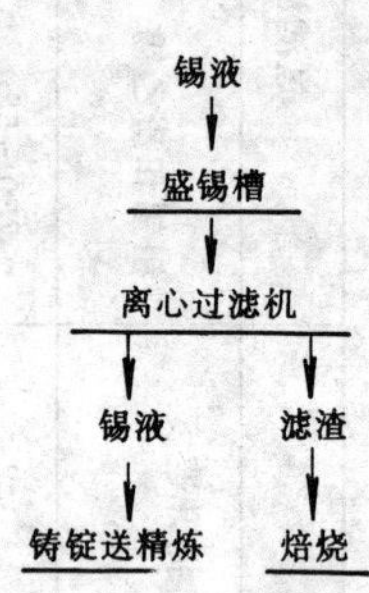

图 1-6-8　柳州冶炼厂离心过滤除砷铁的流程[65~69]

表 1-6-7　柳冶两种凝析法除砷铁的技术指标对比[65]

指　标　名　称		加煤粉降温人工捞渣法	离心过滤法
第一步精炼后的甲锡主要成分/%	Sn	92～95	96～98
	Fe	0.77	0.139
	As	0.85	0.24
铝耗量(加铝除砷锑时)/kg·t^{-1}		8.6	6～6.7
浮渣产出率/%		34.76	21.5
其中:第一步精炼		17.00	11.0
第二步精炼		17.76	10.5
第一步精炼浮渣含锡/%		75	50
第二步精炼浮渣含锡/%		65	65
浮渣产出量/kg·t^{-1}		178.8	109.8
第二步精炼各工序的锡直收率/%			
凝析除砷铁		93	98.5
加硫除铜		97	97
加铝除砷锑		93.3	94.4
精炼直收率/%		83～84.5	89～90.2

二、加铝除锑砷[1,2,11]

粗锡经过熔析法和凝析法处理后，含锑量无明显变化，含砷量也多为0.15%左右，达不到精锡的要求，故须采用加铝法进一步除去。

铝和锑、砷生成高熔点化合物，其密度小于锡，因而能从锡液中结晶析出。由Al-Sb，Al-As系相图（图1-6-9，图1-6-10）可看出：AlSb的熔点约为1050℃；AlAs的熔点高于1600℃。这两种化合

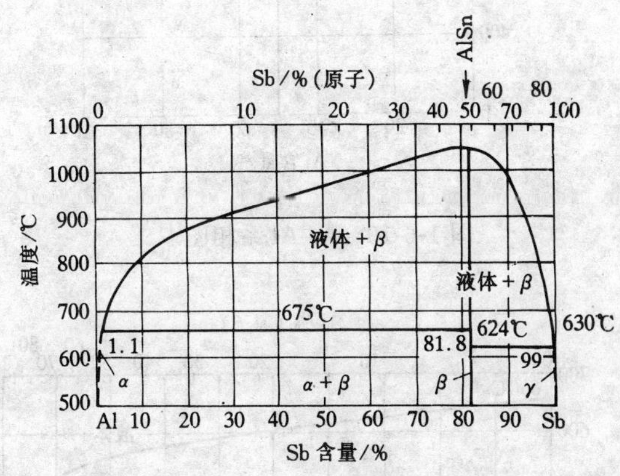

图1-6-9　Al-Sb系相图[1]

物的成分，按重量计为Sb∶Al≈1∶0.22；As∶Al≈1∶0.36。实际用铝量可根据各厂的经验确定。例如，柳冶在加硫除铜后，结晶分离机除铅、铋之前加铝除锑砷（含量较低），其用铝量为（As＋Sb）量的40%；云锡一冶在结晶分离机除铅、铋后再加铝除锑砷（含量较高），其用铝量为Al∶As＝1∶2；Al∶Sb＝1∶1～3。

铝与锡不生成化合物，而在锡中有足够的溶解度（见图1-6-11），400℃时为2.5%，500℃时为7%，可加速除锑砷的反应。但Sn-Al系有一个低熔共晶点，含0.5%Al，共晶温度228.3℃，故须除残铝。

铝与铁、铜也能生成高熔点化合物Al_3Fe（熔点1160℃）、

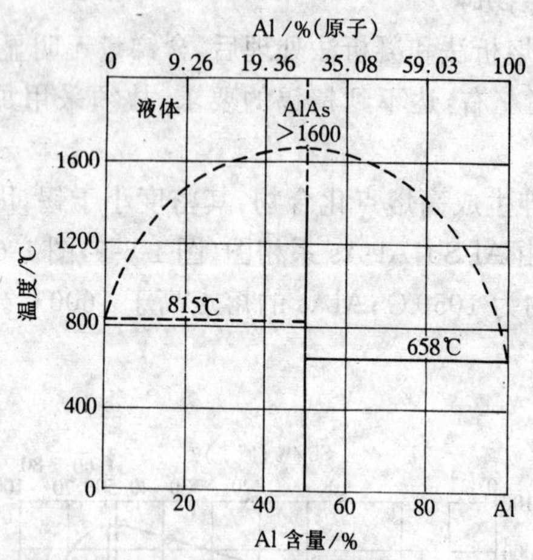

图 1-6-10　As-Al 系相图[1]

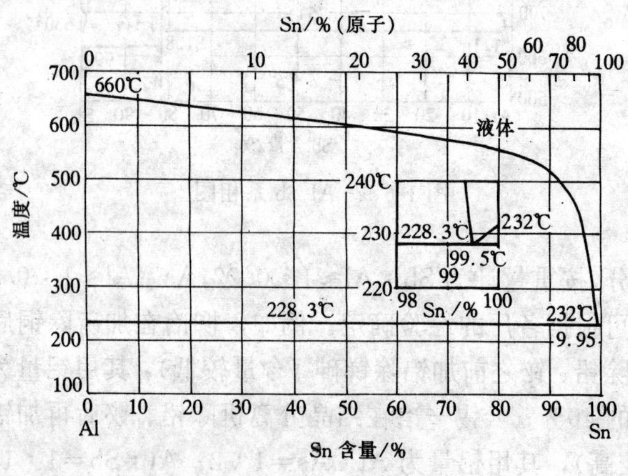

图 1-6-11　Sn-Al 系相图[1]

Al_2Fe（1170℃）和 Cu_3Al（熔点 1016℃）。为减少铝的消耗，故加铝除锑砷应安排在除铁、铜之后。

火法精炼流程中采用结晶分离机除铅铋时，此作业安排在结晶法之前，结晶槽中的晶体硬度和粘度较小，可减轻螺旋杆的负担并改善固液分离，同时锡晶体也易汇聚，减少了与空气接触而氧化造渣的机会，并且加铝除锑砷后残留的铝可在结晶槽中氧化造渣而除去，这是其优点，但须注意未除尽的As，Al在结晶槽喷水降温时产生剧毒的AsH_3以及在结晶提纯过程中锑在晶体中富集，使本来在含锑方面已合格的锡反而变得不合格。此作业安排在结晶法之后的优点是加铝除锑的程度可不受限制。

实施：此作业也是在精炼锅中进行。加入的铝先制成厚1～2mm，宽10～20mm，长<50mm的薄片或细粒。搅拌锡液后再投入铝，注意防止铝在液面上氧化燃烧。实施时的技术条件和主要操作见表1-6-8。铝渣单独返回熔炼回收锡。

表1-6-8 加铝除锑砷的技术条件和主要操作[1,11]

项目	单独除锑	单独除砷	同时除锑砷
加铝时的技术条件和操作	锡液升温至380～400℃，加完铝后继续搅拌20～30min，取锡样观察，合格后用盘管冷却器（埋入锡液中）降温至锡液粘锅边时，加氯化铵除残铝。渣成粉状细粒时停搅拌捞渣。操作良好可除锑至0.002%以下	锡液升温至280～320℃，加完铝后继续搅拌15～20min，然后加锯木屑搅拌除残铝。渣成粉末状时停搅拌捞渣。操作良好可除砷至符合要求，铝可除至0.002%以下	采用除锑的温度和操作程序，但加铝量大（锑砷含量高时）。渣量大时可分段加铝和捞渣
除残铝的方法	空气氧化法：锡液升温至300℃以上，强烈搅拌带入空气使铝氧化造渣，同时加入锯木屑点火燃烧促进氧化。渣色黑而细。捞渣后锡液表面无白色波纹或丝纹痕迹，呈油光锡青色，表明铝已除至0.002%以下 加氯化铵法：使铝转化为$AlCl_3$除去。氯化铵分几次加入（每次0.2kg，每3～4min加一次），至NH_4Cl加入后锡液面不再上升时为止。继续搅拌和捞渣，直至锡液面呈金黄色。温度保持240～250℃		

续表 1-6-8

项目	
安全技术	铝渣含砷，与水蒸汽或水接触时易产生剧毒的 AsH_3，此气体常温下无色，无臭，无味，不易被觉察到，故与铝渣接触时须特别注意。检查空气中 AsH_3 的方法有： (1) 溴化汞试纸检验。试纸上出现深浅不同的黄色斑痕（As_2Hg_3）； (2) 氯化汞试纸检验。AsH_3 浓时出现红棕色，稀时为黄色（As_2Hg_3）； (3) 硝酸银试纸检验。先变为黄色（$AsAg_3 \cdot 3AgNO_3$），后变为黑色（Ag）

技术经济指标：各项指标均与粗锡含锑、砷量及生产的精锡品号有关。例如，粗锡含 0.03%～0.18%As，0.1～0.2%Sb，要求生产 2 号锡时，直收率 96.5%～99.5%；吨锡耗铝 1～2.5kg；铝渣率 0.5%～4%；铝渣成分（%）为：70～80Sn，3～4.5As，2～4Sb，5～8Al。前期铝渣与加 NH_4Cl 除残铝后的后期铝渣成分不同，各个生产时期的铝渣成分亦有差异，见表 1-6-9。

表 1-6-9 柳冶两组铝渣的成分/%

渣 别	Sn	As	Sb	Al_2O_3
1983 年：前期铝渣	85.18	6.04	9.56	8.45
后期铝渣	71.63	0.83	0.90	2.04
1987 年[11]：前期铝渣	64.33	4.65	6.74	
后期铝渣	66.32	1.128	1.26	

三、加硫除铜[1,2,11]

此作业在凝析除砷、铁与加铝除锑、砷之间，并在同一个精炼锅中进行。

硫与铜的亲和力大于硫与锡的亲和力。元素硫加入锡液后，先溶于锡液中，然后与铜结合成为稳定的高熔点（1130℃）的硫化亚铜（Cu_2S），不溶于锡液而浮于液面成为浮渣。

实施：锡液温度控制在 240～280℃，搅拌态下加入硫。硫量按反应 $2Cu+S=Cu_2S$ 计，为 Cu：S=4：1。考虑到其他杂质消耗硫及燃烧损失而适当过量，生产中实际用量为 Cu：S=（2.5～4）

：1。为避免硫在锡液面上燃烧，加硫时应分批缓慢加入。加硫后继续搅拌，使硫磺和 SnS 搅入锡液内，充分与铜作用。加一次硫捞一次渣，反复多次。加完硫后再加入少量锯木屑搅拌。渣由黄灰色的粘稠物逐渐变为黑色粉末是反应结束的标志。

技术经济指标：

铜脱除率 96%以上，锡直收率 97%～99%，1t 粗锡耗硫 0.2～4kg，铜渣率 2%～5%；铜渣成分（%）为：55～70Sn，7～22Cu，0.5～2Fe，1～2As，3～6S，宜另行处理以回收其中的锡和铜。

四、结晶分离法除铅铋[1,2,11]

结晶法分离出铅铋是使含铅铋的粗锡在连续的温度梯度加热和冷却的过程中产生晶体和液体，二者逆向运动，铅、铋在晶体中逐渐减少，在液体中逐渐增多，最后使铅铋集中于液体，而晶体锡则得到提纯。

结晶法除铅：由 Sn-Pb 系相图（图 1-6-12）富锡端可看出，在 183～232℃范围内，含 Pb0%～38%的铅锡合金 X，当温度下降至液相线 BC 以下就会析出晶体（β 固溶体），其含铅比原来的降低，而液体 L 含铅比原来的增高。

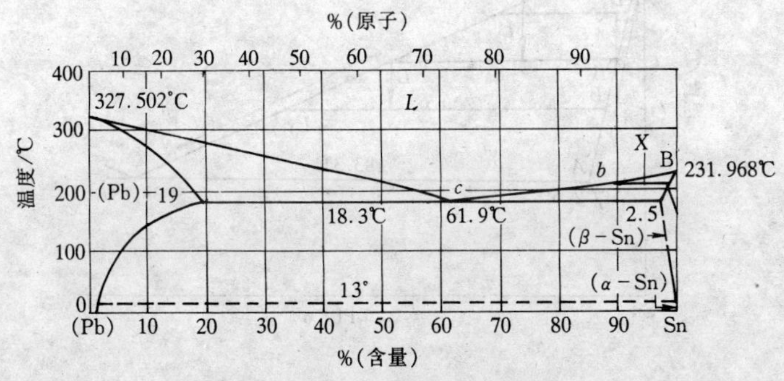

图 1-6-12　Sn-Pb 系相图[1]

晶体 β 含铅（a%）、液体 L 含铅（b%）与平衡温度（t℃）的关系可近似地用下式表示：

$$a = (232 - t)/19.48 \tag{1}$$

$$b = (232 - t)/1.278 \tag{2}$$

比较两式，可见同一温度下晶体含铅比液体含铅少得多：

$$a/b = 0.0656$$

根据式（1）和式（2）计算的结果列于表1-6-10。如果创造条件使粗锡在温度变化时产生的晶体和液体能随时分离，并分别将晶体升温和液体降温，就会出现两个方面的变化。由图1-6-13可看出，晶体 β 分离出来后，温度由 t 升高至 t' 时，析出液体 L'，变为另一种成分的晶体 β'，即：$\beta \xrightarrow{\text{升温}} \beta' + L'$。

表1-6-10　粗锡结晶分离铅时晶体和液体含铅与平衡温度的关系[1,2]

项　目	232℃	231℃	221℃	211℃	201℃	191℃	183.3℃
晶体含铅（a）/%	0	0.05	0.56	1.08	1.59	2.10	2.50
液体含铅（b）/%	0	0.78	8.61	16.4	24.3	32.1	38.1

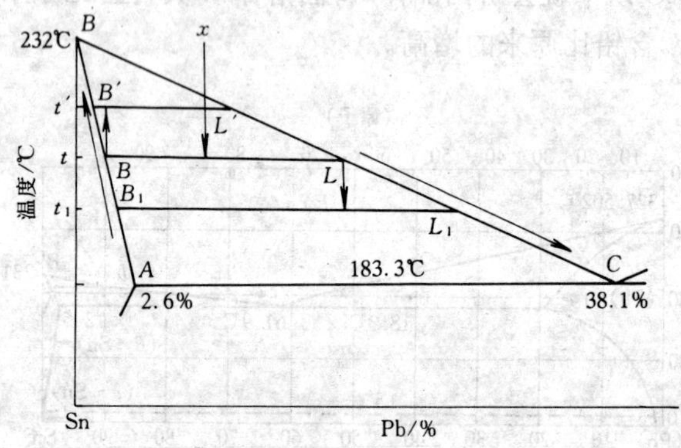

图1-6-13　粗锡结晶过程中晶体和液体成分随温度变化的关系示意图[1]

由式（1）可知，晶体 β' 含Pb比 β 少。晶体温度逐渐上升，不停留在 t'，则将不断析出液体。由于液体产生后立即与晶体分离，

故晶体成分沿 AB 线移动，由式（1）可得：当 $t\xrightarrow{升}232℃$，则 $a\longrightarrow 0\%Pb$。因此有可能使锡中含铅降低至任何牌号精锡的要求。

另一方面，液体 L 的温度由 t 降至 t_1 时析出晶体 β_1 而变为另一种液体 L_1，即：$L\xrightarrow{降温}\beta_1+L_1$。

由式（2）可知，液体 L_1 含铅比 L 多。液体温度逐渐下降，析出的晶体立即与液体分离，则液体的成分沿 BC 线移动，由式（2）可得：

当 $t\xrightarrow{降}183.3℃$，则 $b\longrightarrow 38.1\%Pb$。

即得到含铅接近 38.1%的液体焊锡（Pb-Sn 共晶体）。

结晶法除铋：由 Sn-Bi 系相图（图 1-6-14）的富锡端可看出，液态粗锡降温结晶出 α 固溶体，含铋减少，而平衡液体中含铋升

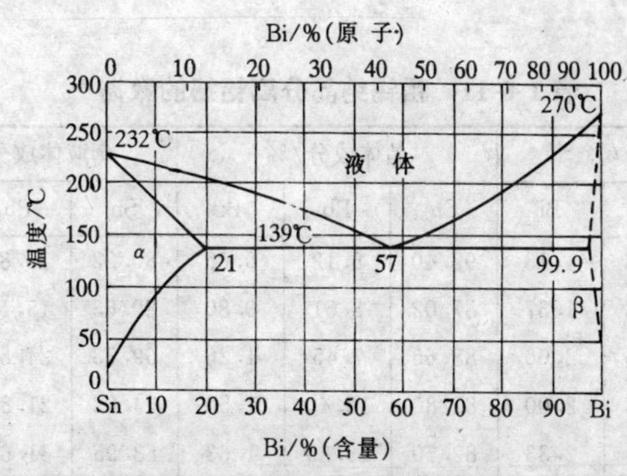

图 1-6-14 Sn-Bi 系相图[1]

高，故粗锡中的铋，也应和铅一样进入焊锡。但是，生产经验指出：结晶法除铋时，必须液态粗锡中含铅量为含铋量的 6～10 倍时才有好的除铋效果。如果粗锡含铅较少则须另配入精铅。其原因可从 Bi-Pb 系相图（图 1-6-15）中找到。在 Sn-Pb 系，Sn-Bi 系和 Bi-Pb 系的相图中，前两者中部都只有共晶，没有化合物和固溶体，只有 Bi-Pb 系相图的中部有 β 固溶体，可推知，Bi-Pb 间相互结合能

力较强，铋是被铅以β固溶体形式带入焊锡，故Pb/Bi比值越高，除铋效果越好。例如，含5%～20%Pb，0.03%～0.1%Bi的粗锡用结晶法处理，产出的精锡含0.02%～0.04%Pb，而铋可降至0.001%～0.002%。表1-6-11是液态粗锡中铅、铋结晶分离效率的数据。

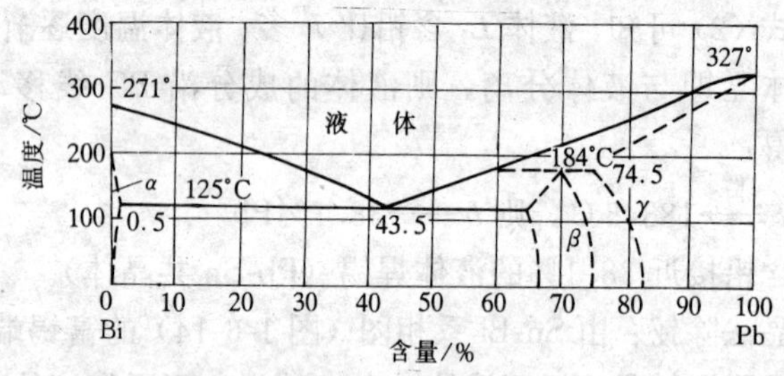

图1-6-15 Bi-Pb系相图[1]

表1-6-11 粗锡结晶分离铅铋的数据[1]

原料成分/%			晶体成分/%			液体成分/%		
Sn	Pb	Bi	Sn	Pb	Bi	Sn	Pb	Bi
86.30	10.95	1.13	92.40	5.12	0.65	80.22	16.80	4.44
85.73	10.43	1.37	87.02	8.51	0.80	80.63	15.10	2.25
77.85	17.65	2.00	88.65	7.45	1.26	69.73	24.88	2.52
77.85	17.65	2.00	82.80	13.40	1.50	74.22	21.80	2.50
73.48	23.34	2.33	82.70	13.29	1.63	63.95	31.69	3.04

结晶法处理粗锡，也能除去铟和银，它们与锡形成低熔点共晶体而富集于焊锡中。粗锡中各种杂质在结晶提纯过程中的变化如下：

铜：粗锡含铜0.03%～0.1%，结晶时铜进入液相，最后进入焊锡，故焊锡含铜常接近0.2%；粗锡含铜高于0.7%，则会有部分铜进入精锡而不能除去。

铁、砷：在结晶提纯过程中，继续以Fe-As合金形态结晶析出，或呈 $FeSn_2$、Sn_3As_2 结晶出来而分布在精锡中，因其熔点高，密度小，在晶体锡熔化时变为浮渣，如不及时清除，将阻碍锡晶体聚集，使锡与空气接触而氧化造渣。

锑：锑与锡形成固溶体而富集于晶体中。例如原料锡含 0.013％Sb，冷却得到晶体含 0.015％Sb，液体含 0.012％Sb，即产出的锡比原料锡含锑高。

实施：我国炼锡厂 70 年代使用机械化的结晶分离机[1]（或称为螺旋结晶机）。

图 1-6-16 是结晶分离机的作业示意图。槽体倾斜 5°～7°，槽内装有一根钢管螺旋杆，杆上焊有间断的螺旋叶片，可将槽内锡液中的晶体缓慢移向槽头（高端），由槽头一侧的排出口排出；液体则流向槽尾（低端）排出。槽头为 232℃左右；槽尾为 184℃左右。采用电和烧煤两种方式进行槽外加热。

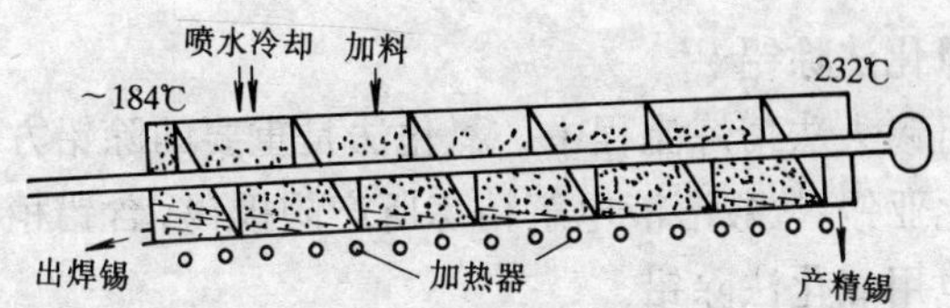

图 1-6-16　结晶分离机作业示意图[1]

用电加热的叫电热机械结晶机或电热螺旋结晶机（云锡公司采用）。在结晶槽外，由槽头至槽尾分成数段，按温度递降的要求，敷设功率不同的电阻丝加热，控制槽头温度为 230～235℃，槽尾为 180～185℃。可产出 1 号，2 号和 4 号精锡，共晶焊锡含锡低于 67％。

用烧煤加热的叫煤热机械结晶机（平桂矿务局冶炼厂采用）或煤热螺旋结晶机（柳冶采用）。在槽头一端设燃煤炉供热。槽头控温为 300～320℃，槽尾为 185～200℃。槽体上端敞开。

这两种结晶机的其他数据见表 1-6-12。

表 1-6-12 两种结晶机的数据[11]

项目	电热结晶机	煤热结晶机
结晶机尺寸/m	ϕ0.68×6	ϕ0.52×4.9
槽容量/t	3～4	5～6
作业时间/$h\cdot 槽^{-1}$	连续作业	12～14
处理量/$t\cdot d^{-1}$	27	10
螺旋杆转速/$r\cdot min^{-1}$	0.67～1.5	1.2
锡直收率/%	96.9	
铅直收率/%	97	
金属总回收率/%		＞99
除铅率/%		97～99
除铋率/%		96～97
1t 粗锡能耗	耗电 38.1kW·h	耗煤 5%～6%
精锡产率/%		80±
焊锡产率/%		10～15
渣率/%	2.7	

五、氯化法除铅[1,2]

国外粗锡火法精炼流程中，氯化法是重要的除铅方法。我国焊锡用氯化亚锡-盐酸溶液电解精炼所产阴极锡，含铅稍微超过精锡标准，也用氯化法除铅。

利用锡和铅对氯的亲和力不同，在液态粗锡中加入氯化亚锡使铅转变为氯化铅形成浮渣而除去。反应如下：

$$[Pb] + (SnCl_2) \rightleftharpoons (PbCl_2) + [Sn]$$

$$\Delta G^\circ = -1450 + 2T$$

因此，低温有利于反应的进行。为了较完全和迅速地除铅，须加入过量的 $SnCl_2$。除铅作业分阶段进行，后期的渣返回利用可降低 $SnCl_2$ 消耗。

实施：在精炼锅中进行。氯化剂采用浓缩的 $SnCl_2$ 溶液或含结晶水的氯化亚锡（含铅低于 0.15%）在锅中脱水。作业温度 240～255℃，有时低于氯化亚锡熔点（246.8℃），以免氯化物挥发加剧。此法适于处理含铅很低的粗锡，例如，处理含 Pb0.04%～0.06%的阴极锡时，氯化亚锡耗量为 1%～4%，分 3～4 次加入，耗时约 40～60min，含铅可降至 0.03%以下，产特 1 号锡；浮渣含 50%～54%Sn，4%～10%Pb。搅拌要适度，只要求锡液翻动能暴露新面，不可形成深的旋涡而吸入空气使 $SnCl_2$ 氧化。捞渣后加入少量苏打或煤粉，以消除残余氯化物及锅壁上浮渣。

生产 1 号锡时氯化亚锡用量与粗锡含铅关系见表 1-6-13。

表 1-6-13　氯化法除铅时粗锡含铅与 SnCl 用量的关系[1]

粗锡含铅/%	1kg 铅用 $SnCl_2 \cdot 2H_2O$/kg	粗锡含铅/%	1kg 铅用 $SnCl_2 \cdot 2H_2O$/kg
0.04～0.055	70	0.090～0.100	48
0.055～0.065	65	0.100～0.120	45
0.065～0.075	60	0.140～0.150	40
0.075～0.085	55	0.300～0.50	7
0.085～0.090	50	>0.50	6

也可用氯气作为氯化剂除铅。试验指出，粗锡中含铅从 0.6%降至 0.036%时，1kg 锡耗氯气 20g。

六、加碱金属除铋

此法只用于国外某些工厂，使用钙镁和镁钠两种试剂。

（一）加钙镁除铋[1]

铋和钙镁生成的化合物熔点较高、密度较小，不溶于锡中而形成浮渣与锡分离。根据 Sn-Mg，Sn-Ca，Bi-Mg，Bi-Ca 等相图，钙、镁与锡、铋有下列化合物生成，其熔点都比较高：

化合物：	Mg_2Sn	Bi_2Mg_3	Bi_2Ca_3	Ca_2Sn	CaSn	$CaSn_3$	Bi_3Ca
熔点/℃：	730	323	928	1122	987	327	507（分解）

同时加入钙和镁优于单独加一种金属，因为生成的三元化合物（$CaMg_2Bi_2$ 等）在锡中的溶解度更小，能达到较高的除铋效果。以 Ca∶Mg＝1∶2（摩尔比）的添加剂效果最好。

加钙镁除铋时，砷、锑等杂质也有类似作用。为了降低钙镁消耗，此作业安排在火法精炼的最后一步。

实施：在精炼锅中进行。锡液加热至 380℃时搅拌下加入金属镁粉，然后降温至 270～280℃，加入锡钙合金（含 5%Ca），并激烈搅拌，至 260℃时取出铋浮渣。镁和钙的消耗量见表 1-6-14。铋浮渣成分（%）：92～97Sn，1.5～2.0Bi，约2Cu。后期含铋低的浮渣返回至下批初期使用。此法可将锡中的铋含量降至0.05%以下。锡的直收率约76%。锡中残留的钙镁加氯化铵除去，作业温度280～300℃。

表 1-6-14 粗锡精炼除铋的钙镁消耗量

1t 锡耗钙镁	粗锡含铋/%			
	0.06～0.12	0.12～0.30	0.30～0.60	>0.6
镁/kg	0.30	0.35	0.50	0.55～0.6
钙/kg	0.08	0.10	0.20	0.28～0.30

（二）加镁钠除铋[1]

原理与作业均类似于前者。使用的镁钠摩尔比为 Mg：Na＝2：1。锡液先在380℃下搅拌加镁，然后降温至250℃加钠。对含铋1.10%的锡除铋可得到最终铋含量不大于0.3%。1t锡添加剂用量为7kg，相当理论量的4倍，锡的直收率70%。除残余镁钠（约0.15%）用氯化铵，1t锡约为5kg，温度300℃，镁钠残留量可除至0.005%以下。

安全技术：含铋泡沫渣中含有砷化物，须立即处理以免被空气中水分作用而生成剧毒的砷化氢。处理的方法是将泡沫渣装入已加热的锅中，熔化出渣中的锡，再将残渣加热到红热状态，在800℃下空气中氧化3.5h左右，使砷化物变为氧化砷或砷酸盐。

七、真空蒸馏法除铅铋[1,2,11,69～73]

结晶分离机产出的焊锡，现在我国有些工厂是一部分用焊锡电解精炼法提纯产出精焊锡；另一部分用真空蒸馏法脱除铅铋，产出精锡。真空蒸馏法除铅铋的优点是：流程短，金属回收率高（可达99%）；消耗低，生产费用较电解法少；污染程度轻；设备简单，占地面积少。

真空蒸馏法是根据杂质金属的沸点比锡低，蒸气压力比锡大的性质，在高温下使杂质金属挥发除去。由图1-6-17可见，在相同温度下，铋、锑、铅的蒸气压比锡大100倍；银的蒸气压也大

10 倍以上。

由图 1-6-18 可见，杂质金属与锡的分离系数（$P_{杂质}/P_{锡}$）在低温时很大，至 1200℃以上时显著变小，据此可合理地选择加温范围。

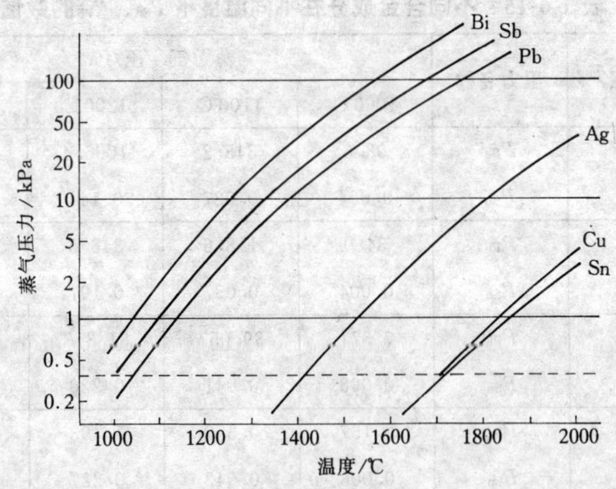

图 1-6-17　锡和杂质金属的蒸气压力[2]

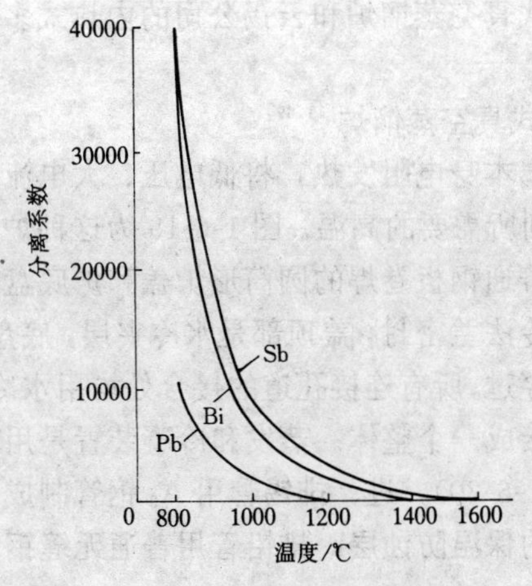

图 1-6-18　锡和杂质金属的分离系数与温度的关系[2]

由表 1-6-15 可看出 Sn 与 Pb 的分离系数（P_{Pb}/P_{Sn}）的变化规律，从而选定适当的蒸馏温度。

降低压力则会降低合金的沸点并扩大液相与气相组成的差别，故采用真空蒸馏。

表 1-6-15 不同合金成分在不同温度下 P_{Sn}、P_{Pb}的数值[70]

合金含铅/%	压力名称	蒸 气 压/Pa			
		1000℃	1100℃	1200℃	1300℃
50	P_{Pb}	98.6	345.2	1006.4	2519.4
	P_{Sn}	0.004	0.027	0.144	1.733
20	P_{Pb}	34.0	118.6	346.6	409.2
	P_{Sn}	0.004	0.037	0.197	2.693
5	P_{Pb}	7.571	39.057	81.313	203.949
	P_{Sn}	0.006	0.041	0.220	2.773
0.1	P_{Pb}	0.157	0.552	1.493	4.026
	P_{Sn}	0.006	0.042	0.227	2.853

实施：我国现在采用真空蒸馏除铅铋的设备有两种：柳州冶炼厂的自导电热式真空蒸馏炉和云锡公司的内热式多级连续蒸馏的真空炉。

1. 自导电热式真空蒸馏炉[11,69]

此炉利用金属本身电阻发热，将低电压、大电流直接通入待处理的焊锡，达到所需要的高温。图 1-6-19 为这种炉子结构示意图。炉外壳是用普通钢板卷焊的圆筒形炉盖和炉底盘构成，盖和底盘接合处有水冷法兰密封，盖顶部是水冷夹层，底盘上有进料、排料和抽气管道穿过，所有连接孔道的接合处均用水冷密封法兰，排铅管与底盘焊接成一个整体。蒸发和冷凝装置是用粘土质耐火材料制成（见图 1-6-20），进、排锡管用 A_3 钢管制成，管内壁衬有耐火泥粉捣固的保温防蚀层，排铅管用普通无缝钢管制成，无内衬。

真空炉的装、排料靠调节各个液封锅的水平位置高度实现。各

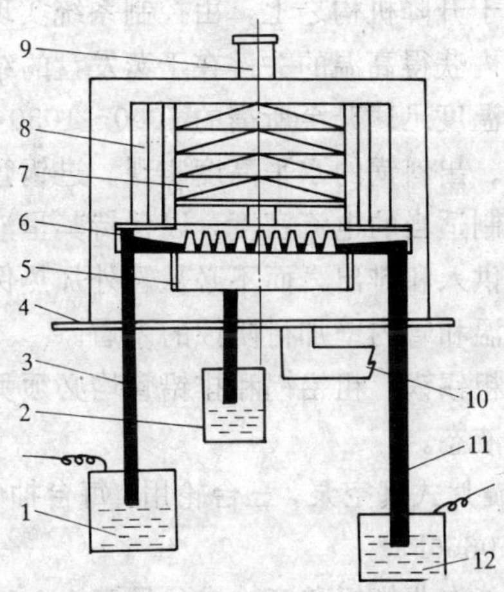

图 1-6-19　自导电热式真空蒸馏炉示意图

1—焊锡锅（电极液封锅）；2—排铅管和铅锅；3—进料管；4—炉底盘；5—炉盖；6—蒸发盘；7—冷凝盘；8—隔热屏；9—观察孔；10—抽气管；11—排锡管；12—粗锡锅（电极液封锅）

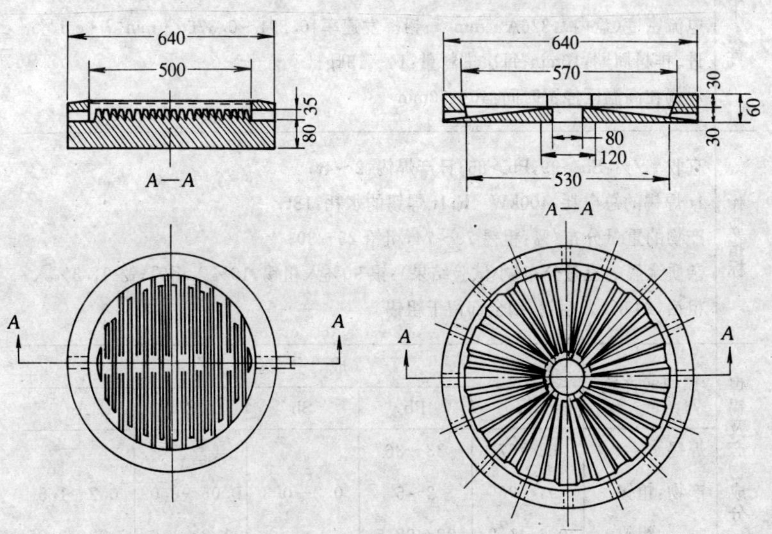

图 1-6-20　自导电热式真空蒸馏炉的蒸发盘和冷凝盘结构[69]

液封锅均固定于升降机构之上，由控制系统实现其自动升降。

供热：炉内获得高温的关键在于蒸发盘的结构。控制一定的电流密度可使温度迅速升至所需的1000～1050℃，而控制电流密度则由调节进、出料锅的水平高度实现。进锡管和排锡管内的金属亦可通过控制适当的电流密度，以保持其呈液态，从而保证金属物料的连续供入和排出，而不必从管外加热保温。这样就解决了管外加热保温和管内壁加衬防蚀的矛盾。

焊锡锅，粗锡锅，粗铅锅和排铅管均必须另行供电加热保温以维持金属呈液态。

抽气：用旋片式真空泵，三台轮用。每台抽气速率15L·s^{-1}，极限真空度0.0666Pa。

技术条件、作业指标和产物成分见表1-6-16。

表1-6-16 自导电热式真空蒸馏炉的技术条件、作业指标和产物成分[11,69]

技术条件	炉内真空度：<66.66Pa；炉温：1000～1150℃； 作业电压：5～10V；工作电流：2000～3000A；蒸发面积：1250cm^2； 电流密度(盘内)：326A·mm^{-2}；铅挥发速率：0.291～0.376g·min^{-1}·cm^{-2}； 进、排料周期：10min；每次进料量：14～15kg； 焊锡在高温区停留时间：40～50min					
作业指标	直收率/%：Sn>99，Pb>85；日产焊锡：2～4t； 1t焊锡的总电耗：400kW·h；1t焊锡的水耗：18t； 产物的重量分布/%：粗锡70～74，粗铅25～30； 杂质金属的重量分布(小试验结果)：银90%入粗锡，10%入粗铅；铋91.3%入粗铅，约8%入粗锡；铟全部留于粗锡					
焊锡及产物成分	焊锡或产物	成分/%				
		Sn	Pb	Sb	Bi	Ag
	焊锡	63～67	33～36			
	产物：粗锡	94～96	2～5	0.2～0.3	0.05～0.09	0.2～1.5
	粗铅	0.6～1.2	98～98.5		1.2～1.9	0.03～0.05

2. 内热式多级连续蒸馏真空炉[11,70~73]

其结构示意图见图 1-6-21。进料和出料都通过压力管，借助炉内真空将液态炉料吸到蒸发盘中，产出的液态粗锡和粗铅超过压力柱高度后即能排出，蒸发盘为圆环形，上有溢流口以备盛满金属后溢流到下一级盘中。3～4 个蒸发盘堆成塔形。盘口至上一级盘底留宽缝让铅蒸气逸出。盘中央放置的石墨棒系电阻发热体，石墨棒底部与导电盘相连，再与导电棒接通。蒸发盘外放圆筒形冷凝器，铅蒸气在其内壁上凝结为液态粗铅，沿器壁流下至集铅盘中，再流到排铅压力管。炉外壳体为圆筒形，整个炉体皆为夹壁水套，通水循环冷却。

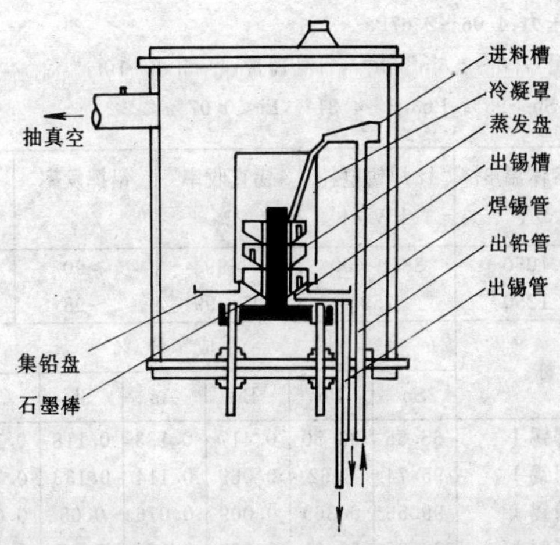

图 1-6-21 内热式多级连续蒸馏真空炉[70]

抽真空用旋片式真空泵，测残压用麦氏真空规或热偶真空规，供电用单相变压器，测温用光学高温计。

连续作业的操作：先将电热锅中所装金属熔化，管子用电阻丝加热至约 400℃，抽出一部分炉内气体，升温至蒸发盘达到赤热，继续开泵抽气。当残压达到约 13.3Pa 时开始加料，按一定加料速度将锡铅合金加到电热锅中，熔体即被吸入炉内，流至蒸发盘中，由一级蒸发盘流至二级……，由最后一级蒸发盘流出后即是产品粗锡，连续由出锡管流至炉外。铅蒸气冷凝为液态铅，连续由出铅管流至炉外，成为产品粗铅。

云锡公司生产中使用的真空炉为 5t/d 和 10t/d，这两种规格的真空炉已推广使用达 18 台[73]。

技术条件、作业指标和产物成分见表 1-6-17。

表 1-6-17　内热式多级连续蒸馏真空炉的技术条件、作业指标和产物成分[11,71~73]

<table>
<tr><td>技术条件</td><td colspan="8">炉温：350～400℃；炉内发热器容量：90～92kVA；
炉内工作电压：18～20V；炉内工作电流：3000A；
炉内工作压力：4.06～2.67Pa；
冷却水耗量：2.0～2.5m³·h⁻¹；日处理量：4～5t，8～10t；
产品质量：Sn>95%，Pb3.3～4.31%，Bi<0.07%</td></tr>
<tr><td rowspan="3">作业指标</td><td>产物</td><td>熔体温度/℃</td><td>1t 焊锡电耗/kW·h</td><td>锡直收率/%</td><td colspan="2">铅挥发率/%</td><td colspan="2">铋挥发率/%</td></tr>
<tr><td>粗锡</td><td>1050</td><td>380～400</td><td>>99</td><td colspan="2">>90</td><td colspan="2">>90</td></tr>
<tr><td>精锡</td><td>1250</td><td>750</td><td>97～99</td><td colspan="2">～98</td><td colspan="2">～98</td></tr>
<tr><td rowspan="7">原料或产物</td><td rowspan="2">名　称</td><td colspan="7">成　分/%</td></tr>
<tr><td>Sn</td><td>Pb</td><td>Bi</td><td>As</td><td>Sb</td><td>Cu</td><td>In</td></tr>
<tr><td>原料：焊锡 Ⅰ</td><td>65.55</td><td>33.50</td><td>0.417</td><td>0.133</td><td>0.118</td><td>0.154</td><td>0.02</td></tr>
<tr><td>产物：粗锡 Ⅰ</td><td>95.74</td><td>3.62</td><td>0.069</td><td>0.114</td><td>0.133</td><td>0.307</td><td>0.026</td></tr>
<tr><td>精锡 Ⅰ</td><td>99.56</td><td>0.369</td><td>0.009</td><td>0.076</td><td>0.05</td><td>0.029</td><td></td></tr>
<tr><td>原料：焊锡 Ⅱ</td><td>33.36</td><td>65.31</td><td>0.166</td><td>0.130</td><td>0.21</td><td>0.205</td><td>0.0023</td></tr>
<tr><td>产物：粗锡 Ⅱ</td><td>95.28</td><td>3.93</td><td>0.055</td><td>0.076</td><td>0.05</td><td>0.029</td><td>0.016</td></tr>
</table>

第二节　锡的电解精炼

锡的电解精炼包括粗锡电解精炼和焊锡电解精炼，前者旨在获得精锡，后者旨在获得精焊锡。

各类电解法的区别，首先是所用电解液的不同。焊锡在 $SnCl_2$-HCl 电解液中电解可得到 4 号精锡，再经过氯化法脱铅、加锯木屑除铁和加硫除铜等火法精炼处理，也可达到特一号精锡的标准[1,2]。但在此法电解过程中产生严重盐酸雾，恶化劳动条件，腐蚀设备，并且流程复杂，直收率低和生产成本高。现在我国炼锡厂已不用此法而改用真空蒸馏法脱铅、铋，再加铝除锑生产精锡，或用硅氟酸电解精炼法生产优质焊锡[11,74]，故此法介绍从略。

一、粗锡电解精炼[1,2,11,13,14,26,27,75]

粗锡电解精炼分为酸性电解精炼和碱性电解精炼。前者使用较多，其电解液又有硫酸溶液和硫酸-硅氟酸溶液两种；后者使用较少，仅用于处理高铁粗锡（主要来自再生锡），其电解液也有氢氧化钠溶液和碱性硫化钠溶液之分。

电解精炼的优点：(1)在一次作业中能除去多种杂质，流程简单。例如，用硫酸电解液精炼含铅、铋、砷、锑和银均很高的粗锡，可一次将这些杂质除至达标而获得精锡；(2)锡的直收率高。火法锡入浮渣率为13%，而电解入阳极泥的锡只6%；(3)劳动条件好，工艺过程可机械化。其缺点有：(1)大量锡积压在生产过程中，周转慢；(2)为防止酸性电解液生成针状结晶，必须使用昂贵的添加剂；碱性电解液则必须在80℃以上的高温电解，以避免 Sn^{2+} 的形成；故锡的电解液费用比一般硫酸电解液高20～30倍；(3)阳极泥处理比较复杂；(4)硫酸液电解精炼以前须用火法精炼除铁。

（一）硫酸溶液中的电解精炼

以粗锡作阳极，精锡作阴极，电解液的主要组成为 $SnSO_4$ 和 H_2SO_4。阳极主反应为：$Sn-2e \longrightarrow Sn^{2+}$

阴极主反应为：$Sn^{2+}+2e \longrightarrow Sn^0$

粗锡中各元素的标准电位(V)如下[1,75]：

Zn^{2+}/Zn	Fe^{2+}/Fe	In^{3+}/In	Sn^{2+}/Sn	Pb^{2+}/Pb	$2H^+/H_2$
−0.763	−0.44	−0.335	−0.136	−0.126	±0
Sb^{3+}/Sb	Bi^{3+}/Bi	As^{3+}/As	Cu^{2+}/Cu	Ag^+/Ag	
+0.1	+0.2	+0.247	+0.337	+0.799	

Pb、Sb、As、Bi、Cu、Ag等的电位序在锡之后，电解时在阳极不易氧化进入溶液而以不溶的合金或化合物形态残留于阳极，或者

虽有电化溶解但随即生成难溶性的盐附着于阳极而成为阳极泥。这些杂质的存在是造成阳极钝化的原因，因此必须控制它们在阳极中的含量。这些杂质的影响如下。

铅：

标准电位与锡接近。能电溶生成Pb^{2+}，与SO_4^{2-}作用形成难溶的$PbSO_4$，部分铅氧化为棕色氧化铅。当阳极含铅超过1%～1.5%时，阳极上生成难溶的铅的硫酸盐、碱式盐或氧化物薄膜覆盖于阳极表面，使阳极电位升高，高至一定程度时，即发生下列反应：

$$2OH^- - 2e \longrightarrow H_2O + \frac{1}{2}O_2 \tag{1}$$

$$SnSO_4 + \frac{1}{2}O_2 + H_2SO_4 \longrightarrow Sn(SO_4)_2 + H_2O \tag{2}$$

$$Sn(SO_4)_2 + 3H_2O \longrightarrow SnO_2 \cdot H_2O \downarrow + 2H_2SO_4 \tag{3}$$

式(3)生成的碱性盐沉淀包围阳极表面，使阳极趋于全面钝化，迫使锡的溶解停止，而阳极反应则按式(1)继续进行，析出氧气。

当阳极粗锡含铅较高时，如果槽电压升至0.4～0.5V以上仍不及时处理，则槽电压会迅速升至1V以上，于是电解液产生沸腾现象，大量氧气析出，阳极全部变黑，阴极产品严重污染。所以，即使阳极含铅为1%～1.5%，也必须采取有效措施和加入适当的添加剂以抑制铅的危害。

锑、砷：

可能发生电化溶解。溶液中砷、锑以不同价的化合物存在时会生成As_2O_3，Sb_2O_3，As_2O_5及Sb_2O_5类型的沉淀物，粒度极细，呈悬浮状态。电解液中存在NaCl可抑制这类氧化物的生成，降低其危害作用。此外，砷易与锡酸共沉淀而落入阳极泥。实践证明，砷对阴极的污染主要由于机械夹杂；阳极含锑高于3%时，阳极泥出现硬化现象。

铋：

可能电溶而生成硫酸铋，呈粘稠的胶体覆盖于阳极表面，阻碍锡的溶解，引起阳极钝化。此外，电解液中的 Bi^{3+} 与 As^{3+} 会生成砷酸盐类，其溶解度很小，倾向于形成过饱和溶液，电解液酸度越高则过饱和倾向越大。生产中发现，酸度高时阴极锡含铋略升高；电解液中加入重铬酸钾时，阴极锡含铋略有下降，这可能是由于下列反应

$$Cr_2O_7^{2+} + 2Bi^{3+} + 2H_2O \longrightarrow 4H^+ + (BiO_2)_2Cr_2O_7 \downarrow$$

生成铬铋络合物沉淀而减少了铋对阴极的污染。电解液中铋的积累不明显，大多数铋进入阳极泥。须注意的是，当槽电压控制不当，阳极含铋又较高时，铋在阴极电化析出的可能性增加，往往导致阴极含铋偏高。对于阴极而言，铋是一个关键性的杂质元素。

铜、银：

可认为银全部进入阳极泥；铜也主要进入阳极泥，电解液中含铜极微。阳极含铜超过 0.29%时，阳极钝化周期大大缩短，这可能是由于 Sn 与 Cu 在 232℃形成难溶的 Cu-Sn 合金。熔融状态的 Cu-Sn 在不同的含量与温度下能生成 $Cu_{31}Sn_8$，Cu_3Sn 和 Cu_6Sn_5，均对钝化影响极大。

电化序处于锡之前的杂质 In、Fe、Zn 在阳极上比锡先氧化，在阴极上比锡后还原而保留在电解液中。值得注意的是铁的行为。Fe^{2+} 进入电解液后，在阳极氧化为 Fe^{3+}，Fe^{3+} 在阴极又还原为 Fe^{2+}。这种氧化-还原反应循环进行的结果使电流效率降低，当阳极含铁高时极为有害。但是阳极含铁 0.01%～0.20%时，在含有重铬酸钾的电解液中可控制含铁不超过 1g/L 而对电流效率影响不大。其原因可能是：(1)少量铁与锡生成合金，使溶解电位发生变化；(2)溶液中的重铬酸钾是强氧化剂，使铁产生钝性而难于电溶。实践证明，阳极中的铁有 90%进入阳极泥，加之，生产系统中的电解液有一定数量的损失，须定期补充酸和水，实际上使电解液得到缓慢的更新，故阳极含铁少时，电解液中铁的积累很缓慢。

在电位序中，氢在锡之后，H^+ 理应优先还原析出。Sn^{2+} 能在阴极还原析出是由于氢在锡上的超电压大于 Sn^{2+} 的析出电位。常温

(25℃)时，氢在锡上的超电压如下：

电流密度/$A \cdot m^{-2}$	10	50	100	500	1000
氢在锡上的超电压/V	−0.856	−1.025	−1.076	−1.85	−1.223

粗锡电解精炼作业中，除了要求阳极钝化周期较长，阴极锡能顺利析出并且杂质含量符合标准外，还要求电解液中Sn^{2+}稳定，析出的阴极锡平整致密。为此，须在电解液中加入相应的添加剂。

硫酸溶液中的Sn^{2+}有氧化为Sn^{4+}的趋势。为了抑制这种趋势，工业生产中行之有效的这类添加剂是甲酚磺酸($CH_3 \cdot C_6H_3OH \cdot SO_3H$)、苯酚磺酸($C_6H_4OH \cdot SO_3H$)。磺酸又是表面活性剂，对阴极起平整作用。

为了保证阴极平整而加入的添加剂还有β-萘酚＋乳胶，甲酚＋芦荟素＋动物胶，甲苯基酸＋动物胶的各种组合。

$SnSO_4+H_2SO_4$电解液中各种添加剂的作用如下：

苯酚磺酸，甲酚磺酸：稳定Sn^{2+}离子，同时对阴极起平整作用。

乳胶和动物胶、甲酚、芦荟素、甲苯基酸：均为表面活性剂，可使阴极平整致密。乳胶是用牛胶：甲酚：水＝1：0.7～0.75：18(重量比)，通蒸汽加温至60℃，搅拌下制成。

β-萘酚：强的表面活性剂，能增强阴极沉积物的附着力，又能使结晶致密，表面平滑，还能使阳极泥变得疏松，延长钝化周期。

NaCl，HCl：能增加电解液的导电率，有利于降低槽电压。Cl^-是强烈的去极剂，有利于克服阳极钝化。

$K_2Cr_2O_7$：与附着于阳极上的致密$PbSO_4$作用，逐渐转化为$PbCr_2O_7$，因而使阳极泥变得疏松，在有NaCl存在时这种转化作用加速。还可减少铋对阴极的污染。

实施：工业生产上用的电解槽，槽体为钢筋混凝土结构，内衬硬塑料板。槽上电极联结用并联法，槽与槽之间相互串联。有代表性的操作数据见表1-6-18。

表 1-6-18　粗锡在硫酸溶液中电解精炼的操作数据

项　目		美国得克萨斯冶炼厂 A[24,25]	美国得克萨斯冶炼厂 B[26,27]	玻利维亚文托炼锡厂[13,14]	广州冶炼厂[11,75]
电解液成分/$g \cdot L^{-1}$	硫　酸	60.6	120	100	90～93
	苯酚磺酸	47.8	85	55（苯酚磺酸与甲酚磺酸合计）	
	甲酚磺酸				18～22
	甲酚(酸)	2.4			
	甲苯基酸		3		
	芦荟素	0.012			
	β-萘酚				0.06
	动物胶		2	0.250	
	乳胶				0.5～1.0
	HCl	0.05			Cl^-：4.5～5.5
	NaCl				
	$K_2Cr_2O_7$				Cr^{3+}：2.5～3.0
	Sn^{2+}	24.8	12	8～10	20～28
	Sn^{4+}	0.2	1.5	1.5～2.5	3
	pH 值	1.05		0.5	
新电解液制备		用锡粉溶于阳极泥沉淀槽返回的电解液($H_2SO_4$200g・L^{-1})至残酸达 30～50g・L^{-1}			隔膜电解造液至 Sn^{2+} 达 30g・L^{-1}
阳极成分/%	Sn	93.32		98.88	97.5～99
	Fe	0.003		0.018	0.01～0.20
	As	0.91		0.15	0.05～0.10
	Sb	3.07		0.14	少　量
	Pb	1.94		0.436	0.5～1.5
	Bi	0.15		0.105	0.3～0.8
	Cu	0.515		0.217	0.01～0.10
	Zn			0.0005	
	Cd			0.0023	
	Ni	0.018		0.013	
	Co	0.004		0.0115	
	In			0.010	
	Ag	0.008		0.0137	
	S				微　量

续表 1-6-18

项目		美国得克萨斯冶炼厂		玻利维亚文托炼锡厂[13,14]	广州冶炼厂[11,75]
		A[24,25]	B[26,27]		
电解槽及电极	电解槽内部尺寸/m	2.85×1.22×1.37		4.2×0.96×1.27	1.75×0.75×0.97
	装阳极数/块	24		30	15
	装阴极数/块	25		31	16
	阳极重/kg	181.4	226.8	190	50～60
	残阳极率/%	25	44.5	30	51～60
	始极片重/kg	7.26			3～4
	出槽阴极重/kg	90.7			
	浸入液中的阳极表面/mm	1016×1130×25.4		1m^2±	730×630
	阴极浸入液中的表面/mm	1067×1155×3.2		1m^2±	750×650×1
	同名极距/mm	108			100
	异名极距/mm	41.3			
电解的技术条件与指标	电解液温度/℃	40	37～43	40	35～37
	阴极电流密度/A·m^{-2}	93.5	93.5	90	100～114
	槽电压/V	～0.325	0.25～0.30	0.17	0.23～0.38
	电解液循环量/L·min^{-1}	36.55～45.4	30～38		5～7
	阳极周期/d	14	17	21	8
	阳极清洗周期/d	2			
	阴极周期/d	6	8	7	4
	电流效率/%	87.4		90	54～70
	吨锡的电能消耗/kW·h	213.67		187	376～413
	吨锡的硫酸消耗/kg	21.8			35～42
	吨锡的苯酚磺酸消耗/kg	22.0			
	吨锡的甲酚耗量/kg	2.73			5～8
	吨锡的芦荟素、动物胶耗/kg	2.91			

续表 1-6-18

项　目		美国得克萨斯冶炼厂		玻利维亚文托炼锡厂[13,14]	广州冶炼厂[11,75]
		A[24,25]	B[26,27]		
电解的技术条件与指标	吨锡的氯化钠耗/kg				1.77～3.49
	吨锡的重铬酸钾耗/kg				1.33～2.68
	吨锡的牛胶耗量/kg				0.64～0.89
阳极泥成分/%	Sn	30～45		42.0	24～35
	Fe	2～3		0.3	0.89～2
	S			3.8	
	As	2～4		3.3	1～4.87
	Sb	12～15		0.45	0.96～1.2
	Pb	18～20		10.8	20～25
	Bi	0.01～0.19		2.2	5～11
	Cu	1～2		6.1	1～2.25
	$Ag/g \cdot t^{-1}$	1730～3430			
电锡成分/%	Sn	99.97	99.92	99.90	
	Fe	<0.001	0.01	<0.010	
	As		0.02	<0.010	
	Sb	0.012	0.010	<0.020	
	Pb	0.012	0.015	<0.03	
	Bi	0.001	0.02	<0.03	
	Cu	0.005	0.01	<0.010	
	Zn		0.0001	0.0005	
	Cd			0.0010	
	Al		0.0001		
	Ni			0.001	
	Co			0.001	
	In			0.0025	
	Ag	0.0003		0.0025	

（二）硫酸-硅氟酸溶液中的电解精炼[1,76]

硅氟酸锡同硅氟酸铅一样，也易溶于酸性水溶液。在硅氟酸电解液中，粗锡中的常见杂质铜、铋、砷、锑都不溶解而成为阳极泥，唯有杂质铅易溶并且易在阴极电析出。在电解液中加入硫酸则使铅变为不溶性的硫酸铅进入阳极泥。一定含量的硫酸还可阻止硅氟酸分解生成硅酸和保持锡不发生水解。

实施：有代表性的工厂操作数据见表 1-6-19。

表 1-6-19 粗锡在硫酸-硅氟酸溶液中电解精炼的数据

<table>
<tr><th colspan="2">项 目</th><th>日本直岛冶炼厂[1]</th><th>个旧市焊料厂[76]</th></tr>
<tr><td rowspan="5">电解液成分/g·L^{-1}</td><td>游离 H_2SO_4</td><td>30～60</td><td>40</td></tr>
<tr><td>总 H_2SiF_6</td><td>35～65</td><td>45</td></tr>
<tr><td>胶，β-萘酚</td><td></td><td></td></tr>
<tr><td>Sn^{2+}</td><td>24～35</td><td>>25</td></tr>
<tr><td>Sn^{4+}</td><td>1～5</td><td><5</td></tr>
<tr><td colspan="2">新电解液的补充</td><td>隔膜电解造液，补充 Sn^{2+} 及电解液</td><td>Sn^{2+}可自激活化平衡，无贫化问题。阳极泥的洗液经配制后返回电解补充酸和水</td></tr>
<tr><td rowspan="8">阳极成分/%</td><td>Sn</td><td>96.91～98.46</td><td>95～98</td></tr>
<tr><td>Fe</td><td>0.16～0.29</td><td></td></tr>
<tr><td>As</td><td>0.12～0.49</td><td></td></tr>
<tr><td>Sb</td><td>0.11</td><td></td></tr>
<tr><td>Pb</td><td>0.63～0.81</td><td>2.5～3.5</td></tr>
<tr><td>Bi</td><td>0.02～0.04</td><td></td></tr>
<tr><td>Cu</td><td>0.54～0.88</td><td></td></tr>
<tr><td>Zn</td><td>0.01</td><td></td></tr>
<tr><td rowspan="8">电解槽及电极</td><td>电解槽结构</td><td>钢筋混凝土，内衬沥青</td><td>钢板，内衬塑料</td></tr>
<tr><td>电解槽内部尺寸/m</td><td>2.7×0.8×0.9</td><td>1.03×0.75×1.13</td></tr>
<tr><td>阳极数/块</td><td>24</td><td></td></tr>
<tr><td>阴极数/块</td><td>25</td><td></td></tr>
<tr><td>阳极尺寸/mm</td><td></td><td>720×59×15</td></tr>
<tr><td>阳极重量/kg</td><td>95</td><td>50</td></tr>
<tr><td>始极片（电锡制）/kg</td><td>2～2.1</td><td>2～4</td></tr>
<tr><td>同极间距/mm</td><td>110</td><td>90</td></tr>
</table>

续表 1-6-19

项目		日本直岛冶炼厂[1]	个旧市焊料厂[76]
技术条件及指标	电解液温度/℃	31～33	室温
	电流密度/$A \cdot m^{-2}$	54～63	70
	槽电压/V	0.18～0.30	0.3～0.4
	电解液循环量/$L \cdot min^{-1}$	20	20
	阳极周期/d	25	8
	阴极周期/d	5	4
	电流效率/%	90～94	85～90
	吨锡的电能消耗/kW·h	180～220	160～200
	吨锡的硅氟酸消耗/kg	7	7
	吨锡的硫酸消耗/kg	10	13
	吨锡的胶的消耗/kg	2	
	吨锡的 β-萘酚消耗/kg	0.2	
	残极率/%	25	45～55
	阳极泥产出率/%	5～7	约 5
	锡直收率/%		97.7～98.18
阳极泥成分/%	Sn	35～40	20～30
	Fe	1.5～2.5	0.28
	As	3～4.5	0.3～0.6
	Sb	3～3.5	2.5～6.0
	Pb	16～19	30～40
	Bi	0.5～1.5	1.3
	Cu	13～15	1～5
	SiO_2		10.35

续表 1-6-19

项	目	日本直岛冶炼厂[1]	个旧市焊料厂[76]
电锡成分/%	Sn	99.99	99.965～99.993
	Fe	0.0022	<0.002～<0.001
	As	0.0006	<0.001～<0.0005
	Sb	0.0011	<0.003～<0.0003
	Pb	0.0017	<0.02～<0.001
	Bi	0.0006	<0.005～<0.001
	Cu	0.0025	<0.002～<0.0005
	Zn	0.0001	
	S		<0.0005～<0.0003

（三）氢氧化钠溶液中的电解精炼[5,9,21,77]

电解液的主要组成为 NaOH 和 Na_2SnO_3，即碱性锡酸钠溶液。这种电解液用于镀锡很广泛。用于粗锡电解精炼时，阳极上的锡溶解生成 Na_2SnO_3，不稳定，实际上水解为 $Sn(OH)_6^{2-}$，然后在阴极放电析出锡。其阴极反应为：

$$Sn(OH)_6^{2-} + 4e = Sn^0 + 6OH^-$$

即锡是呈 4 价形态放电，所以电耗高于硫酸锡溶液中的电解。

英国卡佩尔·帕斯炼锡厂采用这种电解液进行粗锡电解精炼的数据如下：[5,9,21]

电解液：10%NaOH 水溶液。其他含量不详，液面用油覆盖，以阻止水的蒸发和 CO_2 的吸收。

阳极成分：50%Sn，其余主要为铅，并有除铁、铜外的常见杂质。

电解槽及电极：采用隔膜电解槽，粗锡阳极和铁板阴极分别置于用隔膜分开的阳极室与阴极室。

技术条件与指标：电解液温度 90℃，加热后的纯净电解液流入阴极室，带杂质的电解液从阳极室流出。

阳极周期：4～5d，锡的总回收率：96%。

阳极过程的特性与阳极液的处理：

（1）阳极侵蚀既有电化学的（生成锡酸盐，可用 SnO_2 代表

它)；也有化学的（生成亚锡酸盐，用 SnO 代表这种盐），如下式

$$SnO_2+Sn=2SnO$$

初期的溶液中，SnO 的比例相当高。但是随着侵蚀作用的进行，SnO 减少而 As_2O_3，As_2O_5，Sb_2O_3 和 PbO 增多。当电解液由阳极使用期不同的电解槽流至集液池汇合时，由于下列反应而生成金属淤泥：

$$SnO+PbO=Pb+SnO_2$$

$$3SnO+Sb_2O_3=2Sb+3SnO_2$$

这些反应是可逆的，为了使 PbO 和 Sb_2O_3（实际为铅酸钠和亚锑酸钠）的浓度减少至预定水平，需要保持固定的 SnO/SnO_2 值。

（2）混合的废电解液中 SnO 不足，让它流过一个迷宫式的盛有锡粒的篮子而补充 SnO，在这里 $SnO_2+Sn=2SnO$ 的反应进行到充分的程度。然后进行压滤以除去微细分散的铅和锑，并且鼓风氧化，使 SnO（实为亚锡酸钠）和 As_2O_3（实为亚砷酸钠）分别转变为 SnO_2（实为锡酸钠）和 As_2O_5（实为砷酸钠）。最后，加热的电解液再返回阴极室。

（3）由于阳极中的锡发生化学溶解，电解液中锡有积累，因此将净化后的电解液抽一部分送至不锈钢阳极电解槽脱锡，以保持锡平衡。再进一步将这部分电解液用 Ca $(OH)_2$ 处理，以沉淀 As_2O_5 和 CO_3^{2+}。但也沉淀出 SnO_2。

阳极泥：成分（%）为：Sn5±2，Sb10，(Bi＋Ag) 1～2，As0.5，余为 Pb。

阳极泥中的锑大部分是不溶性盐，这是此过程中 NaOH 消耗的可见部分。锑酸钠的另一个影响是硬化了海绵铅合金，形成硬饼，不能从阳极表面刷掉。一层很薄的这种硬饼就能使阳极钝化。解决之法有二：一是用很薄的波纹阳极提供大的表面积，但铸造困难；另一是将阳极金属制成粒，装入长方形篮中。

阴极锡：成分不详。铅和砷很低。锑含量可按 $(Sb)_m \propto (SnO/SnO_2)^{3/2}$ 预测，式中 $(Sb)_m$：阴极中%Sb，(SnO/SnO_2) 是压滤液测定值。含铟，偶尔有锗。2×10^{-6} 的锗就使铸锭弯折处出现油状外观。

文献[77]研究了含铁2%～14%的粗锡在NaOH溶液中的电解精炼。电解液中加入间胺苯甲酸钠（$C_6H_4NO_2COONa$）作为促进粗锡中$FeSn_2$电溶的氧化剂，使之在极小的超电压下开始发生氧化作用：

$$2FeSn_2+5C_6H_4NO_2COONa+4NaOH+4H_2O \longrightarrow$$
$$\longrightarrow 2Na_2SnO_3+2FeSn(OH)_6+2.5Na_2(C_6H_4NCOO)_2$$

试验结果见表1-6-20。这些数据说明，在浓的碱溶液中电溶时，粗锡中的$FeSn_2$全部留在阳极泥中，锡的损失最大；随着电解液中的间胺苯甲酸钠浓度增大，阳极泥中的$FeSn_2$全部消失，只剩下$FeSn(OH)_6$，锡损失减少一半；在含碱较低而间胺苯甲酸钠相对较高的电解液中，锡损失最少（13%）；此时，阳极电位处于超钝化区，铁氧化到不含锡的Fe_2O_3形态，锡开始氧化为锡酸盐，电极表面生成SnO_2钝化膜。要减少锡损失，提高锡的直收率，须采用高的阳极电位，而这样又不可避免地在电极表面上覆盖一层由粗锡的溶解产物和SnO_2组成的阳极泥钝化层。钝化层增厚，阳极极化电阻逐渐增大，而锡的电流效率逐渐下降到零。因此，往电解液中加入不同浓度的氯化钠，使钝化的SnO_2氧化层松散。从表1-6-21的试验结果可见：电流效率低，槽电压高，因而电耗大是此法的主要缺点。虽然阳极在10%～15%HCl溶液中浸泡5～15min能消除钝化，如果每8h活化一次阳极可提高精炼强度2～3倍，并且相应地降低电耗，也仍然是低效率。

表1-6-20　粗锡阳极（9.5%Fe）电溶过程中阳极泥损失的锡量及阳极泥组分[77]

（试验条件：$i_a=500A\cdot m^{-2}$，$t=90℃$，$\tau=24h$）

电解液组分/g·L^{-1}		锡损失/%	阳极泥组分
NaOH	间胺苯甲酸钠		
50		50	$FeSn_2$
65	45	27	$FeSn_2$，$FeSn(OH)_6$，$Fe(OH)_2$
60	80	25	$FeSn(OH)_6$
30	60	13	Fe_2O_3，SnO_2，$FeSn(OH)_6$

表 1-6-21　NaCl 浓度和电流密度对粗锡（含 12%Fe）电解精炼指标的影响[77]

（电解液含 NaOH40g·L^{-1}，间胺苯甲酸钠 80g·L^{-1}，90℃）

阳极电流密度/A·m^{-2}	NaCl/g·L^{-1}	阳极完全钝化时间/d	锡的极限回收率/kg·m^{-2}	电流效率/%	槽电压/V	锡损失/%		精炼强度/kg·m^{-2}·d^{-1}	1kg 锡电耗/kW·h
						总计	阳极泥		
500	0	2	1.2	4.6	3.0	13		0.6	60
	20		1.5	5.7	2.8			0.75	45
	40		2.0	7.6	2.3			1.0	28
1500	0	4	8.9	6.5	3.6	8.9	4.1	2.2	58
	20		10.4	7.6	3.5		5.6	2.6	48.5
	40		15.1	9.5	3.4		7.1	3.8	32.4
2500	0	5	11.3	4.3	4.1	6.3	2.1	2.9	86
	20		21.9	6.6	4.1		4.0	4.4	90.4
	40				4.0		5.5		

（四）碱性硫化钠溶液中的电解精炼[1,77]

电解液为 Na_2S 水溶液或 Na_2S-NaOH 溶液。在硫化钠水溶液或 NaOH 含量低的 Na_2S 溶液中，阳极上析出氧和析出硫的电化学过程会同时发生。新析出的硫与锡结合生成 SnS_2，随即与 Na_2S 结合为硫代锡酸钠：

$$SnS_2+2Na_2S=Na_4SnS_4$$

硫代锡酸钠化学性稳定，较易溶于水，也可从水溶液中结晶析出，而铜、铁、铋、铅等的硫化物均不溶解。其阴极反应可认为是：

$$Na_4SnS_4+4Na^++4e=Sn^0+4Na_2S$$

值得注意的是，砷和锑有与锡类似的两极反应。对含砷、锑高的粗锡阳极，只能采用低电流密度（$D_K<50A/m^2$），否则电锡质量降低。

实验研究指出，在硫代锡酸钠溶液中电解精炼，当 $i_a=200$ A/m^{2}时，锡除了电化溶解外，还发生化学溶解，故阳极电流效率为 124%。化学溶解的反应为：

$$Sn+4Na_2S+2H_2O+O_2=Na_4SnS_4+NaOH$$

实验还指出，只有当电解液中的硫代锡酸钠含量足够高（Sn＞20g/L）时，电解方能得到较高的电流效率，同时可采用较高（300A/m^2）的电流密度。某厂的实践数据如下：

电解液成分：100g/L Na_2S，其余不详。

阳极成分（%）：95～97Sn，2～3Bi，0.005Fe，1～2Pb，0.5Sb（阳极含锑高至1.5%～2%时，阴极锡含锑可达0.5%，故阳极含锑限制在0.5%以下）。

电解槽及电极：电解槽为钢制，尺寸为3.0m×1.2m×0.8m；槽外壁用40mm厚的压缩软木板绝热，槽内用蛇形管通蒸汽加热；每槽30块阳极，31块阴极，同极距80～100mm；阳极尺寸为800mm×600mm×12mm，40～50kg；阴极为2～3mm钢板。

电解液温度80～90℃，不循环；电流密度50～100A/m^2；槽电压0.1～0.3V；阳极寿命12d；残极率20%，未出现钝化现象；阳极泥产出率8%～12%；电解液可用8个月；阴极周期为1d。

阳极泥成分（%）：25～30Bi，15～20Pb。

电锡成分（%）：99.85～99.9Sn，0.02～0.05Bi，0.005Fe，0.015～0.05Sb（此处为阴极取出用水冲洗、干燥后沉入熔融锡中，从母极片（钢板）上脱出的电锡）。

在Na_2S-NaOH溶液中，电解精炼高铁（7.2%）粗锡的试验数据见表1-6-22。在这种电解过程中，锡在阳极泥中的损失较少。阳极泥主要为FeS沉淀物，其中吸附着电解液和夹杂有SnS。由于吸附电解液而损失于阳极泥中的锡为阳极溶解锡量的4%～4.2%；当电流密度由50A/m^2增至200A/m^2时，阳极泥中呈SnS形态的锡损失由0.2%增至6%～8%，而与溶液中碱的浓度无关。降低阳极电流密度和在硫化钠电解液中加碱可显著延长粗锡的有效电溶时间，从而可使用较厚的阳极，无需定期活化。如表1-6-22所示，在Na_2S-NaOH混合电解液中，阳极完全钝化时间比在只含12%Na_2S的电解液中晚3～5d。这种电解液的缺点是：精炼强度低。如果阳极电流密度高于300A/m^2时，则粗锡数小时即钝化。

表 1-6-22 高铁（7.2%Fe）粗锡在 Na_2S-NaOH 溶液中电解精炼时电解液组分和电流密度对指标的影响[77]

技术经济指标	电流密度/A·m^{-2}					
	50	100	200	100	200	100
	12%Na_2S			6%Na_2S，2.5%NaOH		12%Na_2S，5%NaOH
阳极完全钝化时间/d	36	4	2	8	5	7
锡的极限回收率/kg/m^{-2}	35	8	6	17	15	14
电流效率/%	76	73	55	80	63	84
槽电压/V	0.12	0.25	0.3	0.45	0.5	0.4
精炼强度/kg·m^{-2}·d^{-1}	1	2	3	2.1	3	2
1kg 锡电耗/kW·h	0.15	0.3	0.5	0.51	0.8	0.48

二、焊锡电解精炼[11,74,78,79]

焊锡电解精炼的电解液由 $SnSiF_6$-$PbSiF_6$-H_2SiF_6 组成，并加入适当的添加剂，用粗焊锡作阳极，合格焊锡作阴极的始极片。

锡和铅的硅氟酸盐在水中的溶解度都较大，并且锡和铅的标准电位非常接近，电解时这两种金属在阳极同时溶解，在阴极同时析出；而较正电性的杂质 Sb、Bi、As、Cu、Ag 等则留于阳极泥被除去。

根据电化学的计算，在可逆反应的情况下，溶液中锡与铅的离子浓度之比为 2.04 时，两者析出电位相等。

实践证明，阴极产物的含锡量与电解液中的 Sn/Pb 离子比值有关（见图 1-6-22）；而电解液中的 Sn/Pb 比值和阳极中 Sn/Pb 比值为 0.8～1.3。所以，欲使电解液中 Sn/Pb 比值高，从而使阴极产物含锡高，须使用 Sn/Pb 比值高的阳极。当然，也可在电解槽外加适量硫酸于电解液中，沉淀出部分铅离子，以提高电解液中的 Sn/Pb 比值（只是生成硫酸铅为其不利之处）或者让其产出低锡阴极产物，然后再真空蒸馏脱铅。

国内某些工厂的实践数据见表 1-6-23。表中广州冶炼厂所用阳极是粗锡硫酸电解精炼的阳极泥经过氧化焙烧除砷、锑，稀硫

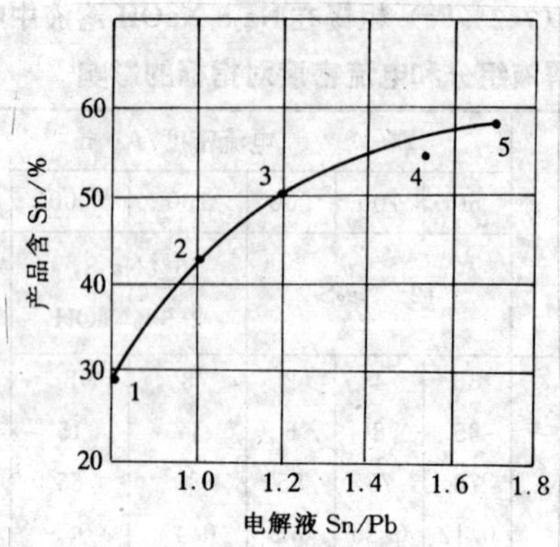

图 1-6-22　阴极产物含锡量与电解液中 Sn/Pb 离子比值的关系[79]

酸浸出脱铜和稀盐酸浸出脱铋，然后还原熔炼而成的锡铅合金，故杂质含量较多，因而提供了脱杂率的数据；云锡一冶的数据为生产试验数据[74]。

表 1-6-23　硅氟酸电解精炼焊锡的数据[11,74,78,79]

	项　目	广州冶炼厂	云锡一冶	鸡街冶炼厂
电解液成分/$g \cdot L^{-1}$	Sn^{2+}	2.85～9.40	4～32.96	10～25
	Pb^{2+}	3～10	6.36～53.32	20～30
	H_2SiF_6（总）		114～158	150～180
	H_2SiF_6（游）	61～115	40～82	120～140
	HBF_4	10～15①		
	添加剂：牛胶	0.15		
	β-萘酚	0.004		
	杂质金属：As		≤0.160	0.514
	Sb		≤0.015	0.044
	Bi		≤0.010	
	Cu		≤0.070	0.007
	Zn			0.025
	Fe		≤6	0.63

续表 1-6-23

项目		广州冶炼厂	云锡一冶	鸡街冶炼厂
阳极成分/%	Sn	50.62～53.68	85.14	24.10～55.68
	Pb	40.53～36.45	13.97	73.40～42.04
	Bi	10.92～5.25		
	As	4.10～2.15	<0.05	
	Sb	3.30～2.15		
	Cu	1.0～0.4		
	Fe	0.10～0.01	<0.01	
	Ag	0.15		
电解槽及电极	电解槽：尺寸/m	1.4×0.5×0.65	0.65m³	1.83×0.95×1.10
	材质	钢板焊制，外涂沥青，内衬塑料	钢筋混凝土槽，内衬沥青	
	每槽阳极数/块	15	12	
	每槽阴极数/块	16	13	
	阳极尺寸/mm	460×410×（20～25）	580×530	
	始极片尺寸/mm	480×440×（1～2）		
	阳极重量/kg	12～14	20～25	
	始极片重量/kg	1.6～2.0		
	始极片含锡/%	60±（便于制作）		
技术条件	电流密度/A·m^{-2}	D_K=97～115 D_A=87～103	D_K=100～140	D_A=80～120
	同名极距/mm	80～100	90	90
	电解液温度/℃	33～35	16～35	
	电解液循环量/L·min^{-1}	3.6～4.3	15～20	15～20
	添加剂补加量：			
	牛胶/g·(d·A·槽)$^{-1}$	0.05		
	β-萘酚/g·(d·A·槽)$^{-1}$	0.004		
	硝酸/ml·(d·A·槽)$^{-1}$	0.04～0.08②		
	槽电压/V	0.25～0.45	0.25～0.35	
	阳极周期/d	3～4	4	4
	阴极周期/d	6～8		

续表 1-6-23

项 目		广州冶炼厂	云锡一冶	鸡街冶炼厂
技术经济指标	电流效率/%	89.30～93.67	57.57～91.11	94～95 (90～94)③
	锡直收率/%		95.02	86.32 (53.69)③
	锡回收率/%	97.94～98.08	99.15	98.5 (98.5)③
	铅直收率/%		92.4	89.87 (83.32)③
	铅回收率/%		97.22	93.73 (93.73)③
	脱杂率/%：Bi	99.52～99.89		
	As	99.39～99.71		
	Sb	99.81～99.85		
	Cu	98.5～99.40		
	Fe	20～90		
	残极率/%			45～50 (55)③
	阳极泥率/%		3～5	4.16 (6.07)③
	牛胶消耗/$g \cdot t^{-1}$		600	120～130 (150)③
	β-萘酚消耗/$g \cdot t^{-1}$		10.24	(3)③
	酸耗/$kg \cdot t^{-1}$		10.27	7.7 (12.61)③
	电耗/$kW \cdot h \cdot t^{-1}$		292	340 (351)③
	成品渣率/%			1.52 (3.7)③
阴极产物成分/%	Sn	61.54～63.03	83.5～84.18	≥99.9 (Sn+Pb)
	Pb	38.21～33.80	15.2～15.56	
	Bi	0.012～0.025		≤0.004
	As	0.012～0.013		≤0.008
	Sb	0.005～0.004	≤0.003	≤0.04
	Cu	0.006		≤0.002
	Fe	0.008～0.010		≤0.001
	Al			≤0.005
	Zn			≤0.005
阳极泥成分/%	Sn			30～40
	Pb			18～21
	Sb			4～7
	Bi			3～12
	Cu			3～8
	As			3～8
	Ag			1.2～3.5

①加入 HBF_4 是为了在阳极含锑高时得到疏松的阳极泥。当 $D_K < 60A \cdot m^{-2}$ 时，HBF_4 以上各成分可取下限，并取消 HBF_4；

②发现 Sn^{2+} 贫乏时，用水稀释硝酸后缓慢加入。加入太多、太快则引起槽电压升高；

③括号内为电解焊锡的数据，不加括号的为 60 焊锡的数据。

第三节 高纯锡的生产[1,8,9]

高纯锡是指纯度为99.999%Sn以上的纯锡，用于电子工业、半导体器件和超导体材料。我国用户要求控制20种杂质的总含量不超过10^{-5}，而各个杂质的含量则因用途不同而异。

生产高纯锡一般用特1号或1号锡作原料。为适应不同用途的需要，生产工艺有电解法、电解-真空挥发法及电化学-区域熔炼法。

一、电解法

用特1号锡铸成阳极，用纯硫酸电化溶解制取硫酸亚锡再配成电解液，进行电解。

1. 隔膜电解造液

用PVC硬板作成圆筒形电解槽，用具有过滤性孔隙度的木材(例如木棉[8])作成隔膜桶或用阴离子交换膜制成隔膜袋。电解槽和隔膜桶（袋）内均盛有浓度为120g/L的硫酸溶液。阴极可用锡薄片或石墨棒，置于隔膜桶(袋)内，以防止电解时阴极上生成的海绵锡落入阳极电溶的亚锡离子溶液中；隔膜桶（袋）外放置阳极（见图1-6-23）。接通电源后进行电解造液。

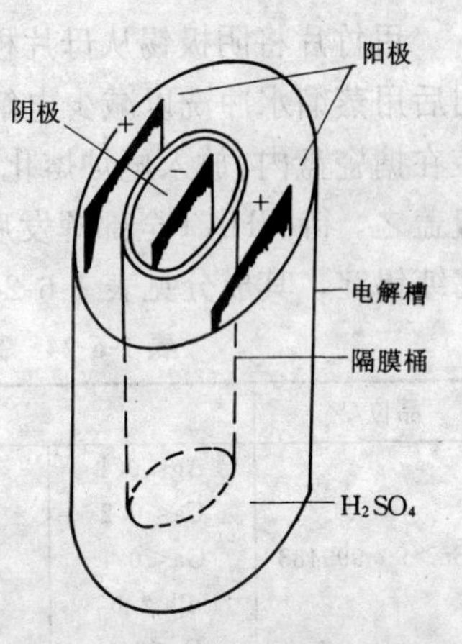

图1-6-23 隔膜造液装置[1]

2. 电解液的配制

电解造液得到的溶液成分（g/L）为：60～70Sn^{2+}，50～60游离H_2SO_4。用蒸馏水和纯硫酸（C、P或A、R级的）配液，并加入适量添加剂。电解精炼时电解液保持如下成分（g/L)：70～80Sn^{2+}，150～160游离H_2SO_4，1明胶，1β-萘酚，2.5～12Cl^-，还可加入$Na_2SO_4$50～70g/L。

3. 电解精炼

电解槽用PVC硬板制成，尺寸为520mm×330mm×330mm，有效容积54L。阳极为特1号锡，有效面积265mm×240mm，使用前在稀盐酸溶液中浸泡片刻，洗净，外套涤纶布袋，以防止剥落下来的阳极残片污染电解液。阴极用高纯锡（最初无高锡锡时可用特1号锡）制成母片，有效面积275mm×250mm，浸于95℃石蜡内约10min，放入电烘箱内保持85℃烘烤30min，取出自然冷却。

每槽装入阳极5块，阴极6块。阴极电流密度58～100A/m²，槽电压0.04～0.06V，电解液常温。阴极周期7～10d，电解废液经过滤除去悬浮物后返回循环使用。

4. 阴极熔铸

用竹片将阴极锡从母片板上剥下，浸泡于5%HCl溶液中，取出后用蒸馏水冲洗以减少电解液中Pb^{2+}带入产品。洗净的阴极锡装在搪瓷盘内，放入电炉熔化。当锡接近熔化时，用A、R级NH_4Cl覆盖之。待NH_4Cl全部挥发后即可扒渣，浇铸于不锈钢模内，得高纯锡锭，其成分见表1-6-24。

表1-6-24 高纯锡的化学成分[1]

品位/%	杂质含量/10^{-6}			
Sn>99.999483	Ag<0.1	Al<0.2	As<0.2	Au<0.1
	Ca<0.2	Cd<0.1	Co<0.2	Cu<0.2
	Ga<0.1	In<0.1	Mg 0.2	Mn<0.1
	Pb 2.0	Sb 0.27	Ti<0.1	Tl<0.2
	Bi<0.1	Fe<0.4	Ni<0.1	Zn<0.2

5. 此方法的特点及其适用性

此法与其他方法相比，有以下特点：流程短，工艺简单，材料消耗少，产品质量稳定，特1号锡经一次电解精炼的产品绝大部分达到高纯锡标准。其主要经验是：（1）铅的硫酸盐在电解液中溶解度小，而沉淀；（2）可用最低的槽电压，以利于铅锡分离；（3）可用较低的电流密度，以防阳极电位升高，引起杂质溶解。

此法的缺点是：除铅效果还不够，高纯锡含铅高于 2×10^{-6}，只适合于对铅要求不甚严格的用户。

二、电解-真空挥发法

此法由电解精炼和真空挥发除铅两个工序组成。用 1 号锡或特 1 号锡作原料，先经过电解精炼得纯度高于 99.99%Sn 的阴极锡，要求 Fe、Ni、Cu、Co、Ag、In、Al、Ga、Mn、Au、Ti、Al 12 个元素均低于 0.5×10^{-6}，其总和低于 5×10^{-6}。然后将此阴极锡进行真空挥发，除去铅及其他可除去的杂质如砷、铋等，达到合格产品标准。

真空挥发的原理与真空蒸馏相同，已在本章第一节"真空蒸馏除铅铋"中讲过，可参阅图 1-6-17 和图 1-6-18。

真空挥发的设备：我国工厂采用的真空挥发炉（见图 1-6-24）为固定式钟罩形炉，钟罩可揭开，操作时盖紧；炉内用石墨加热器加热，用钼片作保温层，待处理的锡盛于石墨坩埚内，靠电磁作用搅拌，用机械泵和扩散泵组成抽真空系统。

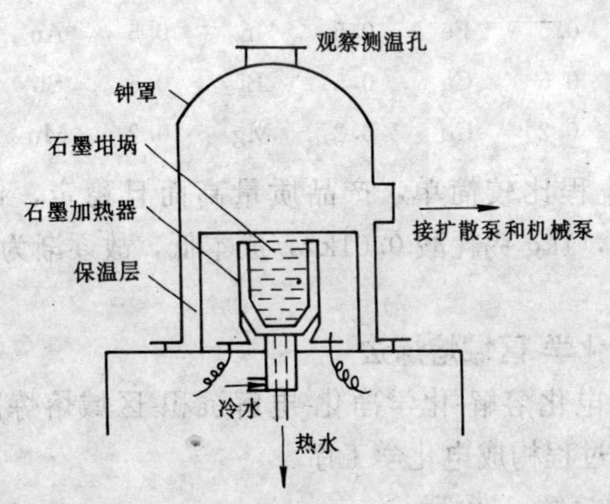

图 1-6-24　真空挥发设备示意图[1]

此挥发炉的主体设备真空感应电炉与真空泵组（机械泵和扩散泵）的性能和规格如下：

真空感应电炉：容量10～14kg；工作温度1700℃；极限真空6.6661MPa；功率40kW。

机械泵：抽气速率1200L/s；极限真空66.661MPa。

扩散泵：抽气速率1200L/s；极限真空0.53329MPa。

真空挥发炉的操作：石墨坩埚装入14kg料后，放在电炉真空室螺旋形感应体内（不得与感应体接触）。操作时，先开机械泵抽真空，同时对扩散泵进行预热。经过20min后，真空度达到5.3329Pa，再开动扩散泵进一步提高真空度至0.66661Pa以下。然后开始通电加热熔化，物料受电磁感应搅拌。控制炉温在1100～1200℃，炉内压力低于0.66661Pa，保持此状态熔化挥发70min，熔体含铅可降至0.5×10^{-6}以下。挥发物冷凝粘附在炉盖的内壁上（含2%～3%Pb）。打开放气阀，去掉炉体内的真空。揭开炉盖取出坩埚，倒出熔融的高纯锡，杂质总含量不超过10^{-5}，各种杂质含量如下（10^{-6}）：[1]

Co	0.5	Zn	0.5	Pb	0.5	Ti	0.5
Al	0.5	Ni	0.5	Cd	0.5	Ga	0.5
Tl	0.5	Fe	0.5	In	0.5	Au	0.5
As	0.5	Ca	0.5	Bi	0.5	Sb	0.5
Ag	0.2	Cu	0.2	Mg	0.2	Mn	0.2

此法流程比较简单，产品质量高而且稳定，锡回收率达99.2%以上，1kg锡耗酸0.01kg，成本低，故逐渐为许多工厂采用。

三、电化学-区域熔炼法

此法由电化溶解-化学净化-电解沉积-区域熔炼四个过程组成，前三个过程构成电化学工序。

1. 电化溶解（造液）

原料为特1号锡，熔铸成阳极进行隔膜电解造液。阴极为高纯石墨板。电解槽与隔膜的材质、结构均与前面讲过的电解法相同，操作也相同。电解液为化学纯硫酸（含H_2SO_4 50～55g/L），阳极电流密度700A/m^2，阴极电流密度1400A/m^2，槽电压6V。

阳极电溶是连续进行的，硫酸加入阴极室而从阳极室放出 $SnSO_4$ 溶液，流量 8L/h，溶液含 Sn^{2+} 40～45g/L。维持阴极室液面比阳极室液面高 2～3mm，以保持一定流速，同时避免锡在阴极析出。

阳极溶解时，大部杂质留在阳极泥中，但仍有部分进入溶液。根据试验，约有 50%～55%Pb，0.1%Cu，12%～18%Fe，0.01%Bi 进入电解液。

2. 化学净化

由于锡和杂质金属离子生成氢氧化物沉淀的 pH 值不同（表 1-6-25），将造液所得的 $SnSO_4$ 酸性溶液用 Na_2CO_3 或 NaOH 中和至 pH=2 和 pH=4，以获得纯净的 Sn $(OH)_2$。由表 1-6-25 可见，Al^{3+}、Sb^{3+} 在 pH≤2 时产生沉淀，可过滤除去，再调 pH≤4 时，则只产生 Sn $(OH)_2$ 沉淀，而 Bi^{3+}、Cu^{2+}、Pb^{2+}、Zn^{2+}、Fe^{2+}、As^{3+} 等仍留在母液中。Sn $(OH)_2$ 沉淀经过滤、洗涤后，作为配制电解液的原料，供电解沉积之用。

表 1-6-25　金属离子生成氢氧化物的 pH 值

金属离子生成氢氧化物反应式	金属浓度/mol·L⁻¹	pH 值
$Sb^{3+}+3OH^-=Sb(OH)_3$	0.01	1.2
$Al^{3+}+3OH^-=Al(OH)_3$	0.01	2.0
$Sn^{2+}+2OH^-=Sn(OH)_2$	1	2.5
$Sn^{2+}+2OH^-=Sn(OH)_2$	0.01	5.7
$Bi^{3+}+3OH^-=Bi(OH)_3$	0.01	4.9
$Cu^{2+}+2OH^-=Cu(OH)_2$	0.01	5.9
$Pb^{2+}+2OH^-=Pb(OH)_2$	0.01	7.7
$Zn^{2+}+2OH^-=Zn(OH)_2$	0.01	7.8
$Fe^{2+}+2OH^-=Fe(OH)_2$	0.01	7.8
$As^{3+}+3OH^-=As(OH)_3$	0.01	7.8

3. 电解沉积

将 Sn $(OH)_2$ 溶于纯硫酸中，配成含 Sn100～110g/L 的酸性溶液，并加入明胶 3g/L，β-萘酚 1g/L。用高纯石墨作阳极，电解锡作阴极。D_K=175A/m²；槽电压0.3V；电解液不加热，也不循环。

阴极锡洗涤、干燥后，熔铸成锡锭，纯度可达99.99%～99.998%Sn，约含0.01%的各种杂质总量，作为区域熔炼的原料。

4. 区域熔炼

区域熔炼的原理与结晶法提纯基本相同。其特点是在接近平衡状态的条件下进行的。

处于平衡状态时，杂质在固相中的含量（$C_{固}$）对其在液相中的含量（$C_{液}$）之比值称为分布系数k。k值愈小则固相愈易净化。例如铅在锡中的k=0.0679，故在平衡状态的条件下结晶，可得较纯的锡晶体，而铅则富集于液体中。区域熔炼就是根据这一性质把含铅的固体锡料做成长条形，使之缓慢通过一个很短的加热区域（称作“熔区”）。长条形锭处在熔区的一小段受热熔化，出现两个液-固分界面：一个在熔区的前进方向，是熔化的分界面；另一个在熔区离开的纵断面上，是凝固的分界面。在熔化分界面上，固体锭熔化变为液相，成分无变化。在凝固分界面上，液相变冷而析出晶体，此晶体含铅量比原来下降了，而剩下的液体含铅则上升。因此，经过多次熔区提纯之后，长条形锡锭一端被提纯，而另一端则富集着杂质。

根据上述原理制成的区域熔炼提纯锡的设备见图1-6-25。装满锡的矩形石墨盘为斜底，使纯金属端加厚。厚的一端有放出口，当提纯结束时可放出锡。

石墨盘放在可动的平台上。盘的长边和四角用石棉水泥隔热罩保温，而盘的两端及底部中间区段则靠空气冷却，使装在盘内的锡冷凝成为一个长条形锡锭。平板底部的轮子可在轨道上往复运动。传动机构是两个依次接通的行星齿轮减速器。工作时移动速度为44mm/h，也可调到16，22，23mm/h。作返回运动时，速度为190mm/h。

整个设备的支持框架脚下端是丝杆，可调节倾斜角度或成水平。

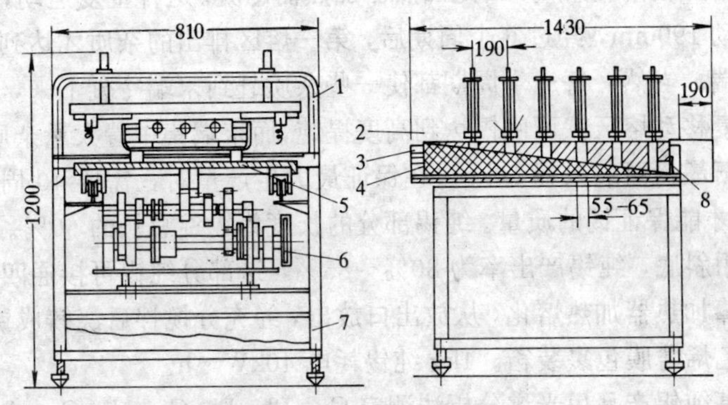

图 1-6-25　区域熔炼设备图

1—隔热罩支架；2—石棉水泥隔热罩；3—SiC 棒；4—石墨盘；
5—可动平板；6—传动设备；7—框架；8—放锡口

加热器为 6 根硅碳棒（造成 6 段熔区），在锡面的上方，与锡面的距离调节范围为 2～8mm。

操作：将阴极锡液倒入预热的石墨盘中。这时锡面上生成细密的氧化物膜，此膜层对区域熔炼很重要，因为（1）黑色氧化物容易吸收热；（2）防止锡进一步氧化；（3）保护锡免受外来杂质污染，故提纯过程不必在保护性气氛中进行。

当锡液充满石墨盘后，降低加热器电流，使锡大部分冷却，仅在每个加热器下面有一长条熔区。每个加热器单独用自耦变压器调节电流，以便分别调节熔区宽度。熔区宽度不大于 70mm，即不超过隔热罩 5mm。另外，熔区固液界面在深度方向应是严格垂直的。

熔区确定好后就开动马达，放置石墨盘的平板每 $4\frac{1}{3}$h 移动 190mm（即：加热器间距离）。一次行程完毕，终点开关接通换向传动机构，平板又将石墨盘带回到原来位置。这样一个周期，使熔区在锡锭各部分移动 190mm，即：使第一熔区位于第 2 根加热器下面，而第二熔区位于第 3 根加热器下面，依此顺推。最后的第六熔区在锡锭末端，因无加热器加热而冷凝。这种重复运动，每次移动 190mm，经过 6 个周期后，第一熔区排出的杂质才达到锡锭末端。当然，每一个周期都使一些杂质赶到末端冷凝下来，多次重复移动熔区就可使锡达到高度提纯，而末端集中着大量杂质。

石墨盘可装入锡 60kg，在保证最大生产量时，需要 40 周期 (8d) 才能保证锡的质量。纯锡部分的长度为锡锭总长的 60%。由于采用斜底，纯锡产出率为 80%～85%，这部分纯锡可接通四根硅碳棒加热器加热熔化，从放出口放出，经充分搅拌后浇铸成锭，用聚乙烯薄膜包裹装箱。1kg 纯锡耗电 40kW·h。

高纯锡产品用光谱分析法测定 Cu、Pb、Bi、Co、Ni、Ga、Ag、Au、Al、Sb；用化学分析法化验 As、Zn、Fe。这些杂质总量不超过 2×10^{-6}，而纯度达到 99.9998%Sn。

此外，还定期测量在液体氮的温度下的残留电阻以检验杂质总量。区域熔炼法可得到较高的纯度。

文献[91]是用无触点电涡流法校正试样的相对残余电阻，研究了结晶速度、熔区段数等因素对杂质分布的影响，并且指出电解精炼、区域熔炼及拉单晶相结合的方法能保证达到净化指标。

第七章　副产品的处理及伴生金属的综合回收

锡矿床大多是复杂多金属矿，除锡外，还伴生着各种有价金属。这些伴生金属经过选矿和炼前处理之后，仍有相当数量进入锡冶炼过程，分布于各种副产物中。表1-7-1是某厂处理一般锡精矿时，在熔炼和火法精炼过程中几种金属的分布数据。在处理含有较多钽、铌和钨等高熔点金属的锡精矿时，炉渣则富集着这些高熔点金属。此外，电解精炼的阳极泥中有时富集了铋、铜、银。因此，炼锡厂在综合回收有价金属时常侧重于处理以下副产物：

表1-7-1　锡冶炼产物中金属的分布[1]/%

产物名称	Sn	Pb	Zn	As	In	Ge	Cu	Cd
精锡	54.3	1.2		0.6	8.0		2.9	
焊锡	26.4	80.9	0.1	1.1	23.1	0.9	12.8	
废渣	0.1	0.2	1.1	2.0	0.7	3.8	4.9	
烟尘	11.0	12.9	96.0	21.3	61.2	79.2	3.0	100.0
硬头	1.9	1.0	0.5	24.7	0.9	14.8	3.4	
熔析渣	2.4	0.6	1.8	44.8	1.2			
铜渣	1.2	0.9	0.1	0.9	2.1	0.2	68.6	
其他精炼渣	2.6	2.3	0.1	4.6	2.8	2.0	8.7	

（1）炼锡烟尘；（2）硬头及各种锡精炼渣；（3）炼锡炉渣；（4）阳极泥。

第一节　炼锡烟尘的处理

炼锡烟尘分为焙烧烟尘和熔炼烟尘。前者富集有砷，可用以制取白砷；后者一般都富集有锌，可用以制取硫酸锌，有的还含有镉铟等，可从中提取这些有价金属。

一、焙烧烟尘的处理

我国有代表性的锡矿含砷均很高（见表1-7-2)，不同锡矿处理工艺产出的烟尘的处理方法分述如下。

表 1-7-2　80 年代我国主要炼锡厂所用锡精矿含砷的数据[11]

项　目	云锡一冶		柳州冶炼厂			广州冶炼厂	平桂冶炼厂		
	1982 年	1986 年	1982 年	1984 年	1986 年	1986 年	1982 年	1984 年	1986 年
锡精矿含砷/%	0.718	0.727	1.73	1.56	1.30	0.5～7	0.87	1.30	2.09

（一）锡精矿不经预焙烧而直接熔炼

云锡一冶采用此生产工艺，砷分散于乙锡、硬头和甲锡中。乙锡熔析渣、熔析后的硬头以及甲锡火法精炼的凝析渣（锅渣）均含砷很高（见表 1-7-3）；为了回收其中的锡和铅，须先焙烧脱砷。此焙烧烟尘富集了砷（见表 1-7-3），经电热回转窑挥发提纯为 95%～99.5%的白砷系列产品。云锡一冶生产白砷的主要设备与技术条件如下：

主要设备

电热回转窑	ϕ800×8000，1 台，电机功率 189kW
圆盘给料机	ϕ1200，2 台
1～5 串联冷凝器	9.5m×2m×2m，2 套
布袋收尘器	26m^2，1 台
水浴收尘器	ϕ1200，1 台
高压离心风机	H=0.05066～0.05333MPa，Q=1485～1790m^3/h，3 台

技术条件

回转窑焙烧压力	−10～−20Pa
焙烧温度	400～1000℃，
窑速	0.25～0.29r/min，
进料量	0.9～2.0t/h，
焙烧渣含砷	1.2%～4.0%
电热回转窑温度	700～750℃，
压力	−20～−40Pa，
窑速	1～2r/min，

还原煤搭配 0.5%～1%

表 1-7-3 云锡一冶回转窑焙烧脱砷的物料及产出的烟尘成分[11]

入窑焙烧的物料名称	物料成分/%							
	Sn	Pb	Zn	Cu	As	Sb	S	Fe
乙锡熔析渣	35～38	3～5	0.6～0.8	0.2～0.5	12～14	0.01～0.04	3～4	30～32
熔析后的硬头	28～32	3～5	0.6～0.8	0.2～0.5	9～11	0.01～0.02	3～8	32～36
砷渣	18～20	1～2	0.1～0.3	0.3～0.6	20～30	0.01～0.05	0.3～0.5	
产出的烟尘类别	烟尘成分/%							
	As_2O_3	Sn	Pb	Cu	Sb	S	FeO	Al_2O_3
沉降尘	60～75	10～25	2～3	<0.4	<0.07	<0.25	<0.12	<0.06
旋风尘	75～85	6～12	1～2	<0.5	<0.05	<0.2	<0.09	<0.05
电收尘	55～75	8～12	1～2	<0.4	<0.06	<0.2	<0.09	<0.05

（二）锡精矿熔炼前进行焙烧脱砷

柳州冶炼厂流态化炉焙烧锡精矿的高砷烟尘成分见表 1-7-4。该厂原来用火法生产白砷，将此烟尘先压制成椭圆形团矿，自然干燥后放于方形料篮里，吊入蒸馏炉内加热至 600～700℃，炉内压力为－20～－30Pa，蒸馏 8h，砷挥发率 80%～95%，产出纯度为 96%的白砷，残渣含砷 5%～8%[11]。但是蒸馏车间内砷蒸气超标严重，污染环境，因此开展湿法提取优质白砷的研究[80,81]。1987 年 11 月，该法已完成了每周期投料 50kg 烟尘，日产 100kg 白砷的半工业性试验，其原则流程见图 1-7-1。半工业性试验所用烟尘的化学成分和砷的物相分析见表 1-7-5。

表 1-7-4 柳州冶炼厂锡精矿焙烧烟尘的成分[11]

序号	As	Sn	Sb	Fe	S	Pb	Zn
1	35.94	8.16	3.36	9.45	1.07	5.52	1.12
2	48.85	3.71	4.18	6.18	1.02	4.32	0.22

主要设备

浸出槽 夹套加热的 500L 搪瓷反应罐

真空吸滤盘 ϕ1100mm×（600＋100）mm

中和槽 规格与浸出槽相同

离了交换柱 ϕ200mm×3000mm，内有 ϕ120mm×3000mm

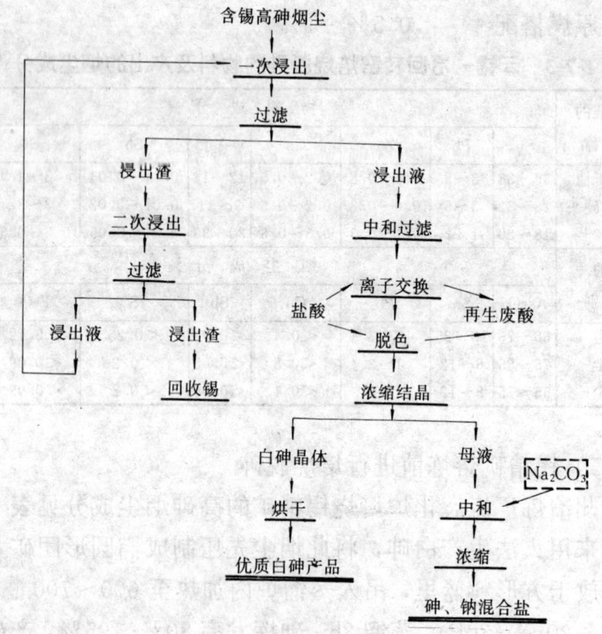

图 1-7-1　从含锡高砷烟尘湿法提取优质白砷的原则流程

的加热管。每柱可装 45kg（湿基）树脂

列管蒸发器　不锈钢焊制，加热面积 $4m^2$，容积约 800L

冷却结晶槽　规格与浸出槽相同

离心脱水机　SS-600 型，用于白砷晶体脱水

远红外线加热炉　CB80-18 型烘箱，自动控温 80℃，用于白砷晶体烘干

主要技术条件：

浸出：两段热水浸出，液固比 7∶1。渣率 66.57%，渣成分（%）为：4.81As，38.19Sn，3.04Sb，6.02Pb，1.65Zn，13.19Fe。

净化：由于浸出液 pH＝5，已接近中性，故略去中和作业，仅经过中和过滤，滤液清亮。控制一定温度，让中和滤液通过离子交换柱脱杂，随后进行活性炭脱色，以确保产品洁白度。

主要技术经济指标：

烟尘含砷 24.31%　　砷浸出率 85.57%

白砷直收率 73.26%　　白砷总回收率 80.03%

砷的平衡率 98.80%

产品：

白砷含 As_2O_3 大于 99%，其中特级品（As_2O_3 大于 99.5%）占 78.7%

湿法与火法产出的白砷质量比较列于表 1-7-6。

表 1-7-5 含锡高砷烟尘的化学成分和砷的物相分析[81]

成分	As	Sb	Sn	Pb	Zn	Fe	S	SiO_2
%	24.31	2.13	25.17	4.25	1.17	8.67	1.25	4.30
砷的物相类别			As_2O_3			As_2O_5 或砷酸盐		
%			21.06			1.95		
成分	Ca	Al	Mg	Mn	Cd	C	Bi	Cu	TiO_2
%	1.42	0.42	0.28	0.39	0.065	1.13	0.13	0.05	1.71
砷的物相类别	硫化砷			总砷			理论浸出率		
%	1.30			24.31			86.63		

表 1-7-6 湿法与火法产出的白砷质量比较[81]

工艺类别	烟尘含砷/%	总产品中各级品占百分数/%					白度/%	浸出渣含砷/%
		特级品	一级品	二级品	三级品	四级品		
		>99.5	99.5～99	99～98	98～97	97～95		
湿法工艺	24.31	78.7	21.30				80～100	5±
电热回转窑法	45～57	4.15	12.24	18.66	37.56	27.59	65～85	14～17
电弧炉法	65～72	95%～99%As_2O_3（无白度和分级数据）						
蒸馏炉法	40±	92%～95%As_2O_3（无白度和分级数据）						

二、熔炼烟尘的处理

80 年代前，我国各厂均是返回反射炉熔炼锡熔炼烟尘，由于其中含锌较多，所以处理时锡的直收率低，粗锡质量也差，并且锌很难富集而造成恶性循环。80 年代后，我国开始了锡熔炼烟尘的电炉熔炼研究[82~84]，1983 年 9 月在柳州冶炼厂的电炉投入了工业生产。由于电炉熔炼温度高，还原气氛强，烟气量小和烟尘率低，获得了满意的技术经济指标和很好的经济效益[81,84]。

该厂熔炼烟尘的成分见表 1-7-7，所用的还原煤成分（%）为：灰分 12.53，挥发分 21.48，C63.12，S0.65，$SiO_2$7.13，CaO0.46，FeO1.33。熔剂为：（1）石灰石，含 49.56%CaO，7.13%MgO；（2）纯碱，含 $Na_2CO_3$98.5%～99.0%。

表 1-7-7 柳冶送电炉熔炼的烟尘成分[11,84]

烟尘类别	烟尘成分/%									
	Sn	As	Sb	Pb	S	Zn	Al_2O_3	SiO_2	CaO	FeO
反射炉烟尘	37±	2.91	0.2	1.18	0.51	14.18		23.6	1.65	3.09
鼓风炉烟尘	39～46	3.53	1.03	7.05	2.22	3.70		7.08	1.29	5.02
精炼烟尘	49.87	5.71	0.76	0.75	1.88		8.09	1.80	0.16	4.12
反、鼓、烟化炉的烟道尘	32.81	0.49	0.45	0.23	4.45	16.67	0.63	6.5	2.67	5.25

其生产流程见图 1-7-2，熔炼产物成分见表 1-7-8。

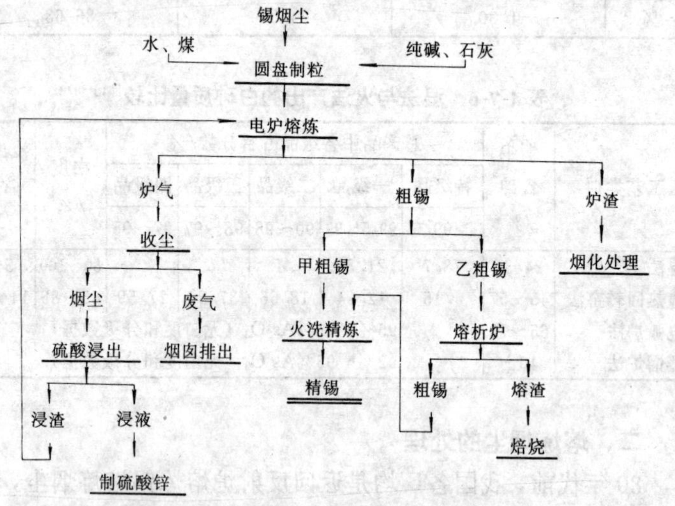

图 1-7-2 柳州冶炼厂电炉熔炼生产流程

表 1-7-8 锡烟尘电炉熔炼产物的成分/%[11.84]

产物名称	Sn	As	Sb	Pb	S	Zn	Cu	Bi	Fe	FeO	CaO	SiO_2	Al_2O_3
粗锡	91.34	1.67	1.17	2.79		0.16			1.99				
富渣	7.40	0.18	0.17	0.23		4.09				9.99	9.31	34.60	8.28
烟尘	22.57	4.19	0.21	1.22	1.40	37.04				1.07	0.24	1.93	
粗锡	91.85	1.05	1.88	3.80	0.135	0.17	0.314	0.045	0.55				
富渣	3.72	微	0.01	0.50						9.94	14.78	43.5	12.92
烟尘	29.05	2.46	0.18	0.66	2.09	34.74				0.58	0.33	2.50	
粗锡	甲 93.70 乙 89.72	4.17	1.21	2.00	0.29		0.42	0.072	1.01				
富渣	8.17	0.05	微	0.5						11.63	12.04	32.00	10.98
烟尘	25.24	4.09	0.36	0.79	2.23	37.38				1.08	0.51	1.38	
粗锡	甲 92.53 乙 77.20	1.16	1.30	2.42	0.09		0.175	0.03	0.90				
富渣	4.00	0.024	0.012	0.05						9.26	14.56	25.00	13.33
烟尘	26.11	4.13	0.31	1.43	0.75	33.33				0.57	0.31	1.30	

技术数据如下：

电炉：

炉床面积：3.14m^2；处理能力：7～9t/d；功率：400kVA

配电制度：熔化造渣期电压120V，电流1900～2000A；放渣后120V，200～300A

炉顶温度：熔化造渣期600～800℃，炼渣期800～1000℃

电极插入深度：1/3～2/3渣层厚度；炉内负压：0～29Pa

炉料：

配料：还原煤率10%～12%，硅酸度1.2～2.5，纯碱3%

团粒：要求水分低于5%；粒级小于10mm的粉料不大于20%

进料：分批进料，低料坡熔炼。每2～3h进一批料

熔炼：炉料完全熔化造渣后即可放锡、放渣。每炉熔炼时间不超过24h

指标：

锡直收率大于78%；吨料电耗900～1150kW·h；吨料电极消耗小于10kg；炉床能力8～10t/（炉·d)；乙锡率23.88%；烟尘率20.3%；收尘效率98.62%；渣率26.89%。

锡与锌的分配率见表1-7-9，电炉与反射炉熔炼锡烟尘的指标对比见表1-7-10。

电炉熔炼产出的二次烟尘中，锌富集至30%以上（见表1-7-8)，便于提取。由二次烟尘提锌是制备硫酸锌，其生产过程是：高锌烟尘→硫酸浸出→石灰中和→加高锰酸钾氧化除铁→加锌粉除铜镉→蒸发结晶→离心过滤→$ZnSO_4 \cdot 7H_2O$。硫酸浸出渣富集着锡则返回电炉熔炼。如果浸出渣含铟较高则可加入10%无烟煤，在1000～1050℃下进行还原焙烧，进一步挥发铟。富集的铟尘用盐酸浸出法回收铟。铜镉渣用于提镉。

表1-7-9　电炉熔炼锡烟尘时锡与锌的分配率[84]

项　目	粗　锡	炉　渣	烟　尘	损　失
Sn/%	82.23	1.31	15.83	0.63
Zn/%	0.75	2.41	90.59	6.25

表 1-7-10 柳冶电炉与反射炉熔炼锡烟尘的指标对比[84]

熔炼炉类别	直收率/%	粗锡品位/%	乙锡率/%	渣率/%	渣含锡/%	二次烟尘的锡、锌含量		炉子寿命/月	炉床能力/t·d⁻¹·m⁻²	吨粗锡的原材料消耗/元
						Sn/%	Zn/%			
反射炉熔炼	54.4	78.44	100	44.85	11.20	34	17.48	三个月小修	0.88	950
电炉熔炼	82.2	90.29	23.9	26.89	3.45	26	35.36	12个月还未修	3	400

第二节 硬头的处理

硬头是炼富渣的产物，其成分主要为锡与铁，有的含砷较多，工厂产出的硬头成分见表 1-7-11。

表 1-7-11 某些工厂的硬头成分[9,11]

项目	硬头成分/%							
	Sn	Fe	As	Sb	Pb	Cu	Zn	S
反射炉炼渣①	35～38	35～38	10～12	0.01～0.03	0.6～0.8	0.2～1.5	0.4～0.8	1～5
电炉炼渣②	40.0～58.9	5.1～26.2	0.8～7.1	0.1～0.8	1.2～4.1	0.06～1.5	0.2～3.9	
短窑炼渣③	71.94	24.63	0.008	0.0057	0.10	0.021	0.0002	

①云锡一冶；②德国杜伊斯堡炼锡厂；③印尼佩尔蒂姆炼锡厂。

对硬头的处理曾有人作过氯化法和汞齐法的试验，有的工厂则将硬头熔化后水淬成粒进行氧化焙烧脱砷，再与锡精矿一起熔炼[1]。现在我国工厂常用的处理方法是：加热熔析法和烟化法。在国外还有用硅铁法处理硬头的，其原理与技术条件均与硅铁法炼富渣相同，这里从略。

一、加热熔析法处理硬头

由图 1-4-3 可见，室温下含 32%～92%Fe 的锡铁合金都处于 α-Fe 和 FeSn 区中，若加热到 740～901℃以上，就会析出一部分液相粗锡，其成分由加热温度而定，一般含铁百分之几。如果粗锡产出后立即流走，则剩下的固体 α-Fe 随温度升高而继续析出粗锡和留下含锡更少的固相，不过熔出的粗锡含铁逐渐增加。故此法不能彻底回收锡，只能作为初步处理硬头的方法。例如，4m² 的斜底反射炉每炉装硬头 2t，加热到一定温度就开始熔析出粗锡，沿着斜炉底流到炉外的锅中。控制温度至 950℃，经 8h 熔析，残留的固体硬头含锡降至 25%以下。

熔析时除了熔出粗锡外，还可挥发部分砷并使粒度变小。熔析残渣再进入烟化炉与富渣一起硫化挥发，或与锡精矿一起熔析，均能得到较好的指标。

二、烟化法处理硬头

含锡少于 30%的硬头可与富渣一起作烟化处理。

硬头在富渣全部熔化后加入。硬头加入量占入炉的渣重 3%～4%。如果富渣硅酸度高则可多加硬头，有时达到 16%，同样可得到好的挥发指标；但一次加入硬头不能过多，以免沉积于炉底而形成炉缸结块。硬头入炉的粒度最好小于 100mm。高砷硬头须先熔化和水淬成粒后氧化焙烧脱砷，否则砷几乎全部挥发进入锡烟尘。

第三节　精炼渣的处理

精炼渣是粗锡火法精炼的副产物，包括熔析渣、炭渣、硫渣和铝渣。熔析渣是乙锡加热熔析产出的残渣，含铁、砷高，成分接近高砷硬头；炭渣是粗锡熔体加木屑凝析除砷的浮渣，主要含锡与砷；硫渣是粗锡熔体加硫除铜的浮渣，含铜很高；铝渣是加铝除砷锑的浮渣，含锡很高。

这类渣成分实例见表 1-7-12。表中炭渣与铝渣是合在一起的。表 1-7-13 为炭渣与铝渣的成分。

表 1-7-12　云锡一冶火法精炼渣的成分/%[11]

渣名	Sn	Pb	As	Sb	Cu	Fe	Bi	S
熔析渣	25～38	3～5	15～20	0.01～0.03	0.2～0.5	30～40	0.02～0.03	
锅渣①	68～75	10～15	1～5	0.03～0.05	0.2～0.4	6.5～5.0	0.08～0.2	
炭铝渣	68～75	0.5～10	2～15	0.02～6.0	0.03～2.0	0.5～3.0	0.1～0.3	
硫渣	52～64	5～10	1～2	0.02～0.09	5～20	0.2～1.0		8～10

①锅渣是粗锡熔体最初降温（未加木屑）时凝析产出的浮渣。

表 1-7-13 炭渣与铝渣的成分[1]/%

渣名	Sn	Pb	As	Sb	Cu	Fe	Al
炭渣	60～70	5～8	4～20	0.027	0.2～0.4	1～9	
铝渣	70～80		3～4.5	2～4	0.035	0.06～0.07	5～8

一、熔析渣、炭渣与铝渣的处理

这三种渣往往合并处理，先在回转窑中焙烧脱砷，然后在反射炉或电炉中还原熔炼提取锡；低锡渣再送入烟化炉硫化挥发富集锡。

铝渣因含锡很高，有时单独处理。先在熔析炉加热提取部分锡，再将热残渣加入反射炉与锡精矿一起熔炼。处理铝渣须注意炉渣含 Al_2O_3 量不能太高并控制硅酸度低于 1，以免渣含锡升高。

焙烧脱砷后的这类浮渣与高铅的锡精矿一起熔炼，可得到较好效果。例如，炉料中加入 40%～50%浮渣，控制硅酸度为 1.1～1.3 时，在反射炉中熔炼，锡的直收率达 85%以上，炉床能力 1t/（m^2·d）。

曾试验用真空蒸馏法处理炭渣。试验结果表明：对含砷 10%～20%的炭渣，当蒸馏温度为 900～1100℃，真空度 13.3～66.5Pa，蒸馏 60～120min，砷的挥发率约 90%，锡的挥发率约 3%，脱砷后的炭渣含 1%～2%As，含 Sn95%以上，即为粗锡。

二、硫渣的处理

硫渣为黑灰色粉末，其中铜的形态主要呈硫化物，少部分呈金属铜；锡主要呈金属形态，部分呈硫化物。此外，还有一些其他的硫化物，如 FeS，As_2S_3 等。从硫渣中回收锡和铜，有直接焙烧-酸浸提铜与浮选分离出锡精矿后再氧化焙烧-酸浸提铜的两种方法。

（一）浮选-焙烧-酸浸流程提取硫酸铜

该工艺流程见图 1-7-3。浮选前将硫渣磨细，用 0.1mm 筛分粒级，筛上物为富锡物料，筛下物（约占 40%）进行浮选。

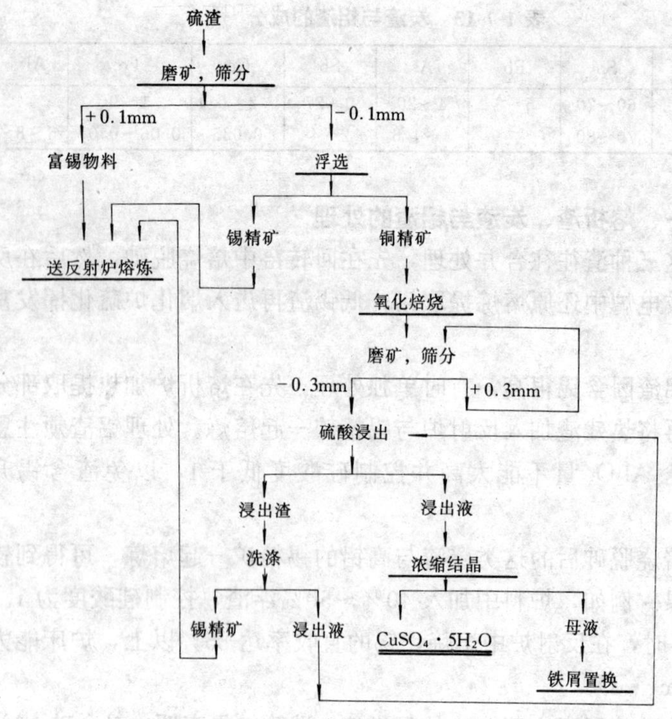

图 1-7-3　硫渣处理流程（Ⅰ）

浮选时控制矿浆含 20%～22%固体，pH=8～8.5，丁基黄药作捕收剂，硫化钠作硫化剂，水玻璃作分散剂，松根油作起泡剂，硫酸钠作调整剂。浮选 13min 可回收 80%以上的铜。浮选得到的铜精矿含 50%～55%Cu 和 20%～25%Sn；浮选尾矿即为锡精矿，含 70%Sn 和 4.5%Cu。

铜精矿在 900℃下进行氧化焙烧，然后磨细至－0.3mm 送硫酸浸出。硫酸溶液含 28%H_2SO_4，密度 1.1g/cm^3，液：固=4：1，在 90℃下浸出 4h。浸出液浓缩至密度 1.4g/cm^3 后进行冷却结晶，得硫酸铜结晶。结晶后的母液加热至 90℃时用铁置换，产出含 85%～92%Cu 的铜粉。浸出渣经过洗涤后即为锡精矿，送反射炉熔炼。

锡的回收率95%；铜的回收率80%以上，少部分铜进入锡精矿。

（二）焙烧-硫酸浸出-电积流程提取金属铜

该工艺流程见图1-7-4。硫渣含砷锑高时用此法。例如，硫渣成分（%）为：10～16Cu，59～64Sn，5～11S，3～10As，2.5Sb，经两次焙烧，逐步氧化脱去S、As、Sb。一次焙烧控制温度650℃，可避免熔结而有利于氧化反应的进行，二次焙烧温度900℃（在回转窑中）进一步脱去硫和砷，以利于湿法分离铜锡。

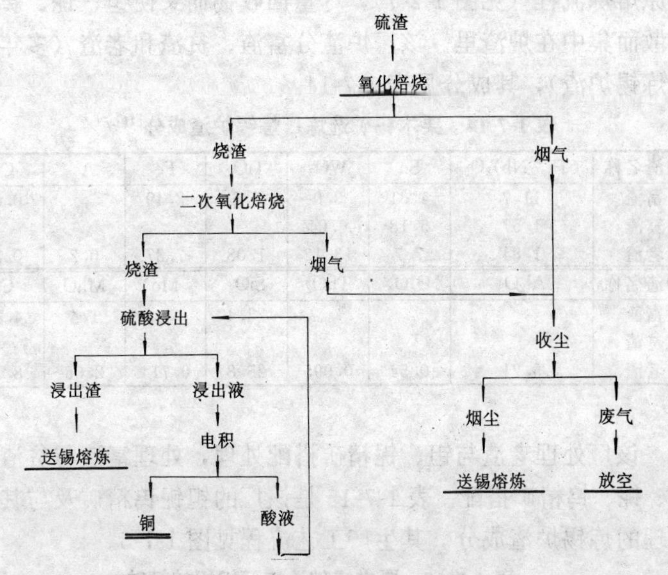

图1-7-4 硫渣处理流程（Ⅱ）

烧渣含硫1.5%，砷0.8%以下，铜主要呈氧化物。此渣用硫酸溶液（含游离酸120～150g/L）浸出至熔液含铜离子达35～45g/L。为阻止烧渣在浸出过程中发生结板现象，可加入约10%的木屑。浸出时间6h。

电积时，电流密度 80～100A/m^2，温度 30～40℃。阴极含铜 99.8%。浸出渣含 1%～1.5%Cu，67%～69%Sn。

金属直收率：铜为 80%，锡为 85%。

注意事项：电积过程中，当槽电压高时，可能产生剧毒的 AsH_3。

第四节　从炼锡炉渣中回收钽、铌、钨[1,11]

以我国广西栗木锡矿选炼厂为例[11]。该矿由于钽、铌、钨的矿物与锡石密切共生，用选矿方法不能分离，故采用特殊的三次还原熔炼流程（见图 1-2-7），尽量回收锡而又使钽、铌、钨不致分散而集中在炉渣里。该厂炉渣分富渣、贫渣和老渣（多年积存的炼锡炉渣），其成分见表 1-7-14。

表 1-7-14　栗木锡矿选炼厂炼锡炉渣成分[11]/%

炉渣名称	$(Ta, Nb)_2O_5$	Sn	WO_3	TiO_2	Fe	As	Cu
富渣	11.7	4.31	3.0	3.6	8.49		0.01
贫渣	1.57	5.18	6.04				
老渣	1.84	7.7	13.12	1.08	7.37	0.2	0.39
炉渣名称	Al_2O_3	U_3O_8	ThO_2	SiO_2	Mo	MnO	Ca
富渣				23.4		1.4	4.19
贫渣							
老渣	5.21	0.54	0.095	25.8	0.714	2.06	8.16

该厂处理老渣与钽、铌精矿搭配处理，处理富渣与贫渣则与钽、铌、钨精矿搭配。表 1-7-15 是该厂的钽铌钨精矿及与其搭配处理的炼锡炉渣成分。其生产工艺流程见图 1-7-5。

表 1-7-15　栗木锡矿选炼厂钽铌钨精矿及与其搭配的炼锡炉渣成分[11]/%

物料名称	Ta_2O_5	Nb_2O_5	WO_3	Sn
钽铌钨精矿	7.3～9.3	8～9	36～41	4.7～5.5
炼锡炉渣	4～6	3～4	5.58	5.18
物料名称	Fe	Si	Ca	S
钽铌钨精矿	～12	～18	0.1	0.05～0.16
炼锡炉渣	9～13	13～23	～4	～0.01

由于精选出的钽铌钨精矿和炼锡炉渣的钽铌含量和杂质含量都达不到钽铌精矿的要求，故须先进行富集处理，除去部分杂质并综合回收钨锡。富集作业包括：配料磨矿，苏打焙烧，水煮脱钨，稀盐酸脱硅，盐酸酸煮除Mn，Fe，Sn，Mo，Mg，Ca等杂质，

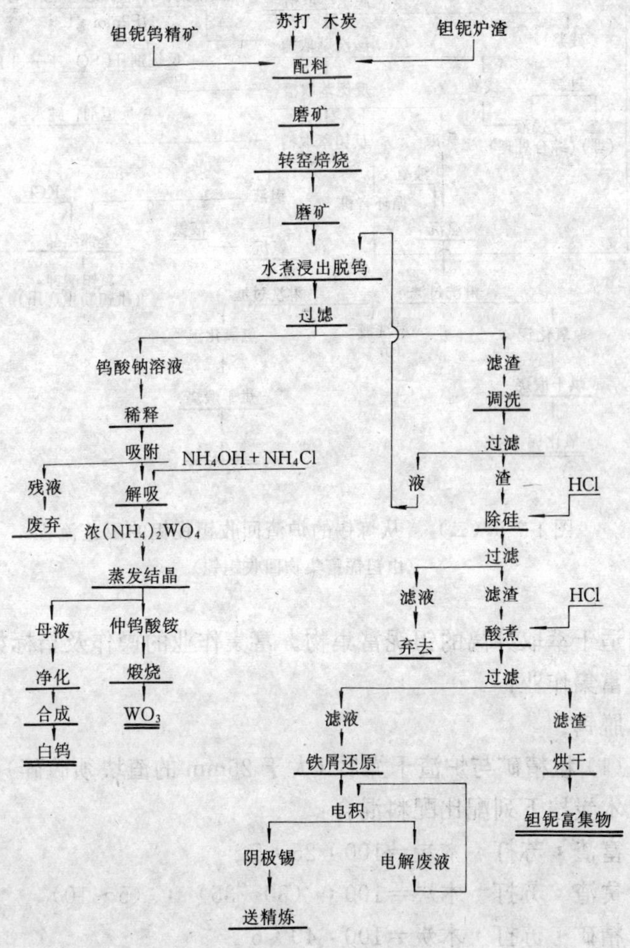

图1-7-5（一） 从炼锡的炉渣回收钽铌钨的工艺流程

（钽铌的富集与钨锡的回收）

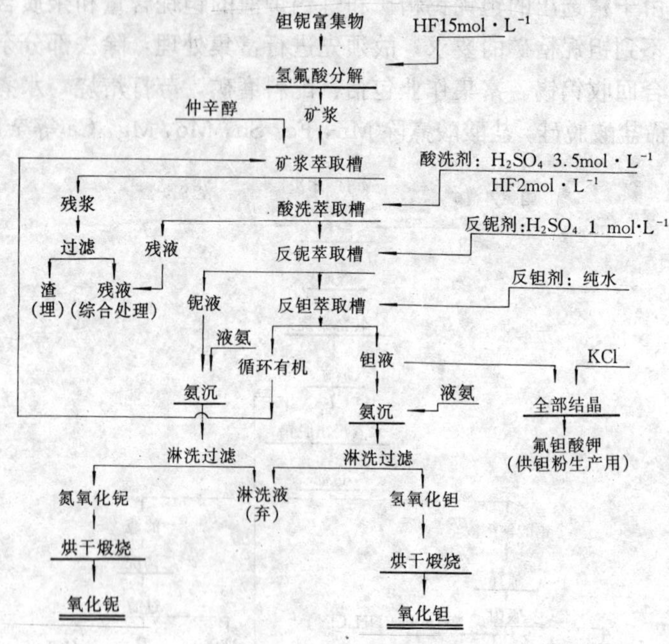

图 1-7-5（二）　从炼锡的炉渣回收钽铌钨的工艺流程

（由钽铌富集物回收钽铌）

产出适于萃取分离的钽铌富集物。富集作业的操作及指标如下：

富集作业：

脱钨：

（1）粗精矿与炉渣干燥后（大于 25mm 的渣块须破碎），与苏打、木炭按下列配比配料混合：

富渣：苏打：木炭＝100：25：5

贫渣：苏打：木炭＝100：（30～35）：（5～10）

精矿：苏打：木炭＝100：40：6

然后在 ϕ900mm×2400mm 球磨机中干磨，磨至 95％以上为 −100 目，用螺旋加料机加入回转窑焙烧。

（2）回转窑尺寸为 $\phi_{外}$ 800mm×6000mm（$\phi_{内}$ 460mm），焙烧

温度850～900℃，时间45min，生产能力1.8t/d。

(3) 焙烧料排入溢流式球磨机（ϕ900mm×1500mm）进行湿磨。

(4)磨好的矿浆放入水煮槽，用蒸汽直接加热。水煮温度90℃，固：液=1：(2.5～3)，时间1h。

(5)焙烧、水浸的脱钨效率约56%，同时有10%的锡和约2%的钽铌进入溶液。

(6) 水煮矿浆在真空吸滤器中过滤，从滤液中回收钨；滤渣进一步脱硅和回收锡。

脱硅并除去酸溶性金属杂质：

(1) 脱钨后的滤渣还含有大量的硅，绝大部分呈Na_2SiO_4形态。脱硅是用7%～9%的盐酸处理，使硅酸钠转变为硅酸进入溶液。按固液比1：6加入稀酸，搅拌3min后立即过滤，以免硅酸分子缩合成胶状难于过滤。脱硅时产渣率60%～70%，锡在此过程中损失于溶液较多。

(2) 脱硅后的滤渣中，钽铌品位相应增高：富渣中$(Ta, Nb)_2O_5$由原来的10.96%提高到25.93%；贫渣中由原来的1.85%增至4.8%。此渣还须进一步酸煮除去Fe、Mn、Mo、Mg、Sn、Ca等酸溶性杂质，使钽铌进一步富集。

(3) 酸煮作业用12%～15%盐酸。固：液=1：6，温度高于90℃，搅拌2h。锡呈$SnCl_4$进入溶液。过滤后滤液用于回收锡；滤渣含$(Ta, Nb)_2O_5$达30%以上，烘干后供回收钽铌。

(4) 富集作业中，钽铌回收率93%～97%，其中呈Ta_2O_5形态的铌的回收率98.5%～98.9%；呈Nb_2O_5形态的铌的回收率88%～95%。

生产工业纯WO_3：

(1) 水煮后的溶液含$WO_3$20g/L左右，用$MgCl_2$净化除P、As、Si澄清过滤。

(2)过滤后的净化液加热至80～90℃，加入$CaCl_2$饱和溶液，合成人工白钨。

（3）用盐酸分解白钨成为粗钨酸，过滤洗涤后烘干煅烧，即得工业纯 WO_3 粉成品，其化学成分（%）为：99.8WO_3，0.052Mo，0.025As，0.0006P，0.002S，0.080 氯化残渣，0.022 倍半氧化物。松装比：0.574，灼减：0.33%。钨的回收率 78.5%。

生产化学纯 WO_3：

（1）水煮后的溶液（$WO_3$60～70g/L，As0.12～0.46g/L，Mo0.0056～0.022g/L，NaOH8～24g/L）采用离子交换工艺分离杂质。

（2）用强碱性 717 阴离子交换树脂吸附钨，要求钨酸钠溶液含 $WO_3$15～20g/L，碱 2～6g/L，故将溶液稀释至上述浓度后，再通过 ϕ800mm×3000mm 交换柱进行离子交换。

（3）交换容量饱和以后的树脂，用 6mol/L　NH_4Cl+2mol/L NH_4OH溶液解吸。解吸下来的钨酸铵溶液含 $WO_3$170～200g/L。交换残液（废弃）含 WO_3<0.2g/L 和未被吸附的 90%以上的磷，80%以上的砷，以及 95%以上的硅。

（4）浓钨酸铵溶液通过蒸发结晶获得化学纯仲钨酸铵，或者再煅烧为化学纯 WO_3 产品（煅烧炉功率 150kW）。从钨酸钠到 WO_3 产品的总回收率为 92%。

回收锡：

（1）盐酸酸煮后的滤液含锡 12～18g/L，用铁屑还原使 Sn^4 还原为 Sn^{2+}，以易于电积。铁屑用量为 20～25g/L。室温下静置 48h，当上清液呈深绿或浅蓝色时即可用于电积。

（2）$SnCl_2$ 溶液电积条件为：电流密度 10A/m^2，极距 94mm，槽电压 0.6～1.2V。

（3）阴极产出锡成分（%）为：75～85Sn，0.7～2Ca，0.3～1.5Fe，0.01～0.04Bi，送精炼。

（4）还原和电积工序的锡回收率：94%±。

由钽铌富集物回收钽铌的操作及指标如下：

富集物的分解与萃取：

（1）富集作业产出的钽铌富集物成分（%）为：41.48（Ta,

$Nb)_2O_5$，1.5～2.5WO_3，7～9Sn，约 3Fe，约 1Si，0.3～0.5Mg，约 0.008As，用氢氟酸分解。

（2）分解作业在 ϕ1400mm×1400mm，内衬石墨的分解槽中进行，加入 15mol/L 氢氟酸，固：液＝1：2.5，矿浆酸度用 2.75～3.0mol/L H_2SO_4 调整。分解反应为：

$$Ta_2O_5 + 14HF = 2H_2TaF_7 + 5H_2O$$

$$Nb_2O_5 + 14HF = 2H_2NbF_7 + 5H_2O$$

（3）分解后的矿浆直接进入萃取槽，用仲辛醇-HF-H_2SO_4 体系进行萃取。

（4）矿浆萃取混合室的尺寸为：180mm×180mm×410mm；沉清室为：180mm×545mm×410mm，产出的负载有机相进入清洗槽，先用 3.5mol/L H_2SO_4＋2mol/LHF 反萃洗杂质，再用 1mol/L H_2SO_4 反萃铌，最后用纯水反萃钽。反萃的各种溶液成分见表 1-7-16。产出的负载有机相大致成分（g/L）为：150～180（Ta＋$Nb)_2O_5$，约 2WO_3，约 2.5Sn，一定量的 HF＋H_2SO_4。残相为矿浆，其固体含 $(Ta+Nb)_2O_5 \leqslant 1\%$，残液含 $(Ta+Nb)_2O_5 \leqslant 0.5$g/L。钽铌的萃取回收率为 99％。

表 1-7-16　钽铌萃取过程中反萃得到的各种液体成分

液体名称	$Ta_2O_5/g \cdot L^{-1}$	$Nb_2O_5/g \cdot L^{-1}$	HF＋H_2SO_4
铌　液	＜0.5	100～150	
钽　液	50～70	＜0.1	一定量
残　液	＜0.5	＜0.5	一定量
循环有机相	2～5	1	pH≤4

（5）生产上使用三种箱式萃取槽进行酸洗、反铌、反钽作业。前两种规格为 105mm×105mm×280mm，后者为 130mm×130mm×370mm。

（6）萃取钽铌以后的矿浆残渣，经固液分离后，将残渣掩埋，残液稀释后排放。仲辛醇返回使用。

（7）有机相中仲辛醇含量对钽铌萃取和相分离有影响。仲辛醇含量在 85％以上，可制得高纯钽、铌化合物。仲辛醇水溶性小，成本低，但粘度大，反萃时往往出现乳化现象，使操作难以控制。

回收钽铌氧化物：

（1）反萃下来的合格钽液或铌液，通液氨中和至 pH=9，经调洗、过滤、烘干后产出 Ta $(OH)_5$ 或 Nb $(OH)_5$ 产品，再经煅烧产出 Ta_2O_5 或 Nb_2O_5 产品。回收率（%）为：$Ta_2O_5$86.93；$Nb_2O_5$87.93。

（2）氧化钽、氧化铌的成分见表 1-7-17。

表 1-7-17　氧化钽、氧化铌的成分/%

名称	Ta_2O_5	Nb_2O_5	WO_3	Fe	Ti	Ni_2O_3	Mo
氧化钽	99.84	0.07	0.057	0.005	0.003	0.02	0.003
			Pb	As	Sb	Bi_2O_5	Sn
氧化铌	0.8	98.72	0.003	0.003	0.003	0.006	0.012
名称	Mn	Al	S	P	SiO_2	灼减	
氧化钽	0.003	0.006	0.0026	0.005	<0.005	0.94	
氧化铌			0.004	0.007	0.037	0.18	

（3）钽液经调酸、加温，加入 KCl，发生以下反应：

$$H_2TaF_7+2KCl=K_2TaF_7\downarrow+2HCl$$

冷却结晶得到白色针状的钽氟酸钾（K_2TaF_7）晶体。结晶率为 88%。

（4）结晶母液含 $(Ta+Nb)_2O_5$4g/L，通氨沉淀回收，所得沉淀物含 $Ta_2O_5\approx75\%$，$Nb_2O_5=2\%\sim3\%$，送分解工序重新分解和萃取。

第五节　阳极泥的处理

粗锡和焊锡电解精炼。产出的两种阳极泥成分见表 1-7-18 和表 1-7-19。这类阳极泥的金属物相数据报道较少，文献［86］报道了焊锡硅氟酸电解阳极泥中有价金属的物相分析数据（表 1-7-20）。

表 1-7-18 粗锡电解精炼的阳极泥成分/%

厂别	Sn	As	Sb	Pb	Cu	Bi	Fe	其他	备注
得克萨斯冶炼厂[9]	30～45	2～4	12～15	18～20	1～2	0.01～0.19	2～3	Ag1730～3430g·t^{-1}	硫酸电解液
文托炼锡厂[9]	42.0	3.3	0.45	10.8	6.1	2.2	0.3	S3.8	硫酸电解液
广州冶炼厂[11]	24～35	1～4.87	0.9～1.2	20～25	1～2.25	5～11	0.89～2		硫酸电解液
直岛冶炼厂[1]	35～40	3～4.5	3～3.5	16～19	13～15	0.5～1.5	1.5～2.5		氟硅酸-硫酸电解液
个旧市焊料厂[75]	20～30	0.3～0.6	2.5～6.0	30～40	1～5	1.3	0.28	$SiO_2$10.35	氟硅酸-硫酸电解液

表 1-7-19 焊锡硅氟酸电解精炼的阳极泥成分/%

厂别	Sn	Pb	Bi	Cu	Ag	Au	As	Sb	Fe
广州冶炼厂[85]	29.22～30.83	9.25～9.56	20.36～20.74	5.40～5.50	1.13～1.44	0.008～0.015	4.31～5.15	3.20～3.60	2.01
鸡街冶炼厂[11]	30～40	18～21	3～12	3～8	1.2～3.5		3～8	4～7	
云锡三冶[86]	15～25	11～17	6～13	0.3～5.0	1.1～1.8	17～23 g·t^{-1}	4～12	5～15	
个旧有色金属加工厂[87]	35～40	8～10	4～8	5～6	0.5～1.5		3～4	3～4	

表 1-7-20 焊锡硅氟酸电解阳极泥中有价金属的物相分析[87]

元素	物相分析/%		
锡	氧化物（SnO_2）0.17	金属态 6.11	硫化物 28.23
铅	氧化物 4.5	金属态 0.28	硫化物及其他 0.06
铜	氧化物 4.41	金属态 1.74	硫化物及其他 1.61
银	金属态及硫化物 0.69	氯化物 0.23	其他 0.14

一、粗锡电解阳极泥的处理[1]

含铋、铅高的粗锡用硫酸-甲酚磺酸-硫酸亚锡溶液电解精炼所产的阳极泥中，锡、铅、铜、锑主要呈硫酸盐及金属形态。处理时有将阳极泥进行氧化焙烧，使锡成为不溶于酸的 SnO_2，而铜则成为易溶于酸的 CuO，然后用稀硫酸浸出铜，随后用盐酸浸出铋，残存的渣则还原熔炼成铅锡合金。其工艺流程见图 1-7-6。

阳极泥中如果铜、锑高则可考虑以轴承合金作为回收铜、锑的产品[88]。有的则用 NaOH 和 $NaNO_3$ 同阳极泥混合后在 450～500℃下进行碱性熔炼，使锡转变为锡酸钠，然后用湿法工艺提纯，制成锡酸钠产品[89]。

粗锡电解阳极泥处理的操作及指标如下[1]：

回收铜：

(1) 干燥后的阳极泥在反射炉中，于 700～750℃温度下进行氧化焙烧，铜→CuO，锡→SnO_2，并挥发一部分砷、锑。

(2) 焙砂磨至 40～60 目，用 5%～7%稀硫酸浸出铜，液：固＝2：1，搅拌 2h，浸出温度 80～90℃。铜呈 $CuSO_4$ 进入溶液。浸出后液含铜 4.5～6.5g/L；浸出渣成分（%）为：0.2～0.4Cu，32～45Sn，6～15Bi，21～26Pb。

(3) 含铜溶液用铁粉置换得铜粉。

回收铋：

(1) 将稀硫酸浸出铜后的一次滤渣，用 8%～10%的稀盐酸浸出，液：固＝2：1，浸出温度 90～95℃，搅拌 2～3h，铋呈 $BiCl_3$ 进入溶液，浸出液含铋 40～50g/L。铋的浸出率一般为 70%。

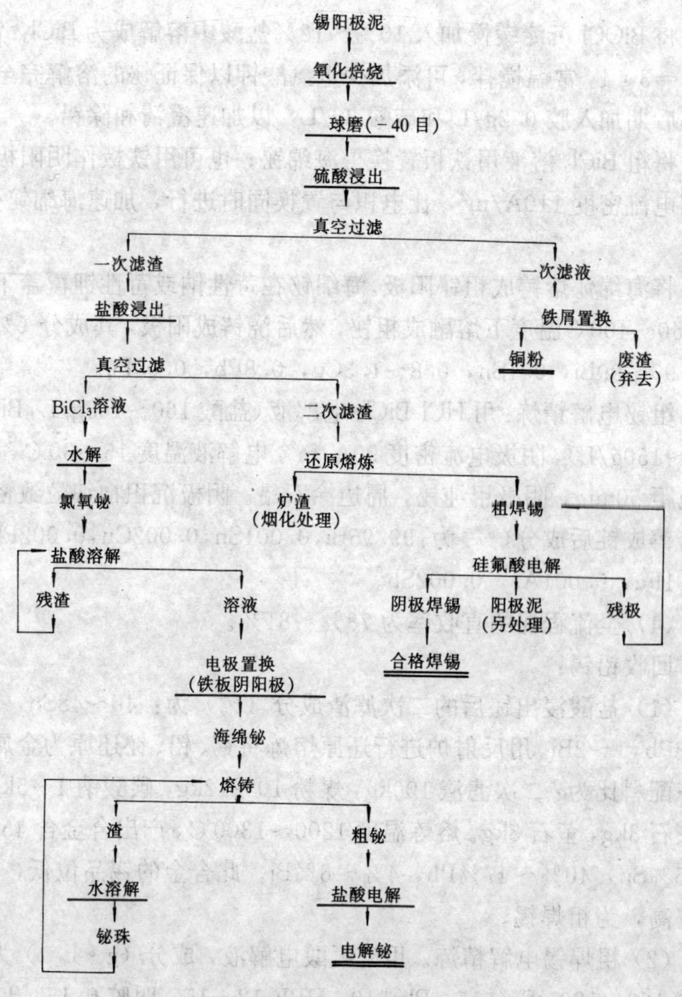

图 1-7-6　粗锡电解阳极泥处理流程[1]

(2)含铋溶液水解得 BiOCl 沉淀。加水量与铋溶液的体积比为 8～10∶1。水解时不断搅拌，水解后静置 24h。所得 BiOCl 沉淀含 65%～72%Bi，可作为生产电解铋的原料。

(3) 由 BiOCl 生产电解铋的步骤和技术条件：

将 BiOCl 沉淀缓慢加入10%～12%盐酸中溶解成为 $BiCl_3$：液：固=3：1，常温搅拌，可添加少量氯酸钾以保证铋的溶解完全。溶解后期加入胶 0.2g/L 和硫酸 3g/L，以加速澄清和除铅。

将粗 $BiCl_3$ 溶液用铁板置换得海绵铋；也可用铁板作阴阳极，控制电流密度 110A/m²，让电积与置换同时进行，加速海绵铋生成。

将海绵铋熔铸成粗铋阳极。海绵铋在苛性钠或苛性钾覆盖下，于 350～400℃温度下熔融成粗铋，然后浇铸成阳极，其成分（%）为：97～99Bi，0.1Sn，0.8～1.3Cu，0.8Pb，0.05Fe。

粗铋电解精炼：用 HCl-$BiCl_3$ 电解液（盐酸 160～165g/L，Bi^{3+} 110～150g/L），阴极电流密度 90A/m²，电解液温度 15～30℃，同名极距 50mm，阴极用纯铋，周边涂石蜡。阴极沉积物细粒致密，经熔铸成锭后成分（%）为：99.95Bi，0.001Sn，0.002Cu，0.002Pb，0.001Fe，0.001As，0.002Sb。

（4）全流程铋的直收率为 78%～81%。

回收铅锡：

（1）盐酸浸出铋后的二次滤渣成分（%）为：40～48Sn，22～28Pb，1～2Bi。用反射炉进行还原熔炼将锡、铅、铋还原为金属。熔炼配料比为：二次滤渣 100kg，煤粉 10～12kg，碳酸钠 4～5kg，石灰石 3kg，萤石 3kg。熔炼温度 1200～1300℃，产出合金含 45%～55%Sn，40%～47%Pb，4%～6%Bi。此合金的锡品位低，含铅铋高，为粗焊锡。

（2）粗焊锡电解精炼。用硅氟酸电解液，成分（$g \cdot L^{-1}$）为：总酸 160～180，Sn^{2+}15，Pb^{2+}10，$HBF_4$12～15，明胶 0.15，β-萘酚 0.15。电解时控制的条件为：电流密度 65～70$A \cdot m^{-2}$，电解液温度 32～36℃，槽电压 0.2～0.35V。所得阴极沉积物表面平整，含 55%～60%Sn，40%～45%Pb，为合格焊锡。

铋、砷等杂质残留于阳极泥。此阳极泥是提铋的原料。

二、焊锡电解阳极泥的处理

曾试验过多种处理工艺[85～87]，国内用于工业生产的有盐酸-

$FeCl_3$ 浸出流程和硫酸浸出-硝酸浸出流程。

（一）盐酸-$FeCl_3$ 浸出流程[86]

云锡三冶的工艺流程见图 1-7-7，其操作及指标如下：

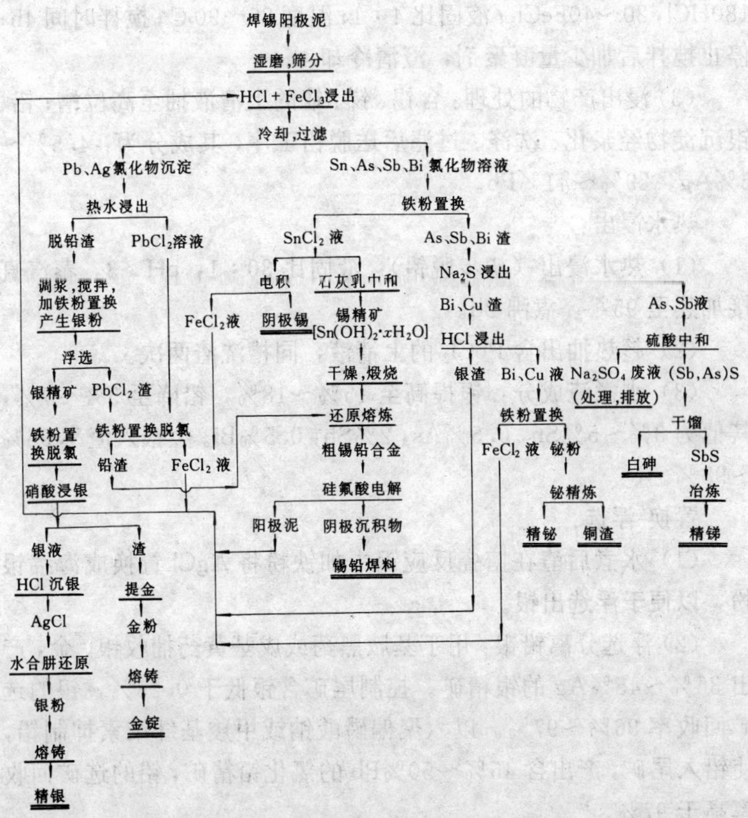

图 1-7-7 云锡公司焊锡阳极泥酸浸湿法综合回收工艺流程[86]

盐酸-$FeCl_3$浸出：

(1) 湿磨筛分：阳极泥在球磨机内浆化磨细。矿浆浓度达50%，磨至粒度−80目。

(2) 浸出：在搅拌浸出槽中进行。槽为ϕ1.8m×1.7m钢壳，内衬橡胶与瓷砖，蒸汽直接加热。浸出液成分（g/L）为：170～180HCl，20～40$FeCl_3$；液固比4∶1；温度85～90℃；搅拌时间4h；停止搅拌后加少量凝聚剂，澄清冷却4h。

(3) 浸出产物的处理：含锡、锑、铋的上清液抽至高位槽；铅、银沉淀物经浆化、洗涤、过滤后送脱铅工序，其成分为：4.5%～5%Ag，29%～41%Pb。

热水浸出：

(1) 热水浸出（初步脱铅）：液固比30∶1，pH>3，蒸汽直接加热至95℃，煮沸2h。

(2) 趁热抽出含$PbCl_2$的上清液，同槽洗渣两次。

(3) 水煮渣成分：银提高至15%～18%，铅降至5%～7%，其他为3%～5%Sn，0.5%As，2%Sb，0.5%Bi。金银入渣率96%～98%。

置换-浮选：

(1) 水煮后渣在搪瓷反应锅中加铁粉将AgCl置换成海绵银粉，以便于浮选出银。

(2) 浮选分离铅银：用丁基胺黑药或戊基黄药捕收银、金，产出35%～45%Ag的银精矿。控制尾矿含银低于0.25%，银的选矿回收率96%～97%。以六聚偏磷酸钠或甲羧基纤维素抑制铅，使铅入尾矿，产出含45%～50%Pb的氯化铅精矿，铅的选矿回收率高于97%。

回收银：

(1) 银精矿成分（%）为：Ag35～45，Au35～45g/t，Pb8～12，Sn1～2，As0.5～1，Sb1～2，Bi0.5～1，Cl^-3～4。其中Cl^-主要为$PbCl_2$带入。

(2) 铁粉置换脱氯：在搅拌浸出槽中进行。先将银精矿浆化，再以硫酸调pH至1～2，温度高于90℃，加入铁粉置换出$PbCl_2$中的Cl^-成为$FeCl_2$进入溶液。

(3) 硝酸浸银：脱氯后的银精矿加于4～4.5mol/LHNO_3溶液中，搅拌，银变为$AgNO_3$溶于水中。生成的$Pb(NO_3)_2$与精矿中残余的硫酸根反应生成$PbSO_4$进入浸出渣。渣中尚含银3%～6%，金250～320g/t，是提金原料。银浸出率97%～98%。作业中产生的NO_2通过文氏管水洗，所得淋洗液返回浸出。

(4) 盐酸沉银：加盐酸于硝酸银溶液中，沉淀出高纯度的AgCl。沉银率高于99%。母液处理后排放。

(5) 水合肼还原银：水合肼（$N_2H_4 \cdot H_2O$）是强还原剂，在碱性溶液中能将AgCl还原为银粉，其反应为：

$$4AgCl + N_2H_4 + 4NH_4OH = 4Ag\downarrow + N_2\uparrow + 4NH_4Cl + 4H_2O$$

此作业在搅拌浸出槽中进行。先加少量水于槽中，以蒸汽直接加热至50～60℃，再加20%氨水至液固比为3∶1。加少量水合肼调整溶液至pH=9～10；再开搅拌，缓慢（少量多次）加入预定量的AgCl。从槽中取上清液加入水合肼反应，至无沉淀，即为还原终点。此反应速度快，还原率高达99%。母液含Ag低于0.001g/L。1kg银粉耗20%氨水1～1.5kg，40%水合肼0.45kg。

产出白色海绵状银粉，成分（%）为：99.983Ag，0.002Pb，0.0006Cu，0.004Sb，0.0025Bi，0.0075Fe。

(6) 海绵银熔铸：海绵银烘干后，装入120号石墨坩埚，放进ϕ0.5m×0.8m柴油坩埚炉或中频感应电炉中熔化。升温至1200℃，自然氧化精炼。银粉中锑、铋等杂质高时，可适当通入氧气吹炼，以确保精银含Ag高于99.95%。银精炼实收率高于99%。由银精矿至精银的直收率为95%。

回收金：

(1) 硝酸浸银后的渣富集着金，成分（%）为：Ag3～6，Au250～320g/t，Pb3～7，Sn5～6，Bi1～2，Sb6～8，As2～3，Se1。从此渣中回收金的方法，可用硫脲浸出-铁置换法或水溶液氯化-草酸还原法。均在搅拌槽中进行。

(2) 硫脲浸出-铁置换法：溶液含硫脲 ($CS(NH_2)_2$) 30g/L，液固比 10∶1，用硫酸调整 pH 至 1.5。在 40℃温度下搅浸 3h，银浸出率 80%～85%，金浸出率 95%～96%。用铁粉置换，置换渣含金可达 3%。

(3) 水溶液氯化-草酸还原法：将渣浆化，再通氯气氯化，或以次氯酸钠 ($NaClO_3+NaCl$) 浸出金，使金成为 $AuCl_3$ 或 AuOCl 进入溶液。金浸出率 98%以上。控制渣含 Au 低于 2g/t，Ag 低于 2%。溶液用草酸还原出金粉，控制金粉含 Au 高于 99.9%。

回收锡：

(1) 阳极泥用盐酸和三氯化铁浸出的上清液成分 (g/L) 为：20～25Sn，0.1～0.15Ag，2～2.5Pb，10～13As，18～20Sb，8～12Bi，3～5Cu，1.5～2.2H^+。此液用铁屑置换法脱除 As、Sb、Bi、Cu 后，用石灰中和法产出锡精矿，或者用电积法产出金属锡。

(2) 铁粉置换脱 As、Sb、Bi、Cu：作业在 ϕ1.8×1.7m 的密封槽中进行，须有良好的抽风装置保持槽内为负压。以蒸汽直接加热溶液至 45～50℃，用压缩空气搅拌，控制在 4h 内完成作业。置换率：砷高于 85%，锑高于 90%，铋高于 95%，而锡低于 3%。溶液中仍保留着绝大部分呈 $SnCl_2$ 形态的锡。

(3) 中和法沉锡：用石灰乳中和 $SnCl_2$ 溶液至 pH=4～4.5，可产出含锡高于 40%的锡精矿，锡回收率高于 90%。此精矿成分为 $Sn(OH)_2\cdot xH_2O$，经干燥煅烧，再熔炼成金属。

(4) 电积法提锡：以 $SnCl_2$ 溶液作电解液，用铁板作阳极，精锡片作阴极，在塑料电解槽中进行电积。控制电流密度 80～100 A/m^2，槽电压 0.5～0.6V。产出的阴极锡含 75%～85%Sn，3%～5%Pb，1%～3%Bi，0.2%～0.4%Sb。锡回收率可达 94%，电流效率 75%～80%。电耗为 225kW·h/t 阴极锡。

回收砷锑：

(1) 回收锡时的置换渣成分 (%) 为：11～17As，21～27Sb，12～25Bi，1～2Sn，0.2～0.3Pb，0.15Ag，6Fe。此渣应薄层堆存，使之自然氧化，让砷、锑转变为氧化物。每年定期处理此渣，其作法为：先用硫化钠溶液浸出已氧化的渣，使砷、锑转变为硫代砷酸盐和硫代锑酸盐进入溶液；再用硫酸中和使砷、锑成为硫化物从溶液中沉淀出来；然后用干馏法使硫化砷挥发而留下硫化锑渣。

（2）硫化钠浸出砷锑：浸出液为 $Na_2S+NaOH$。其反应为

$$(Sb,As)_2O_3+6Na_2S+3H_2O=2Na_3(Sb,As)S_3+6NaOH$$

$$As_2O_3+6NaOH=2Na_3AsO_3+3H_2O$$

置换渣干燥后磨至－80 目，与硫化钠按 1∶1 重量比加入搅拌浸出槽中。液固比 8∶1，蒸汽加热至 96～98℃，搅拌 2h。锑浸出率可达 82～85％，砷浸出率＞96％。铋、铜留于浸出渣中。

（3）硫酸中和沉出砷锑：其反应为

$$3Na_3(As,Sb)S_3+3H_2SO_4=(As,Sb)_2S_3+3Na_2SO_4+3H_2S$$

常温下中和，控制 pH＝2～2.5。锑沉淀率 98％，砷沉淀率 95％。锑砷渣成分（％）为：35～40Sb，6～8As，进行中和作业的搅拌浸出槽上须设抽气装置，以防止 H_2S 气体外逸。抽出的气体通过文氏管，以 NaOH 溶液循环淋洗，回收 Na_2S 返回浸出。

（4）硫化锑砷渣干馏脱砷与砷锑的回收：锑砷渣用低温干馏法脱砷并以白砷形态回收砷，其反应为：

$$(Sb,\ As)\ S_{(固)}\xrightarrow{\triangle}SbS_{(固)}+AsS_{(气)}$$

$$2AsS_{(气)}+7/2O_{2(气)}\longrightarrow As_2O_3+2SO_2$$

干馏作业在电热不锈钢回转窑中进行，控制温度 330℃。挥发出的 AsS 气体，经冷凝室与布袋收尘室被氧化为白砷（As_2O_3），品位达 70％～80％。再经过一次精馏后，As_2O_3 含量高于 98％，即为成品。

干馏剩下的硫化锑渣，含锑高于 50％，是生产精锑的原料。

回收铋铜：

（1）Na_2S 浸出渣为 As、Sb、Bi、Cu 渣，含有（％）：18～21Bi，2～3Cu，0.7～1.0As，6～8Sb，0.25～0.3Ag。此渣经自然氧化后，用盐酸浸出铜铋，使之成为氯化物进入溶液，再用铁粉置换

出铜铋成为海绵金属，经过加硫脱铜得粗铋，而硫化铜渣则可作为铜原料。

（2）盐酸浸出铜铋：自然氧化后的渣中铜、铋易被盐酸溶解成为 $BiCl_3$、$CuCl_2$，而 AgCl 及砷锑等则大部分留在浸出渣中。铋含量高时可用 $HCl+FeCl_3$ 浸出，或者在盐酸浸出液中加入少量硝石作氧化剂以提高铋的浸出率。浸出作业控制液固比 7∶1，溶液含 HCl65～70g/L，常温搅浸 6h。铋浸出率高于 95%。浸出渣含 Ag0.6%～1.2%，返回阳极泥浸出以回收 Ag、Au。

（3）铁粉置换铋铜：含铋铜的浸出液在有抽风装置的密封槽中，用蒸汽加热至 50～70℃，加铁粉置换得海绵金属，其成分（%）为：Bi>70，Cu3～7，Sb2～3，Sn1～2，As0.2～0.3。

（4）海绵金属加硫除铜与铋铜的回收：先将海绵金属在精炼锅中加碱熔化，700℃熔化后吹风氧化脱砷锑，降温至 550℃捞去砷锑渣，降温至 320℃加硫除铜。作业在搅拌状态下进行，缓慢均匀地加入硫磺，终点时渣为黑色粉状，再降至 280℃捞渣。此硫化铜渣含 13%～15%Cu，8%～9%S，可作为生产硫酸铜的原料。

脱铜后的金属为粗铋，含 97%～98%Bi，0.5%～0.7%Sb，0.1%～0.3%Cu，0.05%～0.06%Ag，由砷锑铋铜渣至产出粗铋，铋的实收率可达 90%～91%。粗铋经过加锌脱银、通氯气脱铅锌后产出含 Bi 高于 99.99%的精铋产品。

回收铅：

浮选分离银铅时产出的 $PbCl_2$ 尾矿含铅 40%～50%，Ag2000～2500g/t。此尾矿在搅浸槽中浆化，加盐酸调 pH 至 2，加热至 95℃再加入铁粉搅拌置换 2h，产出海绵铅，含 Pb 高于 75%。铅置换率可达 97%。

海绵铅粉杂质含量高，并且堆存时易氧化，故须熔化成高锡锑粗铅，送硅氟酸电解精炼。

（二）硫酸浸出-硝酸浸出流程[87]

个旧有色金属加工厂的工艺流程见图 1-7-8，其操作及指标如下：

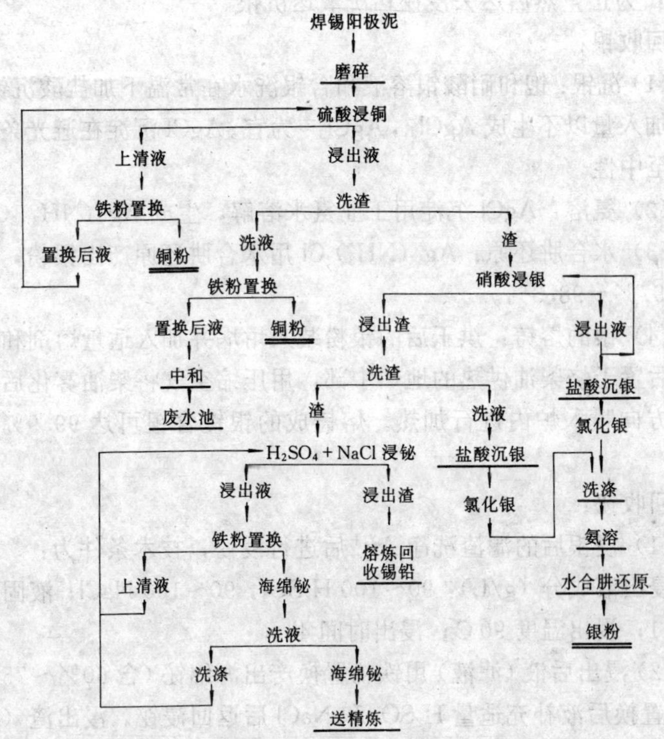

图 1-7-8　个旧有色金属加工厂湿法处理阳极泥工艺流程

硫酸浸铜：

(1) 技术条件：硫酸浓度 0.6～0.9mol/L；液固比＝4∶1；浸出温度 90℃以上；浸出时间 4h。

(2) 上清液送沉铜，浸出渣送去浸银。

硝酸浸银：

(1) 技术条件：硝酸浓度 2～4mol/L；液固比＝4∶1；浸出温度 90℃以上；浸出时间 4h。

(2) 上清液补充适量新酸，重新浸出新阳极泥。这样反复使用至溶液中 $AgNO_3$ 浓度达到饱和，再送去沉银。滤渣用热水洗至

无 Ag^+ 为止，然后送去浸铋；洗液送沉银。

回收银：

(1) 沉银：饱和硝酸银溶液和含银洗水在常温下加盐酸沉银。盐酸加入量以不生成 $AgCl_2^-$，$AgCl_3^{2-}$ 为宜。AgCl 沉淀在避光条件下洗至中性。

(2) 氨溶：AgCl 沉淀用工业氨水溶解，生成 $Ag(NH_3)_2Cl$。

(3) 水合肼还原：$Ag(NH_3)_2Cl$ 用水合肼还原产出银粉，纯度为 97%～98.5%。

(4) 银的熔铸：烘干后的银粉装入坩埚并加入适量熔剂和氧化剂后置于烧柴油供热的地炉中部，用压缩空气将柴油雾化后从切线方向喷入炉内进行加热。熔铸成的银锭含银可达 99.9%以上。

回收铋：

(1) 浸银后的滤渣洗净 Ag^+ 后进行浸铋，技术条件为：

浸出液成分（g/L）：90～100 H_2SO_4，90～100 NaCl；液固比 =4∶1；浸出温度 90℃；浸出时间 4h。

(2) 浸出后液（滤液）用铁粉置换产出海绵铋（含 60%～75% Bi），置换后液补充适量 H_2SO_4 和 NaCl 后返回浸铋。浸出渣（滤渣）送还原熔炼回收锡铅。

(3) 海绵铋洗涤后送去生产精铋。

第六节 粗锡中铟的回收[1,11]

锡精矿中伴生的铟在还原熔炼时，大约有 65%挥发进入烟尘，30%被还原进入粗锡。粗锡在结晶法除铅时，铟少量入精锡，绝大部分在焊锡内，有时焊锡含铟达 0.02%～0.03%。焊锡电解精炼时，铟溶入电解液。电解液反复使用时，铟不断积累，含铟可达 0.3～0.5g/L 或更多。云锡一冶用 HCl-$SnCl_2$ 电解液电解焊锡时，阴极锡上夹带的电解液在阴极板熔化初期的金属液面上形成一层淡黄色浓缩物，俗称“油头水”，可作为提铟原料。油头水的成分（g/L）为：280～430Sn，1.5～4.0Pb，0.4～0.9Zn，9～

13Fe，2～5In，0.1～0.3Cd。该厂采用P_{204}萃取法从油头水中提铟，其流程见图 1-7-9，操作数据[1,11]如下：

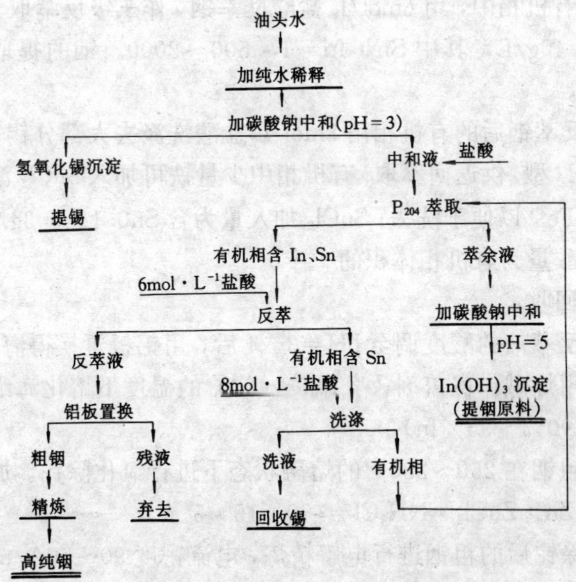

图 1-7-9 P_{204}萃取铟的流程

稀释与中和：

(1) 将油头水加纯水稀释至含铟 1g/L 左右，在中和槽内加碳酸钠中和除锡，使锡成为氢氧化物沉淀。

(2) 中和过程控制 pH＝2.5～4.0，可使溶液含锡减少至 1g/L。

(3) 过滤后的氢氧化锡滤渣可作提锡原料，滤液（中和液）送萃取铟。

铟的萃取：

(1) 中和液加盐酸调 pH＝1～1.5，Cl^-＝80g/L，用P_{204}作萃取剂萃取铟。P_{204}加入 50%煤油组成有机相。有机相与水相之比（体积比）为 1∶2，作两极萃取。萃余液含铟可降至 0.07～0.15g/

L，大部分杂质（如铁）保留在萃余液中。

(2) 含铟有机相加入氧化剂双氧水(H_2O_2)，使Sn^{2+}变为Sn^{4+}而保留在有机相中，用6mol/L盐酸反萃铟，作三级反萃取。反萃液含铟达40g/L，其中Sn∶In＝1∶500～2000。铟的提取率达90%以上。

(3) 反萃铟后的有机相用8mol/L盐酸洗涤去大部分锡，并使P_{204}变为H^+型，供返回萃取。有机相中少量铁可加入$SnCl_2$溶液使Fe^{3+}变为Fe^{2+}以便于洗去；$SnCl_2$加入量为含Sn0.1～0.3g/L。洗涤用的盐酸量为有机相体积的一半。

铟的回收：

(1) 反萃液的酸度调至pH＝3～4后，用铝板置换得海绵铟。

(2) 用烧碱作覆盖剂，于380～400℃的温度下熔化海绵铟得粗铟（含90%～95%In）。

(3) 粗铟在260～280℃的熔融状态下进行氯化除铊。加入的除铊剂为Zn∶$ZnCl_2$∶NH_4Cl＝100∶15∶5。

(4) 除铊后的粗铟进行电解精炼，电流密度90～50A/m^2，电解液pH＝2～3，液温为常温，槽电压0.2～0.5V，同极距45mm。

(5) 电解所得阴极铟进行真空蒸馏产出“五九”高纯铟。真空蒸馏的条件为：真空度13.332～1.333Pa，温度860～900℃。

锡的回收：

(1)“油头水”中和除锡产出的氢氧化锡滤渣，用烧碱和硝石熔融，产出锡酸钠。温度300～500℃，锡碱比为1∶0.55～0.60，锡硝比为1∶0.21～0.25。

(2) 水浸得锡酸钠粗溶液。浸出时液固比为4∶1，浸出液密度1.18～1.20g/cm^3。

(3) 浸出液用硫化钠脱铅。硫化钠用量（g）与溶液体积（ml）之比为1∶3，温度80～85℃。

(4) 脱铅后的锡酸钠溶液用锡片置换脱锑，温度为91～93℃。

(5) 脱锑后的溶液进行浓缩。一次浓缩的母液比重大于35Be；二次浓缩的母液比重大于40Be。

(6) 浓缩液冷却结晶所得的结晶体，经过滤后烘烤、粉磨得一、二级锡酸钠产品。

(7) 油头水的综合回收率：Sn 高于 98%，In 高于 80%。

另有报道，某厂粗锡在火法精炼时，铟在各种精炼浮渣中的分配数据（%）如下：含铁浮渣 4.7，硫渣 19.8，铝渣 18.2，含铅浮渣 44.0，精锡 0.7，损失 12.6。表明大量铟集中在铅浮渣内，含量达到 0.19～0.20%。该厂将铅浮渣加锌处理后，铟进入氯化锌渣中，然后用水浸出以分离锌，滤渣含铟可达 0.6%～0.8%，再用碱浸出使其中大部分铅、锌、锡进入溶液，而铟则以 $In(OH)_3$ 形态富集在浸出渣中，含铟增至 2.8%。此渣在盐酸中溶解，用锡、锌置换可得含铟 80%以上的粗铟，或用氢氧化钠沉淀法沉铟再熔炼成粗铟，粗铟经精炼而成纯铟。

主要参考文献

[1] 云南锡业公司、昆明工学院《锡冶金》编写组，锡冶金，冶金工业出版社，1977 年。

[2] 赵天从，重金属冶金学（下册），冶金工业出版社，1981 年，p184～243。

[3] 穆拉齐 H. H.，炼锡学，高等教育出版社，1956 年，p58～74。

[4] Мурач Н. Н. и. др.，Металлургия олова，Государ. Науч-технич. Издат. литер. по черной и цветной металлургии，Москва，1964，стр. 37～54.

[5] Wright P. A.，Extractive Metallurgy of Tin (Second Completely Revised Edition)，Elsevier Scientific Publishing Company，Amsterdam，1982.

[6]《重有色冶金炉设计参考资料》编写组，重有色冶金炉设计参考资料，冶金工业出版社，1979 年，p755。

[7] Чижиков Д. М. и. др.，Лоридная Металлургия олова，издат. Акад. наук. СССР，Москва，1962，стр. 67～68.

[8] 张宝林，有色冶炼，(1982)，NO. 3，9。

[9] Соловьев Б. А.，国外锡工业，(1983)，No. 3，47.

[10] 北京有色冶金设计研究总院主编，世界有色金属工厂及公司概况（第一集），冶金工业出版社，1982 年，p411～453。

[11] Chaudhuri K. B. & Wirosoedirdjo S.，国外锡工业，(1984)，No. 2，45，52.

[12] Oberbeckmann F. K. & Porten M.，Lead-Zinc-Tin '80，TMS-AIME (1980)，771.

[13] Weigel H. & ZeDzsche D.，国外重金属冶金，(1974)，No.5，16.

[14] Pazour D.A.，有色冶炼，(1981)，No.7，31.

[15] 孙大奎，广冶科技，(1981)，No.2，1。

[16] Лебедев И. С.，国外锡工业，(1988)，No.4，27。

[17] 杨家驹，有色冶炼，(1985)，No.4，53。

[18] Селиванов И. М. & Корюков Ю. С.，国外锡工业，(1983)，No.3，52。

[19] Chaudhuri K.B. & Wirosoedirdjo S.，有色冶炼，(1984)，No.8，31。

[20] 徐传华，有色金属（冶炼部分），(1985)，No.4，61。

[21] Halsall P. & Hodgkins P.，同上，(1982)，No.8，31.

[22] Halsall P.，同上，(1987)，No.4，13。

[23] 王树楷、陆秀衡，同上，(1985)，No.10，1。

[24] Mackey T.S.，广冶科技，(1980)，No.1，37。

[25] 娄纯华、许自立，广冶科技，(1982)，No.3，1；44。

[26] King E.B. & Gibson D.N.，有色冶炼，(1986)，No.11，18。

[27] King E.B.，国外锡工业，(1986)，No.3，28。

[28] Floyd J.M. & Conochie D.S.，广冶科技，(1985)，No.6，20.

[29] 李振报，同上，(1985)，No.6，1。

[30] Floyd J.M. & Lightfoot B.W.，国外锡工业，(1986)，No.3，16，34。

[31] 王树楷，Floyd J.M. & Lightfoot B.W.，有色金属（冶炼部分），(1989)，No.6，39。

[32] 李旺昌等，大厂科研通讯，(1985)，No.3，53。

[33] 胡林轩，有色冶炼，(1987)，No.2，29。

[34] 罗庆文等，有色金属（冶炼部分），(1989)，No.1，15，25。

[35] 唐谟堂，博士论文，1986.7；研究报告，1987年和1988年（待发表）。

[36] Mantell C.L.，J. of Metals，(May 1965)，473.

[37] Holt G. & Pearson D.，*Trans. Instn. Min. Metall.* (Sec.C)，**86** (1977)，77.

[38] Pearson D. *et al.*，*Trans. Instn. Min. Metall.* (Sec.C)，**86** (1977)，140，175；87 (1978)，218.

[39] 戴元宁，有色金属（冶炼部分），(1984)，No.2，19。

[40] Kleinert H. & Winterhager H.，国外重金属冶金，(1974)，No.5，36.

[41] Pommier L.W. & Escalers S.J.，*J. of Metals*，(April 1979)，10.

[42] 罗庆文等，有色金属（冶炼部分），(1988)，No.2，36。

[43] Madkour L.H.，国外锡工业，(1987)，No.4，**33**；(1989)，No.3，26。

[44] 秦中良，有色冶炼，(1986)，No.9，1。

[45] Floyd J.M.，Lead-Zinc-Tin '80，TMS-AIME，(1980)，508.

[46] Biehl R.L. *et al.*，国外锡工业，(1986)，No.3，22。

[47] Denholm W. T. *et al.*，同上，(1987)，No. 3，51.

[48] Foo K. A. & Denholm W. T.，同上，(1980)，No. 3，25.

[49] Foo K. A. & Floyd J. M.，同上，(1980)，No. 3，45.

[50] Floyd J. M.，同上，(1981)，No. 3，16.

[51] Floyd J. M. & Conochine D. S.，同上，(1981)，No. 3，21.

[52] Denholm W. T.，同上，(1984)，No. 2，30.

[53] Foo K. A. & Denholm W. T.，同上，(1987)，No. 3，42.

[54] 李振报，有色金属（冶炼部分)，(1993)，No. 4，46。

[55] Patino J. L.，国外锡工业，(1981)，No. 3，30.

[56] Wright P. A.，同上，(1987)，No. 3，34.

[57] Гречко А. В.，同上，21.

[58] 马大英，云锡科技，(1988)，No. 4，65。

[59] Brand K. H. *et al.*，国外锡工业，(1981)，No. 3，48.

[60] 朱兴华，有色金属（冶炼部分)，(1981)，No. 3，51。

[61] Montes S.，国外锡工业，(1983)，No. 3，56，31。

[62] Mueller E. A.，同上，(1987)，No. 1，25.

[63] Арзамасчев Ю. С.，同上，(1989)，No. 4，29.

[64] 邓朝伟，有色金属（冶炼部分)，(1982)，No. 2，7。

[65] 夏加义等，同上，(1985)，No. 6，7。

[66] 杨桂林，同上，(1986)，No. 1，43。

[67] 昆明有色冶金设计研究院，有色冶炼，(1985)，No. 4，10。

[68] 汤海西，有色金属（冶炼部分)，(1981)，No. 2，1。

[69] 戴永年等，同上，(1979)，No. 4，14。

[70] 荣先民等，1984 年国际选矿及提取冶金会议论文集（提取冶金部分)，5。

[71] 缪尔盛，云锡科技，(1988)，No. 3，24。

[72] 黄位森、缪尔盛，首届锡冶炼学术交流会论文集，(1988 年)，23。

[73] 邓朝伟等，有色金属（冶炼部分)，(1985)，No. 6，1。

[74] 李振报，广冶科技，(1980)，No. 1，7。

[75] 聂景星、杨国栋，首届锡冶炼学术交流会论文集（1988 年)，5。

[76] Коварскии Н. Я. и др. 国外锡工业，(1986)，No. 1，43；(1987) No. 2，31，32。

[77] 王祖明，广冶科技，(1980)，No. 1，11。

[78] 袁铁文，有色金属（冶炼部分)，(1987)，No. 1，5。

[79] 朱兴华，同上，(1984)，No. 6，23。

[80] 肖若珀等，有色冶炼，(1989)，No. 4，21。

[81] 赵普德、何光庭，广冶科技，(1080)，No 1，20.

[82] 同上，有色冶炼，(1981)，No.5，42。
[83] 张昭栋等，同上，(1983)，No.6，31，14。
[84] 唐阜仪，同上，(1985)，No.9，7。
[85] 刘成光等，广冶科技，(1982)，No.2，12。
[86] 李时晨、王延龄，云锡科技，(1989)，No.1，40。
[87] 吴正芬，有色冶炼，(1989)，No.2，36。
[88] 易霞辉，同上，(1983)，No.4，1。
[89] 傅其华，同上，(1983)，No.8，10。

第二篇　锑冶金

第一章　锑生产技术发展史略[1,2]

锑是我国的丰产有色金属，其储量和产量在全世界是独一无二的。作为一种金属而无延展性，其性质在有色金属中也是比较特殊的。按密度大小划分，锑常通称为重金属，但与其他有色重金属相比，其世界年产量多年来不过70～80kt，实际上是一种稀有金属。锑的化合物的消费量大大超过金属锑，故又有化学金属之称。锑的导电性和导热性都很差，在元素的分类上常称半金属或拟金属。

数千年前人类已开始利用锑。据考证公元4000年前在迦勒底（Chaldea，Tello）挖掘出的古瓶铸件碎片即含有锑。公元前2200～2500年前，古希腊人曾用钢灰色的辉锑矿作药物和妇女画眉的化妆品，而直至公元50年人们仍然误认硫化锑为金属锑，称为Stibium或antimonium。16世纪初期，法国僧人万伦廷（Valentine. B）才著书辨析金属锑与其硫化物，并较详细介绍了金属锑的性质、用途及提取方法；16世纪中叶阿格里科拉（Agricola. G）等曾详细介绍了锑的熔析技术，之后莱默雷（Le′mery. N）也发表关于锑的专论。这些都是锑冶金方面最早出现的文献，曾对炼锑工业的发展起到启蒙作用。

英文antimony是希腊文anti和monos两字的复合词，原意是“很少单独存在的金属”。锑能使黄金发脆而降低延展性，早为炼丹家所熟知，因而英文名为regulus，原意“小皇帝”，即黄金为金属的“皇帝”，锑为小皇帝。

由于金属锑性脆，长期来在工业上未得到广泛应用，其生产技术的发展因此受到阻碍。自19世纪起随着机械、印刷、交通运输业的发展，锑在工业上的应用才开始显露其重要性。据统计1899年世界锑的总产量仅有7980t，进入20世纪，由于两次世界战争的需要，1916年和1943年分别增至61830t和55000t，本世纪50和60年代，锑的世界年产量仍波动于在40500t至65200t，至70年代，国际形势又趋于紧张，年产量曾超过70000t，是后至今增加速度变慢，现每年波动在70～80kt之谱。

1896年至1991年有关锑生产技术发展的大事摘要列举如下：

1846年　在中国湖南锡矿山首先发现锑矿，当时误认为锡矿，遂有锡矿山之名，沿称至今。1896年发现益阳板溪的辉锑矿石后，才确认为锑矿。

1839年　美国巴比特（L. Babbitt）发明含Sb7.5%左右的耐磨铅锑合金，为锑开阔了工业上的用途。

1850年　开始采用铅锑合金作为酸蓄电池的极板。

1876年　赫伦士密特(M. Herrenschmidf)和博思威克(Borthwick）采用回转窑处理含金的锑矿。

1878年　开始采用鼓风炉直接熔炼中等品位的硫化锑矿石及其他含锑金物料。

1880年　鲁埃寇(C. Luekow)首先提出由硫代锑酸盐溶液产出金属锑的可能性。

1881年　采用鼓风炉作为挥发焙烧炉。

1884年　博比厄雷（A. Bobierre)、鲁尔兹（F. A. H. F. do Ruobz）和鲁索（M. Rousseou）首先提出挥发焙烧法。

1887年　博彻恩（W. Borchers）第一次采用挥发焙烧法进行了试生产。

1896年　外国市场上出现电解锑。

1897年　清政府设立湖南矿务局，管理锡矿山和板溪生产的锑。

1901 年 法国赫氏采用了扩大的高效凝收系统。

1905 年 开始在锡矿山附近冷水江设厂炼生锑。

1908 年 湖南省资本家李国钦在长沙成立了华昌公司，由王宠佑、梁鼎甫赴法国购买了挥发炼锑法专利，当时在中国政府立案取得专利权，在长沙南门外建立了冶炼厂，设立了赫氏焙烧炉 24 座，用以炼制三氧化锑，反射炉 15 座，由生锑炼制四氧化锑。

1909 年 王宠佑博士（C. Y. Wang）出版了世界第一部英文版《锑》专著。

1916 年 美国华盛顿大学矿冶学院建立了辉锑矿浮选中心，对阿拉斯加的辉锑矿进行了浮选试验，使用煤焦油作为浮选剂。

1925 年 加拿大使用煤焦油和硫酸进行工业规模的浮选试验，证明对含锑 60%的高品位辉锑矿除砷有一定效果。

1935 年 “国民政府资源委员会”选矿室进行了辉锑矿的浮选试验。

1936 年 苏联卡达姆朱依斯基联合企业对辉锑矿重选遗留的泥矿进行了浮选试验。

1941 年 在湖南零陵县冷水滩先后建立了纯锑精炼厂和锑品制造厂，首次将中国的金属锑品位提高到 99.8%，并用间接法开始工业规模生产三氧化锑(锑白)，产品进入国际市场。

1942 年 美国爱达荷州邦克·希尔沙利文采矿和选矿公司共同首先建成湿法电解厂生产电解锑。

1956 年 中南矿冶学院与锡矿山矿务局合作用该局硫化锑矿进行了系统的浮选试验，取得重大成果。

1958 年 锡矿山矿务局对间接法生产锑白的设备作了重大改进，产品大量出口。

1959 年 锡矿山矿务局建成了我国第一座锑矿石浮选厂。

1962年 捷克斯洛伐克利用本国达布腊伐和佩济诺克的锑精矿进行了旋涡熔炼的初步试验，接着又用玻利维亚的富锑精矿进行了半工业试验。

1963年 锡矿山矿务局研制成功鼓风挥发熔炼，并投入生产，为中国火法炼锑开创了一个新纪元。

1975年 玻利维亚利用本国生产的含Sb63.2%的锑精矿采用捷克斯洛伐克研制成功的旋涡熔炼技术，建成了年产锑6000t的文托炼锑厂。

1977年 苏联冶金出版社出版了俄文第一部锑专著《СУРЬМА》。

1981年 在中国有色金属工业总公司科技协作网的领导下成立了全国锑协作组，开展锑业界学术交流。

1985年 锡矿山矿务局经过10年建设和不断改进建成年产精锑11kt，规模的湿法炼锑厂，开始试生产。

1986年 中南工业大学研制成功可由30%品位硫化锑精矿直接生产优质锑白的氯化-水解法，首先在湖南株洲市投入工业生产。

1987年10月 在锡矿山举行了中国锑矿开采90周年（1897年～1987年）庆祝会，同时召开了锑冶金学术组首届学术讨论会，出版了论文集。

1987年12月 冶金工业出版社出版了《锑》专著，附有中、英、俄等文参考文献1075篇，这是继我国老一辈冶金专家所著1952年《Antimony》第三版以后，向世界较全面地介绍了中国的锑生产技术。

1988年 中南工业大学出版社在中文版《锑》的基础上出版了《The Metallurgy of Antimony》。

1988年10月 在长沙举行了W-Ti-RE-Sb '88国际会议，对中国锑的生产技术对全世界作了一个较全面的报道。

1991 年 10 月 在桂林召开了由中国有色金属工业总公司科技工作协作组、中国有色金属学会采矿学术委员会及重有色金属冶金学术委员会锑专业委员会联合组织的《全国锑业发展专题讨论会》，出版了论文集。

第二章　锑的物理和化学性质

第一节　物理性质[1,3]

金属锑共有四种同质异形体，即灰锑、黑锑、黄锑及爆锑。灰锑是常见的金属锑，其物理性质如下：

熔点	630.5℃
沸点	1635.0℃
密度（20℃）	$6.884g/cm^3$
密度（630.5℃）	$6.697g/cm^3$
晶系	六方晶系（菱形六方体）
晶格常数	a=0.4307nm　c=1.1273nm
莫氏硬度	3.0～3.5
熔化潜热	18866J/mol
蒸发潜热	195100J/mol
线膨胀系数（20℃）	8～11μm/（m·℃）
电阻率（0℃）	$37\times10^{-2}\Omega\cdot m$
磁化率（18℃）	-99.0×10^{-6}
比热容（25℃）	25.200J/（mol·K）
热导率（0℃）	25.9W/（m·K）
稳定的同位素	Sb^{121}，57.25%；Sb^{123}，42.75%

锑蒸气压与温度的关系如下：

温度/℃	630	700	800	900	1000	1100
蒸气压/Pa	18.665	58.261	221.315	670.610	1719.854	3853.006
温度/℃	1200	1300	1400	1500	1600	1635
蒸气压/Pa	7506.029	13732.166	27864.298	51862.258	87992.52	101324.72

关于锑的沸点及凝固时是否膨胀的问题说明如下：

锑的沸点在文献上的报道颇不一致，有1330、1380、1440、

1587、1635℃等数据，涅斯梅亚诺夫（A. H. Несмеянов）在详细分析已发表的数据后由所绘制的蒸气压与温度的关系曲线确定为1635℃，比较可靠。

关于锑凝固时的体积变化，长期以来各种报道颇不一致，从膨胀1%到收缩1.4%，这主要是由于测量所用锑样的纯度及测试仪表的可靠性不同所致，1962年经柯申范恩（A. D. Kirshenbaum）和卡希尔（J. A. Cahill）认真研究确定，纯锑凝固时的体积收缩率为0.79%±0.14%。锑在印刷合金中使铸字清晰，主要是增加合金的流动性，而不是膨胀的缘故。

黑锑、黄锑、爆锑的物理性质及产生方法见表2-2-1。

表2-2-1 黑锑、黄锑、爆锑的物理性质及产生方法

名称	主要物理性质	产生方法
黑锑	无定形黑色粉末，在常温下即可在空气中氧化，加热至400℃，能迅速变为灰锑	金属锑蒸气骤冷时可产出黑锑
黄锑	与黄砷和黄磷相似，呈明显的非金属性质，在-50℃下即迅速变为灰锑	用空气或氧氧化液态锑化氢时可产出黄锑
爆锑	钢灰色，表面光滑柔软，用硬物轻轻敲击、摩擦、受热、辐射或加热到125℃，均可瞬时释放结晶热，发生爆炸，在沸水中或在水中徐缓加热，也可失去其爆炸性	电解卤素化合物水溶液时在阴极上可产出爆锑

锑极易结晶，在工业生产上铸锑入模时，常在熔体表面覆盖一层易熔的渣料（俗称衣子），其字意相当英文的（coating），使其缓慢冷却，在表面上形成美丽的凤尾带状花纹，闪烁若星，因而有星锑（Star antimony）之称，市场上常以晶格花纹的清晰程度来鉴别锑的成色，实际上这种判断是不科学的。

第二节　化学性质[1,4,5]

锑的化学性质列于表 2-2-2。由该表可见锑是一种较稳定的化合物。

表 2-2-2　金属锑的化学性质

接触物质	化学反应
常温下空气和水	全无作用
热空气	可氧化为 Sb_2O_3
氧、气	强烈燃烧
红热蒸汽	蒸汽被分解，产生 Sb_2O_3
稀酸	无作用
浓盐酸	仅在有氧时才溶解（商品锑无氧时也能溶解）
浓硝酸	逸出氧化氮气体，残留 Sb_2O_3 白色粉末（水合物）
王水	溶解成 $SbCl_3$ 溶液
热浓硫酸	产出 $Sb_2(SO_4)_3$
Cl_2	自动燃烧，产出 $SbCl_3$
Br_2	加热时形成 $SbBr_3$
I_2	加热时形成 SbI_3
次氯酸钙（钠）	不溶解
浓酒石酸	溶解产出 $(SbO)_2C_4H_4O_4$
黄色硫化铵	溶解
NaOH 或 KOH 水溶液	无作用
与硫磺混合	生成黑色 Sb_2S_3
与硫的配合力	小于 Cu、Fe、Zn、Ni、Co、Cd 等金属

第三章 锑的化合物[1,3,5]

锑的原子价有+3、+4、+5和-3，但主要是3价，而4价化合物是3价和5价的结合体。

锑有许多无机和有机化合物。无机化合物具有工业意义的有两种硫化锑、三种氧化锑、六种卤化锑、八种锑盐以及锑化氢和一些金属间锑化物。有机化合物主要是具有Sb-C链的化合物，三价锑中有SbR_3、R_2SbX和$RSbX_2$，五价的有SbR_5、R_4SbX、R_3SbX_2、R_2SbX_3和$RSbX_4$及6配位的阴离子—SbR_6。

自二次世界大战以来，锑的无机化合物在塑料和织物阻燃剂及触媒剂、澄清剂等方面的用途发展很快，锑现已进入尖端技术的行列。锑的有机化合物则多用于制药。

第一节 锑的硫化物、氧化物、卤素化合物

一、锑的硫化物

锑的硫化物最主要的是三硫化锑，五硫化锑在工业上也有一定用途。硫化锑的物理和化学性质列于表2-3-1。

三硫化锑在不同温度下的蒸气压（Pa）如下：

673K	723K	773K	873K	973K	1073K	1173K	1223K
0.0107	0.1514	5.907	65.884	447.85	2127.46	7752.19	13670.00

三硫化锑（Sb_2S_3）在自然界是锑矿床中普遍存在的辉锑矿，呈钢灰色斜方结晶，具有放射状、针状、柱状、半圆形晶粒集合体等多种晶族形态，表面呈金属光泽。人工制造的无定形三硫化锑的方法一般用H_2S通过卤化锑溶液获得，视形成条件和粒度大小而有黑、灰、红、黄、棕、紫等不同颜色，可作为颜料使用。

含锑不小于70%的三硫化锑或高品位辉锑矿（青砂）磨细后主要用于安全火柴、弹药、鞭炮和橡胶工业。

表 2-3-1 硫化锑的物理和化学性质

种类	物理性质	化学性质
三硫化锑 Sb_2S_3	有结晶和无定形两种形态，前者属斜方晶系，色青灰，有金属光泽，密度 $4.642g \cdot cm^{-3}$，硬度 HB2～2.5，比热容（20～500℃）$0.34158J \cdot g^{-1} \cdot K^{-1}$，熔点 550℃，沸点 1080～1090℃，蒸发热 $0.1206J \cdot mol^{-1}$，熔化热 $23430～28953J \cdot mol^{-1}$	几乎不溶于水（18℃时的溶解度约 0.0176%），在沸水中可徐缓氧化为 Sb_2O_3，受热易分解，600℃时已很明显，880℃时的分解压可达 2452.58Pa；易氧化，当粒度为 0.1mm 时加热至 290℃，即自发燃烧，其反应为：$2Sb_2S_3+9O_2=2Sb_2O_3+6SO_2$ 这个反应是挥发焙烧的基础；用 Cl_2 或 $FeCl_3$ 可使其氧化为 $SbCl_3$，析出元素硫，是氯化-水解法制取锑白的基础。Sb_2S_3 能与 Na_2S 形成 Na_3SbS_3，是碱性浸出湿法炼锑的基础；Sb_2S_3 与 Sb_2O_3 可交互反应转化为金属锑和 SO_2，但在惰性气氛下则形成 $2Sb_2S_3$、Sb_2O_3（锑玻璃），Sb_2S_3 能被铁置换析出金属锑，这个反应是沉淀熔炼的基础
五硫化锑 Sb_2S_5	常呈金黄色无定形粉末，商业上称为金黄锑，密度为 $4.12～4.2g \cdot cm^{-3}$	分子组织为 $Sb_2S_3 \cdot 2S$，在空气中易自燃，加热至 120～170℃即可全部分解为 Sb_2S_3 和元素硫，工业上多采用硫酸或盐酸与硫代锑酸钠作用以制备 Sb_2S_5

五硫化锑多用于橡胶工业（含游离硫 7%），既为硬化剂又作为红色颜料。

二、锑的氧化物

锑与氧可形成一系列氧化物，其中有 Sb_2O_3、Sb_2O_4、Sb_2O_5、Sb_6O_{13}、Sb_2O 及气态的 SbO，但只有前三种在工业生产上具有意义，其他氧化物多为锑的不同生产过程中的过渡产物。氧化锑的物理和化学性质列于表 2-3-2。

表 2-3-2 氧化锑的物理和化学性质

种类	物理性质	化学性质
三氧化锑 Sb_2O_3	在常温下为白色粉末,受热时为黄色,有立方和斜方两种晶形,立方转变为斜方的温度为570℃,两种晶体的分子结构见图 2-3-1。立方晶体为 Sb_4O_6 分子所组成,密度为 5.28g · cm^{-3}。斜方晶体为 5.67g · cm^{-3},熔点 656℃,蒸发热 36.33～37.29kJ · mol^{-1},沸点根据不同资料为 1327℃或1435℃	锑或硫化锑在空气中加热挥发出来的 Sb_2O_3,主要为立方晶体;由 $SbCl_3$ 水解生成的 Sb_2O_3 为斜方晶体。Sb_2O_3 为两性氧化物,在水中的溶解度仅 0.01g · L^{-1},也难溶于稀硫酸和稀硝酸,浓硫酸可使其氧化为高价氧化物。易溶于碱金属硫化物形成硫代亚锑酸盐,能完全溶于酒石酸,如溶于酒石酸钾,形成酒石酸锑钾,即吐酸石。Sb_2O_3 易被 C 或 CO 还原为金属锑
四氧化锑 Sb_2O_4	白色结晶属立方晶系,密度 6.59～7.5g · cm^{-3},生成热 −895.811kJ · mol 1	具有不熔化和不挥发的特点。最适宜的生成温度为 500～900℃,超过900℃即开始离解,达 1030℃可以完全离解,其离解曲线见图 2-3-2。微溶于水,溶于盐酸,不溶于其他酸类,但溶于碱溶液。分子式可写为 SbO_2,其组成每认为是 Sb_2O_3 和 Sb_2O_5 的混晶
五氧化锑 Sb_2O_5	棕黄色粉末,分子式为 $Sb_2O_5 \cdot nH_2O$,大约相当于 $Sb_2O_5 \cdot 3 \cdot 5H_2O$,可由 $SbCl_5$ 水解获得,加热至 700℃,即变为白色粉末	一般认为是一种水合物胶体,稍溶于水,不溶于硝酸,可溶于碱性溶液

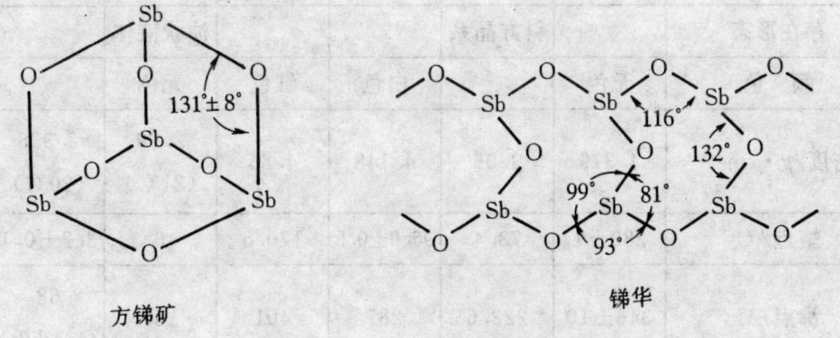

图 2-3-1 三氧化锑的两种晶形

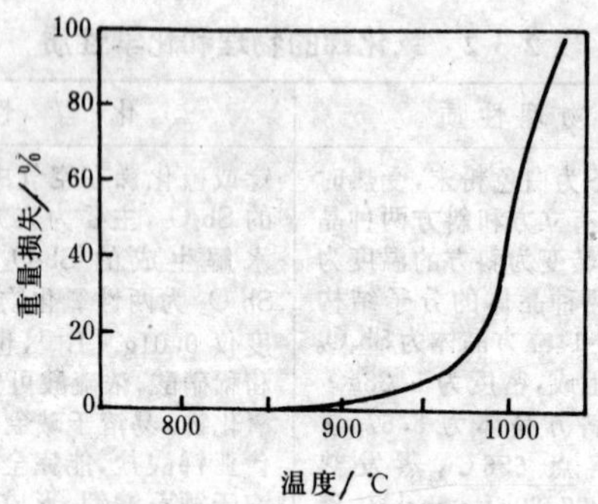

图 2-3-2　Sb_2O_4 离解曲线[5]

三氧化锑蒸气压与温度的关系[5]如下：

温度/℃	574	625	666	729	812
蒸气压/Pa	133.322	666.61	1333.22	2666.44	5332.88
温度/℃	873	957	1085	1242	1425
蒸气压/Pa	7999.32	13332.22	26664.4	53320	101308.0

三、锑的卤素化合物

锑能直接与卤素化合生成各种 SbX_3 和 SbX_5 型化合物，但不生成 $SbBr_5$ 和 SbI_5。表 2-3-3 是锑的卤素化合物的物理性质。

表 2-3-3　锑卤素化合物的物理性质

性　质	SbF_3	$SbCl_3$	$SbBr_3$	SbI_3	SbF_5	$SbCl_5$
分子量	178.75	228.11	361.48	502.46	216.74	299.02
存在形态		斜方晶系			油状液体	
颜　色	无色		白色	红色	无色	
密度/g·cm^{-3}	4.379	3.06	4.148	4.85	2.99 (21℃)	2.336 (20℃)
熔点/℃	280±1	73.4	96.0±0.5	170.5	6	3.2±0.1
沸点/℃	346±10	222.6	287	401	150	68 (1.82kPa)
ΔH°_{298}/kJ·mol^{-1}	−915.5	−382.2	−259	−100		−45.8 ±6.2

续表 2-3-3

性 质	SbF_3	$SbCl_3$	$SbBr_3$	SbI_3	SbF_5	$SbCl_5$
S°_{298}/ J·(mol·K)$^{-1}$	127	184	207	216±1		263±12
$\Delta H_{熔化}$/ kJ·mol^{-1}	21.4			22.7± 0.2		
$\Delta S_{熔化}$/ J·(mol·K)$^{-1}$	38.2			51.5±0.14 (444℃)		
$\Delta H_{蒸发}$/ kJ·mol^{-1}	102.8±1.3 (298℃)	46.72 (496℃)	53.2 (540℃)			43.45 (449℃)
$\Delta S_{蒸发}$/ kJ·(mol·K)$^{-1}$	175.8±2.5 (298℃)	93.3 (496℃)	94.9 (560℃)			95.44 (449℃)
C_P/J·(mol·K)$^{-1}$ 固体 液体		108		96 144		
$\Delta H^\circ_{升华(298)}$				106.6±0.4		

锑卤素化合物的化学性质如下：

SbF_3：易升华，易溶于水，在氢氟酸存在下其溶解度可进一步增加，并且不易水解，稀溶液和浓溶液都很稳定，能与无机化合物形成配合物，在工业生产上可作为氟化剂以取代氯。

SbF_5：易潮解，也易溶于水，呈无色粘性溶体，能与许多无机物形成配合物，是很好的氧化剂和氟化剂。

$SbCl_3$：熔化后为无色透明油状液体，商业上称为“锑油”，具有强烈腐蚀性，可用于涂镀钢铁和阻燃剂，在潮湿空气中水解，产生 SbOCl 烟雾，易溶于水，少量水可使其形成清亮的溶液，稀释时发生水解反应，视稀释程度沉淀出 SbOCl 或 $Sb_4O_5Cl_2$ 氯氧化锑。三氯化锑可由锑与氯气直接接触制得，也可用 Sb_2O_3 或 Sb_2S_3 溶于盐酸内制取。

$SbCl_5$：沸腾时即发生分解，放出氯气，转变为 $SbCl_3$；反之若通氯气于 $SbCl_3$ 溶液可获得 $SbCl_5$，可溶于盐酸和氯仿内，能与无机和有机物质反应生成一系列配合物，五氯化锑是一种强氧化剂。

$SbBr_3$：黄色晶体，易潮解，遇水即分解，溶于二硫化碳、氢溴酸或氨内，用于媒染剂。

SbI_3：红色结晶，易水解生成复杂配合物离子，在高温下挥发，溶于酒精、二硫化碳、盐酸和碘化钾溶液，不溶于氯仿，在有机溶剂内可用碘与锑或硫化锑反应制得，用于医药。

SbF_3 在不同温度下的溶解度如下：

温度/℃	0	20	22.5	25	30
溶解度/g·L^{-1}	3847	4447	4528	4924	5635

$SbCl_3$ 在不同温度下的溶解度如下：

温度/℃	0	15	20	25	30
溶解度/g·L^{-1}	60.74	82.30	92.31	99.67	107.66
温度/℃	35	40	50	72	
溶解度/g·L^{-1}	116.15	131.62	193.38	∞	

$SbCl_3$ 在不同温度下的蒸气压如下：

温度/℃	50.3	99.7	112	128.8	137.5
蒸气压/Pa	146.65	2399.80	4172.98	7599.35	10319.12
温度/℃	149.8	177.8	199.3	212.5	223.5
蒸气压/Pa	16038.64	37276.83	59514.94	84152.85	101324.72

第二节 锑的氢化物[1]

锑化氢（H_3Sb）为无色剧毒气体，有邪臭味，颇似硫化氢，熔点－88℃，沸点－17℃，15℃时的密度是空气的 4.344 倍，生成时是吸热反应，$\Delta H^\circ_{298}=145.256$kJ/mol。$H_3Sb$ 微溶于水，在室温下 1L 气体可溶于 5L 水中。H_3Sb 稍溶于酒精和二硫化碳。在室温下，可慢慢分解为锑和氢，200℃时则分解很快。锑化氢具有强还原性，当有空气或氧存在时，在低温下即可分解为锑和水，温度提高可着火燃烧产生三氧化锑和水。锑化氢通过 KOH 或 NaOH

水溶液时，发生如下反应：

$$H_3Sb+3KOH=K_3Sb+3H_2O$$

$$H_3Sb+3NaOH=Na_3Sb+3H_2O$$

这时溶液呈棕色，随后有黑色金属粉末析出。锑化氢也能被苏打-石灰（即 NaOH 与 CaO 的等量混合物）所吸收。锑化氢和砷化氢一样，大都发生在有“初生氢”与锑化物接触的场合。

用锑阴极电解酸性或碱性溶液，在锑阴极上析出“初生氢”时，即与锑作用生成锑化氢。高纯锑化氢可用于制造 n-型硅半导体时的气相掺杂剂。

第三节　锑的金属间化合物

锑与元素周期表中许多族的金属容易生成金属间化合物，简称锑化物。

第Ⅰ族金属的锑化物有：Li_3Sb，Na_3Sb，K_3Sb，KSb，Cu_3Sb，Cu_2Sb 和 Ag_3Sb；第Ⅱ族金属的锑化物有：Mg_3Sb_2，Ca_3Sb_2，ZnSb，CdSb 和 CaSb；第Ⅲ族金属的锑化物有：BSb，AlSb，GaSb 和 InSb；第Ⅵ族的锑化物有：Sb_2S_3，Sb_2Se_3 和 Sb_2Te_3；第Ⅷ族的锑化物有：$FeSb_2$，Ni_2Sb_3 和 NiSb。这些金属间化合物多具有半导体性质，在这个领域最重要的是锑与第Ⅲ和第Ⅵ族金属形成的锑化物。

目前已有研究报道的锑的半导体化合物多达 18 种，而研究较多的是 AlSb，GaSb 和 InSb。这些金属间化合物属混合键型。用红外光晶格吸收的办法推算的有效电荷（自由电子电荷）值：AlSb 为 0.48，GaSb 为 0.30，InSb 为 0.34。InSb 的载流子有效质量小，而载流子迁移率较高，是制作霍尔器件与磁阻器件等的好材料，同时也较易制备。

由于铟和锑在其金属间化合物熔点（525℃）下的蒸气压均小于 1.01325×10^5Pa，只要按化学计量比将纯铟和纯锑置于石英舟或石墨舟中通入氢气作保护气体，加热使铟和锑熔化，保温使其熔合均匀，即可直接合成。合成的 InSb 经提纯后，用直拉法或者布里奇曼法使其生成单晶，也可以直接利用区域熔炼获得单晶。

锑和镓一起熔化，很容易从熔体中抽出锑化镓单晶，经多次区域熔炼的 GaSb 是 P 型的。这是锑在熔区中蒸发致使化合物中形成镓过剩所致。用掺入第Ⅵ族元素的方法可制得 N 型的 GaSb。

AlSb 是 Al-Sb 二元系中惟一稳定的化合物，其禁带宽度值高达 1.6eV，熔点为 1050℃，易于用抽制技术生长单晶，但在大气中样品和单晶体表面很快氧化变成粉末。AlSb 的电子迁移率为 $900cm^2/(V\cdot s)$，空穴迁移率为 $400cm/(V\cdot s)$。

第四节　锑的无机盐[1]

锑的卤素化合物可以认为是卤酸类的锑盐，其与无机盐显著的差别是具有大的挥发性及在水溶液内大的离解度。

锑的无机盐在形成过程中常有碱性盐的过渡产物，即其中含有 SbO^- 原子团，大多不溶于水，但与水接触时能徐缓发生水解脱氧。

氧化锑与简单有机酸形成的锑盐，因不含有 Sb-C 链一般不称为有机锑化合物，而含有 Sb-O-C 或 Sb-S-C 键的化合物也多认为是锑的无机盐。

许多锑盐与卤化物形成的加合化合物一样也可形成复合物或者有一定强度而较一般锑盐稳定。

锑的无机盐在工业和医药上有较大意义的有硫酸锑、锑酸钾、锑酸钠、锑酸铅、乳酸锑、酒石锑酸钾和酒石锑酸钠及硫代锑酸钠等，其制取方法及物理化学性质、用途列于表 2-3-4。

表 2-3-4　锑无机盐的物理化学性质及用途

种　类	物理性质	化学性质	用　途
硫酸锑 $Sb_2(SO_4)_3$	分子量为 531.63 含锑 45.8%，无色闪光针状结晶，密度 $3.62g\cdot cm^{-3}$	在空气中易潮解，实际上不溶于水，与少量水可形成水合硫酸锑晶体，进一步稀释时即可部分水解	用于制造炸药、焰火，在锑的电解精炼时用于配制电解质以增大电导率

续表 2-3-4

种类	物理性质	化学性质	用途
锑酸钾 $K[Sb(OH)_6]$ 和锑酸钠 $Na_2[Sb(OH)_6]$	由五氧化锑与过量的氢氧化钾共熔后溶于少量水内，结晶获得，精制的锑酸钾是白色晶体	仅在热水中稍溶，锑酸钠的溶解度远比钾盐为小，可作为钠盐的沉淀剂	
锑酸钠 $NaSbO_3$	三价锑的偏亚锑酸、亚锑酸和焦亚锑酸及五价锑的偏锑酸、锑酸和焦锑酸与氢氧化钠作用时均可生成相应的锑酸钠。具有工业意义的是 $2NaSbO_3 \cdot 7H_2O$ 和 $Na_2H_2Sb_2O_3 \cdot H_2O$	各种锑酸钠均略溶于水，无机酸及酒石酸内	用为遮盖剂及耐酸性的搪瓷配料。焦锑酸钠可用于电视机显像管的玻璃澄清剂
锑酸铅 $Pb_3(SbO_2)_3$	商品名拿浦黄(Naples yellow)简称锑黄，桔黄色结晶，由硝酸锑与锑酸钾反应制成，再结晶提纯，呈桔黄色结晶	不溶于水	用作陶瓷的黄色颜料
乳酸锑 $Sb[C_3H_5O_3]_3$	棕黄色粉末	可溶于水，由氢氧化锑与乳酸制成	用作织物的媒染剂
酒石酸锑氧钾 $K(SbO)C_4H_4O_6 \cdot \frac{1}{2}H_2O$	医药上称吐酒石，为白色无味结晶	由三氧化锑溶于酒石酸氢钾，结晶制出。溶于水和丙三醇，不溶于乙醇	一度广泛用于医药，可作为织物和皮革的媒染剂及香料和杀虫剂的制造
酒石酸锑氧钠 $Na(SbO)C_4H_4O_6 \cdot \frac{1}{2}H_2O$	白色收湿性晶体或粉末有甜味，毒性较吐酒石小	溶于水，不溶于酒精，可用三氧化锑溶于酒石酸氢钠溶液制成	在医药上已取代酒石酸锑氧钾

续表 2-3-4

种 类	物理性质	化学性质	用 途
硫代锑酸钠 $NaSbS_4 \cdot 9H_2O$	商业上称施里普盐(Schlippes salt)，为棕色粉末，理论含Sb38.14%，工业品一般含24%～26%	可由五硫化锑与硫化钠共熔制成，稍溶于水	

第五节 锑的有机化合物[1]

锑的有机化合物是指含有Sb-C键的化合物，种类很多，大致可分为三价锑和五价锑两大类，前者包括1～4个有机基团(SbR_4、SbR_3、R_2SbX和$RSbX_2$)，后者包括1～6个有机基团(R_5Sb、R_4SbX、R_3SbX_2、R_2SbX_3、$RSbX_4$及SbR_6)，此外还有有机二腓R_2Sb-Sb-R_2，含有多于一个Sb-Sb键$(RSb)_n$的低聚合和多聚合化合物以及芳香有机锑的衍生物腓苯，许多二羟基锑酸的衍生物$RSbO(OH)_2$和腓酸的衍生物。

70年代曾研究$R_2SbO(OH)$，这些研究主要是继吐酒石一度广泛用于防治血吸虫之后，为寻找更有效的有机锑化合物药物而进行的。表2-3-5所列是已有研究而比较重要的有机锑化合物。

表 2-3-5 有机锑化合物

类 型	中译名、分子式及英文名称	主要性质和用途
伯腓类 仲腓类	伯腓($RsbH_2$, Primary Stibine)	属脂肪族，不稳定，在室温或低于室温自发分解
	仲腓(R_2SbH, Secondary Stibine)	
	二环己基腓[$(C_6H_{11})_2SbH$, Dicyclohexyl Stibine]	性质稳定
	苯基腓($ArSbH_2$, Phenyl Stibine)	性质稳定
	二苯基腓(Ar_2SbH, Diphenyl Stibine)	性质稳定，强还原剂

续表 2-3-5

类 型	中译名、分子式及英文名称	主要性质和用途
叔胼类	烷基胼（R_3Sb，Trialkyl Stibine）	可用于不同单体的聚合及彩色软片显像的除雾剂
	三芳基胼（Ar_2Sb，Triphenyl Stibine）	
卤化胼	烷基二氯化胼（R_1SbCl_2，Dialkylchloro Stibine）	
	碘化胼（ArSbI，Io do Stibine）	
	二碘化胼（$ArSbI_2$，Diicdo Stibine）	
偶胼基化合物	四甲基二胼（$C_4H_{12}Sb_2$，Tetramethyl Di Stibine）	易发生热色变
	四乙基二胼（$C_8H_{20}Sb_2$，Tetraethyl Di Stibine）	
胼 苯	胼苯（C_5H_5Sb，Antimonin 或 Stibabenzene）	活性双卤配体，有机锑化合物
二烃基和一烃基胼酸	二烃基胼酸（$R_2SbO(OH)$，Stibonic acid）	可用于医药油漆和塑料等行业
	一烃基胼酸（$R_1SbO(OH)_2$，Stibinic acid）	
	二苯基胼酸［$(C_6H_5)_2SbO(OH)$，Diphenyl Stibinic acid］	
	P-氨基苯胼酸［$R_2SbO(OH)$，P-Aminophenyl Stibonic acid］ $R=H_2NO_6H_4$	
胼的氧化物和有关化合物	三甲基胼二氢氧化物［$(CH_3)_3Sb(OH)_2$，Methylamino Dihydroxide］	
	三甲基胼氧化物［$(CH_3)_3SbO$，Trimethyl-Stibine Oxide］	

续表 2-3-5

类　型	中译名·分子式及英文名称	主要性质和用途
五价胼卤化物	翁盐（ArN_2SbCl_6 或 $ArN_2Ar\ SbCl_5$，Omium Salt）	
	四苯基胼氢氧化物[$(C_6H_5)_4SbOH$，Tetraphenyl Antimony Hydroxide]	
	四甲基氟化物[$(CH_3)_4SbF$，Tetramethyl Antimony Fluoride]	
五烷基和五芳基胼化合物	五甲基胼[$(CH_3)_5Sb$，Pentamethyl Antimony]	
	五乙烯基胼[$(CH_2=CH)_5Sb$，Pentavihyl Antimony]	
	五苯基胼（$C_{30}H_{25}Sb$，Pentaphenyl Antimony）	

第四章　锑的合金[1]

锑与其他有色金属不同之处是很少有单独的用途，多系以其他金属为基体形成各种合金，用于机械、化工、印刷、军工等工业。

一般言之，锑加入任何金属均可使之变脆而削弱其延展性，但若用量适当，则可提高其硬度和耐磨性，改善其铸造流动性，赋予合金某些优良的机械性能，所以认为锑是金属的硬化剂，而在许多合金中常视为不可缺少的组分。

具有工业意义的含锑合金达 200 种以上，其中以制造蓄电池铅栅极及接头零件、轴瓦（轴承合金）、印刷合金（活字金）、锑青铜、电缆包皮、铅板、铅管和铅箔、焊料、软管、弹丸、白镴等耗锑量较大，其含锑成分的范围列于表 2-4-1。

表 2-4-1　工业锑合金的大致组分

合金名称	主要成分/%			其他成分/%	占原生锑总耗量/%
	Sb	Sn	Pb		
蓄电池栅铅板	2.5～5	0.25～0.5	余量		80
轴承合金	4～15	锡基 83～93 铅基 1.5～11	0.35 余量	As1～3， Cu0.5～8	6～10
印刷合金	4～23	17～3	余量	Cu0～2	3
锑青铜	7			Cu91，Ni2	
电缆包皮	1～6		余量		
铅板和铅管	2～6		余量		
焊料	0～2	42～38	余量		
软管	2～3		余量		
弹丸	0.5～12	0.25～1.0			
白镴	0～8	余量	20～2	Cu0.2～5，Zn0～5	
硬铅	6～28		余量		

表 2-4-1 中前四种合金是工业上用途最广泛的锑合金。现代多达 80%的金属锑仍用于制造蓄电池栅极及接头零件。这类铅基合金的成分各制造厂家不尽相同，其含锑成分大都较表 2-4-1 所列范围略高，一般为 3%～12%。这种铅锑合金要求浇铸流动性好，易成型、薄而且强度高，可借以减小蓄电池的组装尺寸；此外，锑的加入还可保证蓄电池的导电性，同时降低电化学腐蚀。

铅栅极蓄电池的主要缺点是需要不断检查维修、补充电解质，并且留有气孔、不能倒置，因此，自 60 年代起出现了低维护和不需维护的蓄电池。低维护蓄电池将铅栅极的含锑量由 5%或更高减 1.15%～2.75%，但影响铅栅极的硬度，改用添加少量其他金属（主要是砷）来解决。不需维护的蓄电池系一种铅钙合金，含 0.075%Ca，其主要优点是装置密闭，在汽车中放置的位置不受限制，其服务寿命也较铅锑栅极略长，其缺点是除不易铸造外，含钙的废合金与含锑的废铅混在一起，由于形成稳定的金属间化合物 Ca_3Sb_2 锑难以回收。

轴承合金的品种相当繁多，在机械工业及交通运输业中的用量仅次于蓄电池制造业，年耗原生锑为总产量的 6%～10%。

印刷合金（活字金）是以锑锡为基本组分，含 Sb3.5%～30.5%，计有 20 多种牌号产品，常用的印刷合金含 Sb20%～30%，Sn15%～19%，Pb51%～65%，有时添加镉或铋。这种合金熔点低，易于浇铸。印刷合金通常是用废铅字回炉熔炼铸成，原生锑在印刷合金中的消耗，仅占锑的年需量的 3%左右。

锑青铜作为一种新型锑合金值得一叙。这种合金是以锑代替昂贵的锡而形成的一种新型锑合金，可用来制造摩擦轮、各种齿轴及机床电动机的受重荷的轴衬，性能良好，有发展前途。中南工业大学合金教研室研制了两种锑青铜，$ZQSb_6$，其抗蚀耐磨性能与 ZQSn6-5-3 不相上下，正在工业中推广。

第五章　锑的矿物和矿床

第一节　锑的矿物[1,5]

自然界的含锑矿物多达 120 多种，经美国地质调查所鉴定有固定成分的达 112 种。锑在自然界存在的形态按化合价来分有零价，三价和五价。零价的锑即自然锑，三价和五价的锑矿物有锑的金属间化合物，硫化矿和氧化矿。硫化锑矿物按化学成分可分为单纯的硫化矿（辉锑矿）和复杂的硫化矿，即辉锑矿与其他金属硫化物的混晶或固溶体，如黝铜矿、脆硫锑铅矿等；氧化锑矿物也可分为单纯氧化矿和复杂氧化矿。前者如方锑矿和锑华，两者的分子式均为 Sb_2O_3，复杂氧化锑矿物则是三氧化锑或五氧化锑与其他金属氧化物的混晶或固溶体，如锑酸铅矿和黄锑矿。

表 2-5-1 所列是较常见的锑矿物其中具有工业意义的锑矿物标有 *。图 2-5-1 所示是三种辉锑矿和一种黄锑矿晶簇。

第二节　锑的矿床[1,5]

锑在地壳中的丰度，据不同资料为（0.2～0.5）$\times10^{-6}$。近年来的研究认为，锑的来源与火山活动及其后期温泉有关，锑与砷、铋相似，具有亲硫性，故在成矿过程中容易与硫结合成硫化矿物，最易伴生的金属为铅、铜和银，常见的共生矿物有黄铁矿、方铅矿、闪锌矿、黄铜矿、毒砂、磁黄铁矿以及金和银，最主要的脉石矿物为石英，其次为方解石和重晶石。锑矿物在风化过程中常变为锑的氧化物，锑和砷一样趋于富集在水解产物中，主要是吸附在氢氧化铁表面。

自然界中的锑绝大部分呈单一硫化物（辉锑矿）存在。锑矿床一般分原生和次生两大类，所有原生锑矿几乎都属于岩浆期后

黄锑矿

辉锑矿

石英——辉锑矿型

方解石——辉锑矿晶簇型

图 2-5-1 辉锑矿和黄锑矿晶簇

表 2-5-1 锑的主要矿物及其主要特征

矿物名称	分子式	含锑/%	晶系	莫氏硬度	密度/$g \cdot cm^{-3}$	颜色		光泽	解理
						矿物	条痕		
天然元素									
锑	Sb	约 98.0	三方晶系	3～3.5	6.68	锡白色	灰色	金属光泽	完全
金属化合物									
锑铜矿	Cu_6Sb	27.42		4～5	8.8	银白色	银白色	金属光泽	很少
锑银矿	Ag_3Sb	27.34	斜方晶系	3.5～4	9.8	同上	同上	同上	同上
锑砷铜矿	$Cu_3(As,Sb)$		立方晶系	3～3.5	7.5～8.3	从银白到钢灰	同上	同上	同上
方金锑矿	$AuSb_2$	55.26	同上	3～4	9.98	灰白色	白色	暗淡金属光泽	同上
红锑镍矿	NiSb	64.78	六方晶系	5.5	8.23	铜红色	红褐色	强金属光泽	不完全
砷锑镍矿	Ni(As,Sb)	约 6.0	同上	5～5.5	7.6～7.8	同上	褐黑色	金属光泽	同上
硫化物类									
锑硫镍矿	NiSbS	55.73	立方晶系	5～5.5	6.65～6.73	从灰到白	灰黑色	金属光泽	完全
硫锑铁矿	FeSbS	55.76	单斜晶系	6	6.72	灰白	黑色	同上	未见
* 辉锑矿	Sb_2S_3	71.69	斜方晶系	2	4.63	铅灰	铅灰	强金属光泽	完全
辉锑铋矿	$(Bi,Sb)_4S_7$	约 8.12	斜方晶系	2～2.5	6.7～6.8	铅灰	铅灰	强金属光泽	完全

续表 2-5-1

矿物名称	分子式	含锑/%	晶系	莫氏硬度	密度/ $g\cdot cm^{-3}$	颜色		光泽	解理
						矿物	条痕		
磺酸盐类									
黝铜矿	$Cu_{12}Sb_4S_{13}$	约 30.21	立方晶系	3～4	4.99	钢灰	黑带褐色	金属光泽	无
铋黝铜矿	$Cu_{12}(Sb,Bi,As)_4S_{13}$	约 21.9	同上	3～4	4.99	同上	同上	同上	无
银黝铜矿	$(Cu,Ag)_{12}Sb_4S_{13}$	约 27.73	同上	3～4	4.99	同上	同上	同上	无
车轮矿	$PbCuSbS_3$	24.91	斜方晶系	2.5～3	5.83	浅灰黑色	黑色	同上	不完全
脆银矿	Ag_5SbS_4	15.42	同上	2～3	6.25	深灰到黑	红色	金刚石光泽	清晰
辉锑银铅矿	$Ag_2Pb_3Sb_5S_9$	35.09	同上	2～2.5	5.43	同上	灰黑	金属光泽	无
硫锑铅银矿	$AgPbSb_3S_6$	41.87	同上	3～3.5	5.35	深灰	黑色	同上	无
砷硫锑铅矿	$Pb_5(As,Sb)_{12}S_8$	约 16.0	单斜晶系	2.5～3	6.40	铅灰	亮铅灰	同上	清晰
辉锑铅矿	$PbSb_2S_4$	44.70	六方晶系	3～3.5	5.30	钢灰	钢灰	同上	不完全
脆硫锑铅矿	$Pb_4FeSb_6S_{14}$	约 35.39	单斜晶系	2.5～3	5.63	铅灰	灰黑	同上	中等
块硫锑铅矿	$Pb_5Sb_4S_{11}$	25.69	同上	2.5～3	6.23	铅灰	灰黑	同上	中等
针硫锑铅矿	$Pb_3Sb_2S_6$	23.04	单斜晶系	2.5～3	6.3	铅灰	灰黑	同上	中等
辉锑铅矿	$Pb_4Sb_2S_7$	19.83	斜方晶系	2.5～3	6.36	铅灰	黑色	同上	完全
圆柱锡矿	$Pb_3Sn_4Sb_2S_{14}$	23.96	同上	2～2.5	5.46	灰黑	黑色	同上	贝状
辉锑锡铅矿	$Pb_5Sn_3Sb_2S_{14}$	11.65	单斜晶系	1～2	5.90	灰黑	灰黑	同上	最完全
* 硫汞锑矿	$HgSb_4S_7$	51.59	同上	2	5	灰	红	半金属光泽	完全

续表 2-5-1

矿物名称	分子式	含锑/%	晶系	莫氏硬度	密度/g·cm^{-3}	颜色		光泽	解理
						矿物	条痕		
磺酸盐类									
* 辉锑铁矿	$FeSb_2S_4$	54.9～56.9	斜方晶系	2～3	4.64	深灰	褐灰	金属光泽	不完全
脆硫锑铜矿	Cu_3SbS_4	约 27.63	正方晶系	3.5	4.66	红铜色	黑	同上	完全
硫锑铜矿	$Cu_3(Sb,As)S_4$	约 10.40	正方晶系	3～3.5	4.4～4.6	浅绯红灰色	黑	同上	无
* 车轮矿	$Cu_7Pb_2Sb_5S_{13}$	32.45	斜方晶系	4.5	5.49	铅灰	黑	同上	无
黄锡矿	$Ag_2Sb_{12}S_{19}$	约 63.91	同上	2.5	4.82	钢灰	黑	半金属光泽	清晰
硫锑银铅矿	$Ag_2Pb_7Sb_8S_{20}$	约 29.68	同上	2.5～3		铅灰	黑	金属光泽	无
锑碲铋矿	$Bi_{10}SbTe_7$	2.7	三角晶系	1.5～2	7.81	锡白	灰	同上	完全
氧化物和氢氧化物类									
红锑矿	Sb_2S_2O	74.9～95.2	三斜晶系	1～1.5	4.68	樱桃红	褐红	金刚石光泽	极完全
锑钽矿	$SbTaO_4$	约 33.2	六方晶系	5.5	7.53	深褐	浅黄	树脂光泽	完全
铌锑矿	$SbNbO_4$	约 43.5	同上	5.5	5.68	深褐	浅黄	同上	完全
* 方锑矿	Sb_2O_3	83.54	立方晶系	2	5.50	无色、灰色	白色	玻璃光泽	不完全
* 锑华	Sb_2O_3	83.54	斜方晶系	2.5～3	5.76	无色、雪白	白色	金刚光泽	完全
锑钙石	$5CaO \cdot 3Sb_2O_5$	约 56.2	立方晶系	5.5～6.5	4.9～5.4	浅黄至褐	浅黄	玻璃光泽	不完全
* 黄锑华	$Sb_2O_4 \cdot H_2O$	57.9～75.0	同上	3～5	5.1～5.5	白色、浅黄	浅黄	同上	无
锑赭石矿	Sb_2C_4	79.2	斜方晶系	3～5	5.0	白色、黄色	白色	同上	不完全
砷酸盐类									
砷锑钙石	$Ca_4FeSbAs_2O_7$		正方晶系	2.5～3	4.63	黄绿			

热液矿床,次生矿床由原生锑矿受地表氧化作用经运搬堆积而成。

锑矿床按不同标准有种种分类，表 2-5-2 所列的分类具有一定的概括性和矿产普查意义。

表 2-5-2　锑矿床的分类[1,5]

分类标准	类　型	特　征
按锑矿物从热液中沉淀的温度	高温热液矿床	与花岗岩，闪长岩，二长岩有关矿物以辉锑矿为主，伴生物有黄铜矿、黄铁矿、毒砂、辉铋矿等
	中温热液矿床	锑矿物多为辉锑矿或硫锑矿与铅、锌、银等多金属矿石共生
	低温热液矿床	锑矿物主要为辉锑矿，成矿性质无一定规律，也含有交代矿床
按锑矿石出现的形态	锑、金石英脉矿床 铜锑矿床 铅银锑矿床 锑汞矿床 硫砷锡锑矿床 锑萤石矿床 锑汞萤石矿床	在简单类型的锑矿床中大都以辉锑矿为主要组分，而在复合性矿床中，辉锑矿可能是主要组分，也可能是伴生组分
按成矿地质年代	前寒武纪 古生代 中生代 新生代	占各类锑矿储量 3.9% 占各类锑矿储量的 14.5% 占各类锑矿储量的 65.7% 占各类锑矿储量的 15.9%

世界锑矿主要分布于环太平洋和地中海的古生代和新生代构造活动带内，而在前寒武纪地质中也有发现，但数量不多，前苏联中亚地区的锑矿化时代也主要是古生代。中国锑矿的成矿年代大多数为前震旦纪至泥盆纪，泥盆纪以后占极少数。

第六章　锑的资源、产量和生产情况[1]

第一节　锑的资源分布和储量

根据美国矿业局80年代的统计资料，各国锑矿的储量（含锑量）列于表2-6-1。

表2-6-1　世界各国锑的储量/t

洲别和国别	可采储量	地质储量
北美洲		
美国	81630	90700
加拿大	63490	68025
墨西哥	181400	226750
小　计	326520	385475
南美洲		
玻利维亚	308380	317450
秘　鲁	63490	63490
小　计	371870	380940
欧洲		
捷克斯洛伐克	45350	45350
意大利	45350	45350
苏联	272100	281170
南斯拉夫	90700	90700
小　计	453500	462570
非洲		
摩洛哥	63490	81630
南非	235820	253960
小　计	299310	335590
亚洲		
中国	2176800	2358200
马来西亚	117910	117910
泰国	272100	453500
土耳其	90700	99770
小　计	2657510	3029380

续表 2-6-1

洲别和国别	可采储量	地质储量
大洋洲		
澳大利亚	90700	99770
世 界 合 计	4172200	4716400

由上述可见，锑的资源主要集中在亚洲及其他发展中国家，而工业发达国家锑储量很少，这就造成了锑的供求常受世界局势的影响而处于不稳定状态。

美国《矿物手册》(Mineral Handbook) 1988 至 1992 年逐年统计的世界锑储量列于表 2-6-2。

表 2-6-2 1988～1992 年世界锑的储量/t

国 别	可采储量	地质储量
美 国	82000	91000
玻利维亚	308380	317450
墨 西 哥	181000	227000
南 非	236000	254000
前南斯拉夫	91000	91000
其他国家合计	3302000	3715000
世界合计	4200000	4695000

第二节 世界各国锑的生产量[1]

现在外国至少有 23 个国家正常地生产锑矿石或锑精矿，而有 50 多家拥有炼锑厂或锑品生产厂。

世界各洲 1983、1984 和 1990 年原生锑的生产能力和冶炼能力列于表 2-6-3。

西方各国锑矿的开采和提炼与其他有色金属类似，多是采选和冶炼分别经营，表 2-6-3 列出 1983、1984 和 1990 年世界各洲原生锑的生产能力和冶炼能力，可以看出，其中许多国家主要生产锑矿石或精矿，而冶炼能力则属于美、英、法、日等几个工业发达、用锑较多的国家。

表 2-6-3 1983、1984 及 1990 年世界各洲原生锑的生产能力

洲别		生产能力/t		
		1983 年	1984 年	1990 年
北美和中美洲				
美国	采矿	2721	2721	2721
	冶炼	22675	22675	24489
其他国家	采矿	10884	10884	11791
	冶炼	2721	2721	2721
南美洲				
	采矿	21314.5	21314.5	22675
	冶炼	9977	9977	13605
欧洲				
	采矿	195.005	195.005	18140
	冶炼	29749.6	29749.6	29931
非洲				
	采矿	213145	213145	19954
	冶炼	6349	6349	6349
亚洲				
	采矿	27216	27216	28117
	冶炼	22221.5	22221.5	22675
大洋洲				
	采矿	3628	3628	3628
	冶炼			

各国锑生产的统计资料，大多只公布矿石或精矿的含锑量，而不公布金属锑的实际生产量。图 2-6-1 所示是 1900～1980 年西方国家和发展中国家金属锑的开采量[5]。从此图可见，在第一次和第二次世界大战期间，由于战争的刺激，开采量达到顶峰，而在其后 40 年内，呈特殊的疟疾病“症状”曲线，时起时伏，波动较大，但自 1960 年以后，总的趋势是增长的。根据预测，2000 年以前对原生锑的需求，估计每年可增长 2%～5%，锑的年产量也将有相

当的增长，见表 2-6-4。

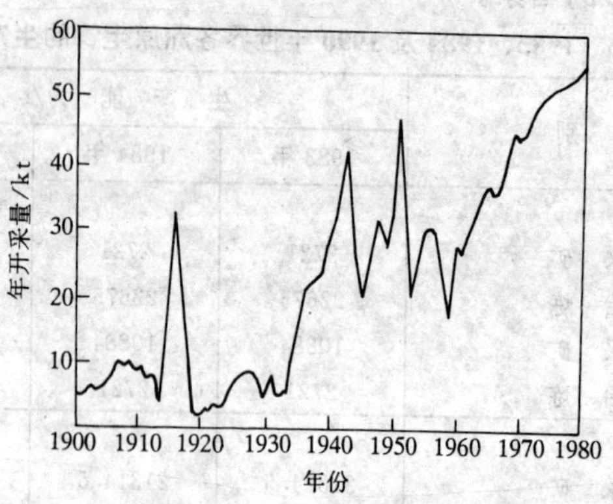

图 2-6-1　1900～1980 年西方国家和发展中国家锑矿开采量（以金属锑计）

表 2-6-4　美国和世界锑的需求预测/t

项　目	1978 年	预测 2000 年		大概需求量		1978 ～ 2000 年，平均可能增长率/%
		低	高	1990 年	2000 年	
美国						
一次锑	17013	27300	45500	29120	32760	3.0
二次锑	24077	20020	40950	30030	31850	1.3
合计	41090	47320	86450	59150	64610	2.1
一次锑累计		485030	590590	248430	535080	
世界其余部分						
一次锑	50484	54600	86450	63700	76440	1.9
二次锑	40950	45500	63700	50050	67340	2.3
合计	91439	100100	150150	113750	143780	2.1
一次锑累计		1162980	1493310	684140	1388660	
世界总和						
一次锑	67497	81900	131950	91910	109200	2.5
二次锑	65027	65520	104650	80080	99190	2.0
合计	132524	147420	236600	171990	208390	2.3
一次锑累计		1648010	2083900	934570	1923740	

由矿石或精矿提炼的金属锑称为原生锑或一次锑，而由含锑废料经过处理回收的锑则称为再生锑或二次锑，后者的产量在工业发达国家所占的比例相当大，例如美国二次锑的产量常占锑的总消费量50%。

第三节　主要产锑国家的生产概况[1,5]

产锑前四位的国家是中国、玻利维亚、南非和前苏联。这四个国家的年产量多由7000～8000t至10000t以上不等，其他国家的年产量都在2000t左右。各国的生产数字波动很大，这主要是由于锑矿规模较小，锑价涨落无常，不容易实现稳定生产所致。各国的生产情况，一般是采矿能力大于实际生产能力，而冶炼能力大于实际需要，同时工业发达国家二次锑的生产对原生锑的需求也有一定影响。

一、中国的锑矿

中国的锑矿遍及15个省份，各省（区）1981年保有锑储量列于表2-6-5。1991～1996年各省（区）的锑产量见表2-6-6。

表2-6-5　中国各省（区）1981年保有锑储量

省（区）	储量/kt	占总量/%	省（区）	储量/kt	占总量/%
湖南	818.2	38.5	广东	16.0	0.75
广西	599.8	28.2	安徽	8.8	0.41
贵州	265.4	12.5	江西	5.3	0.25
甘肃	156.2	7.4	吉林	3.5	0.16
云南	167.8	7.9	浙江	0.1	0.004
陕西	43.9	2.0	全国总计	2124.2	
河南	39.2	1.8			

表2-6-6　1991～1996年中国各省（区）的锑产量/t

省（区）	1991年	1992年	1993年	1994年	1995年	1996年
辽宁						20
吉林	149	49	82	96	1459	258
江西	138	315	490	503	961	422

续表 2-6-6

省（区）	1991 年	1992 年	1993 年	1994 年	1995 年	1996 年
安徽		113	93	29		
山东					26	109
河南	354	213	540	545	1395	1888
湖北	423	1033	714	648	2597	1380
湖南	36046	39505	45610	50295	54638	55231
广东	2667	3854	2264	3197	5506	7234
广西	10107	12383	15698	22323	33923	37777
四川			67	145	442	650
贵州	7375	7072	10643	14992	18549	12364
云南	3704	2971	4724	6187	7868	9269
陕西	386	545	400	454	785	627
甘肃	43	90		1577	1062	994
青海				208	292	

二、玻利维亚的锑矿

锑矿主要分布在波托西的西北，由的的喀喀湖至阿托查的长约 250km 矿带内，海拔 3500～4000m，其中心产区为温西尔和波尔科（见图 2-6-2），矿床为不规则的石英脉，主要矿物为辉锑矿，有些矿区还含有金（达 8g/t）和黄铁矿以及重金属硫化矿，矿脉厚度 0.6～0.9m，最厚部位达 8m，富矿石含锑 20%，堆积的废矿石中含锑也高达 5%～10%。除辉锑矿外，尚有脆硫锑铅矿、黝铜矿、硫锑铜矿、钨铁矿、白云石、高岭土、少量金和胶状黄铁矿等。

玻利维亚有许多中、小型锑矿。中型锑矿的产量约占全部产量的 3/4，而大部分小型锑矿仅在一年中某些季节进行采选，生产锑精矿售于玻利维亚班科矿业公司或直接出口，这些小矿的生产随锑价的涨落迅速增减。

玻利维亚的大锑企业首推联合矿物公司，1980 年的产量约占

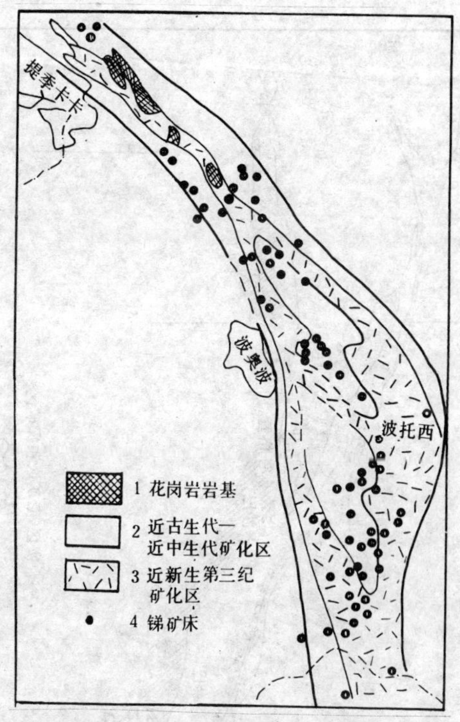

图 2-6-2　玻利维亚锑矿床分布图[1]

中型锑矿的 60%或全国锑产量的 50%，该公司拥有圣埃斯皮里图、奇尔科比哈及卡拉科塔三座矿山，所产精矿的 55%售于国家铸造公司，其次是桑胡安公司。1980 年的产量（含锑量）达到 2000t。玻利维亚第一个炼锑厂设在文托，该厂是第一个采用旋涡炉熔炼的。

三、南非的锑矿

锑矿产于德兰士瓦省东北约 400km 的麦契逊地区（见图 2-6-3），锑矿床出现于界限分明的硅质灰岩和滑石石灰岩中，形成一条长约 50km、宽仅 270m 所谓“锑线”，产区地层属太古代火山沉积组合体，母岩为绿泥石和硅质片岩，厚度 60～130m，含锑矿石

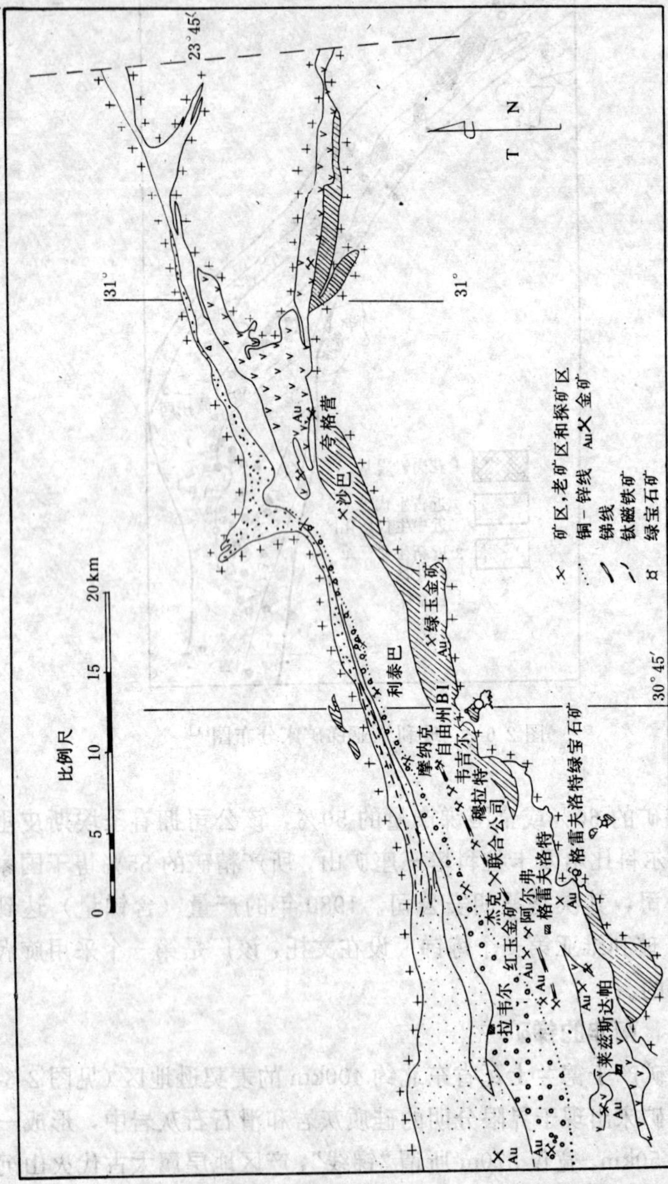

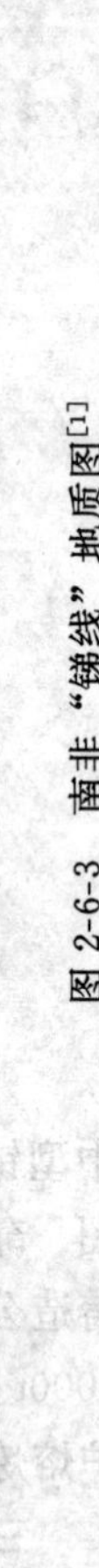

图 2-6-3 南非"锑线"地质图[1]

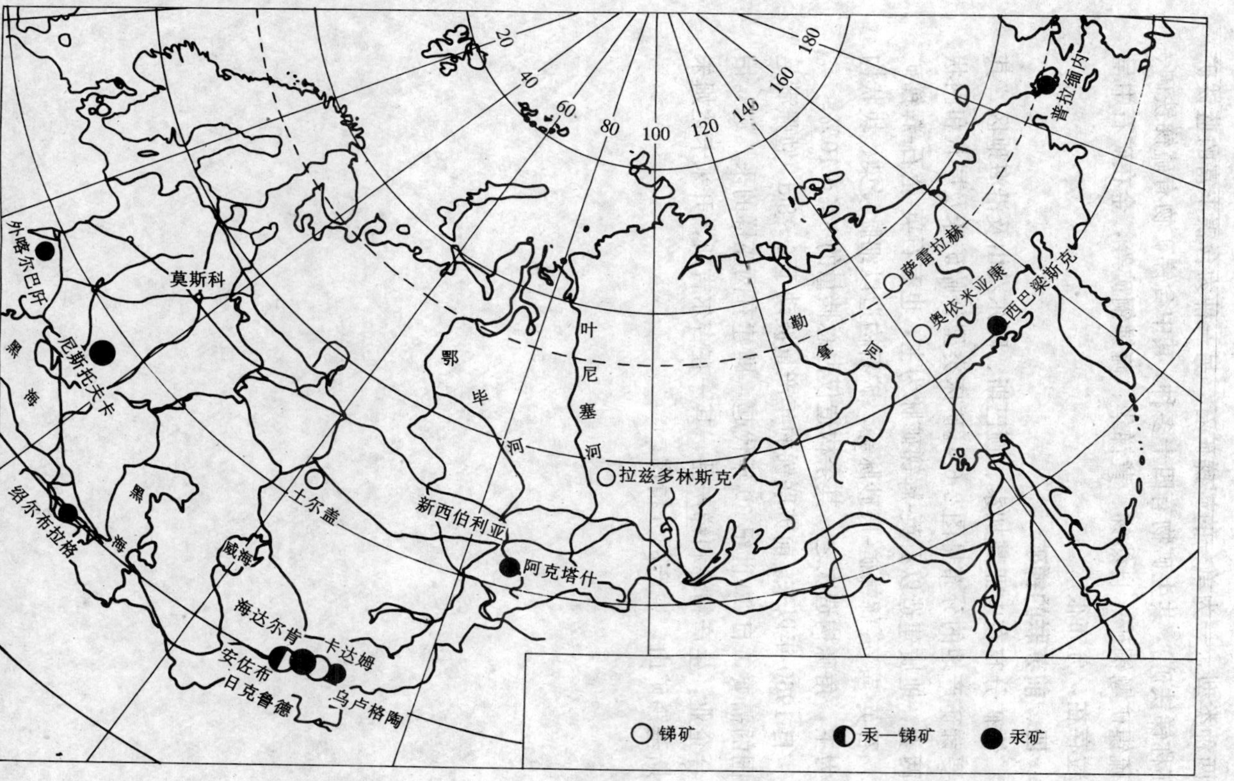

图 2-6-4 前苏联汞锑矿产分布图

有两种类型，一为单一的辉锑矿石，另一种为含镍丰富的蓝铁矿(亦称锑铁矿)，共生矿物有四十多种，其中含锑矿物有硫锑铁矿、锑硫镍矿黝铜矿、自然锑、黄锑华、硫锑铜矿等，金在矿石中呈微粒存在，分布很广。

四、前苏联的锑矿

锑矿分布在中亚高加索、顿巴斯、阿尔泰山及沿海地区，其主要锑矿产地的分布见图2-6-4。矿床类型分脉矿床及层状和网状脉两类，地质建造以石英-辉锑矿脉为主，也有石英-萤石-辉锑矿脉，石英-萤石-辉锑矿-辰砂脉等，矿石构造以细脉浸染、块状构造为主，角砾构造次之，其余构造仅占总储量的5%～10%。

自1960年以来，前苏联锑的年产量波动于6～8kt，勉强满足本国的需要，自20世纪30年代起，即建有两座锑的采、选、冶联合企业，生产精锑和锑产品，其一在吉尔吉斯，开采卡达姆朱依斯基锑矿山，生产部分精锑。

第七章　锑矿的采矿[1,5]

我国锑矿的产状可分为缓倾斜层状和急倾斜脉状矿床两大类，按矿物资源的成分可分为单一锑矿和多金属锑矿，闻名于世的锑都—湖南锡矿山是缓倾斜层状矿床的典型，见图 2-7-1，属单一锑矿，而湖南龙山是急倾斜脉状矿床，属多金属矿床。

锡矿山缓倾斜矿床的埋藏深度自数十米至数百米，矿体的倾角一般为 10°～20°。分南北两个矿区进行开采，南矿为辉锑矿，北矿为辉锑矿与氧化矿的混合矿，都采用竖井开拓，房柱法开采。

龙山急倾斜锑矿床，产于海拔一千多米的高山上，倾角为 65°～82°，矿区内有 7 条具有工业价值的矿脉，不连续，埋藏的矿石为辉锑矿，其中含有金，采用平窿开拓法，在 630m 标高处垂直矿脉走向，在下磐围岩中开掘了一条长度为 870m 的平窿，到达矿脉后，沿脉掘进阶段平巷进行挖掘，阶段高度为 40m（见图 2-7-2）。

开采方法采用浅眼崩矿留矿法，在平窿口建立选矿场，出窿矿石经手选后再送机选厂，630m 标高以上的矿石由溜井降送到 630m 主要阶段运输平巷，再由平窿运出。

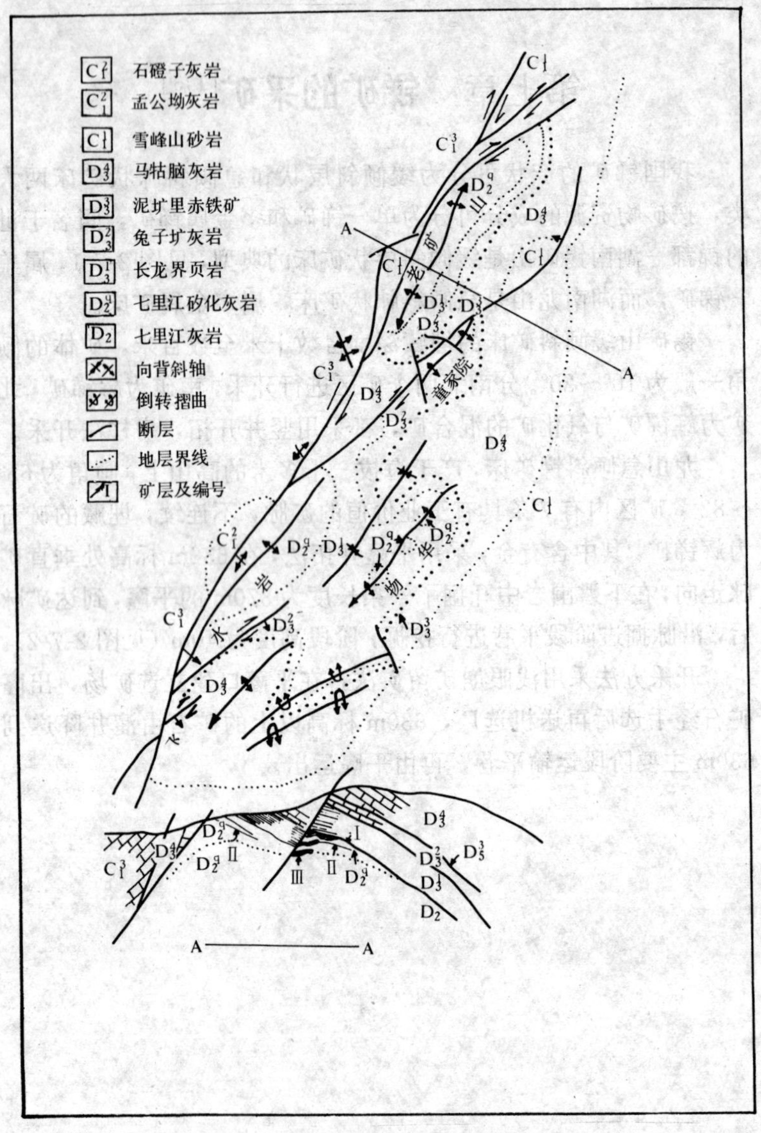

图 2-7-1　锡矿山锑矿缓倾斜层状矿床

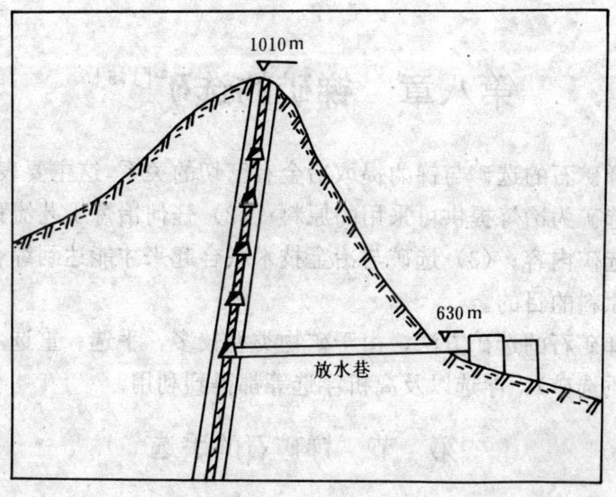

图 2-7-2　龙山锑矿急倾斜矿床示意图

第八章　锑矿的选矿[1,5]

锑矿石的选矿与锑的提取冶金有密切的关系，这主要表现在：(1) 选矿为冶炼提供可采用的原料；(2) 任何冶炼工艺流程都包括有选矿内容；(3) 选矿与冶金技术联合起来才能达到综合利用矿物原料的目的。

锑矿石的选矿方法，由于矿物类型较多，手选、重选（包括重介质选矿）、浮选以及离析浮选等都得到利用。

第一节　锑矿石的手选

锑矿石的手选是根据锑矿石中含锑矿物与脉石矿物的颜色、光泽形状的差异，借助于工人的目力，在输送矿石的皮带上用手拣选的方法，这虽然是一种原始的选矿方法，但由于锑矿物常呈粗大结晶或块状集合晶簇产出，手选能得到较高品位块状锑精矿，适合于锑冶金技术的要求，因此，世界上一些主要产锑国家至今仍然有部分手选作业。表 2-8-1 列举了皮带手选技术条件和参考指标[1]。

表 2-8-1　锑矿石皮带手选技术条件及参考指标

矿石类型			单一硫化锑矿	硫化-氧化混合锑矿
选别段数及设备规格		分选粒度/mm	$-150+35$	$-150+28$
	第一段	皮带宽×长/m	0.8×16.4	0.8×23.6
		皮带速度/$m \cdot s^{-1}$	0.17	0.2
	第二段	宽×长/m	0.8×5.75	0.8×13.2
		皮带速度/$m \cdot s^{-1}$	0.17	0.25
	第三段	宽×长/m	0.8×7.2	
		皮带速度/$m \cdot s^{-1}$	0.17	

续表 2-8-1

矿石类型		单一硫化锑矿	硫化-氧化混合锑矿
每台班生产能力/t		215	145
每工班生产能力/t		5.23	5.87
原矿锑品位/%		2.25	2.30
精矿含锑/%	富块矿	47.7	49.12
	贫块矿	7.10	11.03
	综合	7.8	13.75
尾矿含锑/%		0.12	0.19
回收率/%		95.95	92.87
选矿比/倍		3.6	6.44
富矿比/倍		3.27	5.98
水耗/$m^3 \cdot t^{-1}$		2.05	2.95
电耗/$kW \cdot h \cdot t^{-1}$		5.7	4.9

手选可选出块状锑精矿，只要含锑10%以上的锑精矿即可采用直井焙烧炉直接进行挥发焙烧，制取三氧化锑；含锑高于45%的块状硫化锑精矿，可通过熔析法制取纯净的三硫化锑（俗称生锑）。

第二节　锑矿石的重选[1,5]

重选是根据不同的矿物在介质流中，具有不同的沉降或运动速度进行分选的方法，其中包括跳汰选矿（垂直流动）、摇床选矿（斜面流动）和离心选矿（旋转流动）以及重介质选矿，即矿石在重悬浮液中进行分选。

辉锑矿的密度为4.26g/cm^3，脉石的密度为2.6～2.65g/cm^3，其等落比值为2.19～2.26，属于按密度分选的易选矿石。黄锑华（5.2g/cm^3）、红锑矿（7.5g/cm^3）、锑华（5.57g/cm^3），与脉石的等落比值分别为 2.55～2.63，3.93～4.06 和 2.76～2.86，这三种锑矿石属于极易按密度分选的矿石。只有水锑钙石密度为 3.14g/cm³，其等落比值仅 1.29，属于较难分选的矿石。

重选费用一般比浮选低，并可作为预选过程，在进入浮选以前用以除去大量脉石。由于氧化锑矿浮选的难度较大，现阶段仍以重选为主。

重介质选矿是重选中的一门新技术。1966 年我国广西大厂长坡选矿厂、1975 年锡矿山南选厂实现了锑矿石的重介质选矿。所用重介质，长坡厂为本厂选矿工艺流程中自产的砷黄铁矿，锡矿山南选厂为硅铁，两者的工艺流程和选别指标分别列于图 2-8-1 和表 2-8-2 及图 2-8-2 和表 2-8-3。

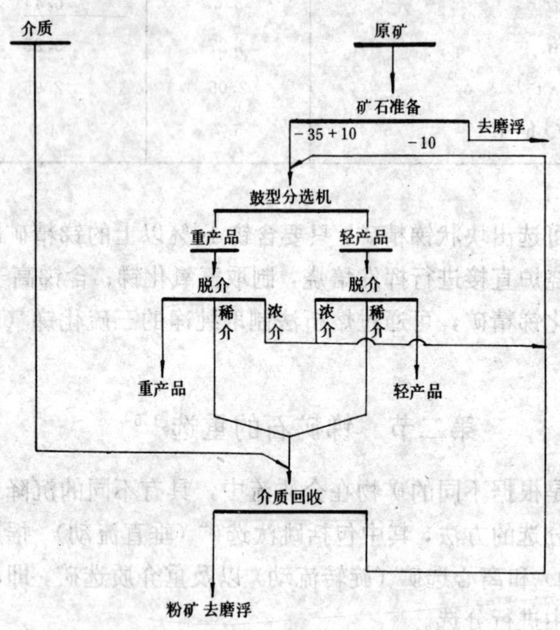

图 2-8-1 锡矿山重介质选矿流程图

表 2-8-2 大厂长坡选厂重介质选别条件及指标

<table>
<tr><td rowspan="2">选别条件</td><td>处理量</td><td>给矿粒度</td><td>介质悬浮液密度</td><td>矿介比</td><td>给入压力</td></tr>
<tr><td>30～40 $t \cdot h^{-1}$</td><td>−20～+4mm</td><td>2.3～2.6 $g \cdot cm^{-3}$</td><td>1∶2～1∶4</td><td>1.18×10⁴～1.47×10⁴Pa</td></tr>
<tr><td>选别指标</td><td colspan="5">原矿含 Pb0.43%～0.83%，Sb0.35%
尾矿含 Pb0.044%～0.119%，Sb0.039%
回收率 Pb（Sb）91.15%～96.4%
废石产率，对原矿为 38.89%，对作业为 44.94%
重产品含 Pb0.48%～1.05%
每吨矿石直接选别费用 1.16 元（1980 年）</td></tr>
</table>

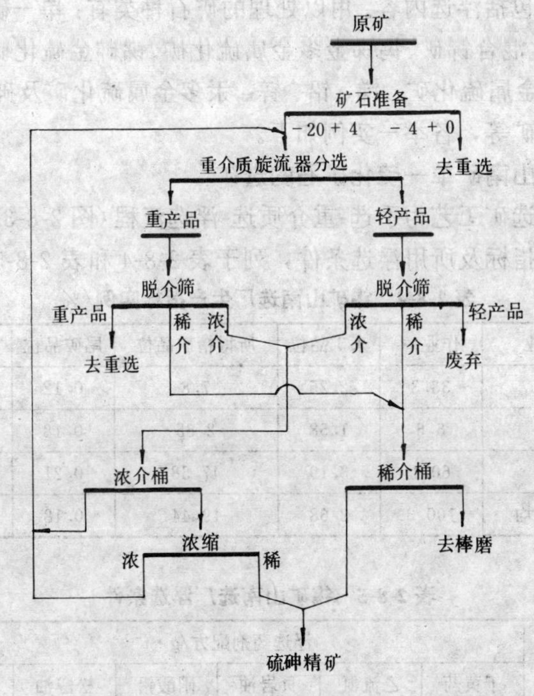

图 2-8-2 大厂长坡选厂重介质选矿流程图

表 2-8-3 锡矿山南选厂重介质选别条件及指标

<table>
<tr><td rowspan="2">选别条件</td><td>处理量</td><td>给矿粒度</td><td>介质悬浮液密度</td><td>矿介比</td></tr>
<tr><td>15～20t·h^{-1}</td><td>－35～＋10mm</td><td>2.26～2.65g·cm^{-3}</td><td>1∶1～1∶1.5</td></tr>
<tr><td>选别指标</td><td colspan="4">原矿含 Sb1.58%尾矿含 Sb0.18%，回收率 95.11%
废石产率占作业的 43.3%
重产品含 Sb2.65%，轻产品含 Sb0.18%
每吨矿石直接费用 1.4 元（1980 年）</td></tr>
</table>

第三节 锑矿石的浮选[1,5]

浮选是获得粉状锑精矿的主要选矿方法，几乎所有选矿工艺流程中都包括浮选内容。用以处理的矿石种类有：单一硫化锑矿、硫化-氧化混合锑矿、钨锑金多金属硫化矿、锑砷金硫化矿、锡、铅、锑、锌多金属硫化矿、锑、铅、锌、汞多金属硫化矿及砷、锑、金多金硫化矿等，各举一实例如下。

锡矿山南矿单一硫化矿石的选矿

该矿选矿工艺为手选-重介质选-浮选流程（图 2-8-3），其全流程的生产指标及所用浮选条件，列于表 2-8-4 和表 2-8-5。

表 2-8-4 锡矿山南选厂生产指标实例/%

选别作业	作业率	来矿品位	所得精矿品位	尾矿品位	回收率
手 选	33.3	2.25	7.8	0.12	95.95
重介质	6.6	1.58	2.65	0.18	95.11
浮 选	60.1	3.19	47.58	0.21	93.97
合计或平均	100.0	2.68	19.44	0.18	94.11

表 2-8-5 锡矿山南选厂浮选条件

要求的矿浆 pH	浮选药剂配方/g·t^{-1}					
	丁黄药	乙流氮	页岩油	硝酸铅	松醇油	煤油
自然 pH	100	70	288	147	119	65

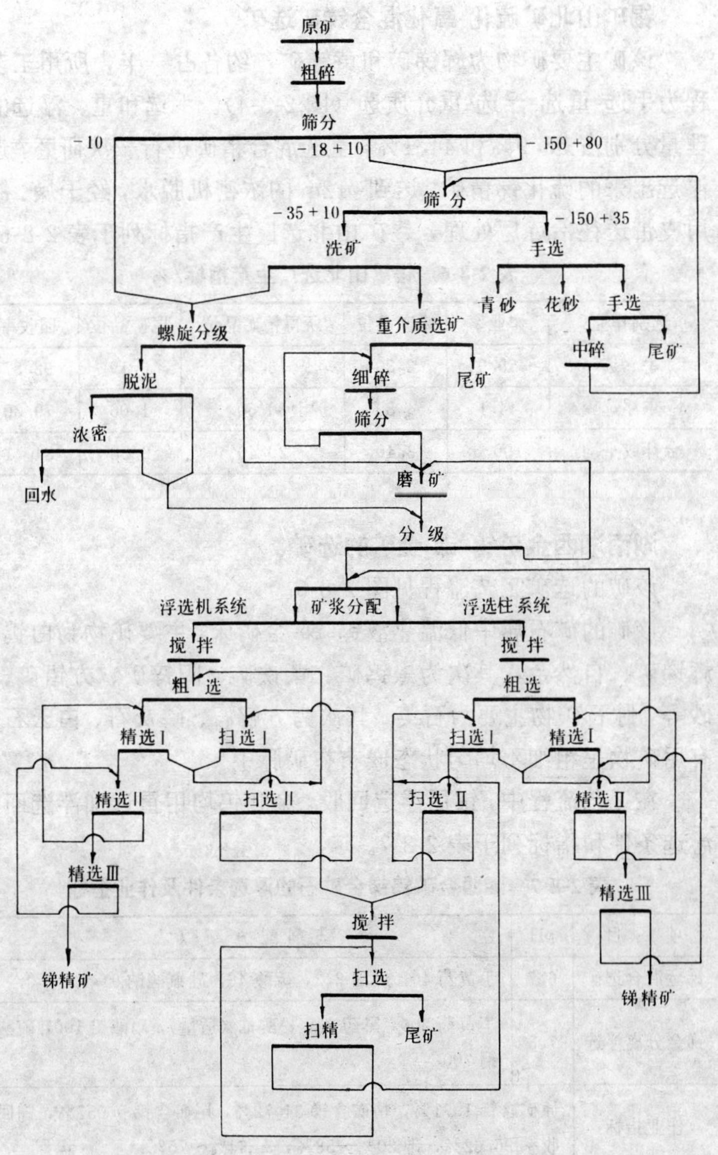

图 2-8-3 锡矿山锑矿南选厂流程图

锡矿山北矿硫化-氧化混合锑矿选矿

该矿主要矿物为辉锑矿和黄锑矿，约各占一半，所用工艺流程为手选-重选-浮选-重介质选（图 2-8-4）。手选和重、浮选的处理量分别占 55.9%和 44.1%，重选混合精矿进行一次研磨，连同浮选出来的硫化锑精矿，送到 ϕ12m 的浓密机脱水，经干燥、制粒用皮带送往冶炼厂处理，锡矿山北选厂生产指标列于表 2-8-6。

表 2-8-6　锡矿山北选厂生产指标/%

选别作业	作业率	来矿品位	所得精矿品位	尾矿品位	回收率
手　选	55.9	2.30	13.75	0.19	92.87
重浮选	44.1	4.80	30.60	1.06	79.30
合计或平均	100.0	3.40	20.40	0.58	84.41

湖南湘西金矿钨-锑-金矿的选矿

该矿的选矿工艺流程见图 2-8-5。

该矿的矿石属中低温热液钨-锑-金矿床，主要矿物为白钨矿、辉锑矿、自然金，其次为黑钨矿、黄铁矿、闪锌矿、方铅矿、毒砂等，脉石矿物主要为石英，其次为方解石、磷灰石、白云石等，有用矿物呈粗细不均匀状态嵌布在矿脉中。

在工艺流程中，锑用浮选回收，金和钨均用重选加浮选回收，浮选条件和指标列于表 2-8-7。

表 2-8-7　湘西金矿钨锑金矿石的浮选条件及作业指标

项　目	pH	药剂配方 $/g \cdot t^{-1}$
锑金混合选矿	6.7	丁黄药 40，煤油 8.2，硫酸 46，硅氟酸钠 91
锑金分离浮选	7.5	丁黄药 200，黑药 80，松醇油（适量），硝酸铅 100，硫酸铜 700
作业指标	原矿含锑 1.71%，精矿含锑 34.72%，尾矿含锑 0.057%，锑回收率 96.62%，砷 20%～58%，Au64%～75%	

湖南龙山锑砷金矿石选矿

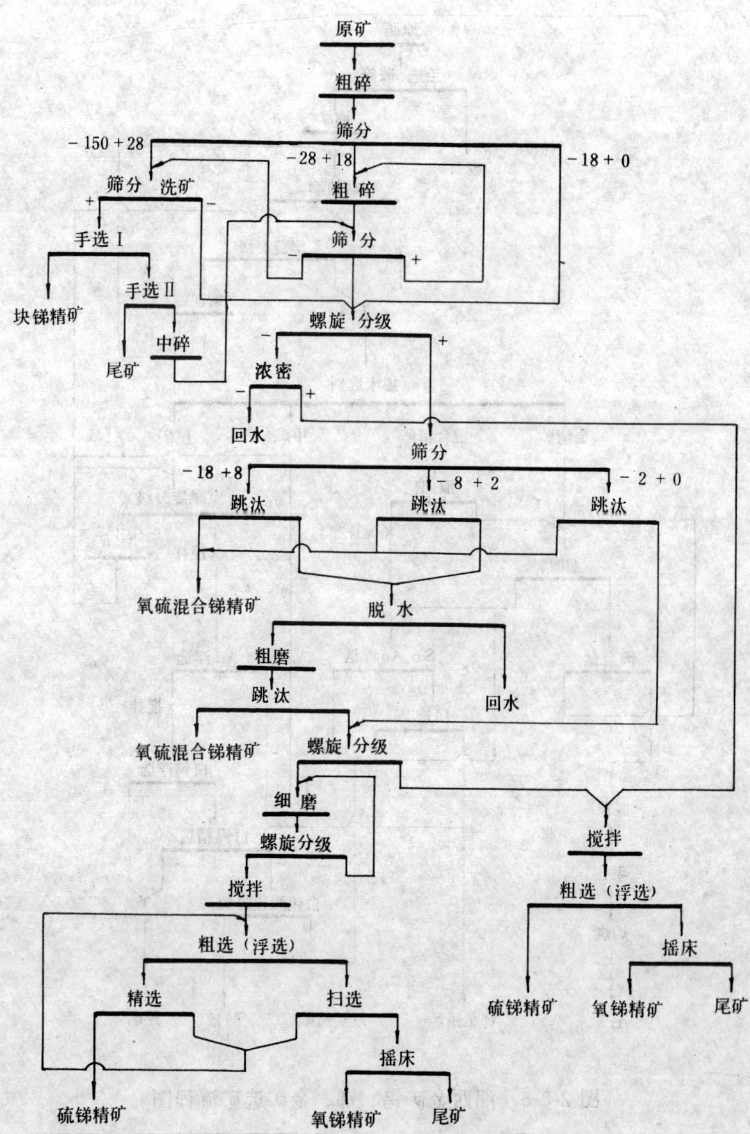

图 2-8-4 锡矿山锑矿北选厂流程图

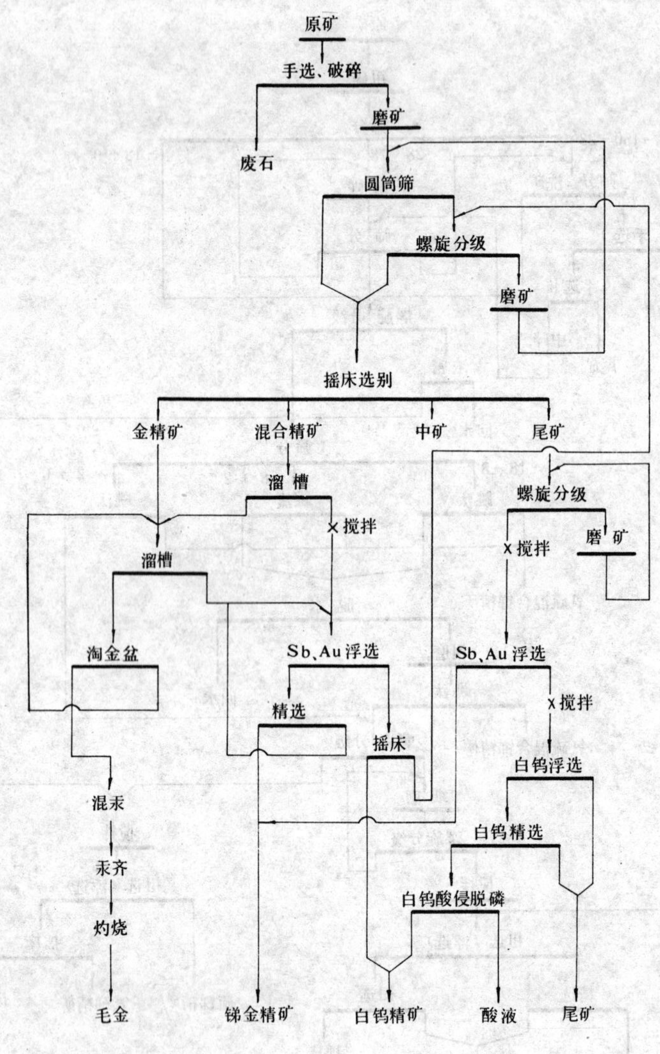

图 2-8-5　湘西金矿钨、锑、金矿选矿流程图

该矿的浮选流程见图 2-8-6。

龙山的矿石属中低温热液裂隙充填矿床，主要矿物为辉锑矿，

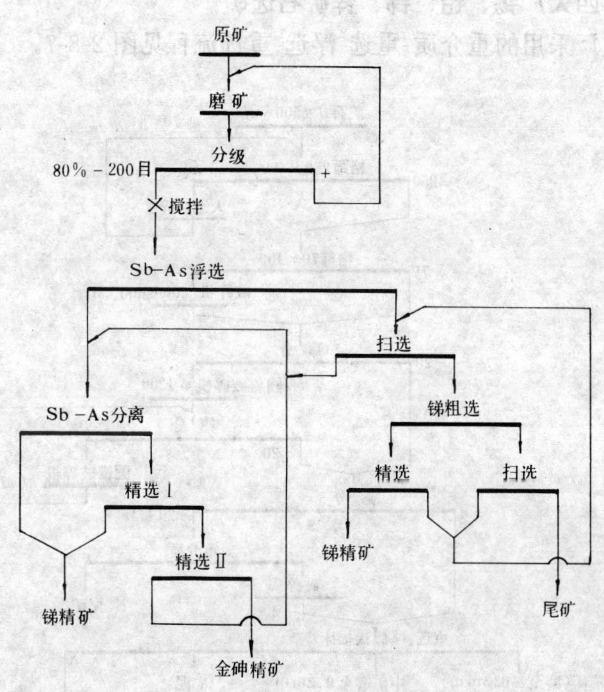

图 2-8-6　龙山锑、金、砷选厂流程图

次为自然金、硫锑铅矿、黄铜矿、黄铁矿、毒砂及锑的氧化物等，脉石矿物主要为石英，次为绢云母、硅酸盐，浮选条件及作业指标列于表 2-8-8。

表 2-8-8　湖南龙山锑金砷矿石的浮选条件及作业指标

选别作业	pH	浮选药剂配方
锑金混合浮选	6.5	黄药和黑药作捕采剂，硝酸铅和硫酸铜作活化剂
锑金分类浮选	＞11	碳酸钠 1～2kg·t^{-1}，硫化钠 0.5～1kg·t^{-1}抑锑浮金
作业指标	原矿含锑 7.22％，砷 0.63％，Au8.13g·t^{-1}，精矿含锑 46.95％，As0.31％，Au14.34g/t，锑回收率 93.58％，砷 90.58％，Au64.25％	

广西大厂锡、铅、锑、锌矿石选矿

该厂采用的重介质-重选-浮选-重选流程见图 2-8-7。

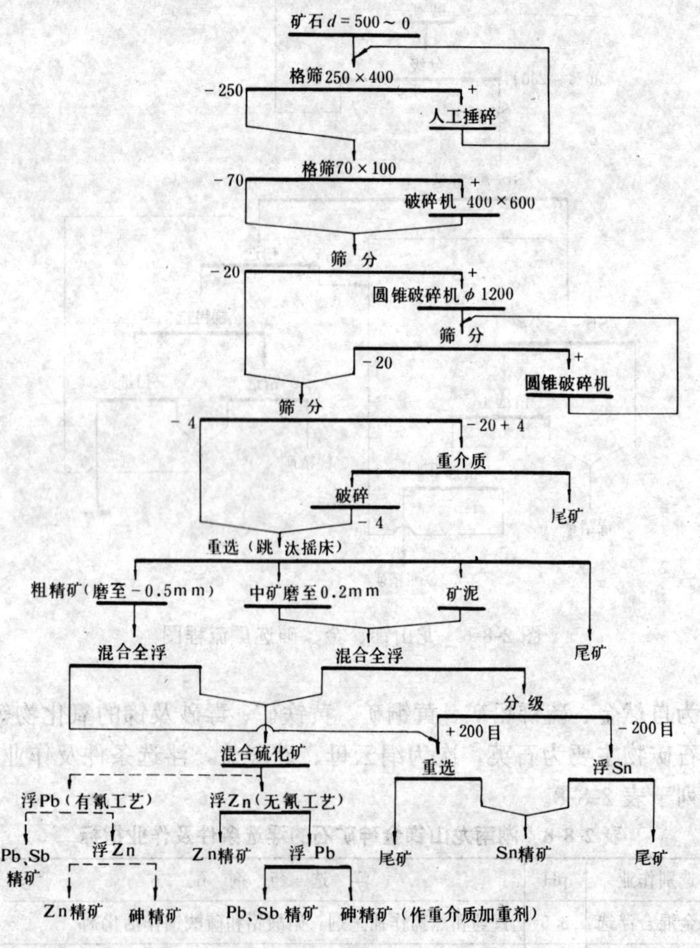

图 2-8-7　长坡选矿厂流程图

广西长坡矿床为一种非常复杂锡石-硫化物矿，其中有工业意义的矿物达十余种之多，主要为锡石、铁闪锌矿、黄铁矿、磁黄铁矿、毒砂、脆硫锑铅矿、辉锑锡铅矿等，脉石矿物为石英、电气石、方解石等。

按所选工艺流程，首先采用重介质选，在旋流器内丢弃占原矿的40％～60％的废石，重产物进入前段重选，得混合精矿（锡石和硫化物），然后全浮脱硫，槽内产品进入后段重选，得锡精矿；前段重选的中矿和矿泥进入贫矿系统全浮脱硫，再进重选产出泥质锡精矿；全浮选的硫化矿进入无氰浮选分离系统，产出铅锑混合精矿、锌精矿和砷精矿。铅锑混合精矿，可分选为脆硫锑铅矿（只能用冶金方法处理）、砷黄铁（现厂用作重介质加重剂）。该矿无氰工艺的浮选条件及生产指标列于表2-8-9。

表2-8-9 大厂长坡选厂无氰浮选的浮选条件及生产指标

项　　目	石灰	过硫酸铵	硫酸铜	丁黄药	松醇油
浮选剂用量/kg·t^{-1}	21.5	2.671	0.243	0.405	0.021
生产指标/％	原矿品位含Sb2.34，Pb3.01，铅锑混合精矿含Sb20.12，Pb24.72，尾矿含Sb0.19，Pb0.3，回收率Sb为89.49，Pb为85.7				

意大利曼西阿诺锑、铅、锌、汞矿石的浮选

曼西阿诺浮选厂所用矿石主要为辉锑矿，同时存在方铅矿、闪锌矿、辰砂、黄铁矿、白铁矿和砷矿物，脉石矿物主要为方解石，所用浮选流程见图2-8-8，其浮选条件及选锑指标列于表2-8-10。

表2-8-10 意大利曼西阿诺选厂的浮选条件及生产指标

项　　目	异丁基黄药	二硫代磷酸盐	硝酸铅	甲基异丁基醇	水玻璃	NaOH
浮选剂用量/g·t^{-1}	125	300	950	80	600	160
生产指标/％	原矿含Sb2～4、Pb0.15、Zn0.25、Hg0.04、As0.95、Fe3～8 精矿含Sb53、Pb1.5、Zn3～5、Hg0.3、As0.8 回收率Sb84.6、Pb43.3、Zn60、Hg31.3、As3.7、Fe5.3					

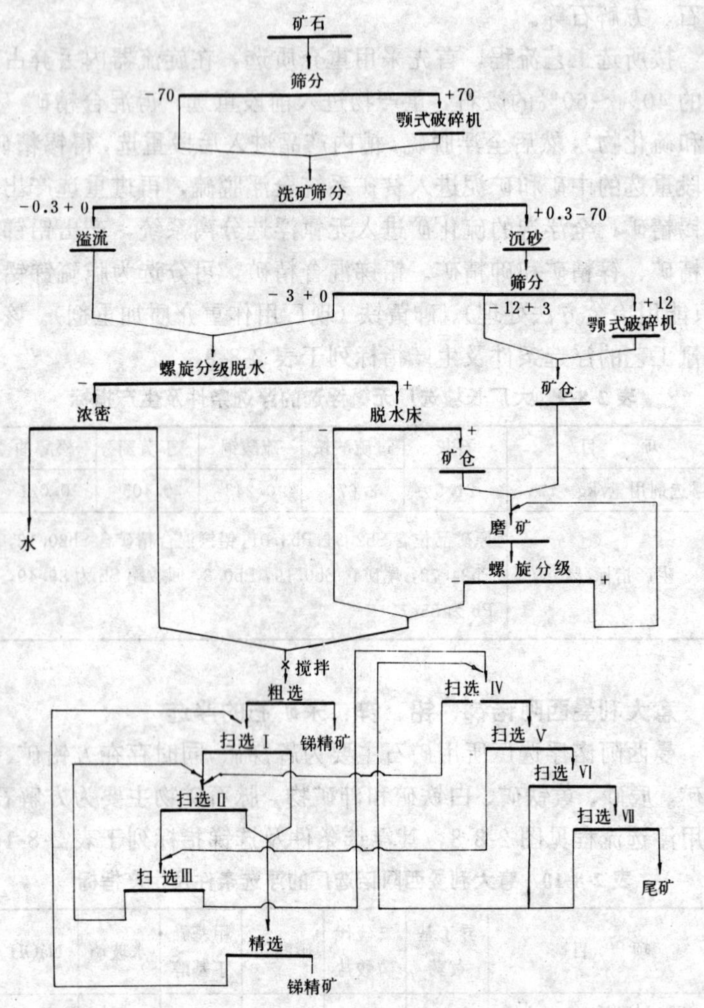

图 2-8-8　意大利曼西阿诺选矿厂流程图

南非锑，金（砷）矿选矿

该厂属于麦契逊金矿发展公司，主要含锑矿物为辉锑矿，含有少量辉锑铁矿（FeS、Sb_2S_3），此外矿石中还含有砷锑金矿。该厂所用浮选-重选流程见图 2-8-9。

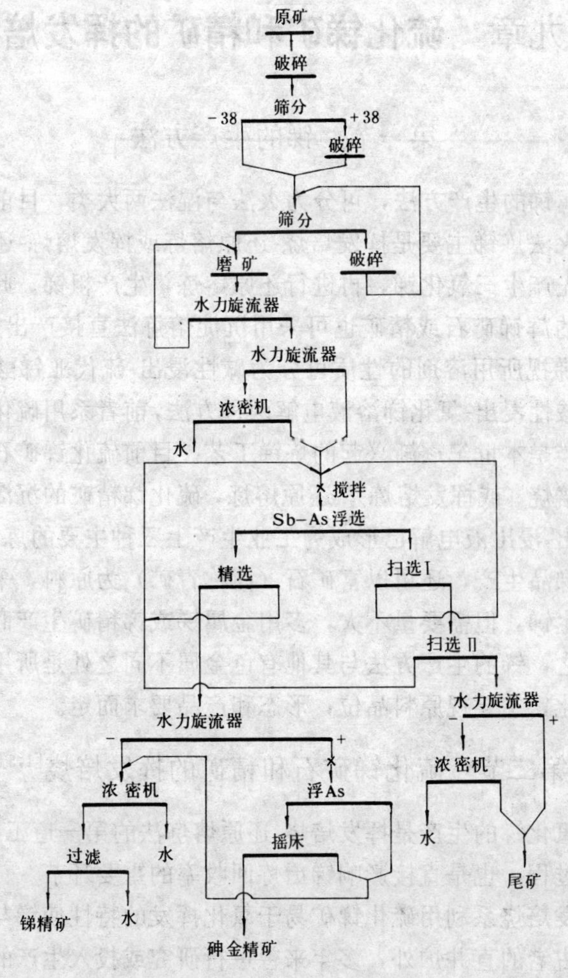

图 2-8-9　南非麦契逊锑选厂流程图

日处理矿石能力为 1800～2000t，原矿含锑 3%时，可获得品位为 60%的锑精矿。

第九章　硫化锑矿和精矿的挥发焙烧

第一节　锑的生产方法

金属锑的生产方法，可分为火法与湿法两大类，目前以火法为主。火法炼锑主要是挥发焙烧-还原熔炼或挥发熔炼-还原熔炼法，即先产生三氧化锑，再进行还原熔炼，生产粗锑。此外，对高品位的辉锑矿石或精矿也可采用沉淀熔炼法直接产出金属锑。湿法炼锑视所用溶剂的性质可分为碱性浸出-硫代亚锑酸钠溶液电解和酸性浸出-氯化锑溶液电解两种方法，前者系用硫化碱作为浸出剂，是本世纪逐渐兴起的炼锑工艺。目前硫化锑矿石和精矿的挥发焙烧（或挥发熔炼）-还原熔炼，硫化锑精矿的沉淀熔炼及碱性浸出-浸出液电解已形成为工业生产上三种主要的炼锑方法。对工业锑品生产，还可以富矿石（简称青矿）为原料，采用熔析法生产生锑，但需要量不大，多用金属锑或锑精矿生产商品氧化锑。总之，锑的生产方法与其他有色金属不同之处是所用原料尚未规范化，主要视原料品位，形态和产品要求而定。

第二节　硫化锑矿石和精矿的挥发焙烧[1,5]

三氧化锑的生产是挥发焙烧-还原熔炼法的第一道工序，是一种富集过程，也是直接影响锑冶炼回收率的重要环节。

挥发焙烧系利用硫化锑矿易于氧化挥发的特性使锑与脉石分离。除古老的直井炉外，多年来曾进行研究或投入生产的挥发焙烧设备有回转窑、流态化炉、烧结机、隧道窑、飘悬炉以及新发展起来的鼓风炉及旋涡炉等。

第三节　挥发焙烧反应的热力学

硫化锑矿石和精矿氧化焙烧的主要反应为：

$$2Sb_2S_3+9O_2=2Sb_2O_3+6SO_2$$

其 ΔG_T° 随温度的变化见表 2-9-1。可见在工业生产焙烧温度下硫化锑的氧化始终是容易的。

表 2-9-1 硫化锑氧化反应 ΔG_T° 随温度的变化

温度/℃	ΔG_T°	温度/℃	ΔG_T°
202	−623470	702	−566470
302	−611486	802	−557871
402	−599465	902	−549116
502	−587392	1002	−540089
602	−575855	1102	−530872

霍夫曼（H. O. Hofman）和布拉奇福德（J. Blatchford）[G]曾使用近乎纯净的辉锑矿进行了氧化过程研究，所用温度由 337.5℃开始记录，最终升至到 545.4℃，试料在连续升温过程中的情况见图 2-9-1。

上述实验说明，硫化锑精矿既可进行挥发焙烧生产 Sb_2O_3，也可进行非挥发焙烧以获得 Sb_2O_4。

同时可见，以空气中氧作氧化剂进行辉锑矿的挥发焙烧时，炉料的温度至少须加热至 450℃以上，Sb_2S_3 和 Sb_2O_3 达到 700℃时才有较高的蒸气压（见表 2-9-2），实际上工业生产中所用的焙烧温度大都为 800～1000℃左右，当然除料层温度条件外，Sb_2O_3 的氧化和挥发速度还与炉料表面上方空间的 Sb_2O_3 分压、气流的成分以及炉料的尺寸等也有很大关系。

表 2-9-2 三氧化锑及三硫化锑在不同温度的蒸气压[1]/Pa

炉料	500℃	600℃	700℃	800℃	900℃	1000℃	1100℃
Sb_2S_3	155.986	881.26	3426	10359	25998	56929	110924
Sb_2O_3	840	27331	2613	6173	12572	22931	38263

注：Sb_2O_3 的蒸气压系 C. G. 梅尔（Mair）的数据。

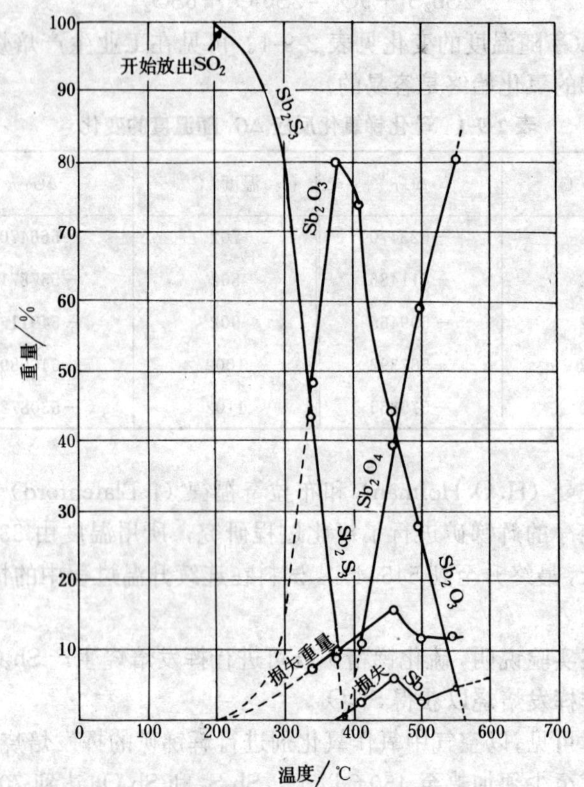

图 2-9-1　辉锑矿在空气中氧化与温度的关系

第四节　赫氏挥发焙烧炉[1,2]

赫氏炉是硫化锑矿挥发焙烧的最初炉型。由于其冷凝系统的冷却管在空中排列形似“人”字，我国又称其为人字炉，焙烧炉炉体结构见图 2-9-2。

焙烧炉断面为正方形，边长为 1.5～3.5m，其尺寸决定于矿石的含锑品位，矿石愈贫，横断面愈大，炉身高度为 3～4m，在高度约 1.5m 处装设阶梯式或方铁条所组成倾斜炉箅。

炉顶设有一个或二个带铸铁盖的装料孔，在炉身上方的一侧

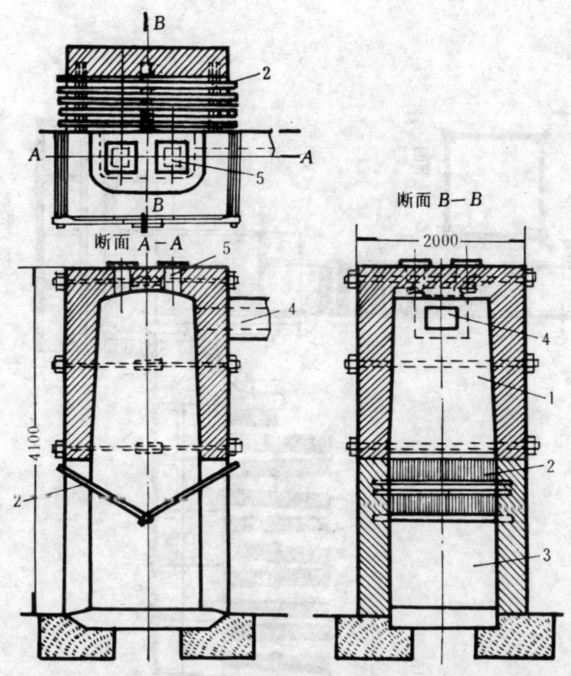

图 2-9-2 赫氏焙烧炉炉体结构

开有出烟口与冷凝系统连接。

赫氏炉的冷凝系统见图 2-9-3，包括导气管（鹅颈）1，一系列收尘室 2 及冷却管 3，收尘室后有一部或两部抽风机 4，一方面吸引出炉烟气使其通过收尘室，同时压送未能冷凝的气体进入水淋塔 5，水淋塔内装置若干层焦炭或陶器片，塔顶装有水管 7 及分流器 8 使氧化锑沉淀在沉淀池 6 内。

焙烧炉所处理的矿石以 10～40mm 为合适，经破碎筛出的粉矿可伴以 7%～8%泥土制成团块混入矿石内焙烧，每套设备 24h 可处理含 Sb10%～15%的锑矿石 6t，燃料消耗用焦炭时占矿石的 5%～6%，若用木炭则为 7%～8%，每一生产岗位需四人操作，动力为 2205W，每天用水量约 30m³。

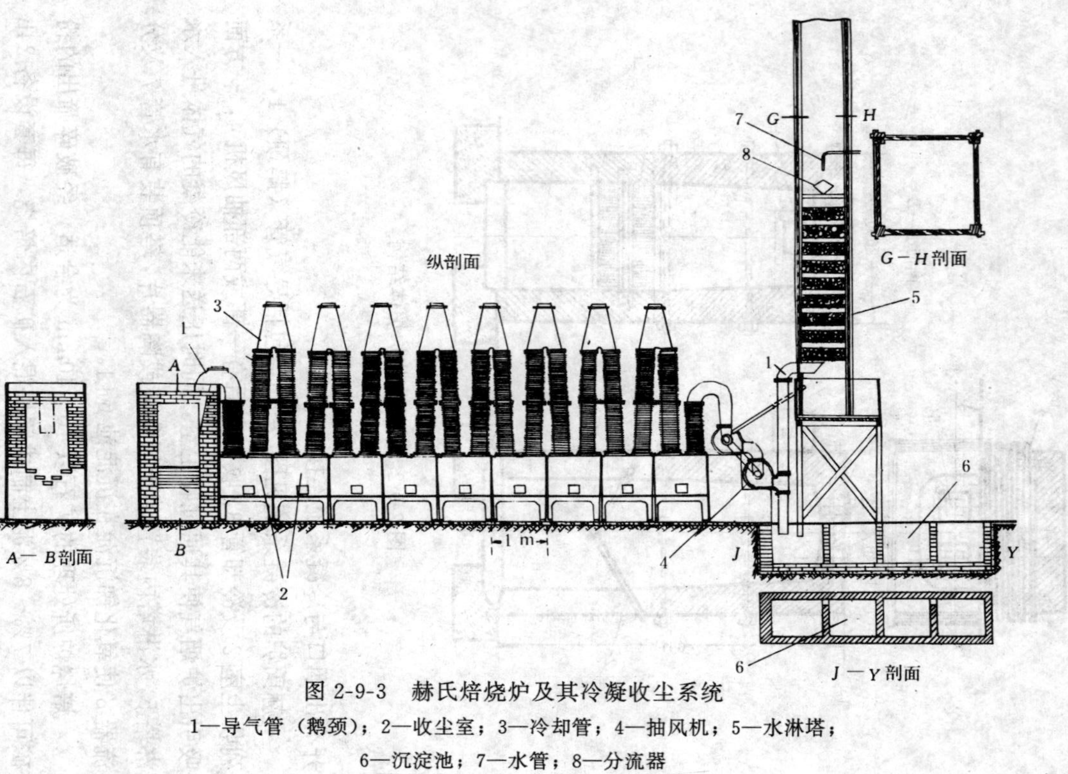

图 2-9-3　赫氏焙烧炉及其冷凝收尘系统

1—导气管（鹅颈）；2—收尘室；3—冷却管；4—抽风机；5—水淋塔；6—沉淀池；7—水管；8—分流器

第五节　中国式挥发焙烧炉[1]

一、炉体结构

中国式直井炉（锑氧炉）较赫氏炉的结构及操作有不少改进。其最大的特点是高温作业。中国锑氧炉的基本炉型见图 2-9-4。

锑氧炉的炉体高 5m，炉拱为半球形，每个炉腔有效面积为 $4m^2$，炉顶中心设 ϕ400mm 加料口，加料后用 200mm 铸铁板封闭，炉底有两层铸铁炉条，排气口（鹅颈）设于炉膛一侧，整个炉体用酸性粘土耐火砖砌成，周围用重型钢轨或工字钢作攀柱，其间用 ϕ32mm 圆钢拉固，生产中一般将四个直井炉并排拉固在一起，共用一套收尘系统，称为一联炉。

二、附属设备

锑氧炉的附属设备见图 2-9-5，主要有加料系统（包括料仓、运输皮带、计量装置）、排料系统（松渣机构、运渣车）及冷凝收尘系统。

排渣通常是人工进行，1970 年曾试验成功一种辊式松渣机，由四根 ϕ219mm 水冷无缝钢管作主轴，上嵌 32 块半圆形铸铁齿板，经一套减速传动装置带动，齿辊转速减 2r/min，该机的使用可大大减轻松渣的劳动强度，渣由电机车运往渣场。

冷凝收尘系统主要包括四个部分，其作用和结构如下：

水冷管：使烟气由 970℃降至 500～550℃，水冷夹套管高 2m，内管用 ϕ277～370mm 无缝钢管，外管用 4.5～6mm 钢板围成，散热面积 $15m^2$，散热系数为 41860～50232J/（cm^2·℃）。

表面冷却器：使烟气温度降至 120～160℃，冷却管在高温段为 ϕ0.7m×3.5m 铁管，低温段为 ϕ0.4m×5m 铁管，散热系数为 12558～20930J/（cm^2·℃），沉降室为红砖砌壁，内外涂以石灰的方形室。

布袋过滤室：红砖砌成，水泥挂面，布袋为涤纶绒布，过滤速度一般为 0.35m/min，收尘效率达 99%以上，过滤后废气含尘 2～$8g/m^3$。

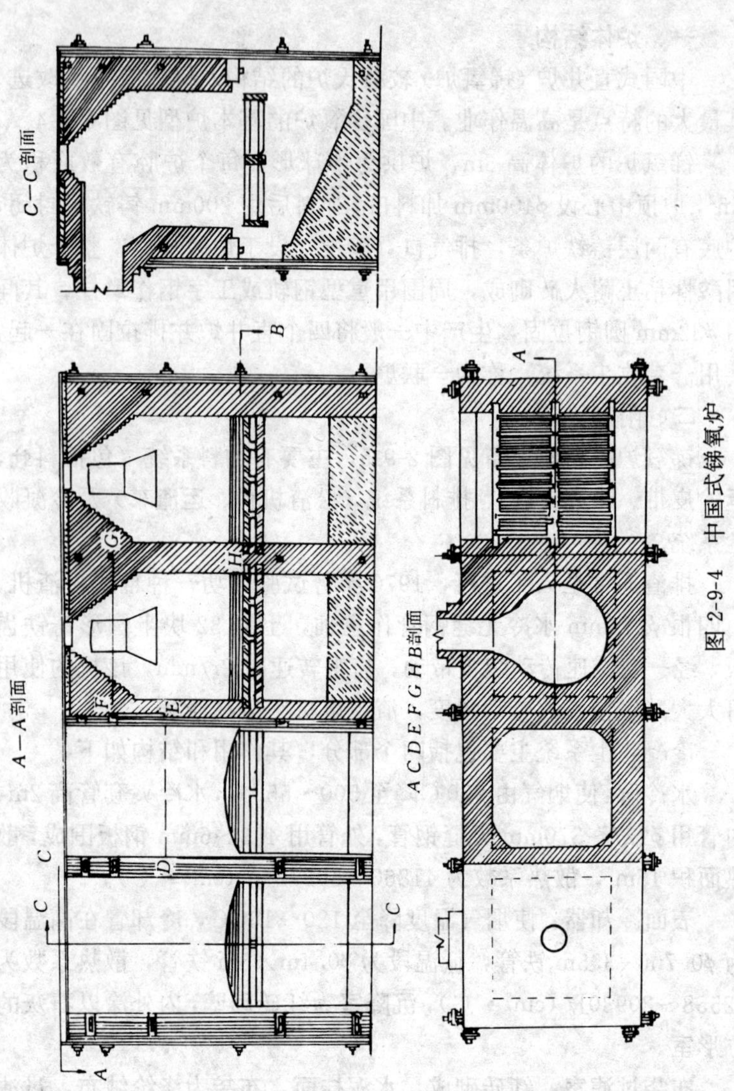

图 2-9-4　中国式锑氧炉

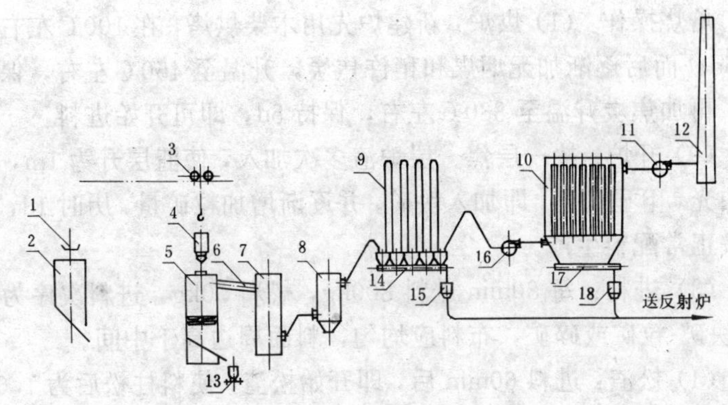

图 2-9-5　中国式锑氧炉及附属设备配置

1—皮带运输机；2—精矿仓；3—电葫芦；4—料罐；5—直井焙烧炉；6—鹅颈；7—火柜；8—水冷却器；9—冷却烟道；10—布袋室；11—抽风机；12—烟囱；13—渣车；14—螺旋输送机；15—锑氧输送泵；16—抽风机；17—螺旋输送机；18—锑氧输送泵

锑氧输送装置：用压缩空气将收集的锑氧粉送还原熔炼反射炉，其装置详见第十四章还原熔炼。

三、作业实践

中国式挥发焙烧炉的作业实践主要是配料、炉温、风量、料柱高度的控制及焙烧炉操作等，其要点列于表 2-9-4。所用原料种类以及化学成分见表 2-9-3，其作业实践如下：

配料：要求 20～150mm 的手选块矿（含 Sb7%～12%），也可搭配一些 2mm 以上的碎矿及部分制粒浮选精矿，保证炉料含 Sb15%左右，作为燃料的焦炭粒度为 20～80mm。

炉温控制：焙烧制度是高温（950～1050℃），鹅颈中部温度要求 970℃以上，加料后保持 850℃。

风量控制：挥发焙烧必须在空气不足气氛中进行，全系统保持一定负压，炉口负压为－9.8Pa 即可。

料粒控制：加料后料柱高度 1.8m，松渣后 1.6m，红渣层需在 1m 以上。

焙烧操作：(1) 烘炉：新建炉先用木柴烘烤，在100℃左右保持5d，而后逐渐加无烟煤和稍许焦炭，升温至450℃左右，保持5d，再加焦炭升温至830℃左右，保持5d，即可开始进料。

(2) 开炉：按一层焦一层炉渣多次加入，使渣层升为1m，上显白光，下显红渣，即加入块矿，并逐渐增加粒矿量，历时1d，即可按正常配料生产。

(3) 进料：每80min进料800kg，燃料50kg，进料次序为焦炭-块矿-粒矿或碎矿，布料应均匀，料面周边高于中间。

(4) 松渣：进料60min后，即开始松渣，使料柱松后为1.6m左右。

(5) 挫渣：原则是边缘挫紧、空间挫实、紧处挫松、挂渣挫散、熔渣挑散、结块挫烂、黑渣打插，如遇局部下塌成穿孔，须用焦炭和渣填平。

表2-9-3 锑氧炉原料种类和化学成分/%

原料	Sb	As	Cu	Pb	S
块矿	7～12	0.04～0.05	0.003～0.004	0.006～0.007	2.8～4.8
浮选精矿	45～55	0.06～0.25	0.01～0.011	0.05～0.14	18～25
碎矿	8～15	0.04～0.06	0.003～0.004	0.006～0.007	3.2～6.0
原料	Se	SiO_2	Fe_2O_3	CaO	Al_2O_3
块矿	0.00017	80～90	1.4～2.6	0.16～0.2	0.3～5.0
浮选精矿	0.001～0.002	10～30	2.7～4.4	0.08～0.25	0.9～1.5
碎矿	0.001	75～84	1.5～2.5	0.15～0.20	2.0～5.0

四、焙烧过程各阶段的炉况

由于松渣、挫渣、加料为周期循环操作，故炉温、烟气流量、烟气成分也呈周期性波动。图2-9-6和图2-9-7分别为炉气出口实测数据的曲线。

五、焙烧产物

1. 锑氧

锑氧视冷凝地点又分为不同形态的结氧、粉结氧、粉氧、纤维氧和红氧。

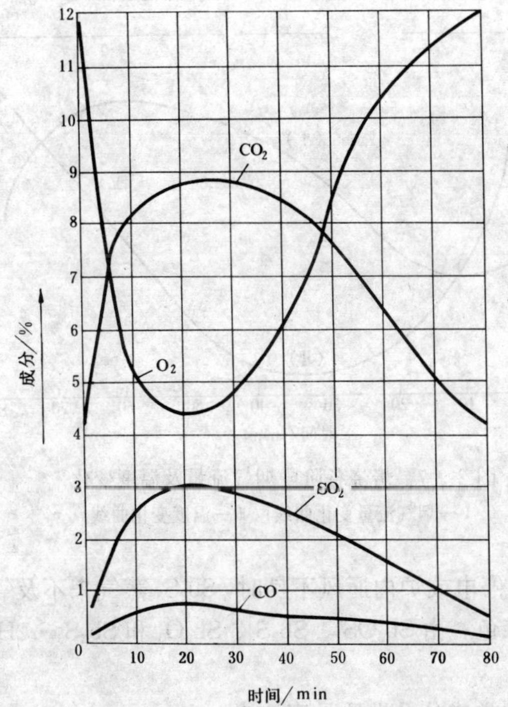

图 2-9-6　焙烧各阶段炉气成分变化

结氧：Sb_2O_3 蒸气由 950～1050℃冷凝时，先产出熔融状态的 Sb_2O_3，凝固后形成结氧，色灰，呈钟乳状、葡萄状或带层理的灰色块状物，属斜方晶形，主要产于砖砌的鹅颈及烟柜，改用水冷器后此产物大大减少。

粉结氧：Sb_2O_3 蒸气在 500～600℃时的冷凝产物易破碎，高温时呈黄白色，假密度为 1.06g/cm³。

粉氧：Sb_2O_3 蒸气在 500℃以下的冷凝产物，呈白色粉末，产于表面冷却器，假密度为 0.656g/cm³，布袋室粉氧为 0.452g/cm³。

纤维氧：在开炉初期，冷凝系统温度较低时，Sb_2O_3 蒸气由高温骤冷至 500℃以下时的产物，呈白色纤维状聚体，密度特别小。

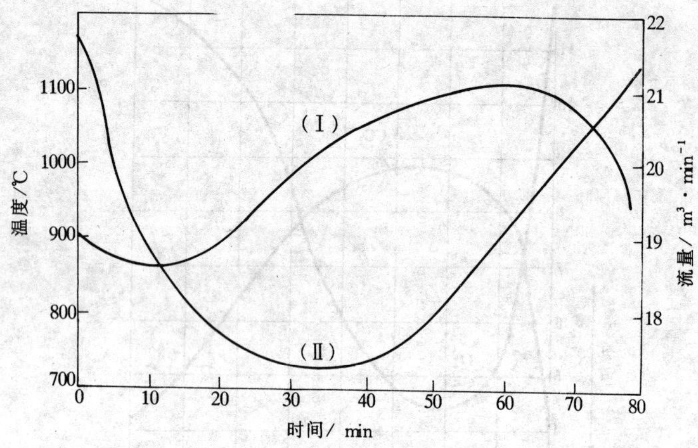

图 2-9-7　焙烧各阶段烟气流量及温度变化

Ⅰ—烟气流量变化曲线；Ⅱ—温度变化曲线

红氧：当停电或炉内通风不良时，Sb_2S_3 蒸气来不及氧化的冷凝产物，呈红色，由 Sb_2OS_3、Sb_2S_3、Sb_2O_3 和 $Sb_2S_3 \cdot 2H_2O$ 等化合物组成。

锑氧的化学成分及性质见表 2-9-4。

表 2-9-4　锑氧的化学成分及性质

名称	产率 %	化学成分/%						
		Sb	As	Fe	S	Pb	Se	SiO_2
结氧		76～78	0.05	0.1～0.4	0.5～0.7	0.03	0.001～0.06	0.7～1.3
粉结氧	11	78～79	0.09～0.20	0.1～0.2	0.6～0.7	0.02～0.04	0.002	0.24～0.68
粉氧	49	82～83	0.27	0.14	0.14～0.3	0.05	0.003	0.6～0.7
布袋氧	40	82±	0.33～0.37	0.09	0.2	0.1～0.20		0.34～0.36

续表 2-9-4

名称	化学成分/%			假密度/$g \cdot cm^{-3}$	真密度/$g \cdot cm^{-3}$	自然堆角/°	安息角/°	色泽及形态
	CaO	Al_2O_3	MgO					
结 氧	0.7～0.97	0.7～1.0	0.32～0.6	2.53		38	3	灰,块状,葡萄状
粉结氧	0.69～3.0	0.35～0.7	0.58～1.3	1.06		40	38	黄白,粉末状,夹有块片
粉 氧	1.0	0.4～0.6	0.4	0.656	5.19	35	38	白,粉末状
布袋氧	0.46	0.21～0.27	0.3	0.425		31	44	白,粉末状

2. 炉渣

炉渣是直井炉焙烧的废弃物，原料不同所产炉渣的密度及成分亦异。锡矿山南炼厂所产炉渣的工业密度为1.125g/cm³，其主要成分（%）为Sb0.67，$SiO_2$94.99，$Fe_2O_3$0.96，CaO0.32，S0.31，$Al_2O_3$0.22。该厂实测的炉渣粒度及渣含锑量列于表 2-9-5。

表 2-9-5 炉渣的粒度及渣含锑

项 目	总 样	＋28mm	－28～＋6mm	－6mm
渣重/kg	6712.69	2934.12	2871.22	907.35
各粒度渣重比例/%	100	43.71	42.77	13.52
渣含锑/%	0.81	0.598	0.766	1.43

经分析炉渣中的锑由 Sb、Sb_2O_3、Sb_2O_5、Sb_2O_4、$x(Sb_2O_3) \cdot y(Sb_2S_3)$和 $FeSb_2O_6$、$FeSb_2O_4$、$CaSb_2O_6$ 及 $CaSb_2O_4$ 等物质组成，主要是 Sb_2O_4 和 $x(Sb_2O_3) \cdot y(Sb_2S_3)$(锑玻璃)，约占渣含锑量的80%左右，其次是 Sb_2S_3 及 Sb_2O_3，而金属锑和锑酸盐均较少。

炉渣含锑高低由其颜色及粒度可作出估计。例如：同时由炉内卸出的炉渣可看出，黄色渣含 Sb2.21%，灰色渣含 Sb0.99%，而白色渣仅含 Sb0.07%。

炉渣产率（渣率）一般可采用如下公式计算：

$$渣率=\frac{炉渣产出量}{炉料处理量}\times 100$$

$$=\frac{炉料处理量-炉料含锑量\times 1.4}{炉料处理量}\times 100=100-1.4W$$

式中　W——炉料含锑品位，即进料品位；

1.4——为锑换算为 Sb_2S_3 的系数。

按上式计算值与实际产率误差仅 0.35%左右，直井炉渣带走的锑约占焙烧时全部锑损失的 80%以上。

3. 废气

废气经布袋收尘后由烟囱排入大气，每眼直井炉烟气量为 960～1277m³/h，平均为 1121m³/h，故一联炉出炉烟气量为 4484m³/h。

烟气的主要成分（%）为：$SO_2$0.3～2.98，$CO_2$4～9.1，$O_2$4.25～12，CO 与 $N_2$81.85～85.4。

烟囱排出的废气量为出炉烟气量的 4 倍左右，废气含尘（Sb_2O_3）波动在 2～8mg/m³，含 $SO_2$0.2%～0.7%。

六、主要技术经济指标及料平衡和热平衡

直井炉挥发焙烧的主要技术经济指标及料平衡、热平衡见表 2-9-6 至表 2-9-8。

表 2-9-6　直井炉主要经济技术指标

项　目	年生产统计数据		生产试验数据	
	1	2	1	2
矿石平均含锑品位/%	16.39	15.13	8.95	9.96
炉床处理能力/t·(m²·d)⁻¹	3.05	3.5	3.84	4.48
焦率/%	5.02	5.96	6.05	5.03
煤率/%	1.86			
每吨锑氧焦耗/kg	353	345	602	442
渣含锑/%	0.82	1.15	0.85	0.81
最低回收率/%	95.2			
平均回收率/%	95.4	93	90.7	92.0
每吨锑氧收尘滤布消耗/m²		0.197		
每吨锑氧电耗/kW·h		152		
每吨锑氧水耗/m³		8.8		

表 2-9-7　直井炉挥发焙烧料平衡

项目	收入					
	精矿		焦煤		合计	
	含量/kg	占有率/%	含量/kg	占有率/%	含量/kg	占有率/%
Sb	15.13	100.00			15.13	100.00
S	6.27	97.88	0.136	2.12	6.406	100.00
As	0.048	100.00			0.048	100.00
Pb	0.138	100.00			0.138	100.00

项目	支出									
	锑氧		炉渣		烟气		无名损失		合计	
	含量/kg	占有率/%	含量/kg	占有率/%	含量/kg	占有率/%	含量/kg	占有率/%	含量/kg	占有率/%
Sb	14.08	93.06	0.91	6.01			0.14	0.93	15.13	100.00
S	0.046	0.7	0.0245	0.38	6.312	98.53	0.0235	0.37	6.406	100.00
As	0.0479	99.79					0.001	0.21	0.048	100.00
Pb	0.018	13.04	0.12	86.96					0.138	100.00

表 2-9-8　直井炉挥发焙烧热平衡

项目	收入		项目	支出	
	物料量	热量/kJ		物料量	热量/kJ
精矿（25℃）	100kg	1674.4	烟气带走热	175.2m³（970℃）	329754
空气显热（25℃）	174.1m³	5554.8	炉渣带走热		24723.8
焦煤显热	5.96kg	87.91	其他损失	79kg	42002.3
燃烧及化学反应热		319383			
合计		326700	合计		326700

第六节　直井炉挥发焙烧炉的优缺点

优点

（1）设备简单、投资少、见效快、适于小规模生产。

（2）不需要高品位原料及复杂的制备过程。

(3) 锑氧产品好，易于炼成精锑。

(4) 水、电、燃料消耗少，容易操作，生产成本低。

缺点

(1) 矿床单位处理量小、生产能力低。

(2) 对原料适应性差、不适于处理富锑矿石、高品位锑精矿、氧化-硫化混合矿及低熔点脉石的硫化矿。

(3) 渣含锑高，冶炼回收率低。

(4) 劳动强度大，条件差。

(5) 废气含 SO_2 低，不易利用，废热也难充分利用。

第十章　回转窑挥发焙烧[1,5,6]

回转窑挥发焙烧有两种炉型和操作方式，一种可称为常规挥发焙烧窑，例如南斯拉夫和前苏联的炼锑厂所用的回转窑。另一种称为闪速挥发回转窑，其与常规回转窑挥发焙烧的区别是，物料的焙烧反应不是在于与窑壁的相对运动中完成，而是与窑内高温空气强烈混合及密切接触下实现的，因此，处理物料必须磨至一定细度，并干燥至一定程度才能形成类似湍流或流态化状态，从而使矿石中的硫化锑和氧化锑迅速挥发，随气流带出窑外，进入冷凝系统。意大利曼西阿诺炼锑厂采用了这种方法，其设备系统联结图、干燥系统设备分别见图 2-10-1、图 2-10-2。

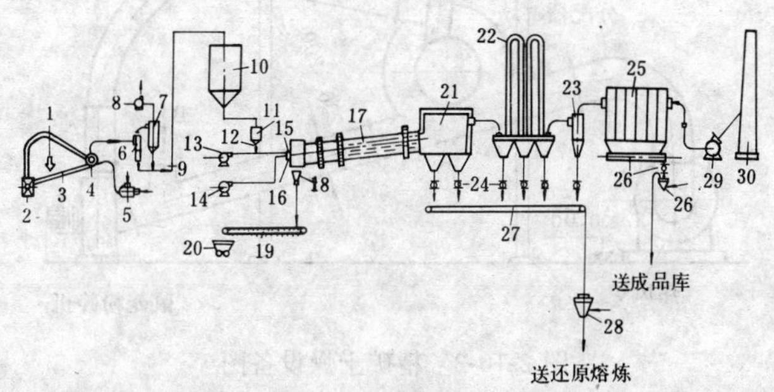

图 2-10-1　回转窑闪速挥发焙烧系统

1—给料漏斗；2—鼠笼破碎机；3—干燥环管；4—分配器；5—热风炉；6—旋涡收尘器；7—布袋收尘器（自动振打）；8—排风机；9—干精矿运输装置；10—干精矿仓；11—称量装置；12—给料装置；13—喷料风机；14—焙烧风机；15—精矿喷枪；16—燃油喷嘴；17—回转窑；18—炉渣排放装置；19—炉渣输送机；20—倒渣车；21—沉降室；22—表面冷却器；23—旋涡收尘器；24—锑氧排放装置；25—布袋收尘器；26—纯氧化物卸料装置；27—不纯氧化物输送机；28—不纯氧化物卸料装置；29—排风机；30—烟囱

南斯拉夫所用的回转窑挥发焙烧[5]的技术数据如下：

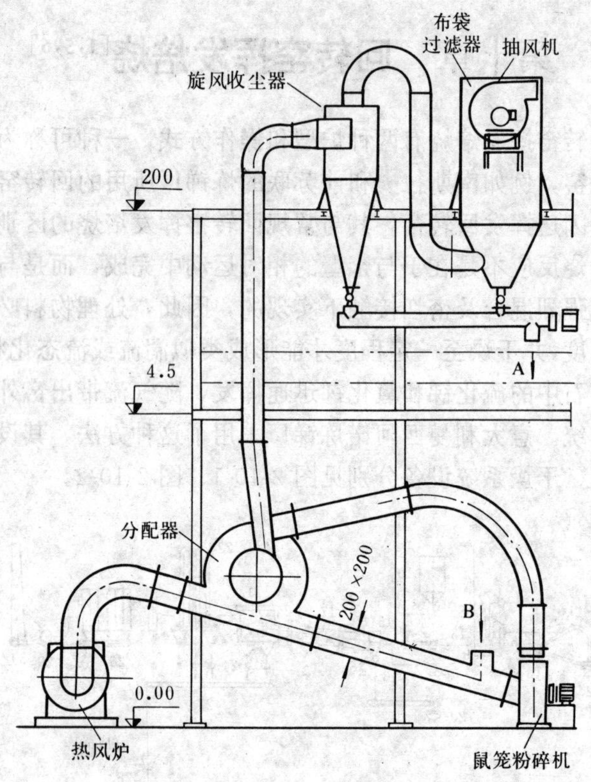

图 2-10-2 精矿干燥设备图

回转窑结构：长 26m，筒径 2m，加料口内径倾斜度 3%，粘土耐火砖衬 200mm，驱动马达 16kW，转速 0.3m/min，加料导管直径 280mm。

原材料：块状锑矿石占 20%～40%，含 Sb10%～20%，锑精矿占 60%～80%，块矿需破碎至 40mm，精矿平均含 Sb25%～27%，掺入粒度 3～5mm 占原料 20%～24%的无烟煤，不需干燥，水分达 6%～7%。

焙烧制度：窑内高温区 1100℃，物料停留时间 2～3h，烟气排出温度700～720℃，烟气经过收尘和布袋室后排入大气、收尘效率97%～98%。

设备能力：布袋过滤面积2600m²，抽风机能力120m³/h，处理矿石能力48～50t/d，重油消耗120kg/h，约相当标准燃料30%。

产物：所产锑氧的主要成分（%）为：Sb70～80，As1.3～1.5，Pb0.1～0.2，S0.6～0.65，锑的总回收率Sb90%，渣含Sb0.6%～0.8%。

故障和维修：焙烧25d，全窑长都有炉结15mm，每月需停炉清理2～3d。同时进行炉衬的小修，4个月以上大修一次。

前苏联低品位硫氧锑矿回转窑挥发焙烧[5]的技术数据如下：

回转窑结构和焙烧制度：大回转窑设备包括矿石和焦炭破碎机，烟气沉降室，表面冷却器（冷却面积1500m²），回转窑衬ϕ2.5m×40m，倾斜度2°30′，上段17m，粘土砖衬厚度为150mm，下段（长24m）300mm，转速0.75～2r/min，重油加热，高温区1250℃，烟柜330℃，布袋室进口97℃，出口50℃，窑渣用水力冲入渣池。

原材料：处理的矿石为低品位氧化矿，其中高价氧化物占1.34%，Sb_2O_3占0.04%、Sb_2S_3占0.15%、$As_2O_3$0.04%～0.1%，水分1.5%～3.0%，脉石石英占50%、还原剂为焦粉，每吨矿石331kg，燃料为重油，每吨矿石55kg。

设备能力和产物：所产锑氧含Sb25%左右，As0.44%，Pb2.0%，$SO_2$80%，Fe0.5%～0.6%，处理矿石能力为113t/d。

故障和维修：焙烧产生的炉结，可用停加矿石，单加焦粉烧掉，也可停炉用机械清除。

处理了4200t矿石的结果与采用重-浮选工艺比较，回转窑挥发焙烧处理品位低于4.5%～5%的锑矿石经济上不合算。

闪速挥发焙烧系统各部分的作业指标[7]：

精矿干燥：精矿最佳粒度应为100%通过100目，其中80%为200目，水分6%～8%，干燥后降至0.5%，热风炉用低压喷嘴烧油，精矿处理量1000kg/h，气流量5000m³/h，入口空气温度

250℃，出口温度120℃。

回转窑：ϕ1.8～12m，斜度3%，可调转速，最高0.5r/min，喷料管内气流速度为7～10m/s，入窑后物料扩散角约30°，窑内温度分布情况为窑头（低端）700℃，离窑头5～6m处1200℃，窑尾850℃，窑内高温区长约6～8m，1200℃；正常操作中不需烧油，当处理量为0.6t/h时，油耗为30～50kg。回转窑衬里每年局部修理两次，年平均维修时间15～20d，窑渣每周清理一次。

收尘：含杂质较多的粗粒氧化锑大部分在沉淀室沉集，布袋室捕集的部分氧化锑占总量的60%，洁白微细，含Sb品位达80.5%，杂质中Fe为0.1%，As0.4%，可作商品直接出售，其余均送反射炉还原熔炼成金属锑。

焙烧烟气含$SO_2$8%～12%，经布袋室降为3%～4%，用水洗法除砷、汞和SO_2，然后中和，返回选厂使用，排入大气的烟气尚含$SO_2$1.5%。

生产规模：年处理精矿3000t、SO_2烟气未利用制酸。

曼西阿诺厂及土耳其某厂回转窑设计数据见表2-10-1。

表2-10-1　曼西阿诺厂及土耳其某厂回转窑设计数据

闪速焙烧设计数据	曼西阿诺厂	土耳其某厂
回转窑焙烧部分		
精矿处理量/$t \cdot h^{-1}$	设计1.00　一般0.60	设计1.00　一般0.73
精矿成分/% Sb	51	59.36
As	0.85	0.42
Pb	1.70	0.10
S	23.4	27
精矿最佳粒度/目	80%－200，100%－100	同左
精矿湿度/%	0.5～3.0	0.5～3.0
气体量/$m^3 \cdot h^{-1}$	4400	5400
窑内最高温度/℃	1200	1200
烟气排出温度/℃	800	800

续表 2-10-1

闪速焙烧设计数据	曼西阿诺厂	土耳其某厂
回转窑规格		
长度/m	12	12
直径/mm	1800	2400
窑体钢板厚/mm	20	20
内衬厚度/mm	150	150
斜度/%	3	6
传动马达功率/kW	7	8
转速/$r \cdot min^{-1}$	0.5	0.5
沉降室（烟柜）		
耐火衬里		
质量含 Al_2O_3/%	32	32
厚度/mm	250	250
进口气体流量/$m^3 \cdot h^{-1}$	4400	5400
出口气体流量/$m^3 \cdot h^{-1}$	9300	11400
烟气最大含尘量/$g \cdot m^{-3}$	200	200
进口烟气温度/℃	800	800
出口烟气温度/℃	400	400
收尘烟气和烟尘		
焙烧烟气含 SO_2/%	1.2	1.2
气体流量/$m^3 \cdot h^{-1}$	9300	11400
气体温度/℃	250	250
烟气含尘量/$g \cdot m^{-3}$	30	30
烟尘假密度/$t \cdot m^{-3}$	0.8～1.0	0.8～1.0
烟尘粒度/mm	0.1～0.15	0.1～0.15
布袋过滤速度/$m \cdot min^{-1}$	0.44	0.44

第十一章　其他挥发焙烧设备[1,5]

早在50年代，北京有色金属研究总院及锡矿山矿务局都进行过硫化锑精矿的沸腾炉挥发焙烧。前苏联在60年代曾用低品位高价氧化锑矿石、选矿厂尾矿及湿法炼锑残渣进行了沸腾焙烧获得含Sb30%～33%的氧化锑；又对低品位硫化-氧化锑矿石用烧结机进行了挥发焙烧，获得含Sb46.5%的布袋尘，均达到了富集的目的。为了寻找有效的浮选锑精矿的挥发焙烧，还进行了飘悬焙烧。只因沸腾和飘悬两种炉型处理锑精矿时所产锑氧夹杂有飞扬的脉石，不适于在反射炉内进行还原熔炼，尚未被工业生产上采用。以下介绍这些高效的挥发焙烧设备。

一、沸腾炉挥发焙烧

锡矿山矿务局用长1.5m、宽0.8m、炉床面积1.2m^2、有效高度4.2m（见图2-11-1）的沸腾炉进行了扩大试验，其综合条件试验及所得结果如下：

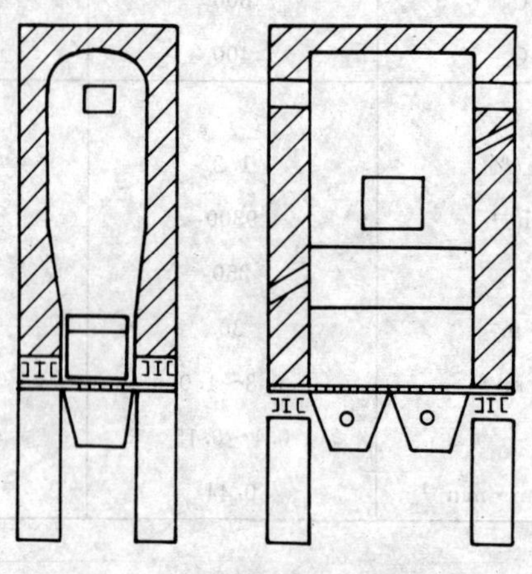

图2-11-1　扩大试验所用的沸腾炉

试料：浮选锑精矿的成分（%）：Sb51.1，S19.76，$Fe_2O_3$4.15，$Al_2O_3$5.03，$SiO_2$17.12，CaO2.76。

无烟煤成分（%）：固定碳 85.11，挥发物 4.73，灰分 10.16，－1.5mm 及－1.5～1.5mm 各占 50%。

试验条件：料层温度 780±20℃，室温时的直线速度 0.7m/s，折合沸腾层温度下的线速度为 2.8m/s，沸腾层高度 0.8m，矿：煤＝100：40，床能率 9t/m^2。

测定的金属平衡见表 2-11-1

表 2-11-1　沸腾焙烧扩大试验的金属平衡

收入					支出					
原料	重量/t	含锑成分/%	含锑重/t	分布/%	产物	重量/t	含锑成分/%	含锑尘/t	分布/%	合计
浮选精矿	22.5	51	11.47	100	布袋氧	3.493	80.1	2.8	48.80	
					风鼓前氧	2.632	78.84	2.28	20.00	62.5
					风鼓后氧	2.685	76.94	2.08	17.70	
					旋涡料	2.413	66	1.585	13.70	
					旋涡前料	1.216	45.92	0.56	4.99	30.5
					火柜料	1.946	4.1	0.8	7	
					炉渣	4.4	18.1	0.8	7	7.0
					其他			0.561	4.90	
共计	22.5		11.47	100	共计	18.765		11.47	100	100.0

前苏联建立了一座 20m^2 工业试验沸腾炉处理氧化锑矿石及选厂尾矿，其结构见图 2-11-2，作业条件及主要指标如下：

原料及作业条件：最佳粒度 1.5～2.0mm，沸腾层高 1.5m，矿石和燃料，装料高度 900mm，空气压力 2942～9806Pa，空气直线速度 140～170mm/s。

作业指标：沸腾层温度 1000～1010℃，炉顶温度 920～940℃，煤耗 2.3t/h，工业空气消耗 8000m^3/h。

产物：在布袋室和淋洗塔及文氏管收集的锑氧含 Sb30%～

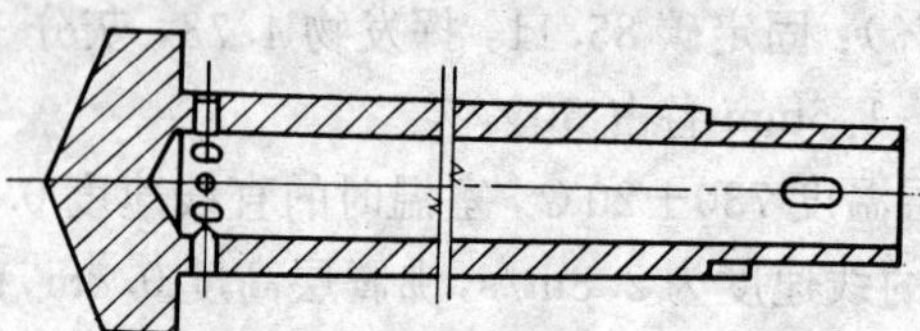

工业沸腾炉风帽

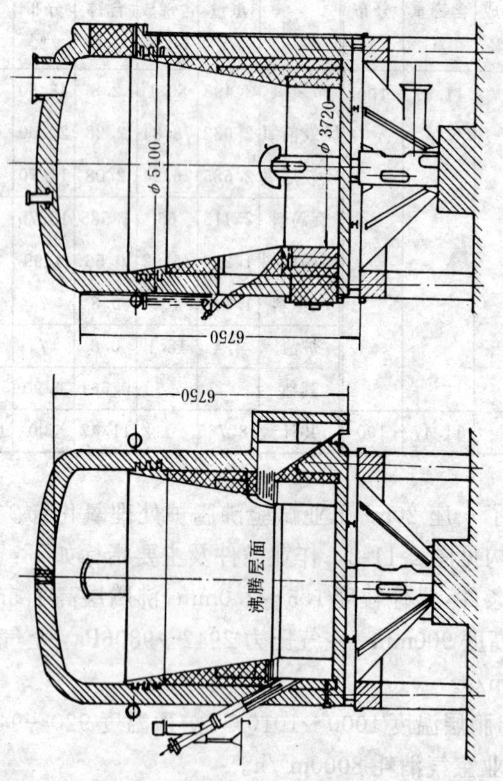

图 2-11-2　前苏联工业型试验沸腾炉

33%，其中90%以上为Sb_2O_3，仅1.7%～6%为Sb_2S_3。锑氧中锑回收率可达80%。

二、烧结机挥发焙烧[5]

前苏联烧结机挥发焙烧低品位氧化-硫化锑矿石试验条件及结果如下：

最佳条件：矿石含锑1.35%～2.3%，粒度不大于15mm，焦粉粒度10～15mm，焦耗为矿石的10%～12%，料层厚度小于300mm，空气通过料层速度0.3～0.5m/s，料层最高温度1400～1600℃。

最佳结果：锑挥发率大于90%，渣含锑0.08%～0.10%。

前苏联处理选厂尾矿和炉渣的烧结机挥发焙烧的试验数据如下：

矿料含锑成分/%	0.75～0.85
炉料水分/%	14～18
烧结机有效面积/m^2	0.3
料层厚度/mm	220
炉料在带上停留时间/h	0.5
焙烧产物/%	
烧渣	68.4
旋涡尘	0.03
布袋尘	1.4
集气管尘	0.47
焙烧产物含锑/%	
烧渣	0.08～0.01
旋涡尘	3.8～3.9
布袋尘	46.5
集气管尘	1.4～1.6
烟气量/m^3/t	2500～3000
烟耗/%	13.5
柴油消耗/kg/t	44.0

烧结机单位生产能力/t/(m²·d)　24(处理炉渣)12(处理尾矿)

烧结渣含锑成分/%　0.7

三、飘悬挥发焙烧[1]

我国锡矿山矿务局1960～1961年利用原有的冷凝收尘设备进行了浮选锑精矿的飘悬焙烧试验。所建炉体喷料嘴至炉底8.5m，容积21m³，外砌红砖，内衬粘土耐火砖，四周用巨型钢轨作攀柱，用20mm圆铁拉固。全部设备系统见图2-11-3。

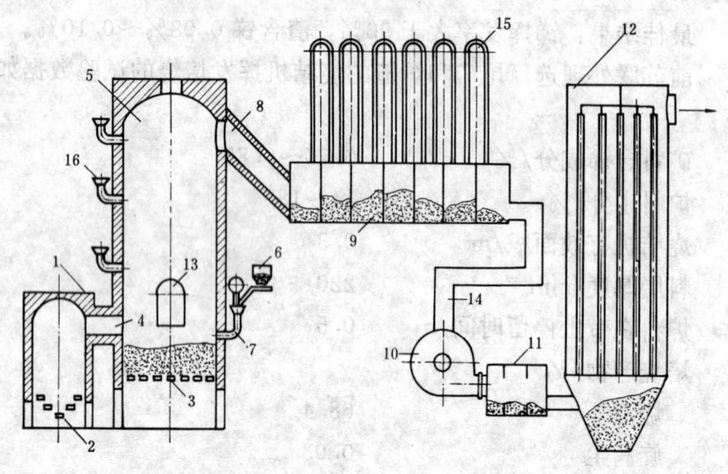

图2-11-3 飘悬焙烧设备示意图

1—煤气炉；2—炉桥；3—飘悬炉炉桥；4—煤气口；5—飘悬炉；6—圆盘给料机；7—喷嘴；8—出炉烟道（鹅颈）；9—冷凝收尘系统；10—抽风机；11—烟道；12—布袋室；13—工作门；14—烟道；15—冷凝管；16—备用喷嘴

飘悬焙烧的炉体曾试用漏斗形、沸腾层形及固定床形等类型，前两种挥发不完全，渣含锑都在10%以上，后一种也由于所产锑氧含有脉石灰尘，不符合反射炉还原熔炼的要求，同时渣含锑仍偏高，有待进一步改进。

第十二章 硫化锑精矿的鼓风炉挥发熔炼[1]

硫化锑精矿鼓风炉挥发熔炼是在低料柱、薄料层、高焦率、热炉顶的鼓风炉内实现的。在熔炼过程中，含锑物料中的硫化锑挥发氧化，同时脉石造渣由炉缸放出，主要产物是在冷凝系统内升华的氧化锑。这种鼓风炉挥发熔炼硫化锑精矿的方法，有别于国外炼锑鼓风炉的还原熔炼，是中国在1963年试验成功的一项炼锑新工艺，经20余年的实践，通过不断地改进和提高，鼓风炉挥发熔炼已成为中国炼锑的主要方法之一，国内主要炼锑厂竞相采用，锡矿山矿务局则已先后建成$1m^2$、$2m^2$、$2.4m^2$的鼓风炉各1座，鼓风炉产出的锑氧含锑量，自1980年以来已占该局所有焙烧设备产出的锑氧含锑总量的60%以上。

湘西金矿于1966年建成$0.84m^2$鼓风炉，现已扩大为$1.2m^2$，直井焙烧炉已不复存在，该矿采用鼓风炉后，机械化程度提高，从而改善了劳动条件，而且金、锑的产量和回收率都有了较大的提高，金的回收率由原来的45%～50%提高到94.6%～95.5%，锑的回收率由75%～80%，提高到91%～93.6%。

第一节 挥发熔炼的热力学

浮选精矿加入石灰作粘结剂，压制成团矿作为主要原料。鼓风炉批料由铁矿石、焦炭和团矿组成，铁矿石和焦炭的成分及团矿的合理组成，列于表2-12-1和表2-12-2。

表2-12-1 铁矿石和焦炭的成分/%

名称	SiO_2	CaO	Al_2O_3	MgO	Fe	C	挥发份	S
焦炭	5.735	1.12	3.64	0.34	2.99	79.25	6.75	2.27
铁矿石	9.39	18.71	6.56	1.78	Fe_2O_3 47.86			

表 2-12-2　团矿合理组成

物相	Sb_2S_3	Sb_2O_4	Sb_2O_3	FeS_2	FeAsS	CaO①	MgO②	Al_2O_3	SiO_2	Fe_2O_3
成分/%	68.18	4.47	0.30	3.44	0.14	3.60	0.39	1.58	13.61	1.10

①CaO 中 $CaCO_3$ 占 0.76%；

②MgO 中 $MgCO_3$ 占 0.68%。

挥发熔炼工艺的特点是炉顶温度在 800～1100℃以上，炉料入炉就立即经受高温作用，剧烈地进行干燥脱水、离解、挥发、氧化和造渣等物理化学变化，以下反应中（1）～（4）进行得迅速而彻底：

$$CaCO_3 \xlongequal{\triangle} CaO + CO_2 \tag{1}$$

$$MgCO_3 \xlongequal{\triangle} MgO + CO_2 \tag{2}$$

$$FeS_2 \xlongequal{\triangle} FeS + S \tag{3}$$

$$4FeAsS \xlongequal{\triangle} 4FeS + AsS \tag{4}$$

$$2/3FeS + O_2 = 2/3FeO + 2/3SO_2 \tag{5}$$

$$2/9Sb_2S_3 + O_2 = 2/9Sb_2O_3 + 2/3SO_2 \tag{6}$$

$$S + O_2 = SO_2 \tag{7}$$

$$C + O_2 = CO_2 \tag{8}$$

$$2CO + O_2 = 2CO_2 \tag{9}$$

$$2C + O_2 = 2CO \tag{10}$$

$$1/2CH_4 + O_2 = 1/2CO + H_2O \tag{11}$$

$$1/7.5C_6H_6 + O_2 = 6/7.5CO_2 + 3/7.5H_2O \tag{12}$$

$$Sb_2S_3 + 2Sb_2O_3 = 6Sb + 3SO_2 \tag{13}$$

$$9Sb_2O_4 + Sb_2S_3 = 10Sb_2O_3 + 3SO_2 \tag{14}$$

$$Sb_2O_4 + CO = Sb_2O_3 + CO_2 \tag{15}$$

挥发熔炼的机理：根据伊林汉图计算出与 1mol 氧结合的反应（5）、（6）的自由焓以及焦炭的燃烧反应（7）～（10）的自由焓。

锡矿山炼锑厂使用的焦炭含挥发物高达 6%以上，挥发分主要为烃类，这里只计算其中的甲烷和苯的氧化反应，即反应

(11)、(12) 连同上面 6 个氧化反应的自由焓变化绘成如图2-12-1所示曲线。

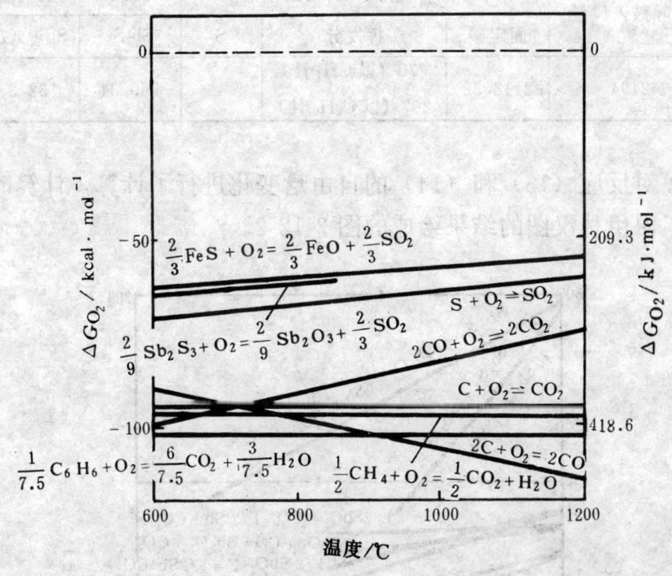

图 2-12-1　氧化反应自由焓与温度的关系

由图 2-12-1 可以大致估计出这些物质的氧化反应顺序为：碳及挥发分-硫-硫化锑-硫化亚铁。

又根据工艺条件,炉料配比为团矿：焦炭：铁矿石＝100：30：26.7，处理团矿能力为 28t/ (m^2 · d)，鼓风量 48.5m^3/ (m^2 · min)，以处理 1t 团矿为基数，计算出物料所需的理论空气量，结果见表 2-12-3。

结合上面自由焓分析可知，经风口鼓入的风量实际上几乎只能满足焦炭燃烧所需的空气量，至于三硫化锑在料层中能取用的空气是极为有限的。

因此，从自由焓变化和工艺计算以及蒸气压曲线看出，浮选锑精矿入炉后，其中的三硫化锑将优先挥发，然后在烟气气流中再氧化成三氧化锑。

表 2-12-3 处理 1t 团矿所需理论空气量/m^3

实际鼓入风量	配入 300kg 焦炭所需空气量			1t 团矿所需空气量	
	固定碳	挥发分	S	Sb_2S_3	$S_{反应}$ (7)
2494	2113.32	270（以 CH_4 计） 207（以 C_6H_6 计）		960.34	32.3

对反应（13）和（14）的自由焓变化进行了计算，计算时参考了由伊林汉图的结果绘成的图 2-12-2。

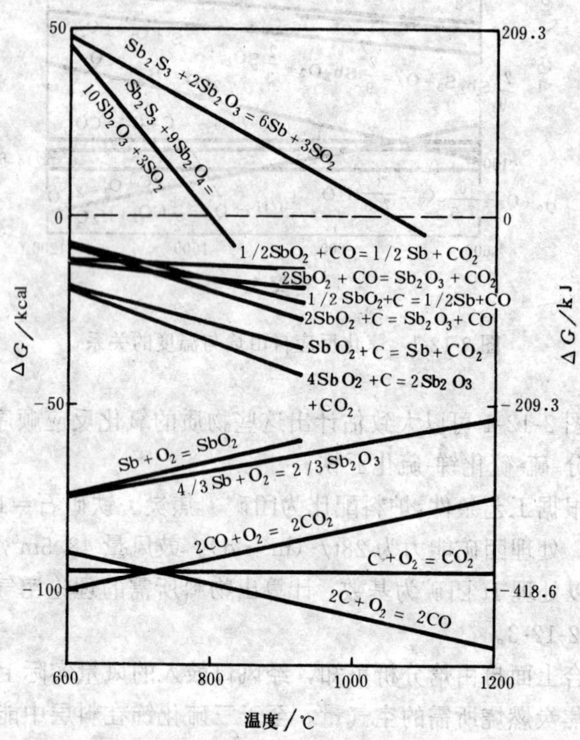

图 2-12-2 有关反应自由焓与温度的关系

团矿中还有 4.47%的 Sb_2O_4，这种氧化物不挥发、难熔化，从而反应（14）有利于金属的收回。

第二节　鼓风炉的结构

现代挥发熔炼所用的鼓风炉是半水套鼓风炉，横截面可为圆形、矩形或椭圆形，圆形炉用于生产量较小的工厂，矩形炉或椭圆形炉用于产量较大的工厂，炉子的高度远较其他熔炼鼓风炉低，总高（不包括加料装置）一般为4500～7000mm，有效高度（风口中心至炉气排出口中心）为2500～4000mm，其中水套高为900～1500mm，风口区的直径或宽度为800～1100mm。

图2-12-3为锡矿山矿务局$2m^2$鼓风炉示意图。通常挥发熔炼鼓风炉分炉顶（包括加料装置）、炉身、炉缸和前床等部分。

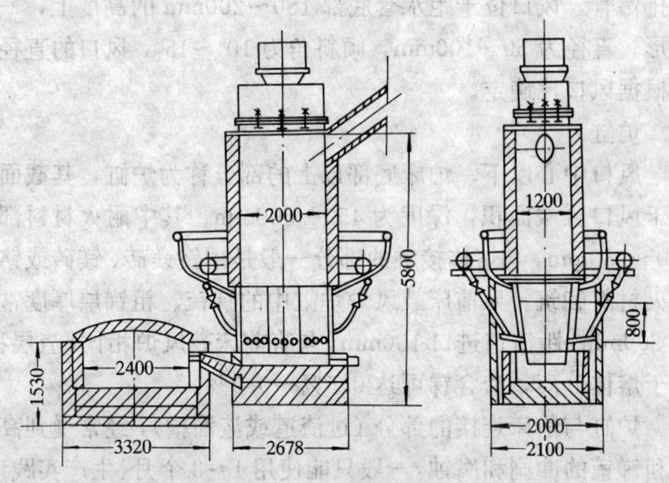

图2-12-3　挥发熔炼鼓风炉

炉顶

因为挥发熔炼鼓风炉采用高温炉顶作业，所以烟气量大且温度高，不仅要求炉顶要密闭而且要求能承受高温。一般采用双料钟加料装置，下料钟装有水冷却结构，生产实践说明，耐热铸钢的下料钟只能使用十多天，铸铁下料钟3～5d就烧坏。加料装置也有采用单料钟结构的，这就更须注意炉顶的密闭问题。为此生产上实行加料时停止向炉内送入空气、通过放风阀放走空气的操作，料钟的起动可用气动或简单的机械传动。

炉身

炉身上部用耐火粘土砖砌筑，下部用水套或汽化冷却水套构成，在炉身上部开有炉气排出口，矩形炉或椭圆形炉的排出口开在端部（即矩形的短边）。

水套或汽化水套高 900～1500mm，水冷水套用普通钢板制作，汽化冷却水套用锅炉钢板制作，水套内壁钢板厚度为 12～15mm，外壁厚为 10～12mm，内腔尺寸为 100～120mm，侧水套有一个 5°左右的倾斜角（即炉腹角）。汽化冷却水套在最下部还装有排污管，风口位于距水套底部 150～200mm 的高度上，一般为圆形，直径为 50～100mm，倾斜角为 10°～15°，风口的直径和个数根据风口比确定。

炉缸

风口中心以下、炉床底部以上的部分称为炉缸，其截面积略小于风口区截面积，深度为 450～500mm，其中耐火材料部分高 300～350mm，与熔体接触的部分一般是用铬镁砖、镁砖或铬铝质耐火材料砌筑。无前床鼓风炉炉缸中的锑锍、粗锑层厚度常控制在 200mm，距渣道进口 150mm，与有前床鼓风炉相比，渣层稳定，利于熔体分离，渣含锑可达 0.5%～0.9%。

炉缸与前床连接的部分（过渣道或渣溜槽），经常受到高温炉渣和锑锍的冲刷和腐蚀，一般只能使用 1～3 个月，生产实践证明，用铬铝质材料砌筑这个部位，效果较好。铬镁砖或镁砖次之，咽喉口和过渣道是鼓风炉的关键部位，砌筑工作要特别仔细。

目前炉缸与前床连接的方式有两种，过渣道式咽喉口和渣溜槽式咽喉口（见图 2-12-4）。

前床

前床由炉膛和火室组成，外围铸铁板内砌耐火砖（中填保湿材料），虹吸锑锍放出口最好用铬渣砖砌筑，其余部分可用粘土耐

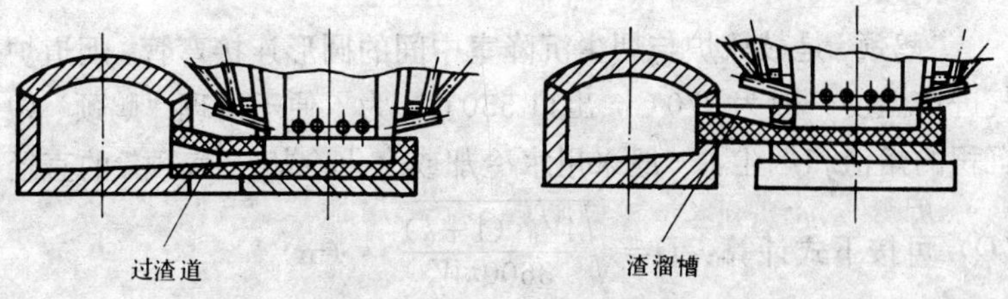

图 2-12-4　炉缸与前床连接方式

火材料。前床外围用支柱和拉杆紧固。炉膛熔池容积按每 4h 放渣一次，每班放锑锍一次，熔池的深度为 500～700mm，前床的烟气从炉尾排出。为降低能耗，节约投资，近年来有的小鼓风炉也有不设前床，当处理含金锑矿时宜考虑渣含金后再作取舍。

第三节　挥发熔炼的冷凝系统

冷凝收尘系统主要是由“鹅颈”烟尘沉降室、汽化冷却器或水冷却器表面冷却器、抽风机和布袋室组成（见图 2-12-5）。

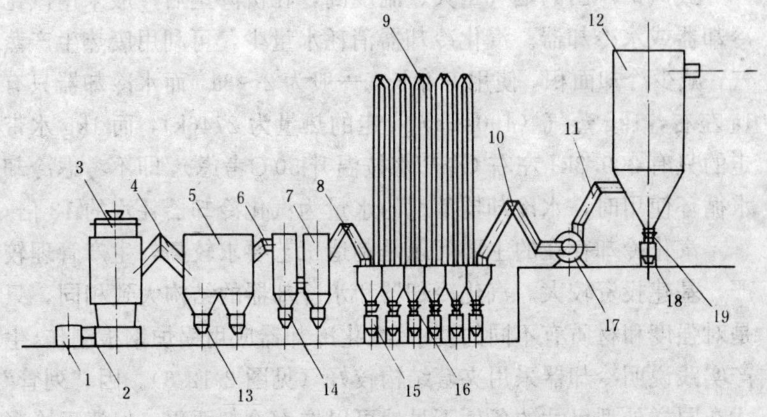

图 2-12-5　鼓风炉冷凝收尘系统示意图

1—前床；2—过渣道；3—鼓风炉；4—鹅颈；5—烟尘沉降室；6，8，10—连接烟道；7—汽化冷却器；9—表面冷却器；11—布袋室分配烟道；12—布袋室；13、14—闸门；15、18—锑氧输送泵；16，19—圆盘闸门；17—抽风机

鹅颈

“鹅颈”是鼓风炉与烟尘沉降室中间的圆形连接弯管，烟道炉气进口温度一般为970℃，出口550℃，为了便于清理“鹅颈”中沉积的熔渣和烟尘，一般采用水冷却或汽化冷却。“鹅颈”的直径（D）可按下式计算：$D=\sqrt{\frac{4V_0(1+k)}{3600\pi W}}$ （m）

式中 V_0——烟气量，m^3/h；

k——漏风系数，一般取1∶1；

W——炉气在“鹅颈”中的流速，一般取12m/s左右。

在“鹅颈”上开有清理孔，在不影响操作的情况下，“鹅颈”长度尽可能短。

烟尘沉降室

烟尘沉降室的主要作用是沉降炉气中的粗颗粒烟尘并使炉气中的硫化锑蒸气在此进一步氧化。它可全部用粘土质耐火砖砌筑，上部也可用耐火砖砌筑，下部用水冷却漏斗的结构。

汽化冷却器和水冷却器

鼓风炉产出的烟气量大、温度高，在沉降室后一般采用汽化冷却器或水冷却器。汽化冷却器消耗水量少，可利用废热生产蒸气，减少冷却面积，使用寿命长，一般为2～3a，而水冷却器只有1a左右，1kg蒸气（490kPa）带走的热量为2746kJ，而1kg水带走的只有209.3kJ左右（冷却水按温升50℃考虑），即不考虑冷却水循环使用时，水冷却器消耗的水量为汽化冷却器耗水的13倍。

汽化冷却存在的主要问题是制造工艺要求较高，生产管理较严，基建投资较大。汽化冷却器和水冷却器的结构大致相同，只是对强度和材质有不同的要求。汽化冷却器应用锅炉钢板制作，生产实践说明冷却器采用夹套结构较好（见图2-12-6）。因“列管”式在同样外型尺寸的条件下虽然可以增大冷却面积，但清理冷凝管上冷凝的锑氧较困难。冷凝器可放置在砖烟柜上，也可放置在金属支架上并在下部安装漏斗。

冷却器产出的锑氧一般为粉结锑氧，不能用风动输送。为了

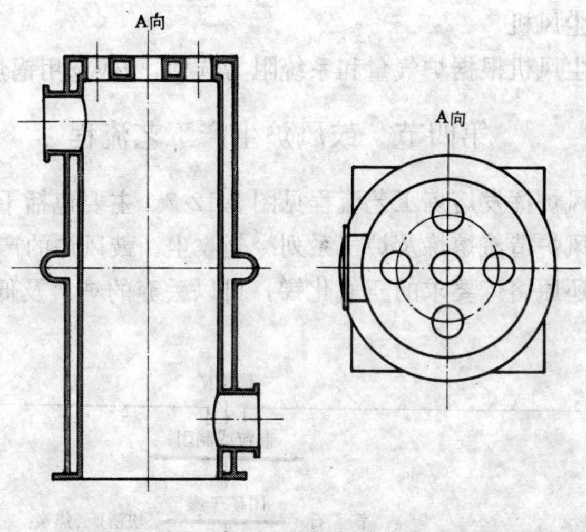

图 2 12 6　冷却器结构

在冷却器后面产出粉状锑氧必须控制冷却器出口的炉气温度为500℃左右。

表面冷却器

进入表面冷却器的炉气温度要求控制在500℃以下。温度过高炉气中还含有三氧化锑蒸气，会在冷凝管和集尘漏斗中凝结堵塞冷凝管和漏斗，使抽风减弱或使锑氧从漏斗中难以放出，在漏斗下部采用风动输送锑氧时，需要严格控制进入表面冷却器的炉气温度，否则难以风动输送锑氧。

表面冷却器直径为100mm，冷凝管的高12m，为倒U形，每组冷却管的散热面积为30m²，其下部为钢板集尘漏斗，沉积在漏斗中的锑氧可用锑氧输送泵或其他输送设备送至锑氧仓或反射炉配料台。

滤烟布袋室

布袋室是冷凝收尘系统的最后一个环节，随炉气进入布袋室的锑氧量为锑氧总量的50%左右，用工业毛呢或涤纶绒布时要求炉气温度在100～120℃，过滤速度一般取0.3～0.35m/min。

排尘风机

排尘风机根据炉气量和系统阻力选型，一般选用锅炉引风机。

第四节 鼓风炉生产工艺流程

鼓风炉挥发熔炼工艺流程见图 2-12-7，主要包括干团矿的制备，鼓风炉造渣熔炼及炉气系列冷凝收尘。鼓风炉的产物需符合反射炉还原熔炼要求的三氧化锑，可以丢弃的炉渣及低浓度 SO_2 废气。

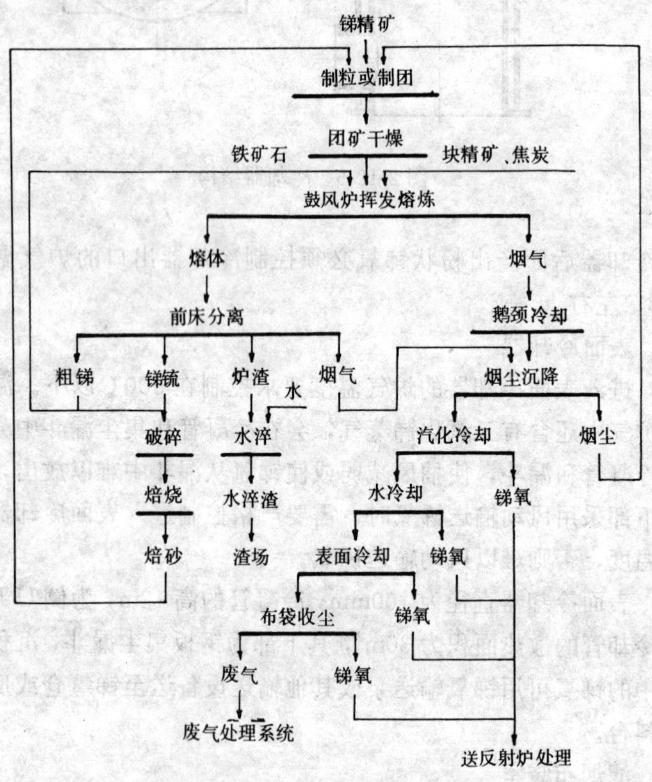

图 2-12-7 鼓风炉挥发熔炼工艺流程图

第五节　鼓风炉熔炼对炉料的要求

精矿含锑品位至少应在40%以上，表2-12-4示出两种不同品位的精矿在鼓风炉挥发熔炼中的主要经济效果的对比。

表2-12-4　不同精矿品位鼓风炉挥发熔炼的经济效果对比

精矿品位/%	渣率/%	渣含锑/%	渣损失率/%	每吨锑消耗/kg		
				焦炭	铁矿石	烟煤
46	59.91	0.74	0.9	906	934	123
28.73	133.77	0.73	3.62	1921	4361	305

锑精矿中常见的易挥发杂质主要是砷和铅，在熔炼过程中90%以上的砷和70%～80%的铅挥发进入锑氧（如果锑锍和粗锑是返回鼓风炉处理，则砷和铅除极少量进入炉渣外将全部进入锑氧）。为了提高锑氧质量，改善精炼技术指标，最好是在熔炼前通过选矿或其他方法分离出精矿中易挥发的杂质金属。

鼓风炉只宜处理块状物料。粉状精矿必须先压制成团矿，并且在入炉前必须筛除粉料，否则产出的返粉量（沉降室烟尘）可达团矿量的10%左右，含锑量为入炉含锑量的15%左右，这相当于鼓风炉利用系数和直收率降低15%，熔炼消耗增加15%；如果再考虑粉尘进入锑氧对反射炉的影响，那损失就会更大。

第六节　鼓风炉熔炼主要技术条件

生产实践表明，挥发熔炼的料柱由风口中心到料面的高度，在加料前应为300～500mm，加料后为600～800mm。料柱过高，易产生炉结，风口易挂渣，形成“空洞”，并向炉子中心延伸，严重时会使炉缸或过渣道冻结；料柱过低，则底焦层薄，炉渣和锑锍的过热温度低，粘度大，流动性差，严重时也会使炉缸和过渣道冻结。

鼓风炉挥发熔炼选用SiO_2-FeO-CaO为主的多元渣是合适的，炉渣的化学成分（%），一般为$SiO_2$40～42，FeO28～30，CaO20

左右，Al_2O_3 及其他 10 左右。

计算熔剂量是以 100kg 精矿（或团矿）为基础，按选择的渣型和原材料及焦炭的化学成分进行计算。现举例如下：

已知原材料的化学成分，列入表 2-12-5。

表 2-12-5　鼓风炉料原材料的化学成分/%

名称	Sb	As	S	SiO_2	FeO	CaO	Al_2O_3
团矿	46.27	0.107	19.60	14.06	4.95	3.23	2.69
铁矿石				8.07	44.65	17.59	7.57
石灰石				5.48	0.87	50.50	1.33
焦炭				7.00	4.02	1.13	0.81

注：表中的 FeO 系由 Fe_2O_3 换算而来。如果精矿的铁有一部分是以黄铁矿的形态存在，计算时要考虑进入锑锍的铁。

假设所选炉渣的成分（%）为：$SiO_2$40，FeO30 和 CaO20，焦炭为团矿量的 40%，则铁矿石和石灰石的需要量可如下计算：

设铁矿石和石灰石的需要量分别为 $x$kg 和 $y$kg，则各种物料带入的 SiO_2、FeO、CaO 量可列如表 2-12-6。

表 2-12-6　入炉物料中 SiO_2、FeO 和 CaO 的成分

物料名称	重量/kg	各组分重量/kg		
		SiO_2	FeO	CaO
团矿	100	14.06	4.95	3.23
焦炭	40	2.80	1.61	0.145
铁矿石	x	$0.0807x$	$0.4465x$	$0.1759x$
石灰石	y	$0.0548y$	$0.0087y$	$0.505y$

整理表 2-12-6 得：

$$SiO_2=16.86+0.0807x+0.0548y$$

$$FeO=6.56+0.4465x+0.0087y$$

$$CaO=3.68+0.1759x+0.505y$$

根据所选渣型可列出以下方程：

$$\frac{16.86 + 0.0807x + 0.0548y}{6.56 + 0.4465x + 0.0087y} = \frac{40}{30} \tag{1}$$

$$\frac{16.86 + 0.0807x + 0.0548y}{3.68 + 0.1759x + 0.505y} = \frac{40}{20} \tag{2}$$

解方程（1）和（2）得：x=16.3kg、y=5.32kg，即100kg团矿需要加入铁矿石16.3kg、石灰石5.32kg。

批料重量计算：一般按每批焦炭在炉内的高度为150～200mm计算焦炭量，然后再根据焦率和熔剂率分别计算出批料的精矿量（或团矿量）和熔剂量。

例如计算2m² 鼓风炉的批料量。已知焦率为团矿量的40%，铁矿石率和石灰石率分别为16.3%和5.32%，焦炭的假密度为600kg/m³，取每批焦炭在炉内的高度为200mm，则：

焦炭量=2×0.2×600=240（kg）

团矿量=240×0.4=96（kg）

铁矿石量=600×16.3%=97.8（kg）

石灰石量=600×5.32%=31.92（kg）

鼓风炉的焦率：由于硫化锑在炉内直接挥发或氧化后再挥发的数量难以测定，所以不能由热平衡求得，而由试验或生产实践确定鼓风炉挥发熔炼的焦率一般为炉料量的20%～25%或为精矿量的30%～45%。

鼓风炉内的风量：根据炉内化学反应需要的理论空气量，再过量0.1～0.2倍考虑，挥发熔炼的鼓风量一般为60～80m³/（m²·min）。

风压：主要取决于炉内的反压力，反压力又取决于炉料的高度、炉料的物理性质、鼓风量、鼓风区面积、焦炭的性质和焦率等因素。挥发熔炼的鼓风压力一般为7999～10666Pa。

第七节 鼓风炉挥发熔炼的产物

锑氧

锑氧是鼓风炉熔炼的主要产物，其中除三氧化锑外，还含有易挥发的金属（砷、铅等）氧化物和飞扬的脉石，表 2-12-7 所列为不同沉降地点所产锑氧的化学成分：

表 2-12-7　鼓风炉所产各种锑氧的化学成分/%

锑氧名称	Sb	As	S	Pb	Cu	Fe
水冷却器锑氧	69.04	0.16	0.38	0.11	0.0021	1.21
表面冷却器锑氧	79.36	0.32	0.34	0.064	0.001	0.19
布袋室锑氧	81.25	0.31	0.35	0.13	0.001	0.063

挥发熔炼产出的锑氧中 90%左右是粉锑氧，其余 10%左右是粉结锑氧。熔炼品位较高的精矿时，锑氧平均含锑可达到 80%左右，能满足反射炉还原熔炼的要求。

锑锍和粗锑

锑锍和粗锑是鼓风炉挥发熔炼的中间产物，锑锍不能送反射炉处理，粗锑含铁较高，也不适宜直接送反射炉提取金属锑，一般是返回鼓风炉处理。

粗锑和锑锍的产出率主要与料柱高度、鼓风量和精矿的成分有关，表 2-12-8 为某两炼锑厂的团矿成分与锑锍和粗锑产出率的关系。

表 2-12-8　炼锑厂所用团矿成分及锑锍、粗锑产出率/%

<table>
<tr><th rowspan="2">编号</th><th colspan="7">团矿化学成分</th><th colspan="2">锑锍</th><th colspan="2">粗锑</th></tr>
<tr><th>Sb</th><th>As</th><th>Pb</th><th>S</th><th>SiO_2</th><th>CaO</th><th>Fe</th><th>产出率</th><th>含锑率①</th><th>产出率</th><th>含锑率①</th></tr>
<tr><td>1</td><td>50.06</td><td>0.083</td><td>0.14</td><td>19.97</td><td>11.06</td><td>3.97</td><td>2.98</td><td>4.45</td><td>0.44</td><td>1.92</td><td>3.03</td></tr>
<tr><td>2</td><td>38～44</td><td>0.7～0.8</td><td>0.1～0.15</td><td>25.27</td><td>13～15</td><td>0.8～1</td><td>8～11</td><td>13～16</td><td>1.3～2</td><td>4～6</td><td>8～10</td></tr>
</table>

①含锑率是指粗锑和锑锍的含锑量与入炉炉料含锑量之比。

生产实践证明，如果锑锍产出率高（如 2 号）不能全部返回鼓风炉处理，表 2-12-9 所列为所产粗锑和锑锍的化学成分。

表 2-12-9　所产锑锍及粗锑的化学成分/%

编　号	锑锍化学成分			粗锑化学成分		
	Sb	Fe	S	Sb	Fe	S
63-11-27	4.70	64.44	26.4	50.32	40.03	9.65
11-30	4.60	64.69	24.84	63.60	22.24	5.63
12-6	7.85	62.92	24.12	75.43	13.80	3.50
12-12	4.57	64.96	25.76	86.32	10.33	2.07
9-19	1.90	67.54	24.90	91.40	7.49	1.15
66-7-4	6.30	58.12	24.92	52.32	33.14	11.65

炉渣

炉渣是由脉石和焦炭灰分形成的各种低熔点硅酸盐，也含有少量的金属硫化物和金属粒子。

据测试，把含锑 1.43%的炉渣置于坩埚中重新熔化，则有锑锍在坩埚底部析出，渣含锑可降低到 0.83%，析出的锑锍成分（%）为：Sb8.2，Fe59.36 和 S15.06，因此在熔炼过程中创造锑锍和粗锑与炉渣的分离条件，是降低渣含锑的有效措施，在鼓风炉炉膛一侧设置前床即此缘故。但某些小鼓风炉也有不设前床而加深炉缸，以利锑锍和粗锑的沉降。

炉渣含锑一般低于 1%，经水淬后可丢弃或用作制造水泥的原料。

废气

鼓风炉挥发熔炼，由于冷凝收尘系统庞大，漏风严重，布袋室出口废气量常达理论量的 3 倍左右。废气的成分（%）大致为：$SO_2$0.3～0.8，$O_2$16～18，$CO_2$2～4，$N_2$76～79，CO0～0.3。根据国家环保法的规定，这种有害气体不能直接放空，必须进行处理。湘西金矿炼锑厂用石灰吸收法处理鼓风炉废气后，尾气含 SO_2 的浓度可达到国家规定的排放标准。

表 2-12-10 所列是锡矿山矿务局两炼厂烟气排放量及其中 SO_2 的浓度和排放量的统计数字，从长远看每年排出的大量 SO_2 是很大的资源损失。

表 2-12-10　锡矿山炼锑厂鼓风炉排放烟气数据

项　目	南炼厂	北炼厂	全矿务局
烟气量/$km^3 \cdot a^{-1}$	660000	380000	1040000
烟气量/$m^3 \cdot h^{-1}$	100000	60000	160000
二氧化硫浓度/%	0.29	0.22	0.27
二氧化硫排放量/$kg \cdot h^{-1}$	820	380	1200
二氧化硫排放量/$t \cdot a^{-1}$	5600	2400	8000

第八节　鼓风炉的操作

开炉时先清理炉缸，加入木炭，开动抽风机点火，待木炭燃烧后即可分 6～8 批加入焦炭，每批高 150mm 左右，待一批烧红后再加第二批，待全部底焦燃烧完全，风口明亮后，即可堵塞预备口并开动鼓风机，一俟咽喉口喷火把过渣道烧红，即可分批加入焦炭、返渣或锑锍、铁矿石等开炉炉料。当前床渣面封住过渣道出口时，即可转入正常进料，在开炉初期可适当减少精矿或团矿量，也可适当提高焦炭率。

鼓风炉的操作主要是：(1) 按照焦炭-铁矿石-团矿和其他含锑物料的顺序进料；(2) 经常保持风口明亮；(3) 控制冷却水的出口温度在 75～85℃；(4) 防止过渣道冻结，必要时才采用咽喉口喷火操作；(5) 加热前床，采用薄煤层多次烧火，保持炉膛温度在 1200℃左右；(6) 停炉时先停止加料，再加入焦炭、铁矿石、返渣或锑锍等进行洗炉，然后再加几批焦炭，把前床内的炉渣放出，再放出炉缸和前床内的熔体、炉渣和锑锍，即可停止鼓风和抽风。

第九节　鼓风炉挥发熔炼的主要技术经济指标

生产率

鼓风炉挥发熔炼的生产率按炉料计为 35～45t/ ($m^2 \cdot d$)。

利用系数

鼓风炉的利用系数是指每平方米风口区面积，每天处理的金属锑含量（以吨计），在生产率为 25t/（m^2·d），入炉精矿品位为 30%～50%时，鼓风炉的利用系数为 7.5～12.5t/（m^2·d）。

金属回收率

金属的回收率主要与精矿品位和渣含锑有关，在渣含锑低于 1%，精矿品位为 30%～50%时，回收率为 92%～97.5%。

单位消耗

按所产锑氧每吨含锑量计算，影响单位消耗的主要因素是精矿品位。鼓风炉挥发熔炼单位消耗列于表 2-12-8。

第十三章　硫化锑精矿旋涡炉挥发熔炼[1,5]

旋涡炉是将熔炼过程集中在小容积的旋涡体中进行的一种炉型，既可提高设备的单位处理能力，又能有效地利用热源，且易实现过程的机械化与自动化。1962 年以来，捷克斯洛伐克对锑精矿的旋涡熔炼进行了大量的试验研究工作，并于 1975 年为玻利维亚在文托炼锡厂设计建造了一座年产量 6000t 锑品的旋涡熔炼的炼锑厂。

第一节　旋涡炉熔炼过程的物理化学反应

配有造渣熔剂（石灰石与铁矿石）和粉煤的硫化锑精矿喷入旋涡室后，在旋涡室上部遇到经过预热而沿室壁以切线方向鼓入的高速热气流，在形成 550～660℃温度带中，物料中的硫化锑部分氧化为三氧化锑。这部分氧化物产出后，将和物料中绝大部分的硫化锑一道被熔化，这些熔融液滴与物料中的造渣物料，在高速气流作用下被强大的离心力抛向室壁，形成粘附于壁并沿壁下淌的熔体薄膜层，因此，物料入炉初期，在旋涡室内上部温度带发生的主要是熔化反应。

在旋涡室中部，高速旋转气流激烈冲刷室壁的熔融薄膜层，使其温度迅速升高，三硫化锑在高温及高速气流的作用下进一步氧化成三氧化锑。在旋涡炉内传质、传热、气-液，气-固，液-液，液-固等反应均能激烈进行，可使中部温度逐步上升并维持在 860℃左右。在这一温度带中，由于三硫化锑有足够大的蒸气压，将先挥发再氧化，但由于过剩空气量有限，很难继续氧化成高价氧化锑，这时旋涡炉中部的主要反应，仍与一般挥发焙烧相同，即：

$$2Sb_2S_3+9O_2=2Sb_2O_3+6SO_2$$

在旋涡炉下部，硫化锑氧化放出的热，使熔融薄膜层温度迅速上升至 1450℃，旋涡室下部乃成为造渣带和过热带。为熔融液膜所包裹的少量硫化锑，将发生造锍反应而形成锑锍，精矿中大量的脉石则造渣。

第二节　文托炼锑厂的旋涡熔炼

文托炼锑厂的工艺流程和设备联结图分别见图 2-13-1 和图 2-13-2。所用锑精矿含锑品位应不低于 60%，铅、砷含量不高于 0.5%。

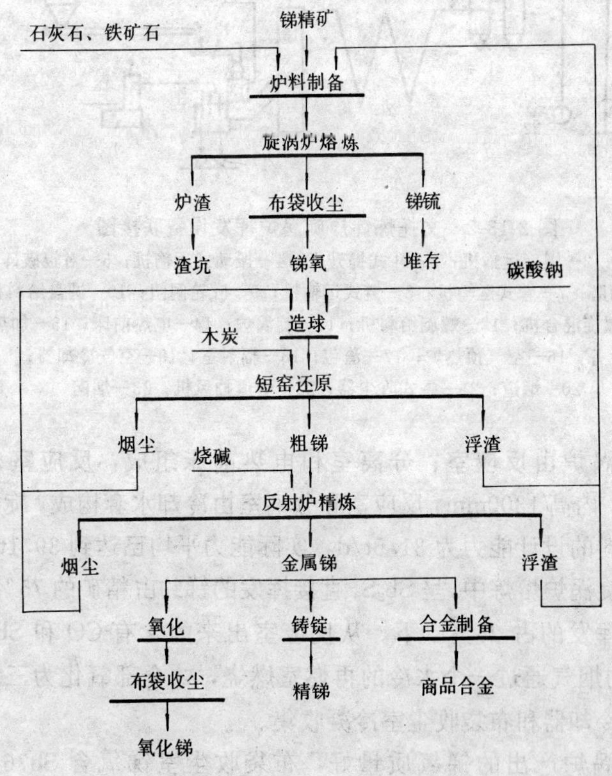

图 2-13-1　文托炼锑厂工艺流程图

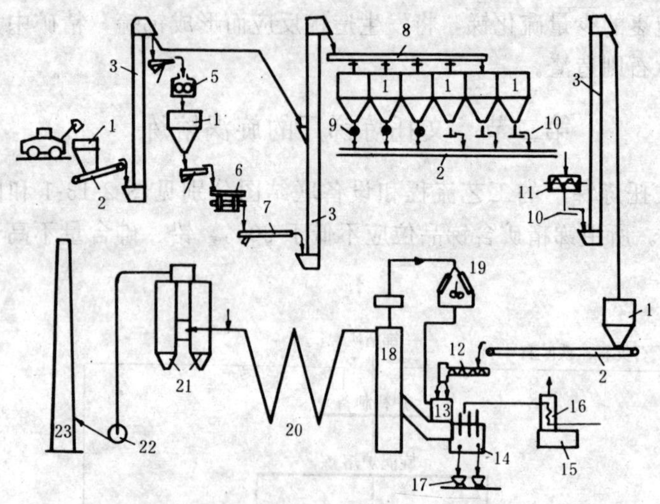

图 2-13-2　文托炼锑厂旋涡炉挥发设备联接图

1—料仓；2—螺旋运输机；3—斗式提升机；4—振动式运输机；5—对辊破碎机；6—振动磨；7—管式运输机；8—链式运输机；9—叶轮闸门；10—圆盘给料机；11—螺旋混合机；12—螺旋给料机；13—旋涡炉；14—电热前床；15—加热设备；16—空气预热炉；17—渣包；18—辐射室；19—空气冷却器；20—烟道；21—袋式收尘器；22—烟道抽风机；23—烟囱

旋涡炉由反应室、分离室和电热前床组成，反应室内径850mm，内高1300mm，反应室和分离室由冷却水套构成，旋涡炉处理炉料的设计能力为31.5t/d，实际能力平均已达到39.1t/d。

在旋涡炉熔炼中，呈Sb_2S_3直接挥发的锑约占精矿的75%，氧化后再挥发的占25%以下。从反应室出来的含有CO和Sb_2S_3、Sb_2O_3的烟气通过一个水冷的再燃室燃烧，才全部氧化为三氧化锑，在冷却器和布袋收尘室冷凝收集。

旋涡炉产出的锑氧质量好，布袋收尘室锑氧含Sb76%～79%，冷却器锑氧含Sb66%～70%，均能送还原炉熔炼，锑在氧化物中的回收率为95.5%～96.0%。旋涡炉的炉渣和锑锍在电弧加热的前床中保温、澄清和分离，炉渣和锑锍定期地分别放出，在混合料处理量平均为39.1t/d时，炉渣产出量为3.5～7.3t/d，渣含Sb0.5%～1.5%，送渣场丢弃，原设计不产出锑锍，但实际每天产出锑锍0.1～0.3t，含Sb5%～9%，Fe45%～52%，S17%～22%，暂时堆存。

旋涡炉挥发的锑氧配加适量的熔剂苏打，同还原炉和精炼炉返回的烟尘一起在圆盘制粒机内制粒，在短鼓回转炉内用木炭进行还原熔炼。这个厂共有4座回转还原炉，还原炉产出粗锑，送反射炉加苛性钠和其他熔剂精炼除铁、铜和硫等杂质，精炼温度约为800℃。

精炼产出的金属锑，含锑高于99.5%的送去铸锭，含锑低于99.5%的按照市场需要送去制备铅基合金。该厂1976年建成氧化锑车间，有一座年处理910t熔融金属锑的电阻炉，在1000℃的温度下吹炼产出高品位氧化锑，用布袋室收集，包装出售。

文托炼锑厂产出两种等级的金属锑，三种不同成分的铅基合金，一种优质氧化锑，其产品成分分别列于表2-13-1和表2-13-2。

表2-13-1 精锑和锑合金产品成分/%

成分	精锑		锑合金		
	A级	B级	Ⅰ	Ⅱ	Ⅲ
Sb	≥99.6	≥99.5	13.00～15.00	14.00～16.00	14.5～16.5
Pb	≤0.12	≤0.12	75.0～79.8	73.80～78.55	71.00～73.75
Cu	≤0.11	≤0.10	0.5～1.5	0.5～1.5	0.5～1.5
As	≤0.10	≤0.12	0.7	0.2～0.8	0.15
Fe	≤0.05	≤0.05			
Sn			5.5～6.5	5.7～6.3	
Ni			0.5～1.3	0.45～1.0	—
Cd			—	0.6～1.6	—
其他元素	≤0.02	≤0.11			

优质氧化锑的成分如下：

组成	Sb_2O_3	Sb_2O_4	Fe_2O_3	Ag_2O_3	PbO	SnO_2	S
含量/%	≥99.85	≤0.02	≤0.003	≤0.025	≤0.10	≤0.002	≤0.001

第十四章 氧化锑的还原熔炼[1,5]

氧化锑的还原熔炼包括氧化锑还原成金属锑和原料中脉石的造渣两个紧密联系的反应过程。

氧化锑的还原熔炼现仍采用无烟煤添加木炭为还原剂，曾有人研究过用气体还原剂或利用三氧化锑的挥发性在气态中进行还原，但尚未在工业上应用。

还原熔炼大都在反射炉内进行，个别工厂用鼓式旋转窑。在还原过程中，原料内含有的各种杂质金属氧化物，大都被还原成金属进入锑中，其中最常见的是砷，所以在绝大多数场合，所得的金属锡需要精炼脱砷，以制取合格的产品。

氧化锑的还原熔炼一般采用碳酸钠作为熔剂与脉石造渣。这种熔剂的熔点约 850℃，密度较小，在 1000℃的炉温下能保证还原渣有一定流动性，从而易与还原出来的金属锑分离。

由于氧化锑容易挥发，在还原过程中，不可避免地有大量氧化锑再次进入烟道和收尘系统，形成二次氧化锑（常占氧化锑处理量的 20%），需再次进行还原熔炼。

在还原过程中所产的泡渣采用专门的鼓风炉处理，使其中锑化物直接还原为金属锑，或在鼓风炉挥发熔炼中与团矿搭配处理，以氧化锑形态回收。

还原获得的金属锑，往往就在还原反射炉内接着进行精炼，以制取高品位纯锑。

第一节 氧化锑还原过程的热力学[1,5,8]

三氧化锑的标准生成自由焓随温度的变化曲线见图 2-14-1，其位置处于 Ag_2O、HgO、CuO、PbO（1000℃以下）和 As_2O_3（650℃以下）等曲线之下，而与由碳氧化成 CO_2 的曲线在较宽的温度范围内 1mol 氧气约相差 41.84kJ，由此可见，用碳质还原剂还原三氧化锑在热力学上是非常有利的。

用固体碳还原三氧化锑可由以下两反应式表示：

$$Sb_2O_3 + 3C = 2Sb + 3CO \quad (1)$$

$$2Sb_2O_3 + 3C = 4Sb + 3CO_2 \quad (2)$$

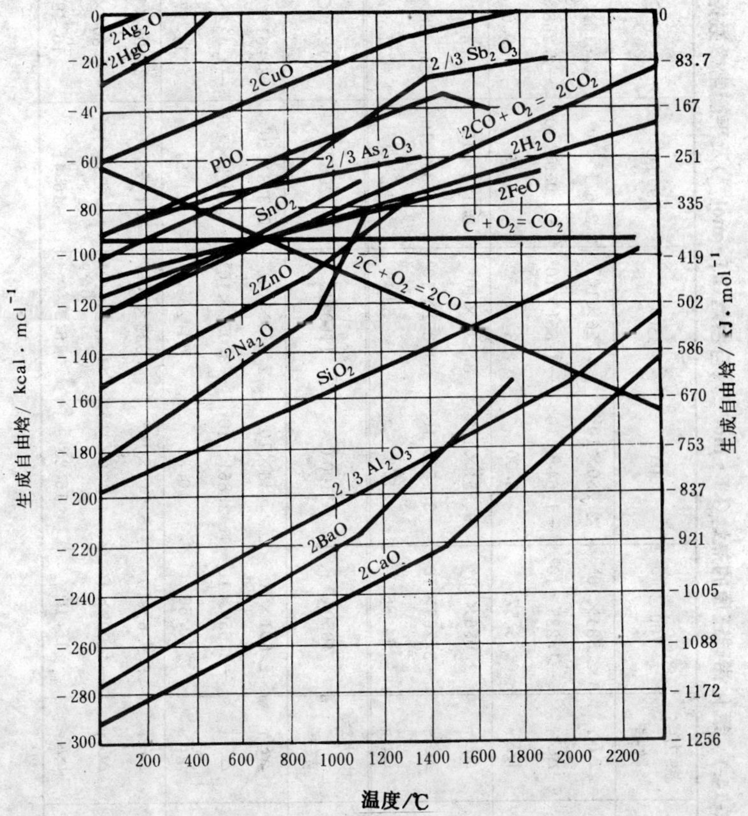

图 2-14-1　氧化物的 ΔG°-T 图

两反应式的热焓，自由焓和平衡常数的对数列于表 2-14-1。可以看出，反应（2）的自由焓变化负值和平衡常数与反应（1）比较均大得多，所以具有更大的热力学趋势。反应（1）与一般金属氧化物的还原反应一样，实际上在一定程度上是由反应（3）与

表 2-14-1 氧化锑碳还原的热焓($kJ \cdot mol^{-1}$)、自由焓($kJ \cdot mol^{-1}$)及平衡常数数据

还原反应	热力学数据	700℃	800℃	850℃	900℃	950℃	1000℃
$Sb_2O_3+3C=2Sb+3CO$	ΔH_T	2.884×10^5	2.780×10^5	2.726×10^5	2.671×10^5	2.616×10^5	2.559×10^5
	ΔG°_T	-1.225×10^5	-1.644×10^5	-1.851×10^5	-2.055×10^5	-2.258×10^5	-2.459×10^5
	$\lg K_P$	6.57	8.00	8.61	9.15	9.64	10.09
$2Sb_2O_3+3C=4Sb+3CO_2$	ΔH_T	1.086×10^5	9.551×10^4	8.872×10^4	8.173×10^4	7.447×10^4	6.703×10^4
	ΔG°_T	-2.769×10^5	-3.158×10^5	-3.351×10^5	-3.539×10^5	-3.726×10^5	-3.910×10^5
	$\lg K_P$	14.86	15.37	15.58	15.76	15.92	16.04
还原反应	热力学数据	1050℃	1100℃	1150℃	1200℃	1250℃	1300℃
$Sb_2O_3+3C=2Sb+3CO$	ΔH_T	2.501×10^5	2.443×10^5	2.383×10^5	2.323×10^5	2.261×10^5	2.198×10^5
	ΔG°_T	-2.659×10^5	-2.861×10^5	-3.052×10^5	-3.079×10^5	-3.432×10^5	-3.623×10^5
	$\lg K_P$	10.50	10.87	11.20	11.51	11.77	12.03
$2Sb_2O_3+3C=4Sb+3CO_2$	ΔH_T	5.936×10^4	5.140×10^4	4.322×10^4	3.478×10^4	2.608×10^4	1.696×10^4
	ΔG°_T	-4.093×10^5	-4.274×10^5	-4.452×10^5	-4.629×10^5	-4.804×10^5	-4.978×10^5
	$\lg K_P$	16.16	16.25	16.34	16.41	16.48	16.54

(4) 组成的，即：

$$Sb_2O_3+3CO=2Sb+3CO_2 \quad (3)$$

$$\frac{3C+3CO_2=6CO}{Sb_2O_3+3C=2Sb+3CO} \quad (4)$$

在三氧化锑熔点以上的温度用 CO 进行还原时 CO 与 CO_2 的平衡分压比，可用下式计算：

$$\lg(p_{CO_2/CO})=3.58-1.24\lg T+2700/T$$

产生的 CO 在 CO 与 CO_2 混合气体中的体积百分数如下：

温度/℃	700	900	1100	1200
CO/（CO+CO_2）/%	0.2	0.7	1.8	2.84

可见，在高温下液态三氧化锑的还原程度仍然相当完全，不过 CO 在平衡混合气体中的含量略高一些。

三氧化锑与其他金属氧化物相比，也可看出其易还原性。图 2-14-2 是用热力学计算绘制的 CuO，PbO，NiO 和 SnO_2 的还原曲线，以及 CO_2 与 C 相互作用的布多尔反应曲线。如果把以上 (1)、(3)、(4) 三个反应式看成是在同一体系内同时发生并达到平衡的反应，则从图 2-14-2 不难看出，Sb_2O_3 还原平衡气相中 CO 的浓度远比反应 (4) 提供的浓度为低。

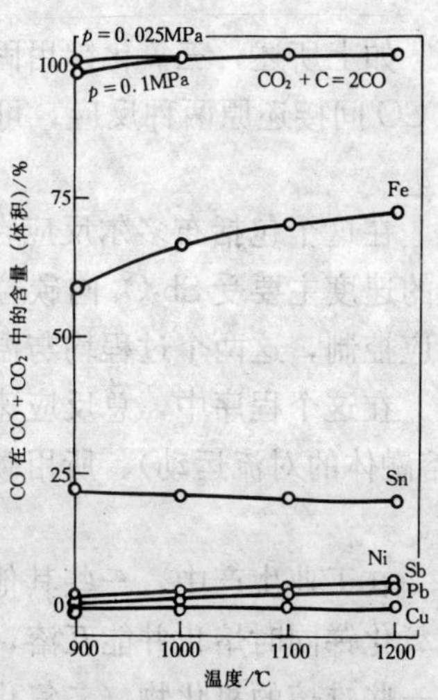

图 2-14-2　某些金属氧化物的还原性及温度和气相组成的关系

纯净的氧化锑易于还原，但实际生产中的锑氧往往含有一些杂质和造渣成分，平均含锑仅约 78%，常用的还原剂中也有矿物脉石成分，因此，氧化锑还原的完全程度取决于造渣反应能否顺利进行。

在锑氧中常见的杂质有As_2O_3、PbO、CuO和FeO等氧化物，除FeO外，这些杂质在还原过程中都将还原进入粗锑，而FeO由于易与酸性氧化物结合，则参加造渣反应，转入泡渣。

三氧化锑是两性氧化物，在没有其他熔剂存在时，也能与杂质氧化物发生造渣反应，因而影响氧化锑的还原率。

为了使原料和还原剂中的造渣成分渣化，需要生成密度小和流动性较好的炉渣，在生产中照例采用少量Na_2CO_3作为熔剂，与还原剂一起配入原料中。粉末状的Na_2CO_3易与锑氧混合，由于熔点低，碱性强，能与各种酸性氧化物造渣，如与SiO_2和Al_2O_3两氧化物可形成低熔点的Na_3SiO_3和Na_3AlO_3，使砷锑分离，起着预先精炼的作用。

第二节 氧化锑还原的动力学[1]

如上所述，三氧化锑用固体碳质还原剂还原时，有直接还原和CO间接还原两种反应，可以说是气-固-液多相反应的复杂体系。

在这个包括布多尔反应在内的气-固-液多相体系中，还原反应的速度主要受Sb_2O_3向碳粒内部扩散及由CO_2形成CO的还原反应控制，这两个过程均与温度有关。

在这个程序中，总反应速率主要受该系统的流体动力学特性(熔融体的对流运动)、所用碳粒的几何形状与其物理化学特性制约。

在工业生产中，一些其他氧化物（氧化铅、氧化砷等）由于与氧化锑同时熔化并能互溶，会相应降低氧化锑的还原速度；还有一些难熔的氧化物（二氧化硅、氧化钙等）夹杂在氧化锑熔体中，也会阻碍还原的进行。

还原过程生成的炉渣，由于被大量CO_2与CO穿过，形成有很多孔洞的泡渣，悬浮在熔体上层，对某些杂质氧化物有一定的净化作用。选择合适的泡渣渣型，保证渣有一定的易熔性和流动性，可以减弱其对还原反应的不利影响，降低泡渣含锑，这种熔渣覆盖于锑液表面，也起到保持炉内的还原气氛并减少锑的挥发，从而减少三氧化锑的循环量。

第三节 生产工艺流程[1]

锑的还原熔炼是火法炼锑的第二道主要工序，其全部工艺流程包括熔化和还原、粗锑的精炼、泡渣的处理及高温炉气的冷却收尘（图 2-14-3）。

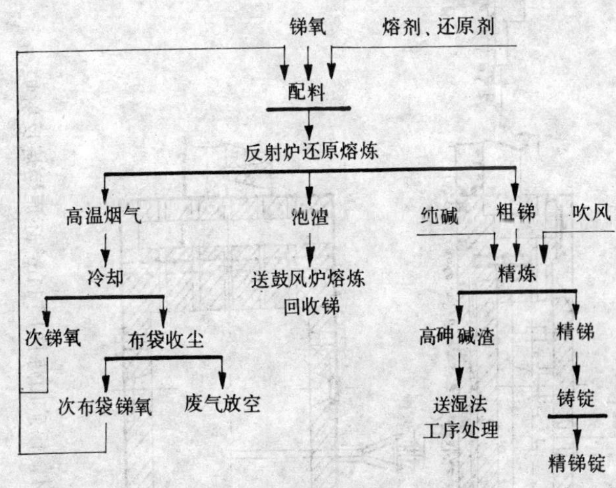

图 2-14-3 锑氧反射炉还原熔炼流程图

第四节 还原熔炼反射炉

我国普遍采用固体燃料加热的反射炉，炉膛面积视生产规模而定。锡矿山炼锑厂通用的反射炉炉膛均为 $11m^2$，由炉基、炉膛、炉墙、炉拱构成，四周围以普通钢板，用攀柱拉条加固（见图 2-14-4）。

炉基用片石、三合土捣固或用混凝土浇筑而成，炉底有三种不同型式，即捣固炉底、砖砌炉底或捣固砖砌混合炉底。后一种炉底先用粘土耐火砖碎块作垫料，掺以 20%～30%的粘土耐火

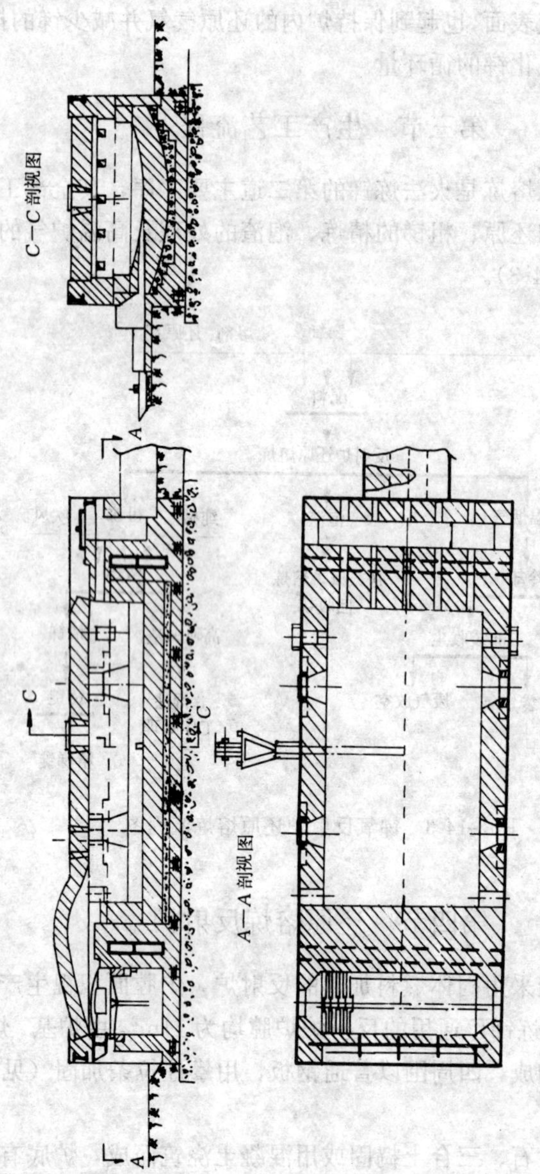

图 2-14-4 锡矿山炼锑厂 11m² 还原熔炼反射炉

泥，加水拌匀，分 3～4 层捣筑，每层厚度 70～110mm，在每层炉底上砌一层特制的导形炉底砖，这种炉底一般能熔炼出精锑 1500t 左右。

炉墙由标准耐火砖和异型围板砖砌成，火膛的拱顶砌成驼峰形，炉尾沿横向设有 4～5 个排气孔，连通炉膛与烟道、炉子的两侧各备有三个工作门，距炉底 580～640mm，用于加入熔剂和进行精炼操作，其两侧各设有一个火门。

反射炉所用耐火材料是半酸性或粘土质的耐火砖，生产实践证实镁质耐火材料用于还原熔炼和碱性精炼，炉龄都比较长，但它污染锑的覆盖剂，锑锭脱衣后在表面形成许多黑点，影响锑锭的表面质量，铝耐火材料在炼锑中虽符合技术，但由于价格较贵，未广泛采用。

第五节　反射炉炉气冷却和收尘系统

反射炉烟气一般采用汽化冷却或夹水套冷却，将烟气强制冷却到 400℃左右，使锑氧不再熔结，再采用表面散热设备将烟气冷却到低于滤袋材质所能经受的最高温度。含尘烟气带有大量的三氧化锑。与挥发焙烧炉一样，也需要庞大的收尘系统捕集锑氧，这样收集的氧化锑约占炉料中加入锑氧量的 20%，需送回反射炉重炼。还原熔炼反射炉所需的冷却烟道和布袋收尘室基本上与鼓风炉挥发熔炼相同。

第六节　还原熔炼对炉料的要求

锑氧

加入炉内的锑氧，应根据分批的分析资料，按其含锑、铅砷量的高低予以合理配料。从生产成本考虑，入炉锑氧平均含锑最好不低于 75%，同时，当冶炼一号、二号精锑时，锑氧含铅应分别控制在 0.08%和 0.18%以下；生产锑白所需的纯锑应使用低硒原料，以免影响锑白的白度。

还原剂

我国的炼锑厂都用无烟煤作还原剂，含碳量应不低于80%，粒度小于5mm，掺入若干木炭，可获得更好的还原效果。

还原剂的理论耗碳量为三氧化锑重量的6.16%，实际上所用还原剂并不能全部用于还原反应，在实践中还原剂的消耗量占锑氧重量的百分比P，可按下式计算：

$$P=\frac{(6.16)\cdot k}{(c_{Sb_2O_3})(c_C)}\quad\%$$

式中　k——还原剂的过剩系数；

$c_{Sb_2O_3}$——锑氧中Sb_2O_3的含量，%；

c_C——还原剂中碳含量，%。

还原剂的过剩系数k值，一般为1.05～1.45，视锑氧的品位而定，结氧愈多品位愈低，过剩系数愈大。

假如冶炼粉结状锑氧和粉状锑氧时，还原剂平均含碳80%，其计算方法如下：

当粉结状氧化锑含$Sb_2O_3$93.6%时，还原剂消耗比为：

$$P=\frac{(6.16)(1.45)}{0.936\times 0.8}=11.9\%$$

当粉状氧化锑含$Sb_2O_3$96%时，还原剂消耗比为：

$$P=\frac{(6.16)(1.05)}{0.96\times 0.8}=8.4\%$$

熔剂

为了防止入炉锑氧过度挥发，炉内熔体温度一般不超过1000℃，这样只能采用粉末状纯碱（熔点850℃）作为熔剂，使炉料和还原剂中的脉石氧化物渣化，所用纯碱的Na_2CO_3含量应大于95%，其中重金属含量不超过0.02%。

熔剂的用量根据锑氧的质量确定，其用量随锑氧中SiO_2含量的增高和熔结程度的增加而增多，一般SiO_2∶NaO＝2∶1～3∶1

假定锑氧中的造渣组分含$SiO_2$80%，苏打含$Na_2CO_3$95%，SiO_2∶Na_2O＝2∶1，则锑氧中的SiO_2含量为：

$$c_{SiO_2}=\left(100-c_{Sb}\times\frac{292}{244}\right)\times 0.8\%=(80-0.96c_{Sb})\%$$

碳酸钠的消耗量（百分比 P_1）为：

$$P_1 = c_{SiO_2} \times \frac{1 \times 1.06}{2 \times 62 \times 0.95} = (71.9 - 0.86c_{Sb})\%$$

假如处理含 Sb80%的锑氧，

$$P_1 = (71.9 - 0.86c_{Sb})\% \times (71.9 - 0.86c_{Sb} \times 80)\% = 3.1\%$$

第七节　还原熔炼的主要技术操作

反射炉还原熔炼的技术操作主要包括烧火、进料、熔化、还原、加“衣子”和铸型等。

烧火

反射炉用固定碳和挥发分大于 75%的烟煤加热，当燃烧强度达到 46kg/（m^2·h）时，炉温保持在 1200℃，可满足还原熔炼的需要。生产上采取了薄煤层多次燃烧操作法，每 25～30min 加一次燃料，同时通过松火、除渣经常保持煤层厚度为 350mm 左右。

进料

炉料按配料比均匀混合，分批从炉顶加料孔加入炉内，每批炉料的重量，视炉子的大小而定，一般可按 0.2t/m^2 计算。每炼一炉锑需加入的锑氧批数和总重量也决定于炉膛的容积，加入锑氧的总重量（T）可按下式进行计算：

$$T = \frac{6.8V\delta}{y\beta}$$

式中　y——金属直接回收率，%；

β——锑氧的平均品位，%；

δ——炉膛的充满系数，一般为 0.9；

6.8——液锑的密度，t/m^3；

V——炉膛容积，m^3。

例如 11m^2 反射炉每炼一炉锑加入锑氧（β=75%）的总重量为：

$$T = \frac{6.8 \times 3.68 \times 0.9}{0.7072 \times 0.75} = 42.46(\text{t})$$

熔化和还原

在1200℃左右的温度下，适当翻动炉料，加速熔化过程，当炉渣粘结或夹带锑珠时，可补加纯碱助熔，当炉渣较稀，不易与锑液分离时，须补加一定量的还原剂。

加“衣子”

还原作业完毕后，根据液锑内铁、砷、铜、硫等杂质的含量进行精炼（精炼方法见表2-17-3），然后清除锑液面上的精炼渣，升高炉温，加入“衣子”，使其熔化，即可开始铸锭。

前已提及，所谓“衣子”是锑锭表面的起星剂或覆盖剂，它主要是含锑较高，含砷较低的粉状锑氧在高温下的熔融物，用以覆盖在锑液表面，隔绝空气，保护锑不受氧化，同时使熔融的金属锑徐缓冷却，创造结晶条件，使锑锭表面上呈现凤尾草状花纹，利用“衣子”的粘附作用还能除去某些高熔点杂质。在生产中，将含锑大于80%，含砷较低的粉状锑氧，配以1%～2%的纯碱作为熔剂，按每吨锑液40～50kg加入炉内高温锑液的表面上，熔化后呈亮褐色、流动性好的熔体，这种“衣子”称之为“老衣子”。在高温下将“新、老衣子”熔融成流动性较好的均一熔体后，即可进行铸锭或水淬作业。

锑的铸锭

无论是人工舀铸或是机械铸锭，都需先将熔化好的“衣子”先注入锑模，再注入锑液，“衣子”被锑液排开，分布在锑模与锑液之间，部分浮于锑液表面，将锑锭包裹起来，与空气隔绝，待锑液冷却凝固后，“衣子”就附着在锑的表面上，经锤打清除后，锑锭表面即呈现出银白色凤尾草状花纹，每个锑锭19～20kg。

人工舀铸与机铸的锭型尺寸一样，为方形扁平体，锭模顶面积为230mm×230mm，底面积170mm×170mm，高97mm，锭模体积0.0029m^3，人工铸锭是单模，机械铸锭是连续操作，图2-14-5是锡矿山炼锑厂所用的锑锭模。

锑的机械铸锭一般采用水平铸锭机（见图2-14-6），机宽0.5m，横向由两个锑模构成一个长锑模，长锑模的两端由链板连接，链板通过圆滚在道轨上作水平运动。这样许多长锑模横向排

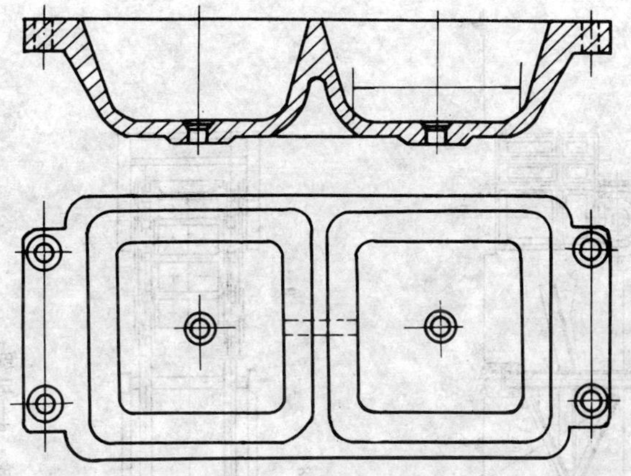

图 2-14-5　机械铸锭的锑锭模图

列起来，两端分别用链板互相连接。链板借助圆滚跨过首尾链轮构成铸锭机的机体，锭模水平速度为 0.012～0.02m/s，机身长度由锑锭必须的冷却时间决定。为了能向铸模中自动而断续地浇铸锑液，采用了特制的长方形浇铸包，浇铸包安装在锑模的上方，它通过自身下方处两侧固定的曲线板，在作水平运动链板滚轮的推动下，产生断续的倾注动作，将浇铸包中的锑液注入铸模，锑锭的脱模是由模底的一个顶针顶出来的，当这个顶针经过机头时，由一个托轮将顶针顶入模内，将锑锭顶出锑模。铸锭时，锑液温度应控制在 750±50℃，锑液流量控制在 6～6.5t/h 锑锭表面顶部"衣子"厚 3～5mm，其他五个表面各厚 3～5mm，最为适宜。

锑锭冷却脱模后，需要经过"脱衣"作业，同时要清除锑锭表面的熔渣，平整表面，以符合精锑的表面质量要求。

锑的水淬

锑液从炉内经缸吸放出，水淬成粒状锑，经脱水烘干即得水淬锑。锑液水淬的温度不应超过 750℃，水温应低于 55℃，锑液流速必须稳定，流量为 3～4kg/s。每吨锑液安全耗水量应不少于 6t，按以上技术条件进行水淬，锑的粒度一般为 10mm 左右。

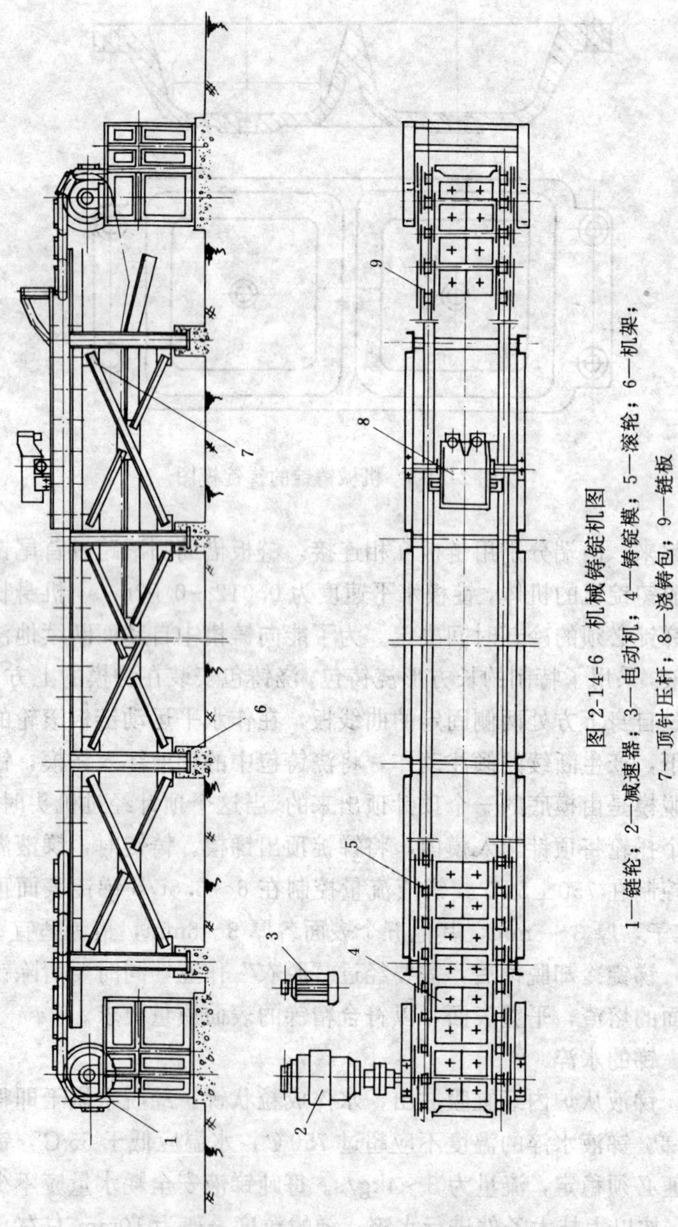

图 2-14-6 机械铸锭机图

1—链轮；2—减速器；3—电动机；4—铸锭模；5—滚轮；6—机架；7—顶针压杆；8—浇铸包；9—链板

粒状锑可用圆筒干燥机或用平面干燥坑干燥，但温度都不宜超过 250℃。当采用平面干燥坑时，必须经常翻动粒锑，避免产生局部高温，造成锑的氧化挥发。

水淬锑在工业上应用极为方便，但由于习惯上的原因，此法至今未在工业上推广。

第八节　反射炉还原熔炼的产物

还原熔炼的产物有精锑、次锑氧、泡渣、碱渣和烟气。锡矿山炼锑厂锑、砷、铅在各种产物中的分配平衡见表 2-14-2。

表 2-14-2　锑、砷、铅的分配平衡/%

产物名称	Sb	As	Pb
精锑或锑白原料	78.6	13.9	52.2
次锑氧	15.9	25.2	1.3
泡　渣	2.6	5.2	
碱　渣	1.5	55.7	
其　他	1.4		46.5
合　计	100	100	100

精锑

精锑是还原熔炼和精炼的最终产品，用于生产锑白的原料也是一种精锑产品，表 2-14-3 所列是三种精锑的平均化学成分。

表 2-14-3　精锑及锑白原料的平均化学成分/%

产品名称	Sb	As	Ca	Fe	Pb	S	Se
一号精锑	99.88	0.035	0.0015	0.0038	0.075	0.0038	0.0007
二号精锑	99.74	0.068	0.0029	0.0045	0.17	0.0054	0.0017
锑白原料	99.83	0.036	0.0036	0.012	0.093	0.005	0.0021

次锑氧

次锑氧是反射炉收尘系统收集的氧化锑，一般含 Sb78%～79.8%，As0.5%～0.6%，Ca0.0004%，Fe0.035%～0.055%，

Pb0.01%～0.06%，S0.12%～0.2%。次锑氧返回反射炉，又产生次锑氧，如此循环对冶炼回收率也有一定影响。

泡渣

反射炉所产的泡渣是由还原剂的灰分和氧化锑中的脉石成分、添加剂 Na_2O 和砷、锑的低价盐类组成的含锑、砷呈蜂窝状的炉渣。

泡渣的含锑量约为精锑产量的 4%～8%，含锑成分约 30%～35%，按重量计泡渣的产出率约为锑产量的 13%～22%。

泡渣中含有金属锑珠、锑酸钠、亚锑酸钠、亚砷酸钠、硅酸钠和铝酸钠等成分，主要分为 SiO_2 与 Na_2O 的化合物和混合物，熔点约 900～1000℃，一般化学成分（%）如下：

Sb	As	Fe	S	Pb	SiO_2	CaO	Al_2O_3	MgO	Na_2O
36～40	0.15～0.35	2.5～3.8	0.1～0.7	0.022±	23～28	2.1～3.6	3～8.1	1.4±	7～9

泡渣的处理方法，有坩埚炉熔炼和鼓风炉熔炼两种方法。

（1）坩埚炉熔炼法：先将泡渣破碎至 10mm 以下，配入一定量的还原煤和碱渣，装入 ϕ80～100mm，高 300～400mm 圆底型的粘土耐火泥坩埚内，上盖以炉渣，这些坩埚竖直排列在倒焰式的坩埚炉内，或紧密排放在砖砌围墙内底部铺有一层碎焦炭的砖格上，点火熔炼，还原的粗锑沉积于坩埚底部，渣集于坩埚的上部，冷却后，将坩埚打破，取出锑块，因形似马蹄，俗称为“马蹄锑”，重约 2kg，含锑一般为 90%左右，渣含锑 1.3%～2.7%，直收率 77%～79%。

（2）鼓风炉熔炼法：较大的炼锑厂多利用处理锑精矿的鼓风炉或专用的小型鼓风炉处理泡渣，以氧化锑的形态回收其中的锑。

处理作业是在高料柱和低温炉顶的条件下进行的。泡渣碎至 80mm 以下，按泡渣：焦炭＝100：30 的重量比定时加入炉内。料柱高度保持 2m，每分钟鼓入 27～30m³ 空气，泡渣在炉内经过熔化、还原、挥发和造渣等过程，完成挥发熔炼。

泡渣中的金属锑受热熔化，一部分氧化挥发进入冷凝系统，一部分流入炉缸成为粗锑。

泡渣鼓风炉所产粗锑含（%）：Sb79～90，Fe3.5～5，As1～3，所产氧化锑含 Sb60%～74%和 As0.3%～4.8%，可作为炼制精锑的原料。

0.5m^2 泡渣鼓风炉的炉床能率为 22～23t/（m^2·d），锑回收率为 95%，每吨含锑量产品的耗煤约 0.8t。

烟气

反射炉烟气夹带有挥发的锑氧和飞扬的煤尘的冷凝收尘装置，见图 2-14-7。锡矿山炼锑厂 11m^2 反射炉的出炉烟气有关数据如下：

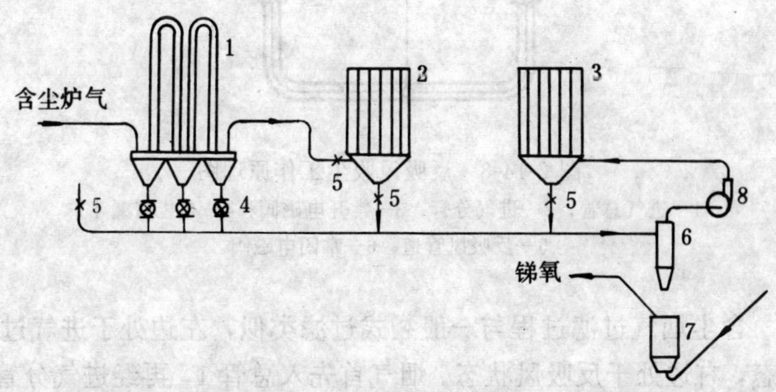

图 2-14-7 反射炉收尘系统设备连接图

1—冷却烟道；2—反吸风袋式收尘器；3—反吸风工作室；4—排尘阀；5—电磁阀；6—旋风收尘器；7—输送罐；8—高压风机

炉尾烟气量	1200～1500m^3/h
炉尾温度	700～750℃
炉尾含尘量	40～48g/m^3
烟尘假密度	0.7～0.8g/cm^3
平均烟尘粒度	0.2μm

我国湘西金矿炼锑厂，在反射炉后采用了一种反吸风袋室收尘装置，取代老式的袋式除尘室，简化了收尘操作，提高了收尘效率。这种反吸风袋式收尘系统包括含尘炉气过滤与反吸振打和

烟尘输送三个过程，其工作原理见图 2-14-8。

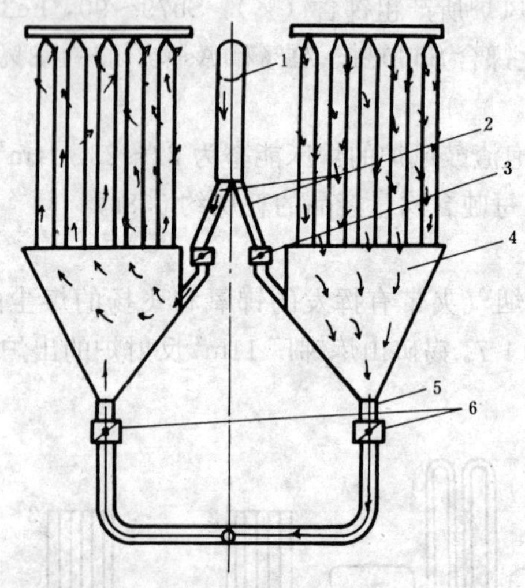

图 2-14-8 反吸风收尘工作原理图

1—进气总管；2—进气分管；3—常开电磁阀；4—布袋室漏斗；5—反吸风管道；6—常闭电磁阀

含尘烟气过滤过程与一般袋式过滤类似，左边处于进气过滤状态，右边处于反吸风状态。烟气首先入总管 1，再经进气分管 2 进入漏斗 4，扩散分配进入滤袋内过滤。

反吸振打与烟尘输送过程，是通过电磁阀门的动作并依靠高压风机对滤袋造成的强大抽力完成过程的全部作业。在反吸风机造成强大的抽力下，进气电磁阀 3 关闭，漏斗下电磁阀 6 打开的瞬间，含尘烟气停止进入收尘间，大量空气以 1m/min 的速度从袋外进入袋内，也正是在这一瞬间，滤袋因抽力作用而碰撞袋内骨架，由于这种反吸清洗和碰撞作用，使袋内烟尘随气流而吸入旋风收尘器，再经输送罐送至反射炉配料系统。旋风收尘器的含尘气体排入工作收尘室净化，并与反吸系统组成闭路循环。

碱渣

碱渣是还原熔炼完成后，加碱除砷过程中的产物，其中锑

20%～40%，As3%～5%，总碱度（以 Na_2CO_3 表示）20%～30%，另外还含有少量的 SiO_2，CaO，Al_2O_3 和 S，碱渣中的锑主要为亚锑酸钠，砷主要为砷酸钠。锡矿山炼锑厂产精炼碱渣的锑和砷的存在形态及含量如下：

Na_3SbO_3	Na_3SbO_4	Sb	Na_3AsO_3	Na_3AsO_4	As
82.27%	0.22%	16.51%	97.88%	1.89%	0.23%

碱渣的化学成分（%）如下：

Sb	As	Fe	Se	S	Pb	SiO_2	CaO	Al_2O_3	MgO	碱度
30～40	3～5	<1	0.07～0.09	<0.12	<0.02	<3	<2	<3	<1	20～25

碱渣的处理以采用湿法为宜，其基本原理是利用碱渣中的砷酸钠和亚砷酸钠能溶于水，而亚锑酸钠和锑酸钠不溶于水的性质，分离砷锑。处理方法有钙渣法和砷酸钠混合盐法。

（1）钙渣法：钙渣法是利用在水溶液中，砷酸钠能与消石灰作用，生成砷酸钙沉淀的原理，而把砷除去，其反应为：

$$2Na_3AsO_4+4Ca(OH)_2=Ca_3(AsO_4)_2\cdot Ca(OH)_2\downarrow+6NaOH$$

用钙渣法可解决碱渣中砷锑分离的问题，从冶炼流程中除砷的同时，尚可回收金属锑，但产出的钙渣仍然是有毒的物料，既不能利用（含砷量达不到农药要求），也不能丢弃（因砷酸钙微溶于水），因此，钙渣法尚难推广。其工艺流程见图 2-14-9。

（2）砷酸钠混合盐法：锡矿山炼锑厂试验成功砷酸钠混合盐法处理碱渣（图 2-14-10）。

该方法是把浸出液直接蒸发浓缩或再烘干，产出结晶砷酸钠混合盐或无水砷酸钠混合盐，其化学组成见表 2-14-5、表 2-14-6。

这两种混合盐经玻璃厂试用证明，都可以代替白砷作澄清剂，生产优质玻璃。混合盐中的主要成分砷酸钠、碳酸钠和硫酸钠，不须分离，都能利用，并可相应地降低生产玻璃的碳酸钠和硫酸钠的消耗，因此，砷酸钠混合盐法不产出废物，碱渣的各种成分都相应得到利用或回收，基本达到了回收金属锑、消除砷害、变害为利的目的，是目前处理碱渣较合理的方法。

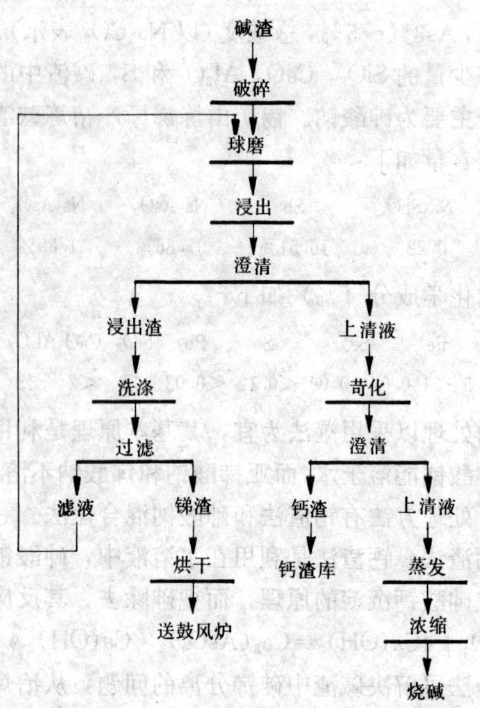

图 2-14-9 钙渣法生产工艺流程图

表 2-14-5 无水砷酸钠混合盐的干基化学成分/%

分析编号	灼烧失重（300±10℃）	Na_3AsO_4	Na_2CO_3	Na_2SO_4
A-26	11.94	46.16	46.01	7.46
A-27	12.42	45.32	46.00	7.79
A-28	13.79	47.26	44.59	7.30
A-29	13.8	47.95	44.13	7.36
A-31	14.1	47.95	44.24	7.18

分析编号	Sb	Fe	Se	总和
A-26	0.28	0.08	0.018	100.01
A-27	0.24	0.06	0.018	99.43
A-28	0.26	0.06	0.018	99.49
A-29	0.26	0.05	0.019	99.77
A-31	0.26	0.06	0.018	99.71

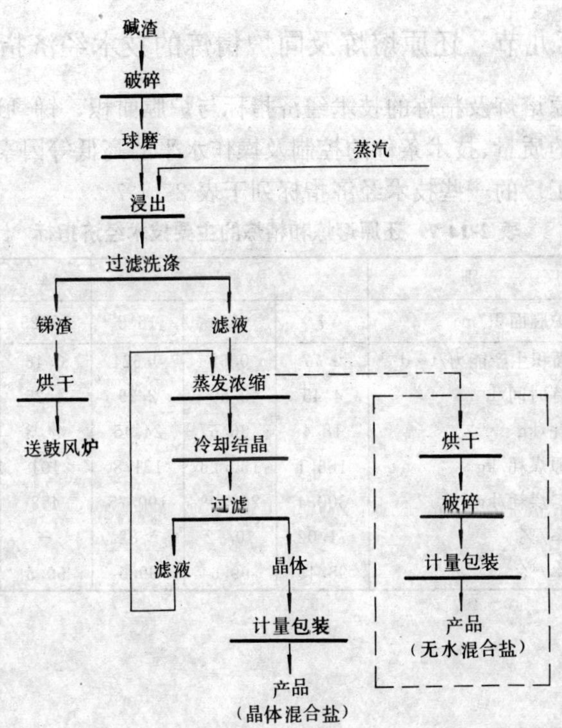

图 2-14-10　砷酸钠混合盐法工艺流程图

表 2-14-6　晶体砷酸钠混合盐的化学成分/%

分析编号	干基化学成分								H_2O
	Sb	Na_3AsO_4	Na_2CO_3	Na_2SO_4	Na_2S	Pb	Fe	Se	
1	0.23	18.65	60.13	19.46	0.74	0.0005	0.094	0.0028	33.54
2	0.23	16.90	61.87	19.22	0.53	0.001	0.059	0.0021	32.73
3	0.22	17.18	59.61	21.13	0.038	0.001	0.064	0.0026	32.77
4	0.20	26.25	61.53	6.94	0.47	0.0009	0.076	0.0017	48.15
5	0.20	28.75	55.62	9.86	0.21	0.0014	0.025	0.0016	46.02
6	0.32	23.70	62.96	11.74	0.24	0.0004	0.11	0.0018	50.40
7	0.38	24.25	59.18	13.98	0.54	0.0005	0.072	0.0022	51.03
平均	0.245	22.156	59.73	14.30	0.32	0.00081	0.1078	0.0021	41.96

第九节　还原熔炼及同炉精炼的技术经济指标

还原熔炼及精炼的技术经济指标与炉膛面积、锑氧还原煤和燃烧煤的质量、技术条件的控制及操作水平的高低等因素有关。我国某些工厂的一些技术经济指标列于表 2-14-7。

表 2-14-7　还原熔炼和精炼的主要技术经济指标

厂　　别	Ⅰ			Ⅱ	Ⅲ
炉膛面积/m^2	7	11	16.8	12.25	8.8
1m^2 炉膛面积生产能力/$t \cdot d^{-1}$	0.77	0.62	0.624	0.46	0.94
每吨锑熔炼时间/h	4.45	3.50	2.29	4.25	2.89
每吨锑碱耗/kg	18.4	36.6	24.45	44.3	242.5
每吨锑还原煤耗/kg	166.1	130.26	131.8	191	312.9
每吨锑燃料煤耗/kg	300.4	256.98	190.75	458	395
直接回收率/%	71.02	70.72	>82	—	60.8
冶炼回收率/%	98.43	99.5	99.5	99.5	—

第十五章　硫化锑精矿的直接熔炼

第一节　直接熔炼法

硫化锑精矿的直接熔炼是没有中间产物而直接产出金属锑的方法，其中有早在工业生产上应用的沉淀熔炼及曾经试验证明在技术上可行的反应熔炼、碱性熔炼、熔盐电解、氢还原法等。这些方法的主要技术条件及化学反应如下[1,5,9]：

沉淀熔炼：在高温下用铁可直接置换硫化锑中的锑，其反应为：

$$Sb_2S_3 + 3Fe = 2Sb + 3FeS$$

反应熔炼：硫化和氧化混合锑矿共熔或硫化锑矿在熔融过程中部分氧化后通过相互反应，均可产出金属锑，其反应为：

$$Sb_2S_3 + 2Sb_2O_3 = 6Sb + 3SO_2$$

碱性熔炼：硫化锑和碳酸钠有还原剂在场共熔时可产出金属锑，其反应为：

$$2Sb_2S_3 + 6Na_2O + 3C = 4Sb + 6Na_2S + 3CO_2$$

熔盐电解：Sb_2S_3 加 10%Na_2S 共熔，在 900～1000℃，在适当电解槽内进行电解，可在阴极上析出金属锑。

氢还原：硫化锑，尤其是液态硫化锑很容易被氢气还原为金属锑，其反应为：

$$Sb_2S_3 + 3H_2 = 2Sb + 3H_2S$$

第二节　高品位锑矿石的沉淀熔炼[1,5]

很早以来，英国就用马口铁废料置换进口的高品位锑精矿，直接产出金属锑，因此这个方法在西方国家的文献里多称为英国法，而且曾风行一时，目前虽多为其他生产方法所取代，但由于其工艺和设备简单，废铁多而价廉，适于小规模生产等原因，仍在前苏联、前捷克斯洛代克、德国一些炼锑厂采用。

用铁置换锑的反应在与硫化锑接触中进行，因此接触面愈大反应愈迅速，但生成的硫化铁密度较大，与锑液相差无几，致析出的锑不易汇集，造成渣锑难分，故须加入纯碱或芒硝、食盐等熔剂，使之成为密度较小的硫化铁溶渣，此时与铁置换同时进行的还有如下反应：

$$FeS+Na_2CO_3=FeO+Na_2S+CO_2$$

$$FeO+SiO_2=FeSiO_3$$

$$4Fe+Na_2SO_4=4FeO+Na_2S$$

$$FeS+2NaCl=FeCl_2+Na_2S$$

沉淀熔炼所用的精矿一般应为含锑 45%～65%的青砂或精矿，含有过多的脉石和杂质或过细的浮选精矿，都不利于锑的沉淀熔炼。所用铁沉淀剂，最好为废马口铁。

沉淀熔炼多用坩埚炉（见图 2-15-1）或用向一端倾斜的深炉膛反射炉，或用特殊的腰鼓炉见图 2-15-2。

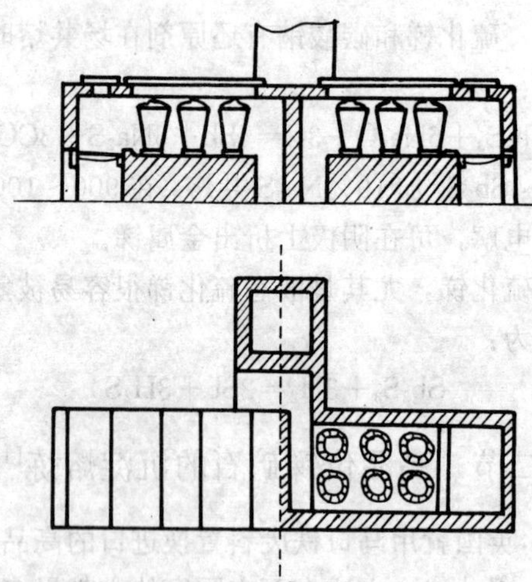

图 2-15-1　沉淀熔炼坩埚炉

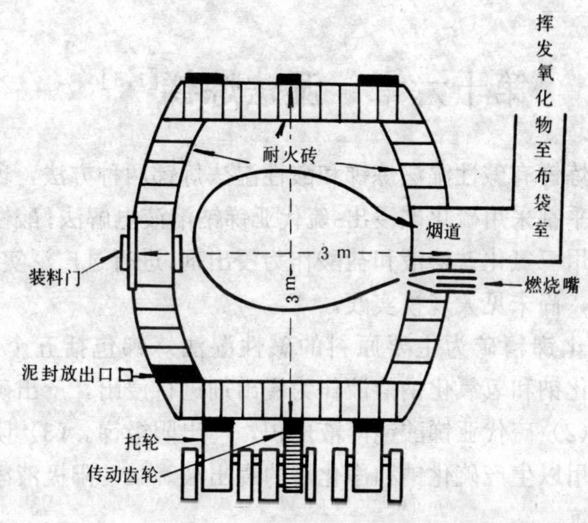

图 2-15-2　沉淀熔炼用腰鼓炉断面图

坩埚炉沉淀熔炼作业通分为三期：第一期为还原期，产出粗锑，第二期为除铁熔炼，第三期加衣子铸锭，为起花熔炼。

所用坩埚一般高 508mm，直径 270mm，由耐火泥（86%）与石墨（14%）混合制成，干后约重 20kg。第一期还原熔炼，如所用精矿含锑 52%，每坩埚装料应为精矿 20kg，铁屑 7.32kg，食盐 1.82kg 加上批第二期所出熔渣 0.5kg。熔炼后所得金属称为一期粗锑，按所用原料，产物含 Sb91%～63%，Fe7.23%和 S0.82%。第二期为除铁熔炼，炉料包括粗锑 40kg，生锑 3.5kg，食盐 1.82kg，铸成的锑和为“星锑”，最佳时含 99.5%，Fe0.18%和 S0.16%，第三期加衣子（硫酸钾 3 份，生锑 2 份）约 14kg，由于熔点较低覆盖锑面上，防止氧化，使形成凤尾草花纹，作为最后产品。

第十六章 湿法炼锑[1,5]

湿法炼锑有碱性湿法炼锑和酸性湿法炼锑两种方法，现工业生产上几乎都采用硫化碱浸出-硫代亚锑钠溶液电解法；酸性湿法炼锑曾采用三氯化铁溶液和盐酸作为浸出剂，进行过广泛实验，但缺点较多，尚未见大规模实践。

以硫化锑精矿为主要原料的碱性湿法炼锑包括五个工序：(1) 用硫化钠和氢氧化钠溶液作为浸出剂进行浸出，产出硫代亚锑酸钠。(2) 硫代亚锑酸钠溶液电积，产出阴极锑。(3) 阴极废液处理，用以生产硫化钠和净化后的浸出液。(4) 阳极液净化及阴极锑精炼。

第一节 硫化锑精矿的浸出[1,5]

一、浸出过程的各种反应

用 Na_2S 溶液浸出硫化锑精矿的主要反应为：

$$3Na_2S + Sb_2S_3 = 2Na_3SbS_3$$

$$Na_3SbS_3 \rightleftharpoons 3Na + SbS_3^{3-}$$

但 Na_2S 在水中能强烈地发生水解：

$$Na_2S + H_2O \rightleftharpoons NaOH + NaHS$$

而水解后发生的 NaHS 又被空气中的氧氧化，生成多硫钠 Na_2S_2，从而降低 Na_2S 的作用，所以在 Na_2S 浸出液中加入一定的 NaOH，以抑制这两种影响浸出效率的不利反应。实验证明，在添加 NaOH 的情况下，Na_2S 的用量略高于理论量，就可得到很高的浸出率，因此，实际上所用的浸出剂为 Na_2S＋NaOH，故常称为硫化碱浸出，同时 NaOH 对 Sb_2S_3 也有一定的溶解作用，其反应为：

$$Sb_2S_3 + 4NaOH = NaSbO_2 + Na_3SbS_3 + 2H_2O$$

当溶液中有足够的 Na_2S 时，NaOH 不与 Sb_2S_3 起作用，只有

当 Na_2S 不足时才发生上列反应，Na_2S+NaOH 混合溶液也可溶解 Sb_2O_3 时，其反应分为两步进行：

$$Sb_2O_3+3Na_2S+3H_2O \rightleftharpoons Sb_2S_3+6NaOH$$

$$Sb_2S_3+3Na_2S \rightleftharpoons 2Na_3SbS_3$$

$$\overline{Sb_2O_3+6Na_2S+3H_2O \rightleftharpoons 2Na_3SbS_3+6NaOH}$$

可见用 Na_2S 溶解 Sb_2O_3 其理论用量比溶解 Sb_2S_3 要多 1 倍。

高价氧化物 Sb_2O_4 和 Sb_2O_5 在 Na_2S 溶液中不溶解，硫化锑精矿中的伴生金属，除 Hg 和 As 外，Cu、Pb、Fe、Zn、Ag 等在 Na_2S 溶液中都难溶解，在浸出过程中富集于渣中，Hg 和 As 硫化物的浸出反应如下：

$$HgS+Na_2S \rightleftharpoons Na_2HgS_2$$

$$As_2S_3+3Na_2S \rightleftharpoons 2Na_3AsS_3$$

$$As_2S_5+3Na_2S \rightleftharpoons 2Na_3AsS_4$$

砷的硫化物也能被 NaOH 溶解，但毒砂（FeAsS）中的砷不能溶于由 Na_2S+NaOH 组成的浸出剂中。

二、浸出作业的实践

浸出作业应既要取得尽可能高的浸出率，又要制取适合下一步处理的溶液。

浸出作业可间断或连续进行，工业生产上多采用后者，以便于实现自动化并提高浸出过程的生产率，间断浸出比较适合于小型和原料多变的企业，但工业上较少采用，图 2-16-1 和图 2-16-2 分别示出间断浸出和连续浸出的工艺流程。

图 2-16-3 和图 2-16-4 分别是我国 1.1 万吨湿法炼锑厂和前苏联某湿法炼锑厂所用的连续浸出槽，视生产规模每槽容积分别为 7.7m^3 和 10～20m^3。

间断浸出实例：我国半工业试验所用浮选锑精矿含 Sb48%～55%，其中氧化物料约占 12.7%，浸出剂为阴极废液结晶后的母液，含 Na_2S120～140g/L，NaOH20～28g/L，Sb15～17.5g/L，液（体积）固（重量）比为 3：5～5：1，锑浸出率可达 99.6%～99.8%，砷浸出率 40%～45%，渣含锑 0.3%～0.4%，渣率 22%

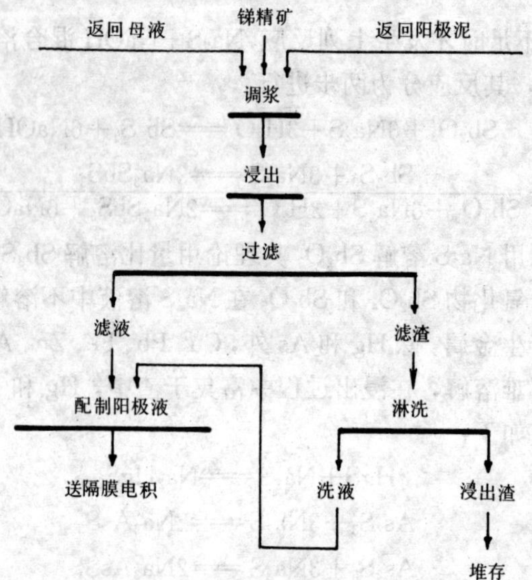

图 2-16-1 间断浸出工艺流程图

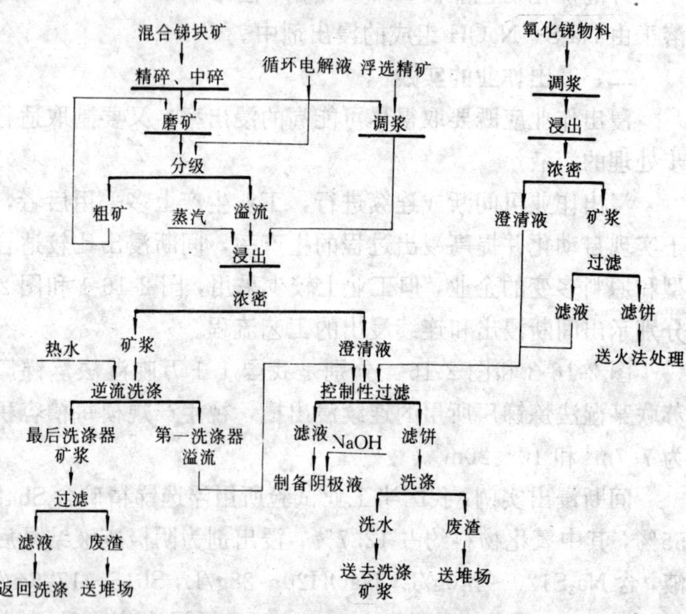

图 2-16-2 前苏联某湿法炼锑厂连续浸出流程

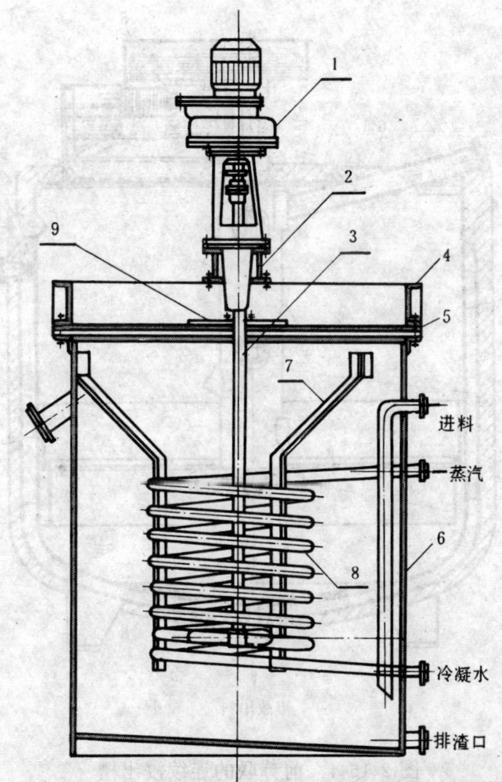

图 2-16-3 我国的连续浸出槽

1—搅拌驱动装置；2、4—支架；3—搅拌装置；5—盖板；
6—槽体；7—角钢架；8—蛇形管；9—小孔盖

～35%。

由浸出液和洗水配制成阴极液，其主要成分（g/L）为：

Sb93～100，As0.25～0.38，Na_2S20，NaHS116～125，$Na_2SO_4$26～31，$Na_2CO_3$60～77，$Na_2SO_3$4～8，$Na_2S_2O_3$39～60。

连续浸出实例：前苏联某厂所用原料为浮选硫化锑精矿和氧化物料，浸出剂为含 Na_2S90～100g/L，NaOH25～35g/L 和 Sb20～30g/L 的电解废液。浸出槽用蒸汽夹套加热，为了强化过程，其

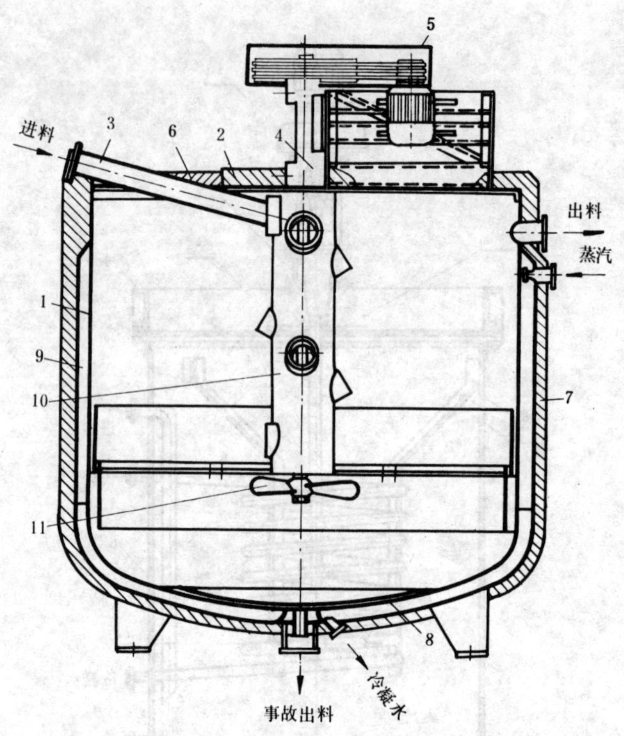

图 2-16-4　前苏联的连续浸出槽

1—槽体；2—槽盖；3—进料管；4—轴承体；5—传动装置；6—大孔盖；7—保温层；8—衬板；9—蒸汽夹套；10—空气升液管；11—搅拌器

中设有管式加热器，浸出和电解是闭路循环，所以浸出所用的硫化钠溶液浓度必须高，但在电解液中的硫化钠浓度又必须尽量低，最有利的浓度应根据处理原料的形态，溶剂和电解费用选定。

利用含锑 25～35g/L 的电解废液浸出，可以得到含锑 70～80g/L 的浸出液，其组成也能满足电解的要求，浮选精矿锑的浸出率为 98%～99%，渣含锑 1.3%～1.7%。

第二节　浸出液的电积

从硫化钠碱性溶液中提取锑，工业生产上现有隔膜电积和无隔膜电积两种方法。前者操作比较麻烦，但电流效率高。我国采用隔膜电积，阴极液的成分比较复杂，主要是Na_3SbS_3，阳极液为NaOH溶液。无隔膜电积系直接使用Na_2S和NaOH的浸出液，而不另外补加NaOH，电积析锑的主要反应可由下式表示：

$$2Na_3SbS_3+6NaOH=2Sb+6Na_2S+3H_2O+3/2O_2$$

由于$2Na_3SbS_3$的形成需要$3Na_2S$，按上式电积时，除在阴极产出金属锑外，还可在溶液中再生$3Na_2S$，用以制取工业硫化钠，从而使Sb_2S_3中的硫得到回收利用。

但在电解液中除硫代亚锑酸钠，硫化钠和苛性钠外，由于溶液受到空气的氧化，还有不同浓度的硫酸钠、碳酸钠、硫代硫酸钠、亚硫酸钠以及多硫化钠等。所以除上列主要反应外，同时还进行着复杂的其他化学过程。

一、阴极过程

电积时阴极上的主要反应是硫代亚锑酸钠的放电析出金属锑，同时也有高价锑化合物的还原。若电解液中高价锑离子较多，氢的超电压降低，即有可能在阴极上大量析出，这是不希望的。

硫代亚锑酸钠按下式离解：

$$Na_3SbS_3 \rightleftharpoons 3Na^++SbS_3^{3-}$$

与一般的电解规律不同，负电性的锑配离子可在阴极上放电，析出金属锑，其反应为：

$$SbS_3^{3-}+3e \longrightarrow Sb+3S^{2-} \quad (E=-0.90V)$$

溶液的还原主要是SbS_4^{3-}还原成SbS_3^{3-}，$Na_2S_2O_3$和Na_2S_2还原成Na_2S等，其反应如下：

$$SbS_4^{3-}+2e \longrightarrow SbS_3^{3-}+S^{2-} \quad (E°=-0.61V)$$

$$S_2O_3^{2-}+3H_2O+6e \longrightarrow S_2^{2-}+6OH^- \quad (E°=-0.65V)$$

$$S_2^{2-}+2e \longrightarrow 2S^{2-} \quad (E°=-0.524V)$$

锑由五价配离子还原为三价后，又不免受到空气的氧化。还原与氧化循环进行，消耗电能，这是无隔膜电积电溶效率低的主要原因。隔膜电积，把阳极液装在隔膜袋内，使与阴极液有效地分开。阴极液中Na_2S_2、$Na_2S_2O_3$和高价锑配离子含量减少，阴极液还原反应随之减少，电流效率相应提高。

实践证明，在一般电积条件下，溶液中的锡离子不会放电析出，而砷会放电析出，所以通常所得的阴极锑还需精炼除砷。

二、阳极过程

在Na_2S-NaOH浸出液中，阳极上主要发生两个电化学反应：

$$4OH^- - 4e \longrightarrow 2H_2O + O_2\uparrow \quad (E^\circ = +0.40V)$$

$$S^{2-} - 2e \longrightarrow S \quad (E^\circ = -0.59V)$$

一般情况下，由于OH^{2-}浓度很高，析出电位较低，所以阳极上主要是OH^2的放电，当OH^-浓度很低而S^{2-}浓度较高时，S^{2-}也会放电，生成元素硫，后者可与硫化钠生成多硫化钠：

$$S + Na_2S \longrightarrow Na_2S_2$$

多硫化钠在阳极上被原子氧氧化成$Na_2S_2O_3$：

$$Na_2S_2 + 3O \longrightarrow Na_2S_2O_3$$

Na_2S_2和$Na_2S_2O_3$可以使阴极锑重新溶解，同时会在阴极上还原：

$$3Na_2S_2O_3 + 2Sb + 3N_2S \longrightarrow 2Na_3SbS_3 + 3Na_2SO_3,$$

$$\Delta G^\circ_{298} = -145.3kJ$$

$$3Na_2S_2 + 2Sb \longrightarrow 2Na_3SbS_3 \quad \Delta G^\circ_{298} = -241.5kJ$$

$$S_2O_3^{2-} + 3H_2O + 8e \longrightarrow 2S^{2-} + 6OH^- \quad E^\circ = -0.65V$$

$$S_2^{2-} + 2e = 2S^{2-} \longrightarrow 2S^{2-} \quad E^\circ = 0.524V$$

$$2S_3^{2-} + 2e \longrightarrow 3e \quad E^\circ = -0.506V$$

以上过程都消耗电能，因而降低电流效率。多硫化钠中的硫还会将SbS_3^{3-}氧化成为SbS_4^{3-}：

$$Na_3SbS_3 + Na_2S_2 \longrightarrow Na_3SbS_4 + Na_2S \quad \Delta G^\circ_{298} = -23.0kJ$$

锑电积电流效率降低的主要原因是五价锑在阴极上的还原，

由此可见，多硫化钠降低电流效率，不但表现在由于其溶解阴极锑和阴极上的还原作用，而且主要的还是能使 Na_3SbS_3 氧化成为 Na_3SbS_4。

为消除多硫化钠和硫代硫酸钠的不利影响，并使 SbS_3^{3-} 尽可能少地移向阳极氧化，提高电流效率，在实践中采用隔膜电积。

在隔膜电积中，阳极上 OH^- 离子放电产生原子氧，使存在于阳极液中的盐氧化，也可使 S^{2-} 氧化生成各种盐类。氧化生成的 SO_3^{2-}、$S_2O_3^{2-}$ 可能进一步氧化成 SO_4^{2-}，所以阳极液中 SO_4^{2-} 增加，给电积作业带来不利影响。

阳极液中不断补充新的 NaOH 溶液，其中含有一定量的 Na_2CO_3，同时，阳极液在循环过程中也可能与空气中的 CO_2 作用生成 Na_2CO_3，按理应该有 Na_2CO_3 的积累，但实际上阳极液中的 Na_2CO_3 浓度波动在 20～50g/L，并不继续增加，这说明阳极过程也可能有 CO_3^{2-} 放电：

$$2CO_3^{2-} - 4e \longrightarrow 2CO_2 + O_2$$

三、隔膜电积和无隔膜电积

隔膜电积和无隔膜电积的工艺流程分别见图 2-16-5 和图 2-16-6。

隔膜电积的阴极液一般含 Sb90～100g/L 和 Na_2S20%，阳极液主要是 NaOH 溶液，浓度为 120～100g/L，阳极液装入帆布袋内，阴、阳极液循环速度分别为 45L/h 和 12～18L/h。

电解液温度 50～550℃，槽电压 2.65～3V，电流效率 82%～85%，每吨锑直流电耗 2050～3200kW·h，碱耗为 1.05t。

无隔膜电积只使用一种电解液，含 Sb、NaOH 和 Na_2S 各 50～60g/L，$Na_2CO_3$20～30g/L，$Na_2S_2O_3$ 和 Na_2SO_3 共 60～65g/L，$Na_2SO_4$75～80g/L，Na_2S<1g/L。电积过程中锑和苛性钠降低，硫化钠和惰性盐含量增高，排出的电解液中每升含 Sb 20～30g，Na_2S 90～105g，NaOH 25～30g，$Na_2S_2O_3$ 和 Na_2SO_3 共 75～80g，$NaSO_4$ 100～120g，Na_2CO_3 25～35g。

无隔膜电积槽电压与隔膜电积相近为 2.7～3.0V，电流效率

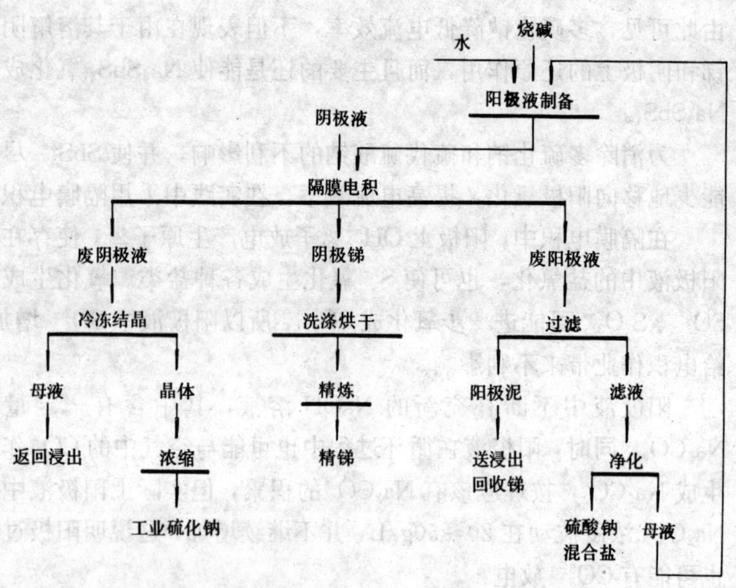

图 2-16-5 隔膜电积流程图

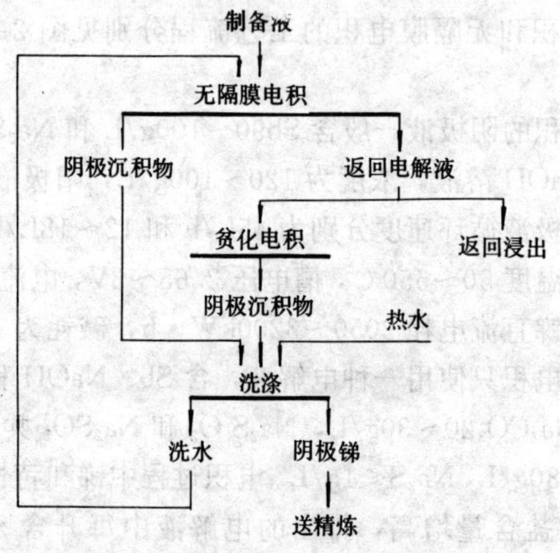

图 2-16-6 无隔膜电积工艺流程图

仅45%～55%，因而每吨锑电耗高达3000～4000kW·h。

四、电解槽和电极

电解槽材质必须耐碱性能好、容易加工、成本较低。实践证明，无内衬加亚甲基二萘磺酸钠减水剂的耐碱混凝土电解槽，可满足电解工艺的要求，其结构见图2-16-7。

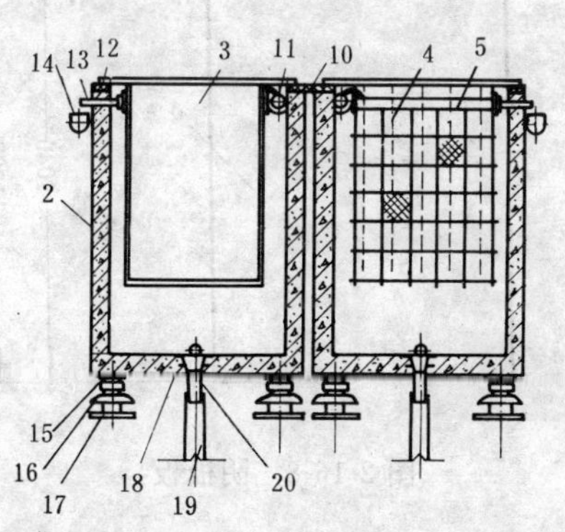

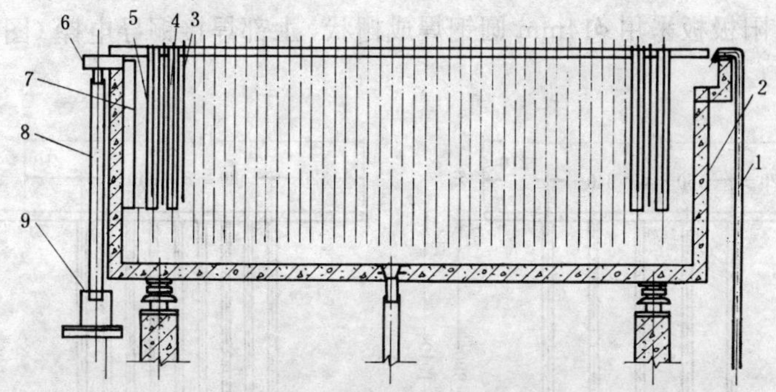

图2-16-7　带有电极的隔膜电槽

1—阴极液进液管；2—槽体；3—阴极板，4—阳极板；5—阳极框架；6—溢流嘴；7—溢流斗；8—阴极液出液管；9—阴极液流槽；10、12、15、17—耐碱橡胶板；11—阴极液进液总管；13—阳极液出液管；14—阳极液流槽；16—绝缘子；18—塞子；19—耐碱胶管；20—洗水下液管阴极板是厚度 3.5mm 的普通钢板，上部焊接 $22mm^2$ 铜导电棒见图 2-16-8。

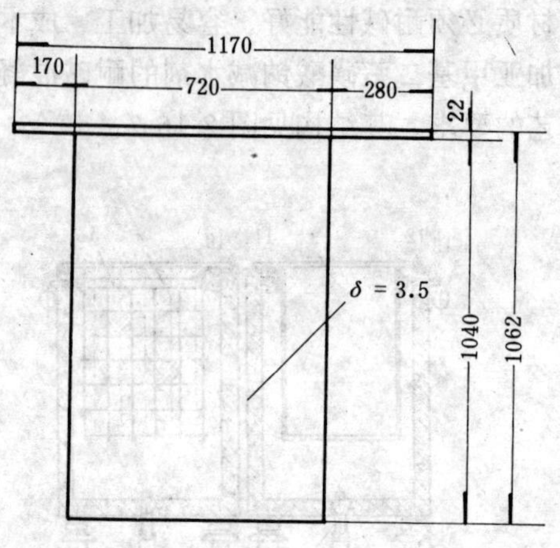

图 2-16-8　阴极板

阳极板采用 ϕ14mm 圆钢焊成栅状，上部焊接铜导电棒（图 2-16-9）。

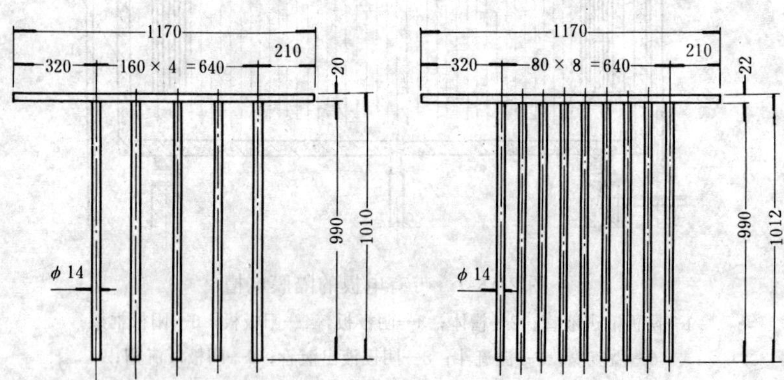

图 2-16-9　阳极板

隔膜电解槽需要增设隔膜袋和阳极框架，隔膜袋可采用 5 号工业帆布或 0238 棉维帆布缝制，阳极框架用 ϕ6～8mm 圆钢（图 2-16-10）。

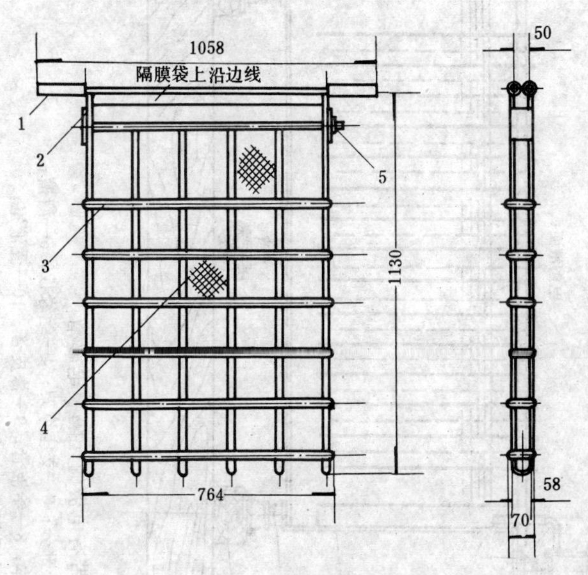

图 2-16-10 阳极框架

1—软聚氯乙烯管；2—钢板；3—圆钢框架；4—隔膜袋；5—阳极液流出管

无隔膜电解槽多用 5～6mm 钢板制成，呈矩形，长 1800～2300mm，宽 700～950mm，深 1000～1100mm，槽的一端焊有进液室，另一端距槽顶 100mm 处焊有 ϕ32mm 排液管（图 2-16-11）。

第三节 废电解液的处理

一、工业硫化钠的提取

电积过程中，在阴极上析出金属锑，而 SbS_3^{3-} 中的 S^{2-} 则留在阴极液中，同时阳极液中的 OH^- 在阳极上放电而留下 Na^+，Na^+ 在电场作用下通过隔膜渗透到阴极区，与阴极液中的 S^{2-} 结合生成 Na_2S。这样，碱性浸出-电积提锑不但不消耗 Na_2S，而且还副

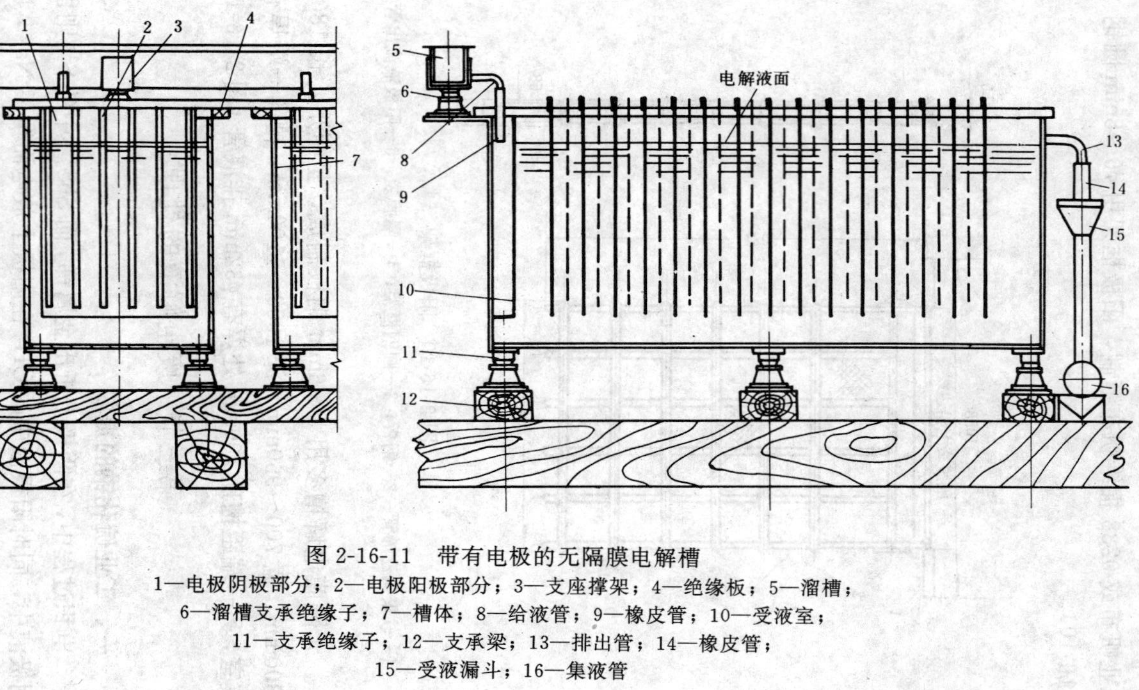

图 2-16-11 带有电极的无隔膜电解槽

1—电极阴极部分；2—电极阳极部分；3—支座撑架；4—绝缘板；5—溜槽；6—溜槽支承绝缘子；7—槽体；8—给液管；9—橡皮管；10—受液室；11—支承绝缘子；12—支承梁；13—排出管；14—橡皮管；15—受液漏斗；16—集液管

产 Na_2S，电积消耗而需要补充的只是作为阳极液的 NaOH 溶液。

根据电积过程总反应式：

$$2Na_3SbS_3+6NaOH=2Sb+6Na_2S+3H_2O+\frac{3}{2}O_2$$

计算，析出 1kg 锑，溶液中将有 1.92kgNa_2S 生成，在浸出过程中溶解 1kg 锑只需消耗 0.96kgNa_2S，故浸出-电解过程中有 0.96kgNa_2S 增生，但是，在浸出-电积循环过程中，由于部分 Na_2S 氧化生成 Na_2S_2、$Na_2S_2O_3$ 等多硫化物，所以实际上，电积析出 1kg 锑，溶液中并不能相应地增生 0.96kgNa_2S，依溶液氧化程度的不同，析出 1kg 金属锑，增生 Na_2S0.4～0.8kg。

为了综合利用原料中的硫和 NaOH 中的钠，应当提取增生的 Na_2S，以利于碱性浸出过程。增生的 Na_2S 溶液可用于铅矿或铜矿的精选，或将贫化电积后的废电解液送去中和低浓度的 SO_2 废气；或从电积后的阴极液冷冻结晶出 $Na_2S\cdot9H_2O$，进一步浓缩产出工业硫化钠。

电积后阴极液中 Na_2S 的浓度为 170～190g/L，温度降至 15～18℃，增生的硫化钠便以 $Na_2S\cdot9H_2O$ 形态结晶出来，经离心机过滤，得 $Na_2S\cdot9H_2O$ 晶体和母液，母液含 Na_2S130～140g/L，再返回浸出，晶体再经浓缩和脱水，产出工业硫化钠。

冷却结晶作业最好在真空蒸发结晶机组内进行，其设备连接见图 2-16-12。

二、结晶母液的净化

在浸出-电积过程中，由于受空气氧化和阳极过程的氧化，溶液中的硫代硫酸钠、硫酸钠，亚硫酸钠等惰性盐逐渐积累。隔膜电积的阴极液中 Na_2SO_4 积累到 45g/L 时，即对电积有不利影响，因而常以 Na_2SO_4 浓度达到 45g/L 作为溶液净化的起点。

溶液净化的方法，主要有电积贫化法（见图 2-16-13），还原净化法（见图 2-16-14）和低温两次结晶净化法（见图 2-16-15）。

三、阳极液的净化

电解过程中积累的惰性盐主要由阳极氧化产生。外国湿法炼

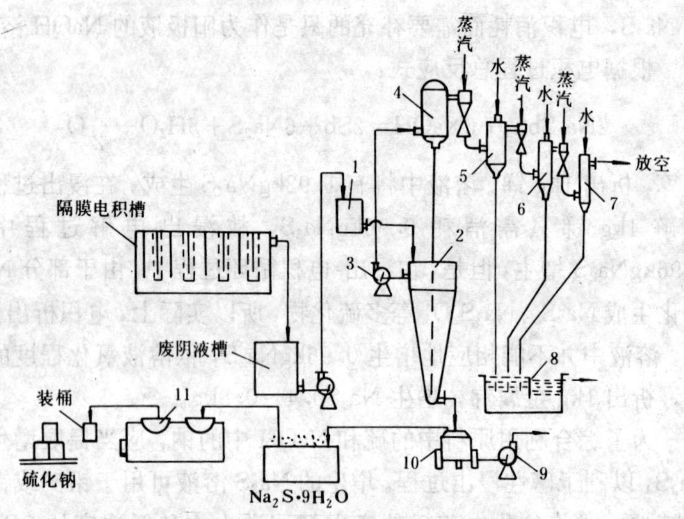

图 2-16-12　真空蒸发致冷结晶试验设备连接图

1—结晶液高位槽；2—悬浮结晶器；3—循环泵；4—真空蒸发器；5—主冷凝器；6—辅助冷凝器；7—消声器；8—水封槽；9—母液泵；10—离心过滤机；11—浓缩锅

锑厂采用 BaS 处理，以生成溶解度很小的钡盐沉淀除去，其反应为：

$$Na_2SO_4+BaS=BaSO_4\downarrow Na_2S$$

$$Na_2CO_3+BaS=BaCO_3\downarrow Na_2S$$

$$Na_2SO_3+BaS=BaSO_3\downarrow Na_2S$$

由于 BaS 溶液的加入，阳极液体积膨胀，不利于净化；再生的 Na_2S 大部分留在阳极液内循环，不利于电积操作，同时所产钡渣又需处理回收，使工艺流程复杂化。我国采用真空蒸发和结晶净化法，其原理是将阳极液水分蒸发后，Na_2SO_4 在 NaOH 溶液中达到过饱和，可结晶出来，溶液放出过滤，滤液返回阳极液循环，滤渣是以结晶硫酸钠为主的混合钠盐，可用于制取工业硫化钠的原料。

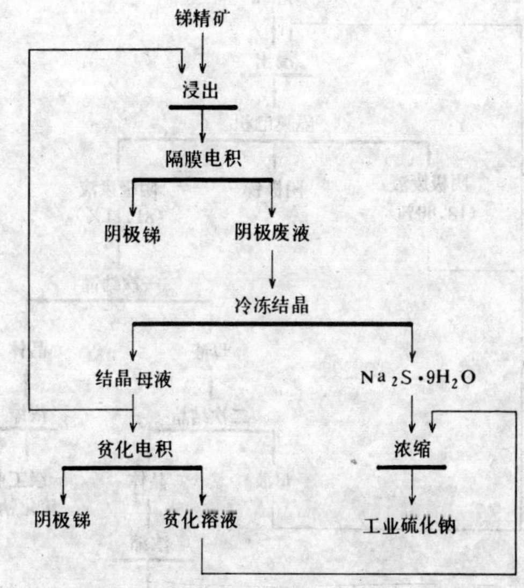

图 2-16-13　电解液贫化电积流程图

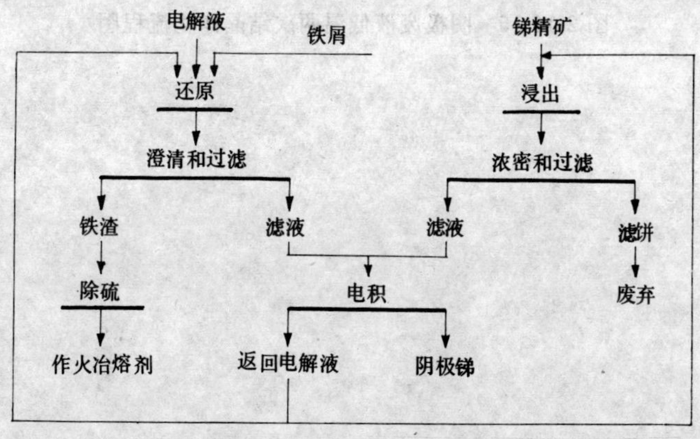

图 2-16-14　电解液铁屑还原流程图

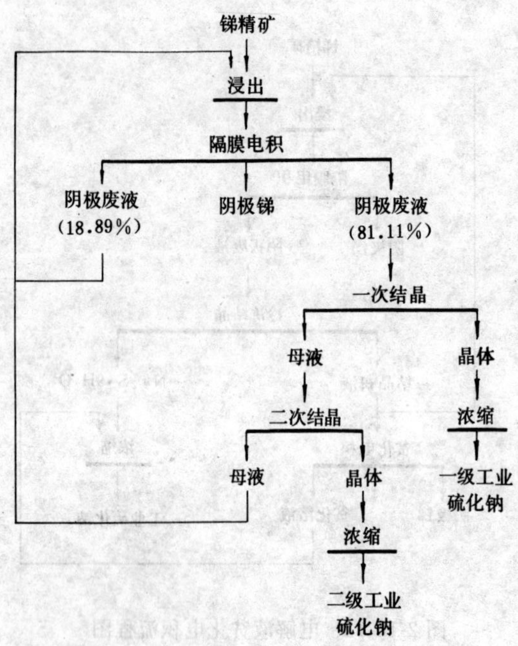

图 2-16-15 阴极废液低温两次结晶净化流程图

第十七章　锑的精炼[1,5]

第一节　粗锑的杂质及精锑的标准

由锑精矿直接熔炼或由氧化锑还原熔炼所产的金属锑以及由湿法炼锑工艺产出的阴极锑，无论含锑品位和纯度都不符合商品锑的要求，必须进行精炼。现代工业生产上大都采用火法精炼，少数工厂采用水溶液电解精炼。而熔盐电解精炼锑虽已有不少科研报道，证明有一定的优越性，但尚未进入工业生产阶段。

各国根据锑在工业上各种不同用途制订有等级标准，表 2-17-1 所列是我国的精锑标准。

表 2-17-1　中国锑的标准（GB1599—79）

品号	代号	锑不小于 /%	杂质不大于 /%				
			As	Fe	S	Cu	杂质总和
一号锑	Sb-1	99.85	0.05	0.02	0.04	0.01	0.15
二号锑	Sb-2	99.65	0.10	0.03	0.06	0.05	0.35
三号锑	Sb-3	99.50	0.15	0.05	0.08	0.08	0.50
四号锑	Sb-4	99.00	0.25	0.25	0.2	0.2	1.0

粗锑中的杂质有两种来源，一种是原料中伴生的杂质元素，在冶炼过程中未能完全分离，进入锑内，这些杂质主要是砷、铁、铅、硫等；另一种是次生的，即在火法冶炼生产过程中进入粗锑的杂质、主要是铁。例如加铁沉淀熔炼产出的粗锑含铁常达 5%以上，在生产中所用铁质工具，也不免被锑浸蚀进入粗锑。

采用火法精炼时，锑内的铁、铜、硫等杂质，由于与锑的化学性质差异较大，容易除去，杂质砷与锑的化学性质极为相近，较难除去，而铅则最难除去。

第二节　锑的火法精炼

粗锑和阴极锑的一般成分列于表 2-17-2。锑内常见杂质的脱除方法如下：

表 2-17-2　粗锑和阴极锑的化学成分/%

锑的形态	Sb	As	Pb	Cu
还原熔炼的粗锑	96～97	0.2～3	0.08～0.25	0.001～0.01
沉淀熔炼的粗锑	80～90	0.2～3	0.1～5	0.03～0.2
电解阴极锑	98～98.3	0.018～0.12	0.0006～0.0013	0.0038～0.0046
锑的形态	Fe	Na	Sn	S
还原熔炼的粗锑	0.01～0.5	0.02～0.1	0.01～0.1	0.1～1
沉淀熔炼的粗锑	3～15	0.02～0.1	0.01～0.1	0.2～0.3
电解阴极锑	0.005～0.01	0.1～1.0	0.01～0.03	0.15～0.36

脱铁：工业生产上是在锑液内加入硫化锑精矿，同时加入碳酸钠造渣，其主要反应为：

$$3Fe+Sb_2S_3 \rightleftharpoons 3FeS+2Sb$$

$$FeS+Na_2CO_3=FeO+Na_2S+CO_2$$

$$2FeO+Na_2CO_3+\frac{1}{2}O_2=Na_2Fe_2O_4+CO_2$$

这个方法也可以脱铜。

脱硫：硫在锑液内呈 Sb_2S_3 存在，加 Na_2CO_3 可脱至 0.002%，其反应为：

$$3Na_2CO_3+Sb_2S_3=3Na_2S+Sb_2O_3+3CO_2$$

生成的 Sb_2O_3 挥发或与过剩的 Na_2CO_3 反应，生成锑酸钠：

$$Sb_2O_3+3NaCO_3+O_2=2Na_3SbO_4+3CO_2$$

而生成的 Na_2S 则与硫化锑作用，生成硫代亚锑酸钠入渣：

$$3Na_2S+Sb_2S_3=2Na_3SbS_3$$

脱铅：比较有效的方法是真空蒸馏分离或使锑先氧化挥发，再还原熔炼，铅留在残余锑液内。

脱硒：广东有色金属研究院有一加铝除硒的专利（ALP），已投入工业生产。在锑液含 As 降至 0.1%以后，加铝脱硒，可使硒从 0.05%一次脱除至 0.0002%。

脱砷：现代工业生产上广泛采用吹碱氧化除砷，其反应为：

$$2As+2.5O_2+3Na_2CO_3=2Na_3AsO_4+3CO_2$$

$$2As+1.5O_2+3Na_2CO_3=2Na_3AsO_3+3CO_2$$

生产实践证明，96%以上的砷按以上反应形成砷酸钠，其余形成三价砷的亚砷酸钠，在精炼过程中，部分锑也会氧化形成锑酸钠和亚锑酸钠，但由于砷含量很少，锑酸钠处于绝对优势，通过如下的取代反应，可使砷盐浮于锑液表面，混入锑盐去掉：

$$Na_3SbO_4+As=Na_3AsO_4+Sb$$

$$Na_3SbO_3+As=Na_3AsO_3+Sb$$

第三节 吹碱氧化除砷的实践[1,11]

吹碱除砷精炼的设备有电热炉、感应炉、腰鼓型旋转炉、反射炉等炉型，我国大小炼锑厂均用与还原熔炼结构相同的反射炉，并且大都在同一反射炉内先进行还原熔炼，接着进行精炼。

吹碱氧化除砷反应系放热反应，因而降低温度有利除砷；但温度低于 850℃时，纯碱不能熔化，反应速度减慢，除砷效率降低。

脱砷的纯碱理论用量，按形成 Na_3AsO_4 计，1kg 砷要消耗碳酸钠 2.12kg，但实际用量却大大超过理论用量，并且随锑液含砷量而增加的函数关系，可以下式表示：

$$f(A)=bA$$

式中 $f(A)$——脱去单位砷量须加入的纯碱量；

A——每吨锑液中含砷量；

b——正参数。

根据实验数据回归，可获得满意的 $f(A)$ 数学表达式，积分后可得到纯碱用量与锑液含砷量的关系曲线（见图 2-17-1），也可得到供现场使用的计算表（见表 2-17-3）。

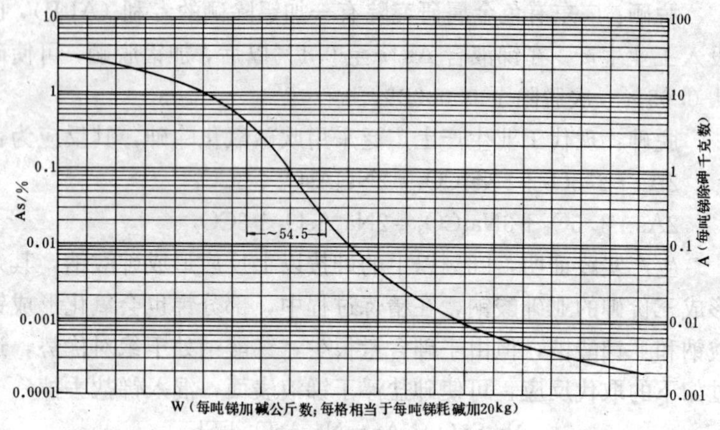

图 2-17-1 除砷耗碱计算图（W-A 关系曲线）

表 2-17-3 所列的砷量按习惯以%表示，该表易懂适用，粗线方框内的 54.5 即为将锑液含砷量由 0.4%降至 0.02%所需加入的纯碱用量，此数值与图 2-17-1 中示例的误差，乃与表的结构形式特点有关，不影响使用。

计算纯碱总加入量时，还需知道锑液的总量，炉内粗锑液总量的估算，除凭经验估计外，可按下式计算：

$$炉内粗锑总量（t）=入炉物料含锑量（t）\times直收率（\%）+\frac{精炼碱渣含锑量}{入炉物料含锑量}$$

式中，$\frac{精炼碱渣含锑量}{入炉物料含锑量}$的比值与粗锑含砷有关，粗锑含砷 1%左右时，一般取 2.5%～3.0%。

除砷过程要控制锑液温度在 850～900℃内，并保持炉内氧化性气氛，以防止碱渣中的砷重新转入锑液。

除砷过程鼓入的空气压力要足以搅动锑液，鼓入的空气量按理论计算，1kg 砷需标态下的空气 1.12m³，但由于有部分锑同时氧化，因此实际空气消耗量为理论量的 4～5 倍。

除砷所需的总碱量，应分次加入炉内进行分次精炼，而每次

表 2-17-3　锑碱性精炼脱砷的纯碱用量计算表

As/%	0.02	0.01	0.008	0.006	0.004	0.003	0.002	0.001	0.0004	0.0003	0.00025
0.002	61.5	47	42	34.5	23	14					
0.001	90	75.5	70.5	63	51.5	42.5	28.5				
0.0004	147	132.5	127.5	120	108.5	99.5	85.5	57			
0.0003	173	158.5	153.5	146	134.5	125.5	111.5	83	26		
0.00025	192	177.5	172.5	165	153.5	144.5	130.5	102	45	19	
0.0002	218.5	204	199	191.5	180	171	157	128.5	71.5	45.5	26.5

As/%→　　←As/%　　As/%↘

As/%	0.8	0.75	0.7	0.65	0.6	0.55	0.5	0.45	0.40	0.35	0.30	0.25	0.2	0.15	0.12	0.10	0.075	0.05	0.025	0.02	0.015
0.15	41	38.5	36	33.5	31	28.5	26	23	20	17	14	10	5.5								
0.12	45	42.5	40	37.5	35	32.5	30	27	24	21	18	14	9.5	4							
0.10	48	45.5	43	40.5	38	35.5	33	30	27	24	21	17	12.5	7	3						
0.075	52.5	50	47.5	45	42.5	40	37.5	34.5	31.5	28.5	25.5	21.5	17	11.5	7.5	4.5					
0.05	59	56.5	54	51.5	49	46.5	44	41	38	35	32	28	23.5	18	14	11	6.5				
0.025	71	68.5	66	63.5	61	58.5	56	53	50	47	44	40	35.5	30	26	23	18.5	12			
0.02	75	72.5	70	67.5	65	62.5	60	57	54	51	48	44	39.5	34	30	27	22.5	16	4		
0.015	81	78.5	76	73.5	71	68.5	66	63	60	57	54	50	45.5	40	36	33	28.5	22	10	6	
0.01	90	87.5	85	82.5	80	77.5	75	72	69	66	63	59	54.5	49	45	42	37.5	31	19	15	9

As/%	3.0	2.9	2.8	2.7	2.6	2.5	2.4	2.3	2.2	2.1	2.0	1.9	1.8	1.7	1.6	1.5	1.4	1.3	1.2	1.1	1.0	0.9
0.8	106	101.5	97	92.5	88	83	78.5	74	69	64	59	54.5	50	45	40	35	30	25	20	15	10	5

注：表格外围为锑液中含砷的百分数，表格内为每吨锑纯碱用量（kg）。

加入的碱量，按 1m² 锑液表面约 35～40kg 计算，加入的纯碱基本熔化后，往锑液中鼓入空气，以供给杂质氧化所必须的氧，同时搅动锑液增大杂质氧化物与碱液的反应界面，因此在往锑液鼓入空气的过程中力求使整炉锑液搅动均匀，缩小砷的不均匀分布现象，由于锑液含砷的不均匀性或因“衣子”中砷的转入可能使产品含砷升高，因而精炼除砷作业要使最后锑液含砷比产品标准含砷稍低一些，其降低程度随原料和“衣子”含砷的升高而增大。

精炼的锑液达到出锑的含砷标准，其他杂质如铜、铁、硫等含量也符合产品质量要求时，即可耙净液面的含砷碱渣、升高炉温、紧接着进行加“衣子”和铸型作业。

第四节 锑的水溶液电解精炼[1,12]

水溶液电解精炼可以用来制取高纯金属锑，并可通过阳极泥的处理回收其中的金、银和其他在电化序中较锑为正的金属。只有铋（电极电位为 0.2V）、砷（0.3V）和锑（0.1V）接近，在电解中彼此不容易完全分离。

当沉淀熔炼或还原熔炼所得的粗锑中含有较多回收价值的贵金属时进行电解精炼，从某些残渣中提取锑，也可以采用电解。例如碱性精炼铅的残渣和柏兹法电解精炼铅的阳极泥可用作电解提锑的原料。

现代工业生产上采用由氢氟酸和硫酸组成的电解液，其中游离氟离子不低于 20g/L、Sb^{3+} 100～130g/L，SO_4^{2-} 360～400g/L，电解过程稳定，效果良好。

粗锑内的杂质在电解过程中的行为，按照标准电极电位可分为三类：比锑更正电性的杂质，主要是贵金属和硫，实质上不溶解，全部留在阳极泥中；负电性杂质主要是锡、铅、铁、镍、钴和锌等，可随锑在阴极上析出；电位与锑接近的杂质主要是铜、砷和铋，其中镍有 98%以上和部分铁进入溶液，含量太高时即结晶析出，大部分锡被氧化成高价转入溶液，也需处理以免积累过多。

粗锑电解精炼的技术条件可以湘西金矿贵锑电解为例。

湘西金矿采用鼓风炉挥发熔炼所得的贵锑（含金粗锑），经反射炉精炼后再电解，进一步分离金与锑。

电解作业在 2m×6m×0.9m 的内衬聚氯乙烯板的木质电解槽中进行、每槽装阳极 14 块、阴极 13 块，阴极为 1.5mm 厚的紫铜片，尺寸为 535mm×600mm，阳极用贵锑铸成，尺寸 520～540mm，每块 20kg 左右，阴、阳极周期一般为 5～9d，阳极成分为 Au20kg/t，Sb 75%～80%，Cu 3%～9%，Ni 2%～2.5%，Pb 3%～10%，As 0.5%～1%，Fe 0.3%～2%，电解液的制备系将锑氧与硫酸加热共溶后，再加入含有 HF 的水中，然后配成所需要的成分。

贵锑电解的技术条件如下：

电解液成分（g/L）	Sb^{3+}，110～130，SO_4^{2-} 360～400，$F^-_{总}$，70～90，$F^-_{游}$＞20
电解液温度（℃）	＜35
阴极电流密度	100～110A/m²
循环速度	1.5～1.8L/min（上进下出一级循环方式）
异极中心距	70mm
阳极成分（%）	Sb，75～80，Fe＜2，Pb＜10，C＜9，Ni＜2.5，As＜1，Au20kg/t
残极率	20%左右

在上述条件下，获得的技术经济指标为：

槽电压	0.5～0.8V
电流效率	96%～97.5%
电能消耗	400～600kW·h/t
阳极泥产出率	10%～18%
阳极泥含金	10%～25%
金回收率	98%～99.5%
锑回收率	98%～99%

贵锑电解获得的阳极泥用火法处理回收金，产出的阴极锑呈淡灰色结晶，致密平整，很脆，容易打成碎块，其成分为 Sb 90%，Au 0.3%，Fe 2.1%，Cu 6.4%，Pb 0.1%，As 1.1%，阴极锑返回挥发熔炼鼓风炉前床进一步富集金。

第五节　锑的熔盐电解精炼[1,5]

熔盐电解精炼是用熔点低的混合熔融盐类作为电解质，熔蚀的粗金属作为阳极（阳极法）或作为阴极（阴极法），不熔性金属或石墨作为导电的电极，在高温下进行电解。阳极法电解时，较负电性的杂质在阳极氧化变成离子，通过电解质迁移到阴极表面，在阴极还原沉淀出来，从而达到提纯的目的。

1. 阳极法

图 2-17-2 为锑熔盐电解精炼阳极法示意图，在 700～900℃的 KCl-NaCl 等摩尔熔蚀电解质中，金属的电化序是钾、钠、锌、镉、铁、铅、锡、铜、镍、锑、银、铋，按照这个次序，阳极法精炼可以除去位于锑以上的几种杂质。

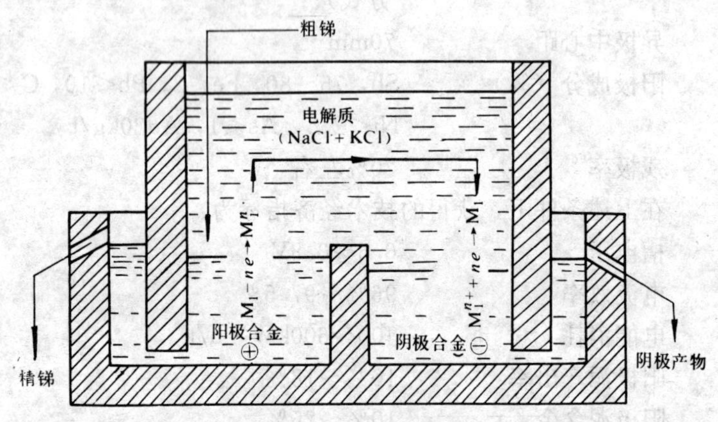

图 2-17-2　锑熔盐电解精炼阳极法示意图

阳极法小型试验技术指标实例：

原料	大厂矿务局高铅粗锑（10%Pb）
电流强度	15A
阳极电流密度	$6650A/m^2$
通电时间	0.2h
槽电压	2.69～2.78V
产出阳极锑	8.25g
阴极锑含 Sb	99.50%，Pb 0.086%
脱铅率	99.25%
锑直收率	98.04%
电量单耗	36.3Ah/kg
电能单耗	100.09kW·h/t

电流效率（按迁移的铅计算）80.96%

2. 阴极法

阴极法是将粗金属作为阴极，电解质中碱金属离子（例如 Na^+）在阴极还原成金属，选择性地与阴极中杂质元素化合，生成金属间化合物，如 Na_3As、Na_3S、Na_3Bi。化合物溶解于电解质中，在电场引力和扩散作用影响下迁移到阳极附近，在阳极上又氧化成杂质元素，随着杂质元素不断迁移，主体金属得以提纯。图 2-17-3 为锑熔盐电解精炼阴极法示意图。

用阴极法可除掉的杂质元素主要是砷和硫，其阴极反应为：

$$3Na^+ + 3e + As \longrightarrow Na_3As$$

$$2Na^+ + 2e + S \longrightarrow Na_2S$$

阴极法在等摩尔数的 KCl-NaCl 熔蚀电解质中进行电解的适宜技术条件是：温度 700～750℃，阴极电流密度 5000～17000A/m^2，电量消耗 20～30A·h/kg。在这种条件下，经阴极精炼能使锑中砷由 0.11%～0.25%降低到 0.01%～0.02%，硫由 0.01%～0.08%降低到 0.002%～0.005%。为了除去过剩的碱金属，在阴极精炼以后，进行短时间的阳极反溶，使碱金属返回到电解质中，杂质钾和钠的含量也能降低到高牌号锑的水平。

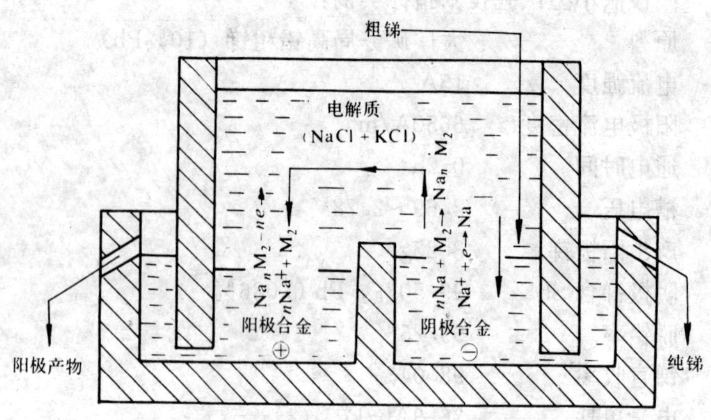

图 2-17-3　锑熔盐电解精炼阴极法示意图

熔盐电解的特点：离子电导率高，高温下化学反应快，只有被迁移的杂质元素参加电化学反应，熔盐电解精炼与火法精炼或水溶液电解精炼比较，具有下列优越性：

(1) 锑火法精炼难以除去的杂质铅，用熔盐电解法可以很容易除去。熔盐电解精炼周期短，金属直收率高。

(2) 水溶液电解精炼的电化学过程是主体金属阳极溶解，阴极沉积，消耗大量电能，而熔盐电解精炼，只有杂质元素参加电化学过程，可以大大节约电能。

(3) 水溶液电解精炼受电化学过程动力学的限制，一般电流密度不超过 300A/m^2 左右，而熔盐电解精炼温度高，化学反应快，动力学因素起的影响很小，可以在高电流密度（达 10000A/m^2）下工作，比水溶液电解高出三十多倍，设备的单位生产能力大。

(4) 水溶液电解精炼前要熔铸阳极板，电解后要剥取阴极金属并熔化铸锭，而熔盐电解精炼可以直接熔炼所得的液态粗金属，产出合格液态金属也可以直接铸锭，精炼工艺可以实现连续化和自动化。

(5) 熔盐电解精炼可以在密闭条件下工作，有利于环境保护和改善劳动条件。

粗锑的熔盐电解也有一些缺点，例如需要在相当高的温度下操作电解槽的结构比较复杂，电解质的净化和循环利用都较水溶液电解复杂等。

第十八章　复杂锑矿的处理

复杂锑矿具有工业意义的有锑金矿、锑汞矿、锑铅矿及锑砷矿（含锑砷金矿）等类型。

第一节　锑金矿[1,5,13]

含金的锑矿石往往伴生有毒砂和黄铁矿，这种矿石是复合锑矿的一种重要类型。它比单一的锑矿具有更大的经济价值。金在锑矿石中呈显微和次显微自然金游离存在，或嵌布在辉锑矿、毒砂和黄铁矿内，中国多数锑金矿属于这种类型。目前尚无选矿方法可使这种锑金矿中的锑、金彻底分离，大都采用选冶联合工艺加以回收，以下概略介绍国内外处理锑金矿现用或曾进行过研究认为有效的几种工艺流程：鼓风炉挥发熔炼-贵锑电解流程[13]；氧化焙烧-还原熔炼流程；中湿焙烧-苛性钠溶液浸出-氰化提金流程；硫化钠溶液浸出-电解提锑-氰化提金流程。湖南湘西金矿的锑

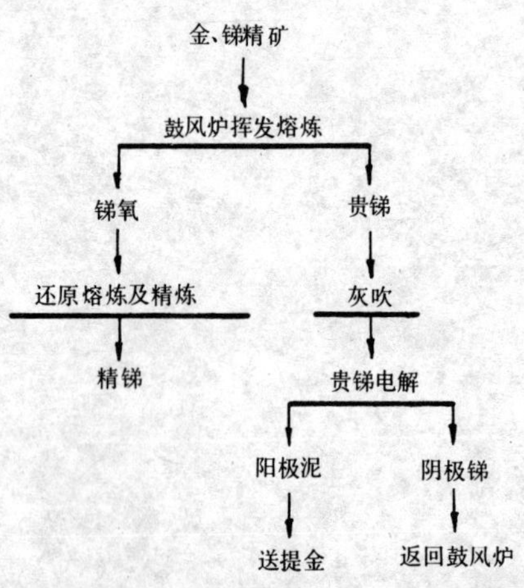

图 2-18-1　鼓风炉熔炼-贵锑电解流程图

金矿采用鼓风炉挥发熔炼-贵锑电解流程，经多年的实践已比较成熟，其工艺流程见图 2-18-1。

第二节　锑汞矿[1,5]

锑汞矿主要是硫汞锑矿（$HgSb_2S_7$ 或 $HgS \cdot 2Sb_2S_3$）。这种矿石不能很好地用选矿方法分离 HgS 和 Sb_2S_3，必须采用火法或湿法冶金方法分别回收。实践证明，火法流程比较优越。图 2-18-2 是美国一专利（2186、876 号）其实质是在回转窑内适当温度下进行焙烧，使 HgS 转化为汞蒸气逸出，而 Sb_2S_3 氧化为 Sb_2O_3 由窑内排出。前苏联曾采用流态化焙烧处理这种矿石，汞、锑的提取率都可超过 90%。

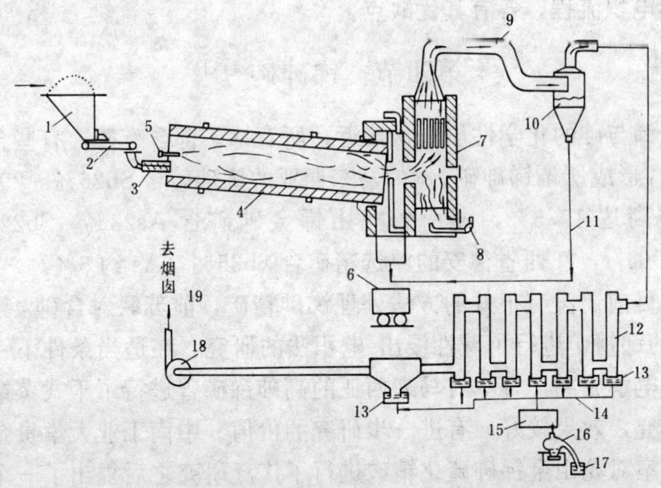

图 2-18-2　从锑汞矿中回收汞分离锑的装置示意图

1—料斗；2—给料皮带；3—螺旋输送机；4—回转窑；5—燃烧器；6—硫化锑渣车；7—燃烧室；8—气体燃烧器；9—管道；10—旋风收尘器；11—管道；12—冷凝器组；13—承受器；14—管道；15—溜槽；16—蒸罐；17—收集器；18—抽风机；19—烟囱

湿法处理锑汞矿是用硫化碱浸出，使锑形成硫代亚锑酸钠，汞形成$Na_2(HgS_2)$复合盐进入溶液，其中的汞可用锑或铁置换出来。

第三节 锑铅矿[1,5]

锑铅矿的典型矿物是脆硫锑铅矿，这种矿和硫汞锑矿一样是不能用选矿方法把锑铅分开的，这种精矿一般是多金属复杂矿，例如广西大厂矿务局选矿厂所产的脆硫锑铅矿精矿除含有28%～30%Pb，18%～20%Sb，5%～9%Zn，21%～26%S外还会有值得回收的银、铟、镉、铋等金属。近几年对这种精矿的处理已研制出几种可行性的工艺流程，其中有流态化焙烧-还原熔炼，硫化钠浸出-隔膜电积[15]。

图2-18-3所示的火法流程，与图2-18-4所示的硫化钠浸出-隔膜电积流程，各有其优缺点。

第四节 锑砷矿[1,5]

锑与砷的化学性质非常接近，所有锑矿都含有砷，有些含量很高，形成所谓锑砷矿，例如马来西亚的锑砷矿含Sb26%～29%，含砷高达17.5%，湖南省龙山锑金砷矿含As23%，Sb22%，Au100g/t，江西省德安的浮选精矿含Sb35%，As约5%。

目前还没有很好的方法处理锑砷精矿，前苏联对含砷4%～8%的锑精矿进行了碱性浸出-电积法的研究，在适当条件下锑和砷可电解分离，日本对马来西亚的高砷锑矿曾进行了干式蒸馏法的研究，效果较好，有进一步研究的价值。中南工业大学贵金属研究室对龙山金锑砷硫化精矿进行了广泛研究之后提出了一个比较理想的新工艺流程。

这个工艺的特点是用五氯化锑作为浸出剂，并使所得的氯化锑水解为锑白，用硫酸加氧和催化剂脱锑后的浸出渣以氧化砷形态回收其中的砷、然后浸出渣经焙烧脱硫，最后用水氯化-水解提金，扩大试验的结果是：脱砷率高于98%，脱硫率高于98%，金提取率为96%～98%。

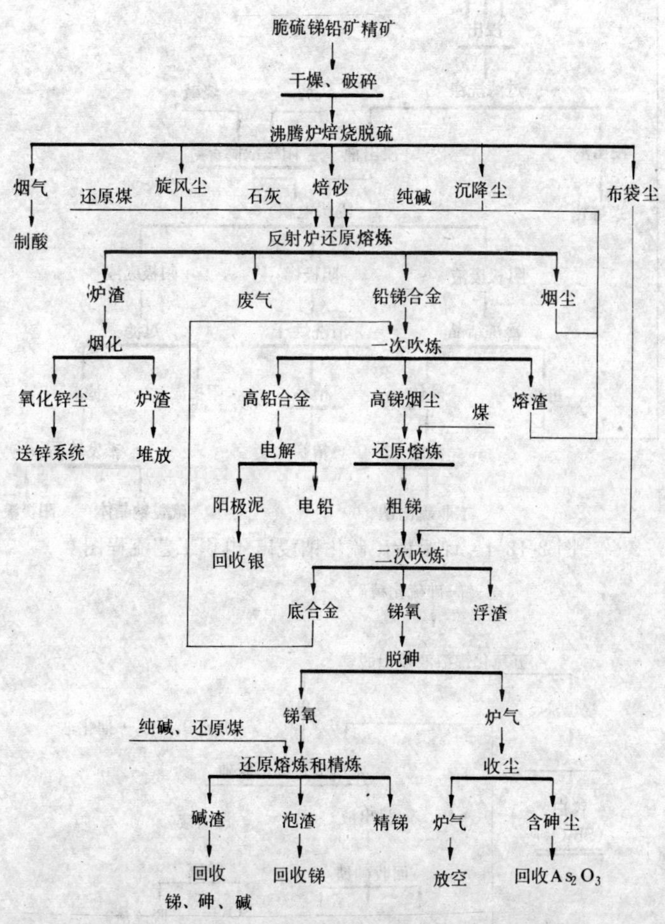

图 2-18-3　脆硫锑铅矿精矿火法处理流程图

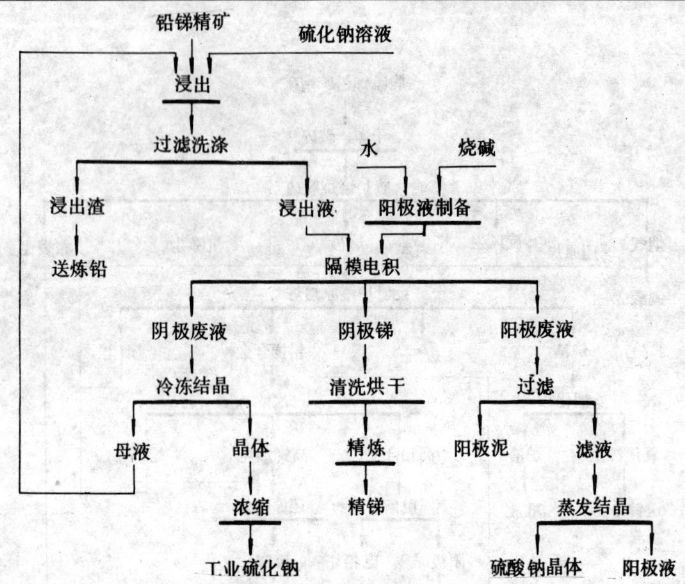

图 2-18-4 锑铅精矿硫化钠浸出-电积工艺流程图

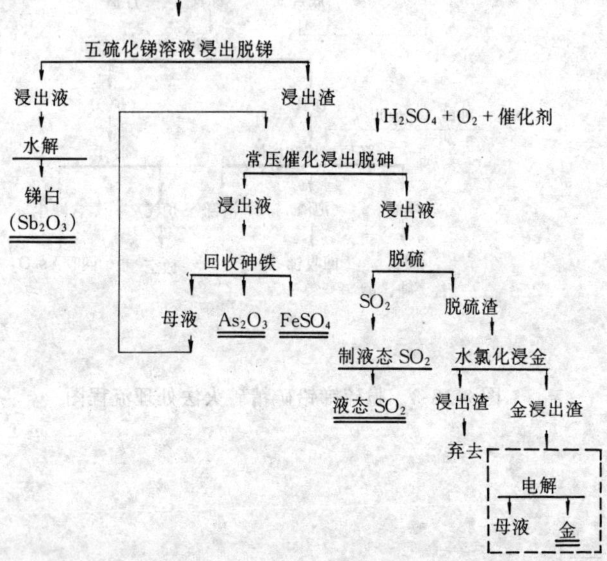

图 2-18-5 金-锑-砷硫化精矿湿法冶金新工艺流程

第十九章　工业锑品的生产[1,5]

工业锑品一般是指各种牌号的金属锑以外的商品锑，主要是生锑、锑白、金黄锑、施里普盐以及纯度在四个九以上的高纯锑。

第一节　生　锑

生锑是纯的三硫化二锑，因其呈针状结晶形态，故有“针锑”之称。

生锑的生产是一种单纯的熔析过程，将高品位辉锑矿（含 Sb ＞40％，S＞16％）块矿（俗称为青砂）密闭加热到高于其熔点（546～556℃）时，便熔化析出，与矿石中的脉石分离，放出铸锭，即冷凝为商品生锑。

我国小规模生产生锑，一般采用坩埚炉（俗称罐炉）（图 2-19-1），大规模生产时多采用反射炉（图 2-19-2）。

罐炉由焙罐和受罐组成，在焙罐外部加热熔化的三硫化锑由罐底小孔流入受罐，用手工舀出铸锭。熔罐可装矿石 25～35kg，熔析时间为 2～4h，每炉四对罐，每昼夜可产生锑 0.5～1.2t。

熔析反射炉具有斜炉底和低炉拱，在还原气氛和 900～1000℃条件下能加速熔析过程。锡矿山炼锑厂采用大于含锑 45％、块度 20～50mm 的辉锑矿石在 8.2m^2 反射炉内熔析，每昼夜循环作业 6 次，每次进料 2～2.5t，残渣含锑小于 20％，直收率可达 73％，产品符合质量标准。

第二节　锑　白[1,5]

一、锑白的质量标准[1]

锑白是一种粒度细微、色泽洁白的三氧化锑，一般 Sb_2O_3 含量大于 99％，高价氧化锑含量仅占 0.1％～0.3％，其他为杂质。锑白中的三氧化锑多为立方晶型，少数为斜方晶型，锑白的平均粒

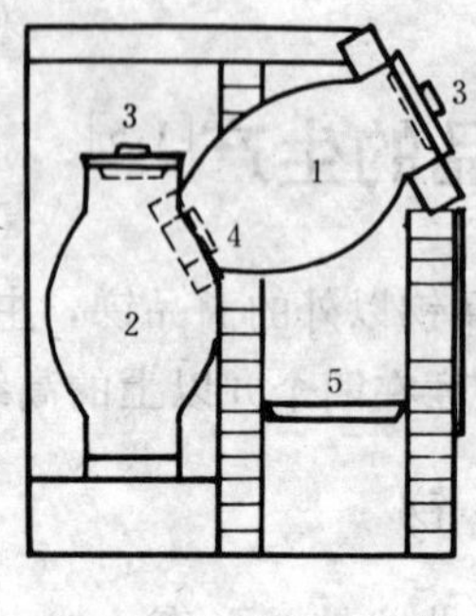

（a）广东式罐炉

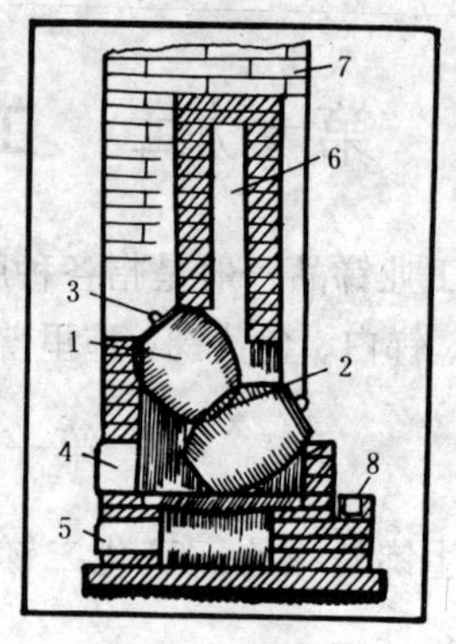

（b）湖南式罐炉

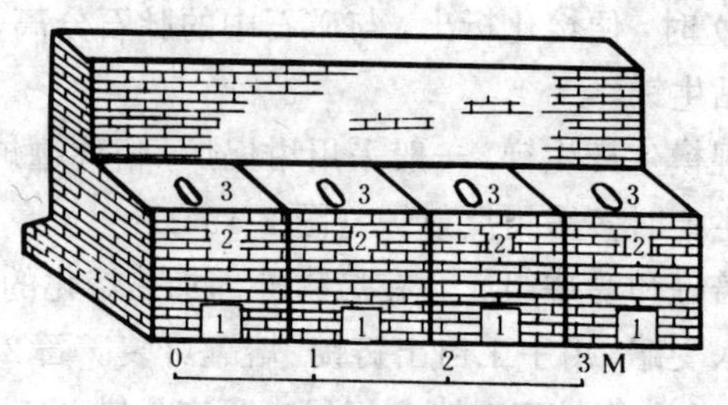

（c）生锑罐炉外貌

图 2-19-1 熔析生锑的罐炉

(a) 广东式罐炉

1—熔罐；2—受罐；3—罐盖；4—火泥圆碟；5—炉桥

(b) 湖南式罐炉

1—熔罐；2—受罐；3—罐盖；4—火门；5—出灰门；6—烟道；7—烟囱；8—生锑模

(c) 生锑罐炉外貌

1—出灰口；2—火门；3—矿石入口

度随制造方法差别较大，一般锑白为 0.5～1.5μm，超细锑白可达 0.2μm 或以下。

锑白的质量标准，各国按不同用途，化学成分和物理性能

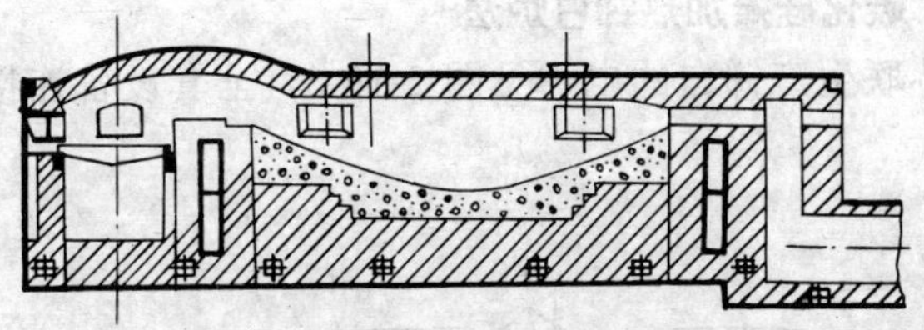

图 2-19-2 熔析生锑的反射炉

（白度、粒度、密度、吸油量、着色力等）各国都有不同规定，我国现行的三氧化锑标准见表 2-19-1。

表 2-19-1 我国三氧化二锑 GB 4062-83 标准

品级	牌号	Sb_2O_3	杂质成分不大于/%				颜色	细度	
			As_2O_3	PbO	S	杂质总和		325 网目筛筛余物不大于	100 网目筛
零号三氧化锑	Sb_2O_3-0	99.50	0.06	0.12		0.50	纯白	0.1%	
一号三氧化锑	Sb_2O_3-1	99.00	0.12	0.20		1.00	白色	0.5%	
二号三氧化锑	Sb_2O_3-2	98.00	0.30		0.15		白色略带微红		全通过

日本三国制炼株式会社所订的锑白规格、除锑、砷、铅外还对个别杂质作了规定，所订标准成分（%）为 $Sb_2O_3 \geqslant 99.3$，$As < 0.2$，$Pb < 0.2$，$Cu < 0.001$，$Ni < 0.001$，$Fe < 0.002$，$S < 0.001$，$H_2O < 0.1$。

二、锑白的生产方法分类

锑白的生产方法可分为火法和湿法，火法又可分为直接法和间接法。

间接法（金属锑作原料）
- 前苏联碳化硅棒加热锑白炉法
- 意大利外加热辐射式锑白炉法
- 中国反射炉型锑白炉法

直接法（锑矿石作原料）
- 火法—双窑法
- 湿法—氯化-水解法

三、碳化硅棒加热锑白炉法[5]

前苏联生产锑白的电炉见图 2-19-3，全套设备连接见图 2-19-4。

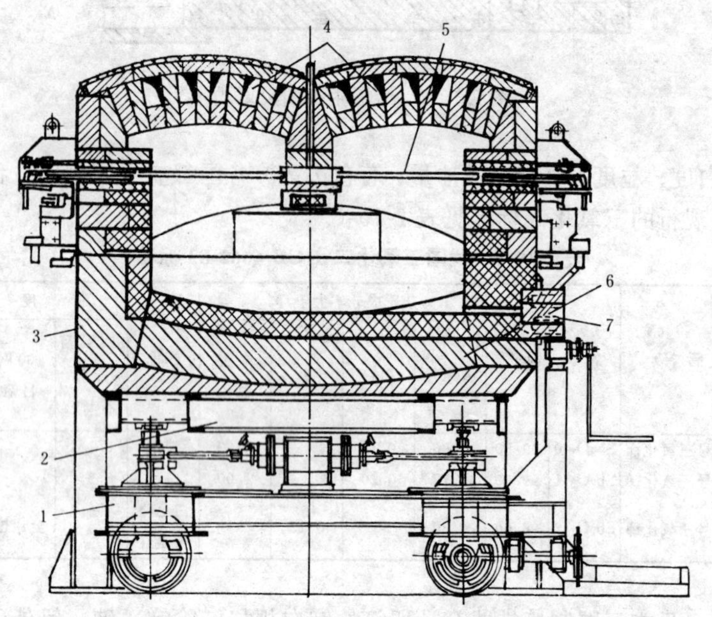

图 2-19-3　生产锑白的 3.6m² 电炉

1—活炉底；2—导轨；3—金属外壳；4—炉拱空气加热孔道；5—碳化硅加热棒；6—耐火材料衬里；7—水冷残锑放出口

电炉熔池面积 2～5m²，熔池深 250～300mm，电炉炉内的锑熔化后，向锑液表面吹风使其氧化为三氧化锑，随炉气逸出，进入收尘系统。

这种炉型可处理含铅的锑，生产锑合金。当炉内熔体含铅达到 20%时即停止加锑，并降低风压，继续鼓风至含铅量不超过 40%为止，然后放出锑合金，进行清炉，修补放出口，开始新的作业。

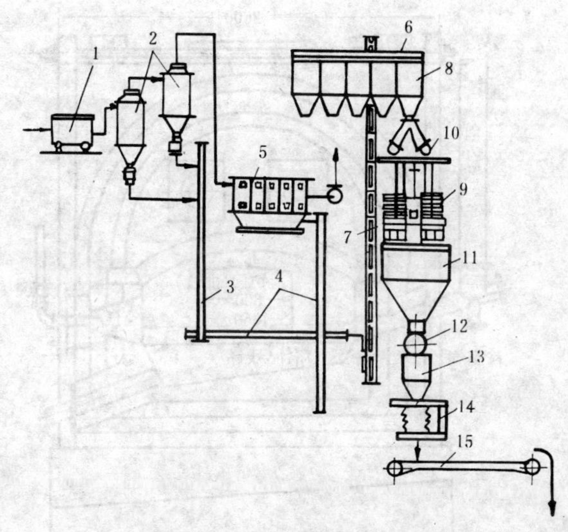

图 2-19-4　电炉生产锑设备连接图

1—电炉；2—旋风除尘器；3、4、6—螺旋输送机；5—布袋收尘室；7—提升机；8—贮料仓；9—双室筛分机；10、12—阀门；11—料仓；13—分批秤；14—包装机；15—皮带运输机

四、外加热辐射式锑白炉法[1,7]

意大利生产锑白的炉子见图 2-19-5。炉壁上部喷油加热，借碳化硅炉顶温度（1200℃）的辐射作用使锑块熔化，向炉内鼓入空气，在 700～800℃作业温度下使锑液氧化挥发，在炉气出口处，吸入冷空气，将 Sb_2O_3 冷凝为质量较好的锑白，锑白炉的技术数据如下：

炉膛尺寸	2m×6m
熔池锑液量	约 3t
生产能力	4t/d
燃料油消耗	1400kg/t
1t 锑的工时	22h
1t 锑白的电耗	740kW・h

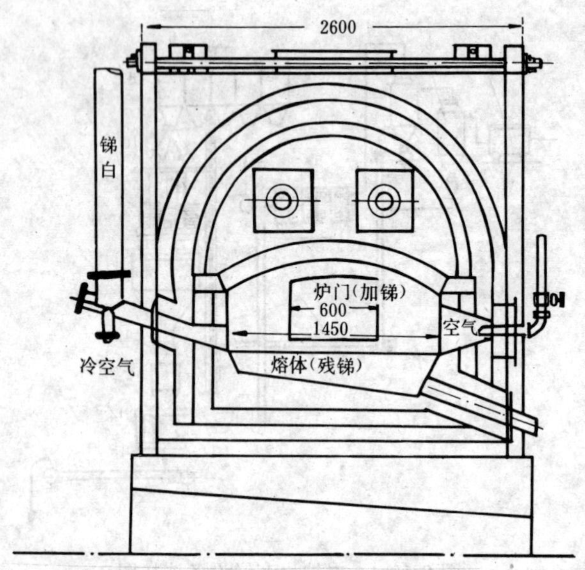

图 2-19-5　辐射加热的锑白炉

锑白中锑的回收率　　88%～92%

所产锑白的细度可达 0.15μm，其化学成分列于表 2-19-2。

表 2-19-2　意大利厂锑精矿和粗锑原料及所产锑白的化学成分/%

化学成分	Sb	As	Fe	Pb	Zn
锑精矿	51	0.85	4.70	1.70	4.00
粗锑	91	0.55	3.5	2.80	
锑白	83	0.30	0.002	0.064	

五、反射炉型锑白炉法[1]

我国早在本世纪 40 年代就有锑白的生产，并在炉型结构及技术控制方面不断改进，积累了较丰富的实践经验，图 2-19-6 和图 2-19-7 分别是锑白生产工艺流程及设备连接示意图。

图 2-19-6 表明，间接法生产锑白有四种产物，主要为挥发物 Sb_2O_3，其余为有杂质富集的残锑（高铅锑）、少量浮渣和开炉、停

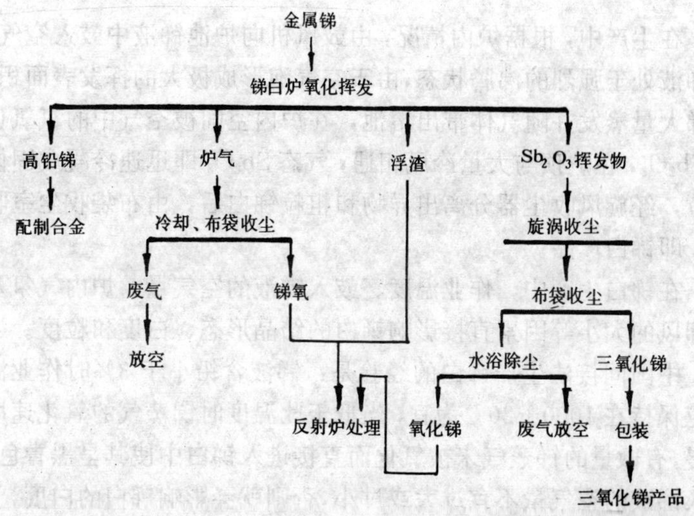

图 2-19-6 火法生产锑白工艺流程图

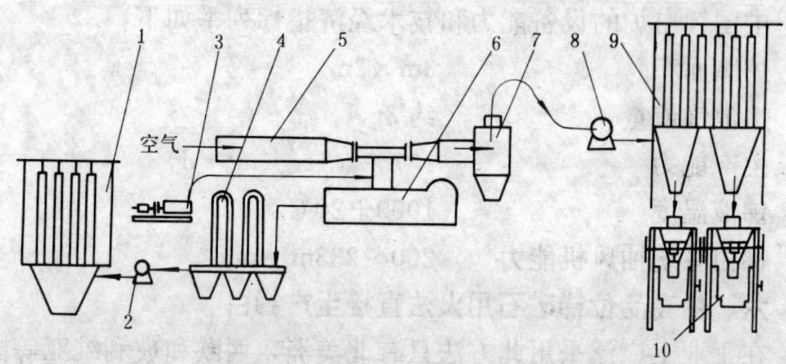

图 2-19-7 锑白炉设备连接示意图

1—锑氧布袋收尘室；2—抽风机；3—鼓风机；4—冷却器；
5—冷却风管；6—锑白炉；7—旋涡收尘器；8—抽风机；
9—锑白布袋室；10—锑白打包机

炉等作业产出的粗锑氧。残锑一般用于配制合金，粗锑氧和浮渣送反射炉处理，生产精锑。

在生产中，根据炉内情况，由鼓风机向炉池锑液中鼓入空气，使锑液处于强烈的沸腾状态，由于空气泡形成极大的挥发表面积，使锑大量蒸发并随气体带出熔池，在炉内空间被空气中的氧氧化成 Sb_2O_3，在炉顶与大量冷风相遇，气态 Sb_2O_3 即迅速冷凝成固体微粒，经旋风收尘器分离出异物和粗粒锑白后，由布袋收尘室收集，即锑白产品。

在锑白生产中，作业温度、鼓入锑液的空气量，炉内气氛及冷却风的大小等因素直接影响锑白的结晶形态、白度和粒度。

中国间接法生产锑白的经验是：锑液含铅小于3%时作业温度应保持在1000±20℃为宜，当低于此温度时锑蒸气的氧化速度减慢，有微量的锑蒸气未被氧化而直接进入锑白中使其呈黑青色。鼓入锑液的空气量不宜过大或过小，否则就会影响锑白的白度，为了不使锑白的白度降低，炉内要保持强氧化气氛，锑白中立方晶体越多白度越高，斜方晶体越多则白度越低，快速冷凝还可促使锑白颗粒细化。

中国锑白炉的设备能力和技术经济指标列举如下：

炉膛面积	3m×2m
熔池锑液量	约3t
生产能力	1.7～2.1t/（m^2·d）
锑液温度	1000±20℃
锑白系统抽风机能力	200～233m^3/min

六、由高品位锑矿石用火法直接生产锑白

在工业上广泛采用此方法只有北美洲，西欧和玻利维亚等国的双窑法[1]，即采用两个回转窑，第一窑由矿石生产粗氧化锑，第二窑使粗氧化锑重新挥发，产出符合要求的锑白。

第一回转窑处理的硫化锑精矿一般含锑不低于60%，将粉精矿通过热风干燥系统，使水分降到0.5%以下。回转窑先用轻质柴油预热到1200℃左右，然后喷入粉精矿立即急剧氧化焙烧，转化为三氧化锑，随炉气一道进入冷却系统，大部在布袋室收集，得到混有少量杂质的粗氧化锑，从窑中排出的渣含Sb5%～8%，大部分炼锑厂都将此渣丢弃，只有英国库克逊集团少数工厂，将这种渣混入鼓风炉炉料中回收锑，由于渣量少，金属回收率可达到97%。

第二回转窑是精炼窑，也用轻质柴油或天然气供热，加入粗氧化锑重挥发提纯，适当地控制加入量、炉温和冷却空气量，可以生产出不同粒度的产品。据美国锑品生产集团称，第二回转窑的金属回收率可达98%，两个窑的总回收率约为95%。

在双窑法生产工艺中，原料中的砷和铅绝大部分氧化挥发，进入产品，因此要求选用低砷、低铅原料。英国安臧公司生产的红星牌和白星牌，美国哈绍公司以及后来改组的阿姆斯派克公司的产品，含As 0.20%～0.35%，Pb0.1%～0.35%，Sb_2O_3的含量只能达到99.30%，间接法生产的产品纯度不低于99.5%。

美国阿姆斯派克公司曾用双窑法生产锑白的工厂月产量为600t，除去停窑检修时间，年产量约6000t。双窑法的优点是流程短，机械化和自动化程度高，劳动生产率高。如美国锑品生产集团设在玻利维亚的工厂年产锑白4000t，职工只有22人，美国的阿姆斯派克工厂年产锑白4500t，仅用职工14人。双窑法的缺点是产品纯度较低，而且必须选用高品位，低杂质的硫化锑精矿作为原料，锑精矿品位须控制在58%以上，致使选矿回收率大为降低，并且不免造成环境污染，因此阿姆斯派克公司已改用间接法，用外购的精锑生产锑白。

七、氯化-水解法

1982年中南工业大学有色冶金系曾试用多种强氧化剂作为辉锑矿的浸出剂，结果发现，酸性五氯化锑溶液为最好，从而提出氯化-水解法制取锑白的技术。几年来已有多家锑企业投入工业生产。这种技术的优点是工艺流程简短，适应性强，通过浸出、还原、水解中和脱氯等过程，即能得到符合各种工业要求的锑白产品。图2-19-8为氯化-水解法工艺流程。

氯化-水解法所用硫化锑矿原料含锑成分，一般要求不低于30%，Pb≤0.1%，As<0.2%，原料中的氧化锑矿物不大于3%，

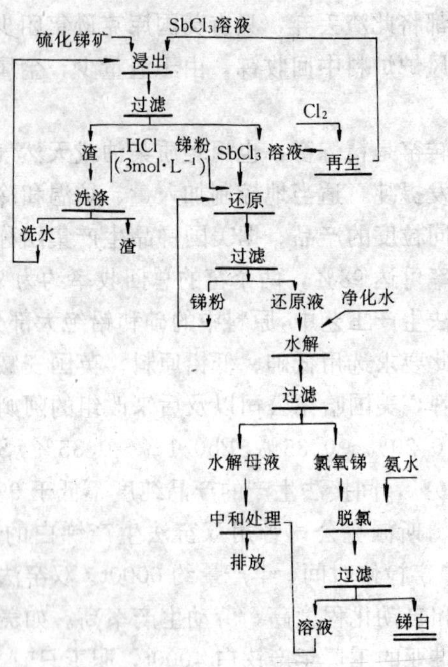

图 2-19-8　氯化-水解法生产锑白工艺流程

矿石须磨至－80 目。

五硫化锑能使硫化锑中的硫氧化为元素硫留在浸出渣中，而锑和主要杂质砷和铅则以氯化物转入溶液，其主要反应为：

$$Sb_2S_3 + 3SbCl_5 = 5SbCl_3 + 3S^0$$

$$As_2S_2 + 3SbCl_5 = 3SbCl_3 + 2AsCl_3 + 3S^0$$

$$PbS + SbCl_5 = SbCl_3 + PbCl_2 + S^0$$

$$PbCl_3 + 2Cl^- = PbCl_4^{2-}$$

进入溶液的 As^{3+} 和 $PbCl_4^{2-}$ 将随三氯化锑水解进入锑白产品。如果铅、砷含量过高，即须加以预处理除掉。

浸出过程的液固比为 4，温度 80～85℃，浸出时间 1.5～2h，锑的浸出率可达 98%。$SbCl_5$ 在浸出过程中转变为 $SbCl_3$。为了使浸出剂能循环使用，必须将 Sb^{3+} 氧化为 Sb^{5+}，所需氧化剂以采用氯气较好，其反应为：

$$SbCl_3 + Cl_2 = SbCl_5$$

在 $SbCl_5$ 浸出液中除 Sb^{3+} 外，还含有少量高价离子 Sb^{5+}、Fe^{3+} 等，必须在水解前还原为 Sb^{3+} 和 Fe^{2+}，否则将影响锑白的白度。还原剂可用硫化锑矿、铁粉、锑粉、SO_2 等，而以锑粉可保证产品纯度，其反应为：

$$3Sb^{5+} + 2Sb = 5Sb^{3+}$$

$$3Fe^{3+} + Sb = 3Fe^{2+} + Sb^{3+}$$

水解第一步先生成 $Sb_4O_3Cl_2$ 沉淀，第二步为中和过程，用氨水脱氯，则生成纯净的 Sb_2O_3，其反应为：

$$4SbCl_3 + 5H_2O = Sb_4O_5Cl_2 + 10HCl$$

$$Sb_4O_5Cl_2 + 2NaOH = 2Sb_2O_3 + 2NaH_6Cl + H_2O$$

脱氯过程可在常温或 50～60℃下进行，先用净化水将氯氧锑滤饼浆化，然后在搅拌情况下加入氨水，使溶液保持 pH 为 7～8，液固分离后滤饼用热水洗涤干燥，即为锑白，其质量可达国家标准 GB4062—83 中的零级锑白，结晶形态主要为斜方晶形。这种晶型曝光后可使白度降低，虽然不影响用途，仍应视为湿法锑白的一个缺点。但在湿法锑白生产过程中加入某种添加剂可使斜方晶体转化为立方晶形。

氯化-水解法需要耐腐蚀的设备，浸出槽、浸出液抽滤罐及中和槽的材质需要搪瓷，浸出液过滤槽可采用耐腐蚀的花岗岩制成，其余与溶液接触的设备由于液温不高、酸性较低，采用塑料或钢衬塑料即可。

氯化-水解法每吨锑白的原材料消耗及生产成本按 1986 年的物价水平估计列于表 2-19-3。

锑白的生产成本实际上受到许多因素的影响，如工厂的管理和生产操作水平都会影响到锑白的回收率和单消的大小，而原材料供应也因来源的难易及运距而有不同，所以表 2-19-3 中数据，只能视为当时具有一定代表性的概念，按 1986 年每吨锑白的市价为人民币 9000 元计，每吨锑白的加工费为：

$$5346.26-3078.16=2268.10\ (元)$$

即大致在 2000～3000 元之间。

表 2-19-3　湿法锑白的生产成本

项　目	单消	单价/元	金额/元
锑矿石或精矿/t	0.8744 含锑量	3500	3078.16
液氯/t	0.90	320	288.00
工业盐酸/t	3.4	120	408.00
工业氨水（18%NH_3）/t	2.3	120	276.00
净化水	80	0.2	16.00
电耗/kW·h	2000	2.09	180.00
锅炉用煤/t	3	50	150.00
过滤布/m^2	2	7.0	14.00
食盐（锅炉用）/kg	17	0.3	5.10
废液处理用石灰石/t	2	9	18.00
包装袋/只	40	2.5	100.00
折旧费			183.00
其他材料			80.00
工资			450.00
车间管理费			100.00
车间成本			5346.26

第二十章　锑的毒性及劳动保护[5]

锑及其化合物具有刺激作用，同时还能与体内巯基结合，干扰酶的活性或破坏细胞内离子平衡，使细胞缺氧，从而引起体内代谢紊乱，并导致神经系统和其他器官的损害，即中毒。

工业生产中锑主要由呼吸道吸入，进入血液后，三价锑大都存在于红细胞内，而五价锑则主要存在于血浆中。锑的排出，初期较快，随后变慢，积聚在机体各器官中，特别是肝、肾及甲状腺等处，锑排出途径也与价数有关，五价锑大都经肾脏随尿排出体外，三价锑则主要随大便排出。

吸入过量的锑可引起急性中毒，其特点是发病急，呕吐不止，体温下降，达致命剂量时数天内甚至数小时内丧命。但锑中毒一般多为慢性中毒，出现咽喉发干，吞食时食道疼痛，呕吐恶心，四肢无力，腹泻、食欲减退、头昏，引起皮炎或溃疡等，借助心电图，可发现锑对心脏机能的某些影响。

为了测定锑及其化合物毒性的大小，有人曾将其磨至 325 目后拌以玉米油，对白鼠进行胃内吸收试验，测定出引起白鼠死亡率达到 50%的最小剂量，结果如下：

物　质	酒石酸锑钾	金属锑	Sb_2S_3	Sb_2S_5	Sb_2O_3	Sb_2O_5
50%死亡的最小剂量 (100g 体重含锑量)/mg	1.1	10.0	100	150.0	325	400

可见金属锑的毒性大于锑化合物，锑硫化物大于锑氧化物，三价锑化合物大于五价锑化合物。

工业卫生标准规定，对金属锑、硫化锑、氧化锑、卤化锑在工作地点的最大浓度均为 0.5mg/m^3（以锑计），操作人员不宜直接与锑或其化合物接触，生产车间须设有良好的通风设备。

主要参考文献

[1] 赵天从，锑，冶金工业出版社，1987 年。

[2] Wang，C. Y. ，《Antimony》，Charles Griffin and Co. Ltd. ，1909.

[3] 内海晢一郎，アンチモン，无机化学全书，Ⅳ（窒素族）－4，丸善株式会社，1954，pp. 1～4.

[4] Durrant，P. J. and Durrant，B. ，Introduction to Advanced Inorganic Chemistry，Longsman's，1962，p. 753.

[5] Мельников，С. М. ，《Сурьма》，Москва，МЕТАЛЛУРГИЯ，1977.

[6] Hofman，M. O. and Blatchford，J. ，The behavior of stibnite in an oxidizing roast，Trans. Am. Inst. Min. Eng. ，**54**（1916），p. 671.

[7] Guerrlero，R. *et al.* ，A new process for the production of antimony regulus and antimony trioxide from antimony sulfide concentrote，paper presented for the symposium on antimony ore dressing and metallurgy to be held in Beijing in Nov. 1977.

[8] Драчевская，Р. К.（ред），химия и технология Сурьмые，Институт Неорг. и физич. химия，АНКИРГ. ССР，Издательство Илим，фрунзе，1965.

[9] Colom，F. and De La Cruз，M. ，Antimony electro winning from molten sulfide，Electrochim. Acta，**14**（1969），No. 3，p. 217.

[10] Wang，C. Y. ，Calculating charges for the precipitation method of antimonny smelting，Eng. & Min. J. ，**50**（1949），p. 61.

[11] Wang，X. X. ，W-Ti-RE-Sb'88（Changsha，China）proceedings of the 1st International Conference on the metallurgy and materials science of W，Ti，RE and Sb，International Academic Publishers，Pergamon Press，1988，Vol. 1，pp. 590～594.

[12] 湘西金矿，贵锑电解回收金生产实践，有色金属（冶炼），（1976），No. 5，pp. 63～64。

[13] 李绪谦，金在硫化锑精矿的综合利用，有色金属（冶炼），（1983），No. 6，pp. 11～14。

[14] Баиболодов，П. П. ，Промышления технология гидрометаллургический переработки полуметаллических сурьмяных концентратов，цвет. Мет. ，（1978），No. 4，стр. 26.

[15] 余延年，脆硫锑铅矿硫化钠浸出电积锑，有色金属（冶炼），（1976），No. 6.

[16] Palencia，C. M. and Mishra，C. P. ，Antimony availability-Markel Economy Contries，U. S. Bureau of Mines IC 9098，1986.

第三篇 汞冶金

第一章 汞生产发展史略

汞是一种较稀贵的有色金属，它的冶金术创始于我国古代。距今五千多年前，我国就知道汞的医学特性及其与金的化学作用，并已广泛应用[1]。

早在仰韶、龙山文化层就有涂朱，后来入中药，一直延用至今。朱砂的使用年代，据早期的史书记载，在黄帝族文化、夏代文化时期，使用朱砂更为多见，夏殷以前的古人主要用朱砂刻在甲骨上卜辞文字凹槽里作为涂料，后来才逐渐作为油漆、棺椁或绘画之用，到了西周、春秋战国时期，朱砂已广泛应用于涂饰木器和竹器，大约到了汉朝，东汉末年郑康域注《固礼》时，在“疡医”条将朱砂作五毒之一介绍，说明当时还不敢内服，但是到了三国，魏人编的《神农本草经》里，就把朱砂作为内服药介绍。

至公元前一千多年前已有汞的生产[2]。至于使用汞的记载，较早的还有东汉赵晔的《吴越春秋》，其中有吴王在其六丈广的墓穴中注入了水银。近从考古和史料发现战国时代已有鎏金舞马及鎏金制品[3]。司马迁《史记·秦始皇本记》载，在秦始皇的骊山陵墓有一地形图“以水银为百川、江河、大海，机扬灌输”。最近用遥感探测技术证实秦始皇墓有一水银层，也是古今盗墓高手难以通过的屏障。距今 2000 年的西汉曾有“淮南万毕术”，它是世界上最早的冶金著作，其中记载了用丹砂（即朱砂、辰砂）生产水银的完整过程。东汉时期著名炼丹家魏伯阳的“周易参同契”中载有汞与硫的化学反应等。公元三世纪时，我国古代炼丹家葛洪在其所著《抱扑子》内篇《金丹》中曾有这样记载：“凡草木，烧之即烬，而丹砂烧之成水银，积变又还丹砂”[4]。唐宋时期，丹砂和水银总是当珍品贡献封建王朝[5,6]。明朝洪武年间，汞的年产量高达千吨。到了近代，我国汞矿的开采和冶金业更盛[7]。我国的汞矿资源丰富，储量居世界第三位，汞的开采、提炼和应用历史悠久，是世界上炼汞最早的国家。旧中国汞业较落后，最高产的1918年仅348t，而到了1945年汞的年产量降至125t[3]，我国的炼汞工业同其他工业一样，几濒停闭。

解放后，在中国共产党和人民政府领导下，在很短的时间里，我国汞都——贵州万山汞矿从一个手工采选冶的破烂摊子，很快改造成为初具规模的社会主义企业。1952年建成了高炉炼汞流程而取代了土炉生产，采选冶逐步实现了半机械化和机械化作业，从而结束了人工肩挑背驮的原始状态。之后全国很快形成年处理矿石500～800kt的规模，一座座汞矿山建成投产。1958年至60年代初，建成较大容积的高炉，生产能力达炉日处理矿石30～60t，汞的冶炼回收率已提高到90%左右。这一时期我国汞的年产量已居世界之首（1959年和1960年汞的年产量分别达2412t和2362t），成为世界主要产汞国之一。

根据我国国情和资源特点，于60年代中期至80年代初开展了重选、浮选-蒸馏，重选、浮选-水冶和沸腾炉炼汞的多流程试验[8,9]。通过工业生产实践证明，高炉、沸腾炉和重选、浮选-蒸馏以及水冶均各具特点。但从实用、可行性方面考虑，重选、浮选-蒸馏流程在经济效益、环境保护、设备技术、劳动卫生条件等方面均优于其他流程，从而走出了我国汞冶金发展的道路。目前该流程已占居汞生产的主导地位，汞产量倬增而居其他流程之上。

70年代前，国外主要产汞国家是西班牙和意大利，次为苏联、美国、墨西哥、加拿大、南斯拉夫、日本、土耳其及阿尔及利亚等。但进入70年代后，苏联汞的年产量已超过西班牙，年产汞达2000t左右。至本世纪80年代初，世界冶炼设备产汞能力已达13000t/a左右。国外炼汞的设备主要是旋窑，次为多膛炉、高炉、沸腾炉等。对湿法炼汞也正开展大量的研究工作。

第二章　金属汞

汞俗称水银，是常温下惟一的液态金属，不具磁性，呈银白色金属光泽，具有密度大，表面张力大，电阻率大，温度系数小，体积变化均匀，易形成汞齐、标态下化学性能稳定等特点。

第一节　物理性质

一、汞的同位素及物理特性

金属汞的相对原子质量为 200.59，原子序数为 80。它的 9 个同位素数据列于表 3-2-1。

表 3-2-1　汞的相对原子质量与同位素的数据

相对原子质量	202	200	199	201	198	204	196	197	203
汞中同位素	29.27	23.77	16.45	13.67	9.89	6.85	0.10	0.01	0.006
含量/%	29.80	23.13	16.84	13.22	10.02	6.85	0.146		

汞的物理特性如下：

原子距离/nm	3.0
291K 时与玻璃的接触角/°	128
熔点/K	234.28
沸点/K	629.9
三态点/K	234.31
293K 时体积压缩率/MPa^{-1}	39.5×10^{-62}
热导率/$W\cdot cm^{-2}\cdot K^{-1}$	0.092
临界密度/$g\cdot cm^{-3}$	3.56
临界压力/MPa	74.2
临界温度/K	1950
晶系	斜方六面体
293K 时密度/$g\cdot cm^{-3}$	13.546

熔点时密度/g·cm^{-3}	14.43
234.35K 时固态密度/g·cm^{-3}	14.193
273K 时密度	13.595
标准下电极还原电位	
$Hg^{2+} \longrightarrow Hg$	0.851V
$Hg_2^{2+} \longrightarrow 2Hg$	0.7961V
$2Hg^{2+} \longrightarrow Hg_2^{2+}$	0.905V
电动势（以铂冷接为准，273K 热点）	−0.60mV
293K 时液体膨胀系数/K^{-1}	182×10^{-6}
凝固温度/K	234.28
熔化潜热/J·g^{-1}	11.80
氢超电压/V	1.06
电离电位/V	

电子序号	一	二	三	四	五
电离电位	10.43	18.75	34.20	(72)	(82)

体积磁化率(291K)/cm^3·g^{-1}	$1.885\times10^{-6}(-0.15\times10^{-6})$
Hg/Sb 接触电位/V	−0.26
Hg/Zn 接触电位/V	0.17
内压力/MPa	1.317
反射性（550nm 时）	71.2
293K 时折射率	1.6～1.9
293K 时抗阻温度系数	0.9×10^{-3}
293K 时电阻率/Ω·cm	95.8×10^{-6}
水中溶胶/μg·L^{-1}	20～30
表面张力温度系数/mN·m^{-1}·K^{-1}	−0.19
293K 时的粘度/mPa·s	1.55

二、汞的蒸气压与温度的关系

汞的蒸气压与温度的关系示于图 3-2-1，计算式如下：

273～630.25K $\lg p=-\dfrac{3305}{T}-0.795\lg T+12.480$

630.25～1573K　$\lg p=-\frac{3066}{T}+9.877$

式中　p——汞蒸气压力，Pa；

T——热力学温度，K。

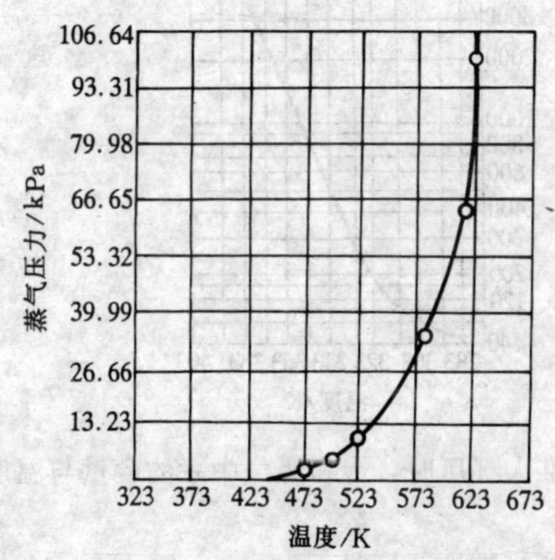

图 3-2-1　汞蒸气压与温度的关系

三、汞蒸气饱和状态下空气中汞的含量

在温度为T、大气压力为 0.1MPa、汞蒸气饱和的状态下，1m³ 气体中所含的汞量S（kg/m³）可用下式算出：

$$S=0.02431p/T$$

式中　p——汞蒸气的分压，Pa。

典型温度下空气中汞浓度如下：

温度/K	273	283	293	298	303	313
含量/$mg\cdot m^{-3}$	2.2	5.61	13.3	20	29.6	62.9
温度/K	323	333	343	353	363	373
含量/$mg\cdot m^{-3}$	127.1	245.6	455.8	815.1	1412.2	2370.7

可以看出，即使在常温（298K）下，1m³ 空气中已含汞 20mg。这含量等于国家规定的车间空气中最高容许浓度 0.01mg/m³ 的 2000 倍，为居民区大气含汞的最高容许浓度 0.0003mg/m³ 的 66000 倍。

饱和蒸气中汞含量与温度的关系示于图 3-2-2。

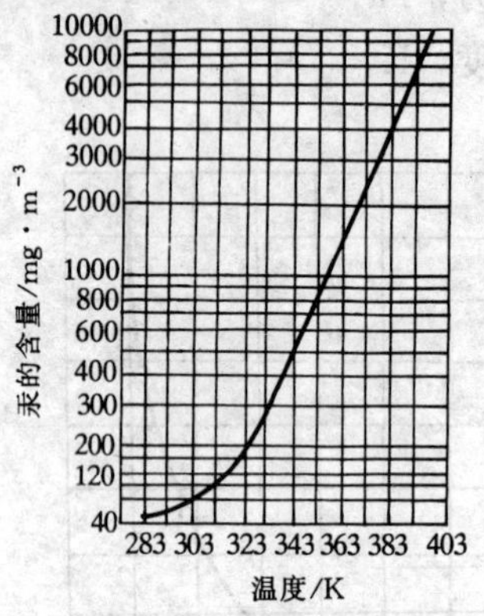

图 3-2-2 标准大气压时，饱和蒸气中汞的含量与温度的关系

四、汞的密度、体积与温度的关系

汞蒸气的热容为 0.929kJ/m^3 或 1.038kJ/kg，比水蒸气的热容 1.548kJ/m^3 约低 40%，故用汞作蒸气锅炉的工质，可降低燃料消耗，提高热效率。

汞的密度、体积与温度的关系见表 3-2-2。

表 3-2-2 汞的密度、体积与温度的关系

温度/K	密度/g·cm^{-3}	体积/cm^3·g^{-1}	温度/K	密度/g·cm^{-3}	体积/cm^3·g^{-1}
263	13.62017	0.0734205	283	13.57079	0.0736877
265	61522	4472	285	56587	7145
267	61027	4739	287	56095	7412
269	13.60533	0.0735006	289	13.55604	7680
271	60039	5273	291	55113	7947
273	13.59546	0.0735540	293	13.54622	0.0738215
275	59051	5808	295	54131	8482
277	58558	6075	297	53641	8750
279	13.58065	0.0736342	299	13.53151	0.0739017
281	57572	6610	301	52661	9285

续表 3-2-2

温度/K	密度/$g \cdot cm^{-3}$	体积/$cm^3 \cdot g^{-1}$	温度/K	密度/$g \cdot cm^{-3}$	体积/$cm^3 \cdot g^{-1}$
303	13.52171	0.0739552	423	13.23300	0.0755688
305	13.51682	0.0739822	443	18560	8402
307	51193	0.0740087	463	13840	0.0761128
309	50704	0354	483	13.09130	0.0763865
311	50216	0622	503	04430	6616
313	13.49728	0.0740891	523	12.99750	0.0769381
333	44859	3569	543	95070	2161
353	40012	6252	563	90390	4958
363	13.37595	0.0747594	583	12.85720	0.0777774
383	32830	0.0750285	603	81050	0.0780609
403	28050	2982	623	12.76380	3464

汞的导电性差，仅为铜电导率的1.68%。当电流通过汞蒸气时会产生一种带紫外线的强光。广泛使用的各种汞灯就是根据这种原理制造的。

第二节　化学性质

汞属于较正电性的金属之一，与金银等贵金属相近。在常温下不与空气中的氧反应，也不与水和碱化合，化学性质较为稳定。如在长时间较高温度下，汞能与氧作用，生成 HgO、Hg_2O 和 HgO_2，后两者极不稳定。

根据硫与汞反应的自由焓变化，在常温下可直接反应生成黑色硫化汞：

$$Hg_{(l)} + \frac{1}{2}S = HgS_{(s)}$$

$$\Delta H^\circ_{298} = -122.76kJ, \ \Delta G^\circ_{298} = -90.42kJ$$

汞不溶于盐酸和稀硫酸，但可与王水或热浓硫酸起反应：

$$Hg + 2H_2SO_4 = HgSO_4 + 2H_2O + SO_2$$

$$2Hg + 2H_2SO_4 = Hg_2SO_4 + 2H_2O + SO_2$$

汞可溶于稀硝酸，也能与热浓硝酸作用生成二价硝酸盐：

$$Hg + 4HNO_3 = Hg(NO_3)_2 + 2H_2O + 2NO_2$$

但若过量汞与冷硝酸作用时，则生成一价汞的硝酸盐：

$$2Hg + 4HNO_3 = Hg_2(NO_3)_2 + 2H_2O + 2NO_2$$

汞与碘氢酸极易起反应：

$$Hg + 4HI = H_2(HgI_4) + H_2$$

汞与铜一样，有一、二价氧化物及相应的两种盐类；与镉的卤化物类同，可生成几乎不解离的化合物，性质亦相近。

汞盐及其化合物在高温下几乎均不稳定，且挥发点甚低，这就是火法冶炼汞所需温度不高的原因所在。

汞的特点是无氢氧化物，例如在溶液中用碱与汞的氯化物作用，则分别析出氧化亚汞和氧化汞沉淀，制取黄氧汞就是利用这一原理。

一、二价汞的电化当量分别等于 2.0789 和 1.03947mg/C。一价汞 A·h 可析出 7.4882g 汞，二价汞则析出 3.7441g。

第三节 汞的热力学性质

一、汞的表面张力

在常温下一般的液体中，汞的表面张力颇大（表 3-2-3），因此汞粒单独存在时总是呈球状。但大汞滴或活汞团处于平面状态时，由于地球重力的影响，则均呈椭扁球形或边缘带弧的似平面的形状存在。

表 3-2-3 不同接触相中汞的表面张力

温度/K	接 触 相	表面张力/dyn·cm^{-1}
293	空气	491.6
293	水	375
298	水	369
293	汞蒸气（真空）	480
293	苯蒸气	362

若汞粒表面未被液相、液固相或固相薄膜包裹时，由于其表面张力极大，细小汞粒一经接触便可自由结合成大汞滴或连续相活汞。可见，现行火法炼汞产出的汞炱或其他含金属汞的泥料，其中的汞大都被各种薄膜所包裹，且各自孤立存在于尘泥中，不能自由结合，这就是汞炱需要专门处理的原由所在。根据汞粒表面热力学自由焓原理，利用水力旋流器已成功地实现了汞炱的理想加工。

汞的表面张力极大的性质，除与汞炱处理有关外，还对汞蒸气的冷凝、汞的收集和加工提纯以及汞的应用等方面均有重要影响。

二、汞的热力学数据

汞的热力学数据如下：

熵(S_{298})		76.107J/mol
熔化热		2297J/atom
汽化热		59149J/atom
液体汞(298～630K)：		
热容量(c_P)		27.66J/mol
H_T-H_{298}		$-1971+6.61T$
F_T-H_{298}		$-1971+6.61\ln T+26.08T$
气态汞(630～3000K)：		
热容量		20.79J/mol
H_T-H_{298}		$13055+4.969T$
F_T-H_{298}		$13055-4.969T\ln T-8.21T$
汽化：		
298K 时汽化热		61.38J/atom
汽化潜热		271.96J/g
比热：		
固体	197.4K	1.1335
	233K	0.141
	9.7K	0.0231
液体	236.3K	0.1418
	483K	1.1335

第三章　汞化合物

第一节　无机汞化合物

1. 红色氧化汞

HgO 分子量 216.59，红色结晶体。氧化汞受热时极不稳定，750.5K 时即分解为汞和氧：

$$2HgO = 2Hg + O_2 \quad \Delta H^{\circ}_{298} = 181.85kJ, \Delta G^{\circ}_{298} = 117.33kJ$$

这是现行火法炼汞在冷凝系统中能一步获得金属汞的重要热力学基础。

红色氧化汞为带棕黄的鲜红色物质，当加热未到其分解温度时则变为黑色，冷后又复原。300.5K 时密度为 $11.08g/cm^3$。溶于稀盐酸和硝酸，微溶于水（298K 时溶解度为 0.049～0.051g/L、373K 时为 0.379～0.411g/L），不溶于醚和醇。

用汞长时间加热（近沸点）或小心加热分解硝酸汞以及在食盐溶液中直接电解汞精矿的方法可制取氧化汞：

$$Hg + \frac{1}{2}O_2 = HgO$$

$$Hg(NO_3)_2 = HgO + 2NO_2 + \frac{1}{2}O_2$$

$$Hg^{2+} + H_2O = HgO + 2H^+ + 2e$$

主要用作氧化剂、干电池、染料、研磨剂、生产汞盐和试剂、制取碘的有机化合物等。

红、黄色氧化汞均为剧毒物质。

2. 黄色氧化汞

无定形橙黄色粉末，遇光变黑。加热时转变为红色，冷后又复黄色。300.5K 时密度为 $11.03g/cm^3$。化学性质较活泼。在溶液中用 $HgCl_2$ 同 NaOH(KOH)反应或 $Hg(NO_3)_2$ 与 K_2CO_3(NaOH)作用可制取黄色氧化汞。

3. 氧化亚汞

Hg_2O 分子量 417.18，密度 9.8g/cm^3，黑色或黑褐色。常温下极不稳定，受热、遇光或被摩擦时即可分解：

$$Hg_2O = HgO + Hg$$

不溶于水，溶于硝酸。把汞加热到 573K（$2Hg + \frac{1}{2}O_2 = Hg_2O$）或使汞在水蒸气中加热或用碱作用于亚汞盐溶液则可生成氧化亚汞。

4. 过氧化汞

HgO_2 分子量 232.59，红色粉末。在空气中极不稳定，遇水逐渐分解。加 H_2O_2 和 K_2CO_3 于 $HgCl_2$ 的酒精溶液中，或于 273K 用浓双氧水与硝酸汞作用可制取过氧化汞。

5. 硫化汞

HgS 分子量 232.59，通称辰砂，古称丹砂，有三种变体：红辰砂（α-HgS，密度 8.18g/cm^3，六方晶系）、黑辰砂（α'-HgS，密度 7.7g/cm^3，等轴晶系）和 β-红辰砂（β-HgS，密度 7.2g/cm^3）。前者为最常见的矿物，是生产汞的主要原料。

黑辰砂系次生矿物。无论是天然矿物黑辰砂或用化学法制取的黑辰砂均不稳定。它可在常温下 1～2 昼夜或高温下较短时间或于硫化碱液适当温度下静置短时可转变为红辰砂。β-红辰砂仅限于试验室制取，自然界尚未发现；它可用中性 $HgCl_2$ 溶液与 $Na_2S_2O_3$ 反应而制得。

在标准压力下不能测出辰砂的熔点，若压力增至 12.17MPa 时，熔化温度为 1723K。故于大气压力下，辰砂不经熔化而是直接升华，升华点为 853K。在惰性气氛中，辰砂挥发的蒸气压与温度的关系示于图 3-3-1。蒸气压 p 与温度 T 关系的近似方程为：

$$\lg p = -\frac{5640}{T} + 9.48 + \lg 133.3 \quad (3\text{-}1)$$

或

$$\lg p = -\frac{5640}{T} + 11.6048 \quad (3\text{-}2)$$

辰砂的挥发性（恒温 24h）如下：

温度/K	443	510	560	578	588
挥发率/%	0.00	3.77	36.39	89.22	100.00

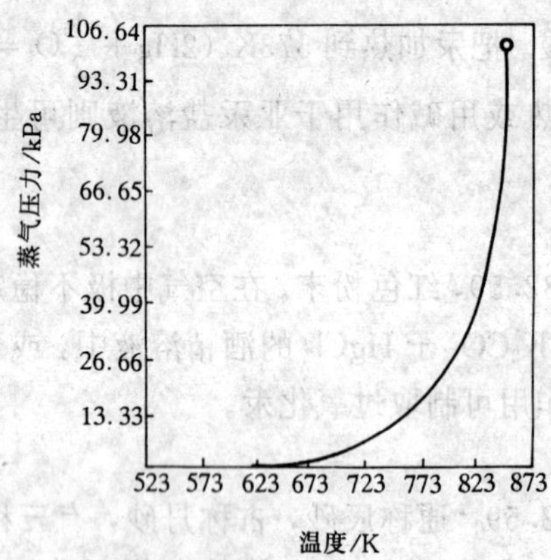

图 3-3-1 HgS 挥发的蒸气压与温度关系

辰砂不溶于一般稀酸，仅溶于王水和沸腾的盐酸：

$$3HgS+6HCl+2HNO_3=3HgCl_2+3S+2NO+4H_2O$$

在能分解出氯气的氧化剂（例如氯酸钾）参与下，硫化汞与盐酸也能发生反应。此外，当有双氧水存在时，在沸腾 2mol/L 的盐酸中辰砂也会被溶解。

硫化汞与冷硝酸不起反应，可利用此性能使 HgS 与 Hg 互相分离。但在热的浓硝酸中硫化汞会缓慢反应：

$$9HgS+8HNO_3=3Hg_3S_2(NO_3)_2+3S+2NO+4H_2O$$

所得白色复杂的硝酸盐，长时间煮沸，可溶化生成氧化汞硝酸盐。

硫化汞不溶于苛性钾（钠）和硫化铵溶液，易溶于碱金属和碱土金属的硫化物溶液中，湿法炼汞就是利用硫化钠作为浸出剂的。

在常温下硫化汞在水中的溶解度极小，仅为 6.3×10^{-27}mol/L，溶度积为〔Hg^{+2}〕〔S^{-2}〕$=4.0\times10^{-53}$。

红色硫化汞可用硫磺与 K_2S_5 同汞研磨，而后用碱处理，于一定条件下静置即可获得。

红色硫化汞具有镇定、安神和解毒功能，系中药的重要原料。同时又为高级颜料，为美术、印染和装饰等部门广泛应用。

6. 硫酸汞

$HgSO_4$ 分子量 296.59，白色微粒结晶，密度 6.47g/cm^3。在水中常温下的溶解度为 0.005%，溶于酸化了的水中或于热水中被水解形成 $HgSO_4\cdot2H_2O$ 的柠檬色沉淀，此物密度 8.3g/cm^3。它与碱金属硫酸盐可生成复杂的配合物 $K_2SO_4\cdot3HgSO_4\cdot2H_2O$。

将汞在浓硫酸中长时间作用可生成 $HgSO_4$：

$$Hg+2H_2SO_4=HgSO_4+2H_2O+SO_2$$

它是生产 $HgCl_2$ 和 HgCl 的原料，还可用于有机工业作催化剂。本品为剧毒物质。

在炼汞过程中 HgS 与 O_2 反应生成 $HgSO_4$ 和 Hg_2SO_4 的温度为 623～723K，超过 723K 即分解。

7. 硫酸亚汞

Hg_2SO_4 分子量 497.18，白色微细晶体，密度 7.56g/cm^3。难溶于水或稀硫酸中，但能水解生成黄色盐基性盐。可用汞溶于浓硫酸或加稀硫酸于硝酸亚汞溶液中制取。主要用于有机工业作催化剂。与 $HgSO_4$ 相似为有毒物质。

8. 升汞

$HgCl_2$ 分子量 271.50，白色粉末晶体，密度 5.44g/cm^3，熔点 550K，沸点 576K。溶于水、酸（包括醋酸）、酒精、醇及吡啶中。

升汞水溶液不电离。用硫酸汞与氯化钠混合加热法制取：

$$HgSO_4+2NaCl=Na_2SO_4+HgCl_2$$

$$\Delta H^{\circ}_{298}=-824.8\text{kJ},\ \Delta G^{\circ}_{298}=-895.98\text{kJ}$$

为防止 Hg_2Cl_2 的生成，需加入少量过氧化锰反应。产生的升汞在冷凝器内收集。也可用近沸点的汞直接氯化或用 HgO 与 HCl 反应而制取。

升汞在水中的溶解度如下：

温度/K	273	283	293	303	313	323	333	343	353	363	373
溶解度/%	4.1	5.3	6.2	7.8	8.8	10.2	12.2	14.7	19.5	27.1	35.1

升汞用途较广，主要用作触媒和制取甘汞及其他汞化合物的原料，还可用于医药、干电池和照相术等方面。

剧毒物质，成人致死量为 0.1～0.5g。

9. 甘汞

Hg_2Cl_2 分子量 472.09，白色粉状结晶，密度 7.15g/cm^3，熔点 575K，升华点 583K，不溶于水、酒精、醇及稀酸，溶于沸腾盐酸（生成升汞）、NHO_3 和 H_2SO_4 中。遇碱可被分解而析出氧化汞。

甘汞用升汞与汞混合加热制取；也可用盐酸与氧化亚汞作用产出：

$$Hg_2O+2HClFYHg_2Cl_2+H_2O$$

或者用硫酸亚汞与食盐混合加热升华得到：

$$Hg_2SO_4+2NaCl=Na_2SO_4+Hg_2Cl_2$$

$$\Delta H^{\circ}_{298}=-828.99\text{kJ}$$

$$\Delta G^{\circ}_{298}=-820.61\text{kJ}$$

升华物需水洗除升汞。

甘汞主要用于医药和烟火工业。它虽为汞的氯化物，但不具毒性，是极少数汞的无毒化合物之一。也有文献记载，甘汞是有毒物质，成人致死量为 2～3g。

10. 溴化汞

$HgBr_2$ 分子量 360.59，白色晶体，在阳光下变黑，密度 6.05g/cm^3，熔点 510K，升华点 605K，溶于酒精及其他醇中，略溶于水。用溴蒸气通过金属汞或用溴化钾与氧化汞盐的溶液作用而制得。本品为有毒物质。

11. 溴化亚汞

Hg_2Br_2 分子量 560.99，白色晶体，受热变黄，密度 7.3g/cm^3，

升华温度 613～623K，溶于发烟硝酸、热浓硫酸和热碳酸铵溶液，微溶于水。在硝酸溶液中使溴化钾与硝酸亚汞作用或用汞与溴化汞混合加热升华制得。主要用于医学上，为有毒物质。

12. 碘化汞

HgI_2 分子量 454.40，分红色和黄色两种。红色碘化汞为正方晶系结晶，密度 6.2～6.3g/cm^3，熔点 514～568K，沸点 622K，加热至 423K 时由红变黄，冷后又复原。黄色碘化汞为正交结晶，密度 6.094g/cm^3，熔点 532K，沸点 627K，常温下不稳定，经数小时可变为稳定的红色变体。溶于醇、二硫化碳、丙酮、甘油、乙醚、氯仿、硫代硫酸钠及碘化钾溶液中，几乎不溶于水。

用碘直接与汞化合或将碘化钾溶液加入氯化汞溶液而制得。黄色 HgI_2 亦可用溶于酒精的红色 HgI_2 倒入冷水中获得。

它们主要用作医药和化学试剂。红黄两种碘化汞均为有毒物质。

13. 碘化亚汞

Hg_2I_2 分子量 654.99，棕黄色无定形粉末，因受光易分解为 HgI_2 和 Hg 而显青色；受热时变为橙黄色，冷后又复原。密度 7.65～7.75g/cm^3，383～393K 升华，熔点 563K，熔化时有部分分解；583K 沸腾。溶于蓖麻油和氨液中，不溶于水、乙醇和乙醚。用碘化汞与亚汞盐作用或于硝酸中以过量的碘与硝酸亚汞溶液煮沸而制得。系有毒物质，主要用于医药。

14. 硝酸汞

$Hg(NO_3)_2 \cdot \frac{1}{2}H_2O$ 分子量 333.61，无色结晶粉末，密度 4.3g/cm^3，熔点 352K，易溶于硝酸，不溶于乙醇，可被水解：

$$Hg(NO_3)_2 + H_2O = HNO_3 + Hg(OH)NO_3$$

或

$$2Hg(NO_3)_2 + 2H_2O = Hg_2O(OH)NO_3 + 3HNO_3$$

用汞溶于热硝酸可得。主要用于硝化芳组化合物、医药及毛毡生产中。有毒，成人致死量为 0.05～0.25g。

15. 硝酸亚汞

$Hg_2(NO_3)_2 \cdot H_2O$ 分子量 543.22，白色晶体，密度 4.78g/cm^3，熔点 343K；在干燥空气中易失结晶水，溶于二硫化碳和硝酸，略溶于水，易水解；

$$Hg_2(NO_3)_2+H_2O=HNO_3+Hg_2(OH)NO_3$$

性质不稳定，易转为硝酸汞。本品有毒。

16. 雷汞

$Hg(CN_3)_2$ 分子量 308.59，白色或灰色结晶粉末，干晶稍加摩擦或施工压力即可爆炸。密度 4.42g/cm^3，溶于酒精和氯化铵的酒精液及热水中。用汞同浓硝酸与酒精混合加热的方法可制得。主要用作枪弹引火帽和雷管制作等。本品有毒。

17. 氰化汞

$Hg(CN)_2$ 分子量 252.59，无色粉末结晶状，遇光发黑，密度 4.0g/cm^3，溶于水、酒精及乙醚。用氢氰酸溶解氧化汞即得。主要用于医药和生产药皂和氰气以及摄影等。剧毒物质。

18. 硫氰酸汞

$Hg(SCN)_2$ 分子量 316.59，白色粉末状物质，加热即分解，溶于酒精，略溶于水。主要用于照像。用稀的热硝酸汞水溶液与硫氰酸铵作用即沉淀析出。剧毒物质。

第二节 有机汞化合物

有机汞化合物品种繁多，在化工、试剂和有关部门占有重要位置。有机汞是极毒的物质，比无机汞的毒性大得多，其中甲基汞比无机汞大 200 倍。在车间空气中有机汞化合物的最高允许浓度规定为 0.005mg/m^3（以汞计）。

1. 二甲基汞

$(CH_3)_2Hg$ 分子量 230.61，无色液体，沸点 366～369K，密度 3.029g/ml，易溶于乙醇、乙醚，剧毒。

2. 氯化甲基汞

$CH_3 \cdot Hg \cdot Cl$ 分子量 251.08，白色晶体，熔点为 443K，密度 4.067g/cm^3，剧毒。

3. 碘化甲基汞

$CH_3 \cdot Hg \cdot I$ 分子量 342.54，呈光泽片状结晶，熔点 416K，剧毒。

4. 醋酸甲基汞

$CH_3 \cdot Hg\text{-}OCOCH_3$ 分子量 274.67，片状结晶，熔点 415～416K，溶于乙醇、醋酸，剧毒。

5. 二乙基汞

$(C_2H_5)_2Hg$ 分子量 258.65，无色液体，沸点 432K，473K 时分解，密度 2.44g/mL，常温下微挥发，与醚相混溶，微溶于醇以及其他有机溶剂，不溶于水，遇光或久置变混。对皮肤有刺激。用于有机合成、合成纤维和分析试剂等方面。

6. 氯化乙基汞（西力生）

$C_2H_5 \cdot Hg \cdot Cl$ 分子量 263.13，白色片状结晶，熔点 465.5K，易升华，密度 3.4g/cm^3，100g 水中（293K）溶解 1.4×10^{-4}g，易溶于热酒精和 1%的冷苛性钠溶液（溶解度约为 20%），剧毒。

7. 碘化乙基汞

$C_2H_5 \cdot Hg \cdot I$ 分子量 356.57，受阳光作用则分解为碘化汞和丁烷，剧毒。

8. 磷酸乙基汞（谷乐生，新西力生）

$CH_3CH_2HgH_2PO_4$ 分子量 326.0，无色晶体，易溶于水和多种有机溶剂。可作杀虫剂，有毒。商品中含磷酸二乙基汞和磷酸三乙基汞。

9. 醋酸汞

$(CH_3COO)_2Hg$ 分子量 318.70，白色结晶粉末，密度 3.27g/cm^3，对光敏感。溶于水和乙醇，定氮作催化剂、气体分析时吸收乙烯、有机合成和作分析试剂等用，剧毒。

10. 醋酸亚汞

CH_3COOHg 分子量 259.63，白色有光泽片剂或结晶性粉末，见光颜色变暗，溶于稀硝酸、稀硫酸，微溶于水，可作分析试剂和制药工业原料等，有毒。

11. 醋酸苯汞（赛力散）

$CH_3COOHgC_6H_5$ 分子量 336.74，白色有光泽的结晶或结晶性粉末，熔点 422K，423K 时开始分解，易溶于热水、醋酸和丙酮；微溶于乙醇和苯，不溶于冷水。用作分析试剂和制药工业原料及防腐剂等，剧毒。

12. 硬脂酸汞

$(C_{17}H_{35}CO)_2 \cdot Hg$ 分子量 767.57，黄色粉末，毒性似汞。

13. 油酸汞

$(C_{17}H_{33}\text{-}COO)_2 \cdot Hg$ 分子量 763.53，黄色粉末，在贮存中会游离出汞，有毒。

14. 二苯汞

$(C_6H_5)_2Hg$ 分子量 354.79，白色针状结晶，熔点 398～399K，密度 2.29～2.38g/cm^3，溶于三氯甲烷、二硫化碳和苯中，微溶于热醇和醚，可作杀虫剂等，剧毒。

15. 碱式硝酸苯基汞

$C_6H_5Hg(OH) \cdot C_6H_5Hg(NO_3)$分子量 634.45，珍珠光泽的鳞片状结晶，熔点 460～463K，在至熔点时分解，微溶于醇，不溶于醚。对大鼠皮下注射半数致死量为 6mg/kg，剧毒。

16. 醋酸苯基汞（醋酸苯汞）

$CH_3COOHgC_6H_5$ 分子量 336.75，白色有光泽的结晶或结晶性粉末，熔点 422K，易溶于热水、醋酸和丙酮，微溶于乙醇和苯，不溶于冷水。用作分析试剂和制药工业原料及防腐剂等，剧毒。

17. 石碳酸汞（苯酚汞）

$(C_6H_5)_2O_2Hg$ 分子量 386.82，灰白色或灰红色结晶，难溶于水，剧毒。

18. 水杨酸汞

$(C_6H_4)(COO)OHg$ 分子量 336.72，白色或淡黄色结晶，有毒。

19. 氨基氯化汞

$HgNH_2Cl$ 分子量 252.09，加热则熔融，分解出甘汞、氨和氮，剧毒。

20. 硫柳汞钠（硫柳汞）

$NaOOC(C_6H_4)SHgC_2H_5$ 分子量 224.59，白色或微黄色结晶状粉末，微特殊气味，易溶于水，溶于乙醇，不溶于乙醚、苯。作外科消毒剂和杀菌剂，剧毒。

21. 磺胺汞（富民隆和三环汞剂）

$(C_6H_5)HgN(C_6H_5)SO_2(C_6H_4)CH_3$ 分子量 523.59，纯品为白色晶体，熔点 485K，市售商品熔点为 463～478K，不溶于水，稍溶于碱和酸，溶于热苯和热甲苯，作杀菌剂，有毒。

22. 琥珀酰亚胺汞

$(CH_2CO)_2NHgN(CH_2CO)_2$ 分子量 396.59，白色晶体，在阳光下不稳定，剧毒。

23. 美拉莱

$HOOC(CH)_2CONHCH_2C(OCH_2)CH_2HgOH$ 分子量 401.59，461.5～463.5K 分解，市售为其钠盐，对大鼠肌肉注射致死量为 12mg/kg，剧毒。

24. 硝酸苯基汞

$C_6H_5HgONO_2$ 分子量 339.70，白色结晶，熔点 404～404.5K，加热时溶于苯，剧毒。

25. 硼酸苯基汞

$C_6H_5HgOB(OH)_2$ 分子量 338.56，熔点 385～386K，溶于水，毒性较其他有机汞化合物为小。

26. 对羟基汞邻硝基苯酚钠盐

$NaO(C_6H_3)NaHgOH$ 分子量 354.59，红褐色或红砖色粉末，对大鼠和家兔静脉注射致死量分别为 8mg/kg 和 4mg/kg，对大鼠皮下注射致死量为 120mg/kg，剧毒。

27. 乃帕尔

$HOOCCH_2O(C_6H_4)CONHCH_2CH(OH)CH_2HgOH$ 分子量 469.59，白色粉末，473～478K 分解，几乎不溶于水，乙醇和乙醚，剧毒。

28. 汞洒利

$NaOOCCH_2O$ (C_6H_4) $CONHCH_2CH$ (OCH_3) CH_2HgOH 分子量 505.59，白色或类白色结晶性粉末，遇光分解，露置空气中有潮解性。易溶于水（1∶1）及醇（1∶3），不溶于氯仿和乙醚。对大鼠腹腔内注射致死量为 97mg/kg。临床上可作利尿剂，剧毒。

29. 莫耳硫汞

$NaCOO$ (C_6H_4) $SHgC_2H_5$ 分子量 404.59，黄色结晶，空气中稳定，鼷鼠皮下注射半数致死量为 66mg/kg，剧毒。

第四章　汞的合金

汞与许多金属形成的合金通称汞齐。汞与金、银、钠、钾等生成化学化合物，与锌、镉等生成物理混合物，锡、铅的汞齐为固溶体。液汞或高浓度的蒸气还能腐蚀工业设备中的铝、铜质器材。

金和银的汞齐（图 3-4-1 和图 3-4-2）具有很快的硬化能力，故常用于牙科治疗[12]。

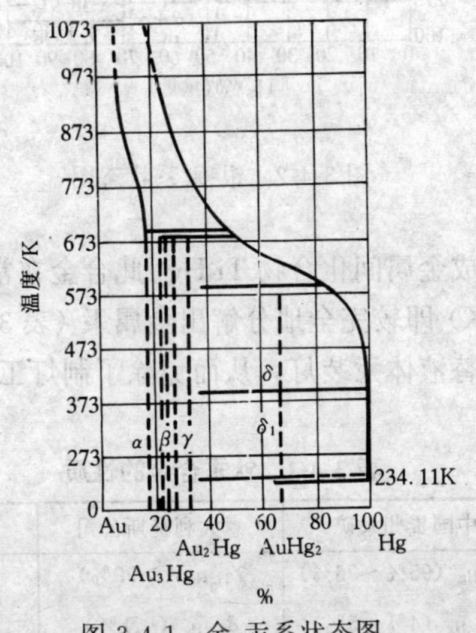

图 3-4-1　金-汞系状态图

由于金银铊能与汞形成汞齐，故可用来从矿石和含铊物料中提取金银及铊，俗称所谓“混汞法”。

金汞齐受热后容易分解。我国古代的鎏金技术，就是利用加热金汞齐使汞挥发，金被残留在工件上而形成了传统的经典镀金法，至今仍在应用。

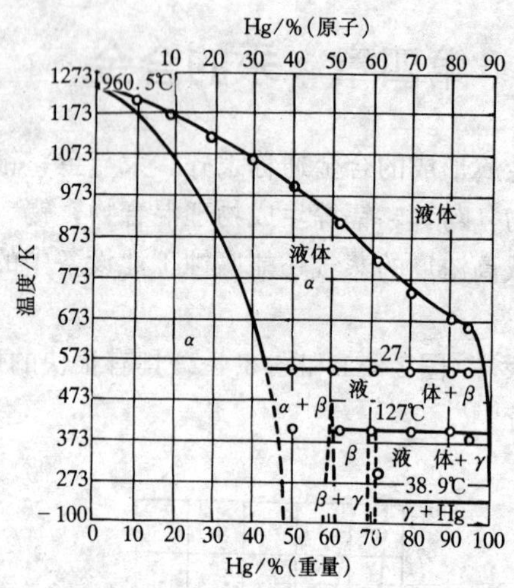

图 3-4-2 银-汞系状态图

汞与钛形成金属间化合物 Ti_3Hg。此合金在常温下稳定，稍高温度时（1173K）即较完全地分解出金属汞（表 3-4-1）。据此可利用钛汞合金代替液体汞装灯，从而免除了制灯工艺中汞毒及汞的污染[16]。

表 3-4-1 钛汞合金的性质

项　目	中国贵州汞矿	意大利赛斯公司	测定方法
晶　型	γ_{Ti_3Hg}（95%～96%） δ_{Ti_3Hg}（4%～5%）	γ_{Ti_3Hg}（>99%） δ_{Ti_3Hg}（<1%）	γ-2 型衍射仪
热分解特性	673K，0.0085%； 773K，0.7175%； 873K，8.312%； 1173K，94.832%	673K，0.012%； 773K，0.7853%； 873K，8.6432%； 1173K，92.438%	真空连续重量法
稳定性	常温下稳定	常温下稳定	氩气携带重量法
含汞量	55%～58%	57%～58%	铜试剂容量法

续表 3-4-1

项　　目	中国贵州汞矿	意大利赛斯公司	测定方法
游离汞	＜0.01%	＜0.008%	碘汞亚铜比色法
释汞量	理论值的 90%以上	理论值的 90%以上	真空重量法
粒　度	－160～＋400 目		标准筛

钠汞齐极易分解。氯碱工业电解食盐水时，用汞作阴极，生成钠汞齐，而后水解便得烧碱。

锌镉汞齐可作电池，多用汞蒸发法，氧化汞法，氯化汞法生产。

汞齐与金属汞的性质截然不同，汞合金的毒性大大降低或不具毒性。

第五章　汞的矿物、地质和矿床

第一节　汞的矿床、地质

汞在地壳中的克拉克值为 $7.7\times10^{-6}\%$，即 1t 地壳物质中平均含汞 0.077g。整个地壳（包括水圈和气圈）中分散状态的汞量为 1.57×10^{12}t。富集为工业汞矿床的汞量只有 0.02%。到目前为止，全世界已知的汞矿床为 2Mt 汞金属（为汞矿床金属总量的 1%）。人类 15 世纪到 20 世纪 40 年代，共生产了约 5.25×10^{5}t 汞金属，加上生产过程中的损失在内，可认为已从汞矿床中耗去约 10^{6}t 汞金属，约开采已知汞矿床的一半[1]。

汞矿床的分布遍及世界六大洲二十几个国家。较大的汞矿床相对集中分布在地中海地区（西班牙的阿尔马登、意大利的蒙泰阿米亚塔、前南斯拉夫的伊德利亚等）。北美洲的西海岸山脉地带（加拿大的品契湖和美国的麦克德米特、新阿尔马登等汞矿床）以及我国南方各省，形成区域性的汞矿成矿区。金属汞的世界储量列于表 3-5-1[19]。

表 3-5-1　金属汞的世界储量/kt

洲和国家	可采储量	其他储量	总量	百分比
北美洲				
美　国	14	16	30	5.05
加拿大	4	10	14	2.36
墨西哥	9	16	25	4.22
南美洲	1	9	10	1.69
欧洲				
意大利	14	55	69	11.64
西班牙	52	138	190	32.04

续表 3-5-1

洲和国家	可采储量	其他储量	总量	百分比
欧洲				
前苏联	17	86	103	17.37
前南斯拉夫	17	52	69	11.64
其他国家	1	1	2	0.34
非洲	12	1	13	2.19
亚洲				
中　国	17	34	51	8.60
日　本	1	6	7	1.18
菲律宾	1	2	3	0.50
土耳其	2	5	7	1.18
总　　量	160	431	593	100.00

我国的汞矿床分布很广，按其产出位置有四个大的成矿区：昆仑—秦岭成矿区（陕甘青成矿区）、三江成矿区（川西、滇西成矿区）、武陵成矿区（鄂西、川东南、黔东、湘西成矿区）、右江成矿区（滇东南、黔西南、桂北成矿区）。武陵成矿区是我国主要的汞矿成矿区，其间有数个万吨汞以上的特大型汞矿床。整个成矿区总体展布方向为北北东向，受新华夏构造体系的控制。矿化产于震旦纪、寒武纪、奥陶纪、泥盆纪、二叠系等地层中。我国闻名中外的贵州万山汞矿区就在这个成矿区的南段。汞矿品位为Hg0.1%～1.0%以上。

第二节　汞的矿物

目前已知的汞矿物有30多种，具有工业价值的几乎只有辰砂，其次能见到的还有天然汞和黑辰砂，另外前苏联和我国陕西还发现有大型汞锑矿床，并已开始工业利用。

一、天然汞

天然汞与人工冶炼产出的金属汞性质相同，是辰砂氧化的产物，在地表附近的氧化带较为典型[13]。我国贵州省万山和开阳汞矿曾屡见不鲜，日本、前苏联、西班牙也有发现。

二、汞的硫化矿物

1．辰砂

辰砂含 Hg 86.24％，S 13.76％。辰砂主要伴生在石灰岩和白云岩的碱性岩石中，也有在二氧化硅的酸性岩石中伴生有辰砂的工业矿床。辰砂外观呈粗晶粒或细晶粒，有时也呈薄膜或极分散的微粒浸染状嵌布于岩石内。

2．硫汞锑矿

硫汞锑矿的外观与辉锑矿相似，呈铅灰色，红色条痕，硬度为 2.0，密度 4.81g/cm^3，化学分子式为 $HgS \cdot 2Sb_2S_3$。

3．汞黝铜矿

汞黝铜矿色灰，属等轴晶系，多呈四面体结晶，化学分子式为 $2CuS \cdot HgS \cdot Sb_2S_3$。

三、汞的其他化合物

辉硒汞矿　分子式为 Hg (S·Se)，呈浅黑灰色，硬度为 2.5，密度 8.0g/cm^3。中国贵州万山早期开采的汞矿中含此矿物的品位较高。

灰硒汞矿　分子式为 HgSe，呈钢灰色或淡铅灰色，有黑色条痕，属等轴晶系，多为四面体结晶，组织致密。

碲汞矿　分子式为 HgTe，呈铁黑色，有金属光泽，硬度 3，密度 8.63g/cm^3，有时与碲化金银共生。

第六章　汞矿石的选矿

第一节　概　述

利用辰砂密度大及其疏水性强等特性，通常采用重选和浮选联合或单一浮选作业的方法选别汞矿石。采用重选-浮选联合流程选矿，重选的产品是朱砂，其尾矿经磨矿后，浮选获得浮选汞精矿。这一流程可使企业产品多样化，经济效果好，而且有利于环境保护和文明生产。在辰砂颗粒嵌布极细、矿石成分复杂、泥化程度颇大且不需朱砂产品的情况下，不宜采用重选，而应采用单一浮选法处理。

第二节　汞矿石的重选

矿石经棒磨至－2～－3mm 分级后，直接送往摇床粗选，粗选所获得的毛砂再送往摇床精选得到朱砂产品，精选摇床的朱砂脚可与浮选汞精矿合并入炉以生产金属汞，而重选的尾砂则经球磨后送往浮选，选出汞精矿入炉冶炼。重选作业朱砂的产率按原矿中金属汞计波动为 20%～60%，重选浮选总回收率为 95%，弃去的尾矿含汞 0.01%以下。原矿中含自然汞高时，在浮选前或重选中可采用自然汞捕集机处理（图 3-6-1），以回收部分自然汞。

第三节　汞矿石的浮选

一、浮选药剂制度及控制条件

1. 捕收剂

乙基黄药用量 80～240g/t；黑药少用，用时其耗量为 40～100g/t。黄药为亮黄色粉末，通式为 $R-O-C{\overset{\displaystyle S}{\diagup\!\!\diagup}} \atop {\diagdown SMe}$，R（此

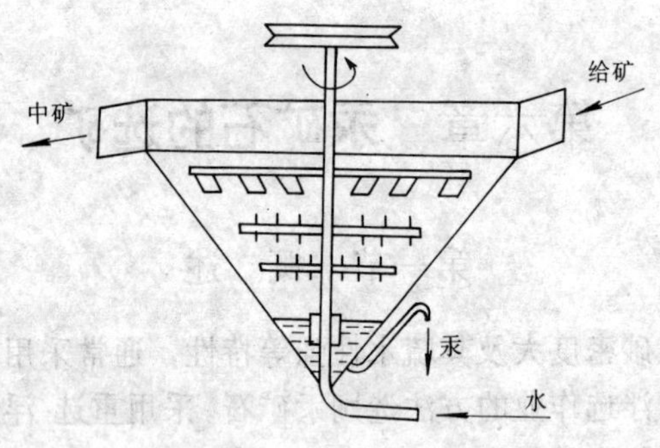

图 3-6-1 自然汞捕集机

为 C_2H_5）及 Me 分别为烃基及碱金属钾钠。黄原酸盐在水中溶解度较大并发生电离，离解为黄原酸离子而失去捕收剂作用。为避免或减少黄原酸的生成，必须增加溶液中的 OH^- 浓度。因此，黄药应在中性或碱性矿浆中使用，效果较好。

2．起泡剂

常用 2 号油，次用樟脑油、醇类、甲酚等。2 号油用量为 20～100g/t。2 号油的基本组成部分为萜萮醇（$C_{10}H_{17}OH$），呈浅黄色或黑褐色，密度 0.86～0.94g/cm^3。标准品含萜萮醇 60%，含萜萮仲醇及醚类化合物 40%[17]。

3．活化剂

浮选辰砂主要使用硫酸铜，用量一般为 40～300g/t。

4．抑制剂

（1）石灰　矿石中含较多黄铁矿、毒砂和辉锑矿时，石灰对它们是较为有效的抑制剂，一般用量为 500～1000g/t。

（2）氰化物　它是黄铁矿的有效抑制剂，但因其毒性较大，一般尚未使用。

（3）水玻璃　它除用作矿泥的分散剂外，还是石英、硅酸盐、铝硅酸盐和白云石的抑制剂。用量过大和添加配制不当时对辰砂也会起抑制作用，尤其不能添加在球磨机中。一般用量为 100～

1000g/t。汞矿浮选时加入水玻璃的结果列入表 3-6-1。

表 3-6-1　汞矿浮选加入水玻璃的结果

<table>
<tr><th>号次</th><th>加入量/kg·t⁻¹</th><th>精矿产率/%</th><th>选矿回收率/%</th><th>精矿含汞/%</th><th>备　注</th></tr>
<tr><td>1</td><td>0.0</td><td>4.3</td><td>63.1</td><td>14.62</td><td rowspan="5">浮选条件为：
(1) 搅拌 5min→加黄药 180g·t⁻¹；
(2) 搅拌 2min→加松油 30g·t⁻¹浮选；
(3) 搅拌 3min→浮选 3.5min；
(4) 加黄药 120g·t⁻¹→搅拌 2min，浮选 6.5min</td></tr>
<tr><td>2</td><td>0.5</td><td>3.2</td><td>68.0</td><td>20.80</td></tr>
<tr><td>3</td><td>0.75</td><td>2.7</td><td>93.4</td><td>26.40</td></tr>
<tr><td>4</td><td>1.0</td><td>2.2</td><td>86.2</td><td>38.50</td></tr>
<tr><td>5</td><td>1.5</td><td>3.0</td><td>84.8</td><td>29.60</td></tr>
</table>

5. 辰砂浮选的 pH 值

浮选时所有药剂的作用均与矿浆的 pH 有关。一般控制矿浆的 pH 值为 6 或 7.5 为佳（图 3-6-2）。

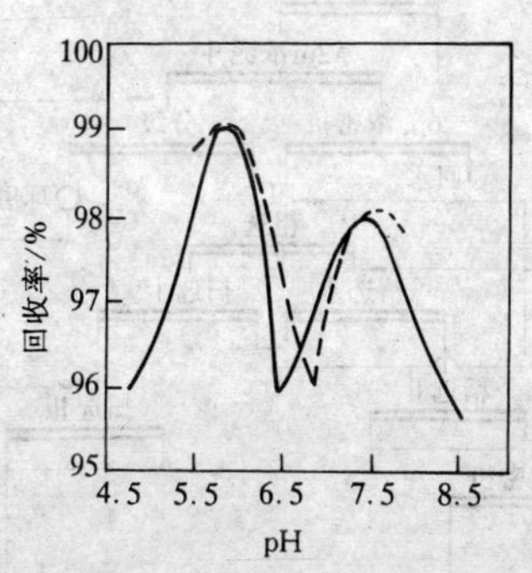

图 3-6-2　矿浆 pH 值与辰砂可浮性的关系

6. 矿浆的浓度与细度

浮选时矿浆的浓度为 25%～33%，但对于泥化程度大而粒度又细的矿浆则应在较稀的浓度（12%～20%）下作业。汞矿浮选时矿浆的细度一般控制在－200 目为 75%～80%效果较好。

二、主要技术经济指标

国内外汞矿选厂的主要技术经济指标列于表 3-6-2。

图 3-6-3 为中国贵州汞矿 300t/d 选厂的重-浮选流程。所用原矿系单一辰砂汞矿石，伴生少量黄铁矿、辉锑矿和闪锌矿等；脉石为白云石、石英、方解石等；含 CaO 20%～24%、MgO 13%～18%、SiO_2 10%～34%、CO_2 28%～40%，Hg 0.1%～0.3%。工艺控制条件：分级机溢流细度为 80%－200 目，浮选矿浆浓度 30%；药剂用量（g/t）为硫酸铜 200～250（加入球磨机）、乙基黄药 60～100、2 号油 20～40。

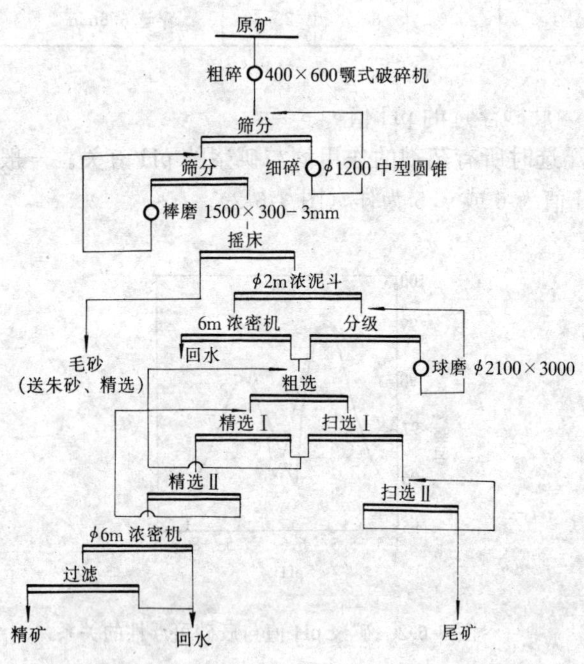

图 3-6-3　贵州汞矿 300t/d 选厂流程图

图 3-6-4 为美国麦克德米特（Mc Dermitt）选厂的汞矿石单一浮选工艺流程。主要含汞矿物为辰砂和氯硫汞矿，其比例为 7∶3，

表 3-6-2 国内外某些汞矿选矿厂的主要技术经济指标

选厂名称	生产规模 /t·d^{-1}	工艺流程	选别指标/%				选厂人数 /人	1t 矿的材料消耗			
			原矿品位	浮选精矿品位	尾矿品位	选矿总回收率		电/kW·h	水/t	钢球钢棒/kg	药剂/g
贵州汞矿四坑选厂	150	重-浮	0.363	22.50	0.0145	96.11	47	45.72	4.5	1.53	217
贵州汞矿二坑选厂	300	重-浮	0.168	72.10	0.0095	94.99	146	35.41	4.2	1.85	143
新晃汞矿安坡选厂	110	重-浮	0.096	16.40	0.0036	96.20	47	37		0.8	133
广西玉兰汞矿选厂	50	重-浮	0.50	12.67	0.035	93.05	113	89	25～30	0.61	411
贵州务川汞矿选厂	150	浮选	0.105	9.21	0.0069	93.04	70	31.4		0.38	163
贵州铜仁汞矿选厂	100	浮选	0.159	10.5	0.015	89.5					
美国麦克德米特选厂	700	浮选	0.5～1	68～75		90～95	30				
日本依套木卡选厂	150	重-浮	0.131	1.53	0.024	85.18	25	42.9		0.6	280
前苏联尼基托夫卡选厂		浮选	0.15	26.4							
加拿大品契湖选厂	725	浮选	0.3	30～50							

平均含 Hg 0.5%，目前开采品位高达 1%；脉石为蛋白石约 20%，其余 80%是带有大量粘土的软性蚀变岩石。捕收剂用异丙基黄药，起泡剂 250 号。旋流器溢流细度 65～75%－200 目。浮选矿浆浓度 20%。

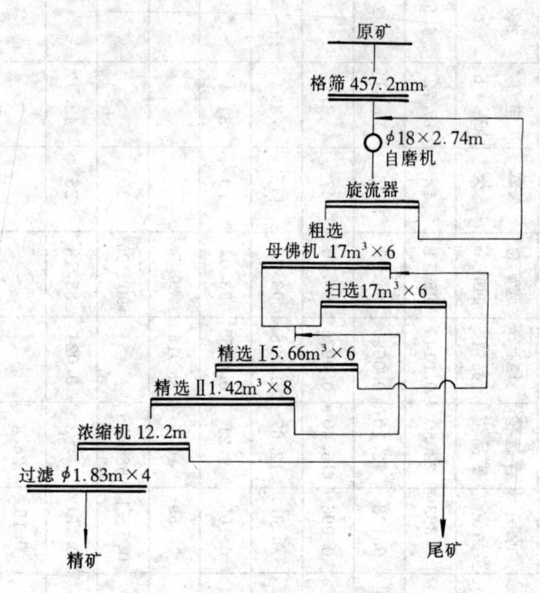

图 3-6-4　美国麦克德米特选厂生产流程图

图 3-6-5 为日本依套木卡选厂的重-浮选生产流程。单汞型矿石，汞矿物有辰砂和自然汞，其产出比为 3∶7。伴生矿物有大量黄铁矿。脉石有石英、方解石及粘土等。矿石的化学成分（%）为 SiO_2 52.94、Al_2O_3 19.71、CaO 8.47、Fe_2O_3 5.51、S 4.09、MgO 3.30、Hg 0.16。浮选给矿粒度 53.8%－200 目，矿浆浓度 15%～25%。药剂用量（g/t）为：戊基钾黄药 130、氰化物 40、醇类 110。

第四节　螺旋选矿法

矿石（Hg 0.15%～0.20%）磨至－5mm 送螺距

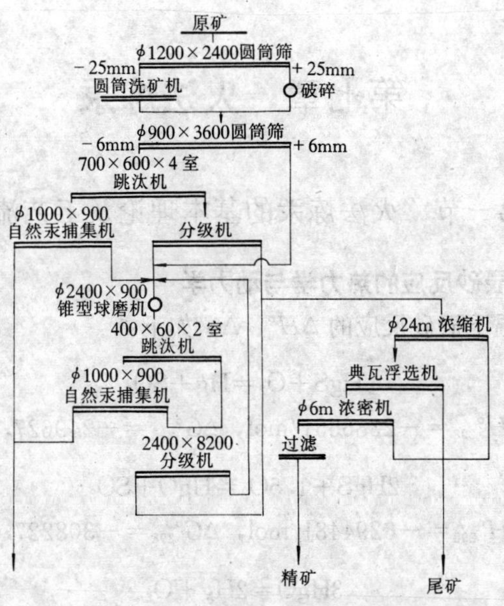

图 3-6-5　日本依套木卡选厂生产流程图

300mmϕ700mm（具有三个截料器）的螺旋选矿机粗选，尾矿占原矿 52.18%；含 Hg 0.0223%，占金属汞 7.61%，弃去，精矿经摇床和浮选处理。此法可获得含 Hg 82.128%的重选精矿，一次粗选即弃去 50%以上的尾矿和脱去原矿中大量泥质成分和可溶性盐，以及大大降低矿浆的酸度等。

第七章　火法炼汞

第一节　火法炼汞的基本理论及工艺流程

一、辰砂反应的热力学与动力学

在常温下辰砂反应的 ΔH°、ΔG° 如下：

$$HgS+O_2=Hg+SO_2$$

$$\Delta H^\circ_{298}=-238655\text{J/mol},\ \Delta G^\circ_{298}=-249627.36\text{J} \tag{1}$$

$$2HgS+1.5O_2=HgO+SO_2$$

$$\Delta H^\circ_{298}=-329448\text{J/mol},\ \Delta G^\circ_{298}=-308227.42\text{J} \tag{2}$$

$$3HgO=2Hg+O_2$$

$$\Delta H^\circ_{298}=181586\text{J/mol},\ \Delta G^\circ_{298}=117325.28\text{J} \tag{3}$$

$$4HgS+4CaO=4Hg+3CaS+CaSO_4$$

$$\Delta H^\circ_{298}=-91211\text{J/mol},\ \Delta G^\circ_{298}=-119225.98\text{J} \tag{4}$$

$$HgS+CaO=HgO+CaS$$

$$\Delta H^\circ_{298}=125520\text{J/mol},\ \Delta G^\circ_{298}=123836.3\text{J} \tag{5}$$

$$7HgS+2Fe_2O_3=7Hg+4FeS+3SO_2$$

$$\Delta H^\circ_{298}=786090\text{J/mol},\ \Delta G^\circ_{298}=547496.3\text{J} \tag{6}$$

$$HgS+Fe=Hg+FeS$$

$$\Delta H^\circ_{298}=-37238\text{J/mol},\ \Delta G^\circ_{298}=-47673.96\text{J} \tag{7}$$

辰砂反应的 ΔH°、ΔG° 与温度的关系示于图 3-7-1，反应 ΔH°、ΔG° 和平衡常数的近似计算方程列于表 3-7-1。

表 3-7-1　火法炼汞辰砂反应（1）至（7）的标准自由焓和平衡常数近似计算方程

反应式序号	$\Delta\phi_{正}$/J·K^{-1}·mol^{-1}	ΔH°_{298}/J·mol^{-1}	反应标准自由焓近似计算方程/J	平衡常数计算方程	适用温度/K
(1)	36.82	−238655	$\Delta G^{\circ}_{T}=-238655-36.82T$	$\lg k_p=\frac{12468}{T}+1.9235$	298～630
	47.74		$\Delta G^{\circ}_{T}=-238655-47.74T$	$\lg k_p=\frac{12468}{T}+2.494$	630～853
	64.77		$\Delta G^{\circ}_{T}=-238655-64.77T$	$\lg k_p=\frac{12468}{T}+3.3836$	853～1100
(2)	−71.21	−329448	$\Delta G^{\circ}_{T}=-329448+71.21T$	$\lg k_p=\frac{12711}{T}-3.7202$	298～800
(3)	215.64	181586	$\Delta G^{\circ}_{T}=181586-215.64T$	$\lg k_p=-\frac{9486}{T}+11.2655$	298～630
	232.67		$\Delta G^{\circ}_{T}=181586-232.67T$	$\lg k_p=-\frac{9486}{T}+12.1552$	630～800
(4)	94.01	−91211	$\Delta G^{\circ}_{T}=-91211-94.01T$	$\lg k_p=\frac{4765}{T}+4.9115$	298～630
	141.54		$\Delta G^{\circ}_{T}=-91211-141.54T$	$\lg k_p=\frac{4765}{T}+7.3945$	630～853
	202.42		$\Delta G^{\circ}_{T}=-91211-202.42T$	$\lg k_p=\frac{4765}{T}+10.575$	853～1000
(5)	5.65	125520	$\Delta G^{\circ}_{T}=125520-5.65T$	$\lg k_p=\frac{6557}{T}+0.2951$	298～800
(6)	800.65	786090	$\Delta G^{\circ}_{T}=786090-800.65T$	$\lg k_p=-\frac{41067}{T}+41.8273$	298～411
	805.21		$\Delta G^{\circ}_{T}=786090-805.21T$	$\lg k_p=-\frac{41067}{T}+42.0656$	411～598
	809.81		$\Delta G^{\circ}_{T}=786090-809.81T$	$\lg k_p=-\frac{41067}{T}+42.306$	598～630
	899.43		$\Delta G^{\circ}_{T}=786090-899.43T$	$\lg k_p=-\frac{41067}{T}+46.988$	630～853
	1000.10		$\Delta G^{\circ}_{T}=786090-1000.10T$	$\lg k_p=-\frac{41067}{T}+52.247$	853～953
	1045.87		$\Delta G^{\circ}_{T}=786090-1045.87T$	$\lg k_p=-\frac{41067}{T}+54.6382$	953～1053
	1071.69		$\Delta G^{\circ}_{T}=786090-1071.69T$	$\lg k_p=-\frac{41067}{T}+56$	1053～1100

续表 3-7-1

反应式序号	$\Delta\phi'_{正}$/J·K^{-1}·mol^{-1}	ΔH°_{298}/J·mol^{-1}	反应标准自由焓近似计算方程/J	平衡常数计算方程	适用温度/K
(7)	35.02	−37238	$\Delta G^\circ_T=-37238-35.02T$	$\lg k_p=\frac{1945}{T}+1.83$	298～411
	37.49		$\Delta G^\circ_T=-37238-37.49T$	$\lg k_p=\frac{1945}{T}+1.9585$	411～598
	40.00		$\Delta G^\circ_T=-37238-40.00T$	$\lg k_p=\frac{1945}{T}+2.09$	598～630
	54.94		$\Delta G^\circ_T=-37238-54.94T$	$\lg k_p=\frac{1945}{T}+2.87$	630～853
	74.68		$\Delta G^\circ_T=-37238-74.68T$	$\lg k_p=\frac{1945}{T}+3.9$	853～1033
	82.89		$\Delta G^\circ_T=-37238-82.89T$	$\lg k_p=\frac{1945}{T}+4.33$	1033～1100

根据图 3-7-1 和表 3-7-1 可迅速算出辰砂反应的 ΔG°_T 和 K_P 值。按表 3-7-1 提供的数据和计算方程，得出火法炼汞某些典型温度下辰砂反应的平衡常数值（表 3-7-2）。

汞矿中其他成分在炼汞过程中也发生如下变化：

$$CaCO_3=CaO+CO_2$$

$$CaMg\ (CO_3)_2=CaO+MgO+2CO_2$$

$$4FeS_2+11O_2=2Fe_2O_3+8SO_2$$

$$(或\ 3FeS_2+8O_2=Fe_3O_4+6SO_2)$$

$$2FeAsS+5O_2=Fe_2O_3+As_2O_3+2SO_2$$

$$4AsS+7O_2=2As_2O_3+4SO_2$$

$$2As_2S_3+9O_2=2As_2O_3+6SO_2$$

$$2As_2S_3+11O_2=2As_2O_5+6SO_2$$

$$2Sb_2S_3+9O_2=2Sb_2O_3+6SO_2\ 等。$$

辰砂反应通常可分为两个步骤：开始是 HgS 的升华，而后气态 HgS 与 O_2 反应生成 Hg 蒸气与 SO_2。因此，适当提高温度，有利于 HgS 的升华和造成扩散的条件。

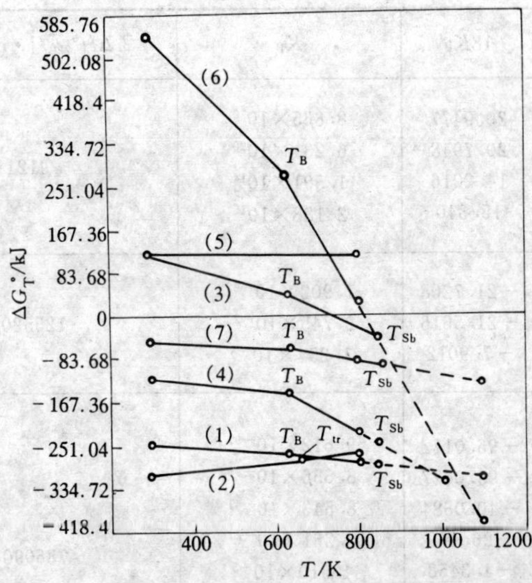

图 3-7-1　火法炼汞辰砂反应的 ΔG°与温度的关系

图中数字为反应式；T_{Sb}—HgS 升华点为 853K；

T_B—汞沸点 630K；T_{tr}—HgS 固相转变点 659K

表 3-7-2　火法炼汞辰砂反应的某些平衡常数值

反应式序号	T/K	$18K_P$	K_P	ΔH°_{298}/J·mol^{-1}
(1)	298	43.7987	6.29×10^{43}	−238655
	300	43.4835	3.045×10^{43}	
	700	20.3054	2.020×10^{20}	
	1100	14.7181	5.225×10^{14}	
(2)	298	54.0610	1.151×10^{54}	−329448
	300	53.6498	4.465×10^{53}	
	800	17.7936	6.218×10^{17}	
(3)	298	−20.5237	2.994×10^{-21}	181586
	300	−20.3534	4.421×10^{-21}	
	800	0.2977	0.1985×10^{-21}	

续表 3-7-2

反应式序号	T/K	18K_P	K_P	ΔH°_{298}/J·mol^{-1}
(4)	298	20.9477	8.865×10^{20}	−91211
	300	20.7948	6.234×10^{20}	
	700	14.2016	1.591×10^{14}	
	1000	15.340	2.188×10^{15}	
(5)	298	−21.7208	1.902×10^{-22}	125520
	300	−21.5616	2.745×10^{-22}	
	800	−7.9012	1.254×10^{-8}	
(6)	298	−96.0172	9.612×10^{-97}	786090
	300	−95.0627	8.656×10^{-96}	
	500	−40.0684	8.543×10^{-41}	
	600	−26.139	7.261×10^{-27}	
	800	−4.3458	4.510×10^{-5}	
	900	6.617	4.140×10^{6}	
	1000	13.5712	3.726×10^{13}	
	1100	18.6663	4.637×10^{18}	
(7)	298	8.3376	2.176×10^{8}	−37238
	300	8.3133	2.057×10^{8}	
	500	5.8484	7.053×10^{5}	
	600	5.3317	2.146×10^{5}	
	800	5.3013	2.001×10^{5}	
	1000	5.845	6.998×10^{5}	
	1100	6.0982	1.254×10^{6}	

除了炉型结构影响外，辰砂反应的速度还与矿石结构、成分、粒度、炉料组成和脉石性质等有关。此外，辰砂反应产物迅速离开反应区，也有利于 HgS 及 Hg 的挥发和降低渣含汞。

二、火法炼汞的工艺流程

辰砂反应生成的汞均是呈高温的蒸气状态与炉渣和其他金属分离，然后进入冷凝系统一部分凝结为活汞，另一部分与烟尘、水等混合形成汞炱。汞炱经处理获得粗汞，粗汞经净化提纯后即为产品。火法炼汞工艺流程的通式示于图 3-7-2。

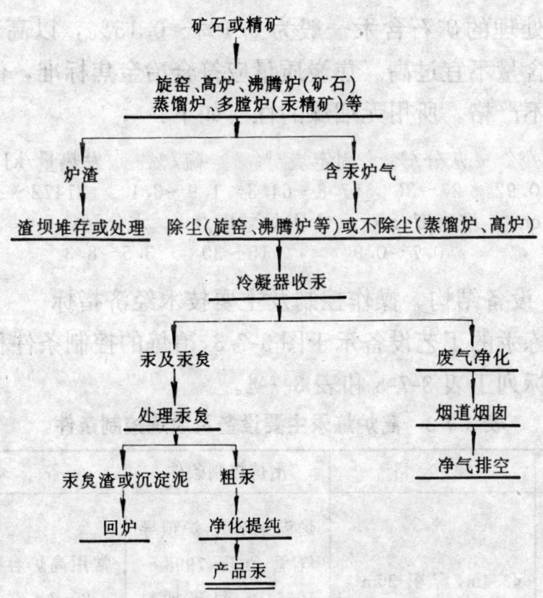

图 3-7-2　火法炼汞工艺流程的通式

第二节　高炉炼汞

50～70 年代高炉产汞量占汞总产量的主要地位，经不断改进完善后，与其他流程相比仍有一定的优越性，至今沿用。

一、高炉炼汞实践

(一) 对矿石及燃料的要求

高炉炼汞的矿石分为三个级别：＋30～－200mm（块矿）、－30～＋15mm（碎矿）和－15mm（粉矿）。块矿入高炉，后两者可送小高炉或溜选朱砂，也可将粉矿和碎矿以 30%～40%的比例搭配入高炉。矿石性质及成分如下：

Hg	SiO_2	Fe_2O_3	Al_2O_3	CaO	MgO	烧损率
0.08%～0.4%	6.3%	0.37%	0.36%	36.27%	14.36%	42.4%

真密度	堆密度	硬度系数	安息角	粒度	水分
2.7～7g/cm³	1.5～1.7g/cm³	8～12	45°	<200mm	2%～7%

高炉处理的矿石含汞一般为0.1%～0.15%，以高于2%为佳，泥水含量不宜过高。焦炭质量应符合冶金焦标准，但对硫磷含量要求不严格。所用无烟煤的性质如下：

挥发物/%	灰分/%	固定炭/%	硫/%	发热量/kJ·kg⁻¹
8.44～10.92	27～36	57.8～64.3	1.9～3.1	21472～26770

密度/g·cm⁻³	堆密度/g·cm⁻³	入炉粒度/mm	水分/%
1.37	0.7～0.9	15～30	3.5～8.3

（二）设备结构、操作控制及主要技术经济指标

高炉炼汞的工艺设备示于图3-7-3，冶炼的控制条件和主要技术经济指标列于表3-7-3和表3-7-4。

表3-7-3 高炉炼汞主要设备及冶炼控制条件

设备名称	规　格	冶炼控制条件	备　注
高炉	ϕ2.4m，容积30m³，处理矿量40t·d⁻¹	炉温1073K，炉顶导气管负压7998～10664Pa，每班加料出渣2～4次，每次5～6t	常用高炉容积为11～29m³·座⁻¹，处理能力18～40t·d⁻¹
旋涡除尘器	ϕ500mm	出口管炉气温度423～473K，阻力损失4000～5332Pa	出口管炉气温度必须控制在汞蒸气的露点以上
汞蒸气冷凝器	前部水套，后部陶瓷管，冷凝面积400～500m²	出口负压13330～15996Pa，温度为常温	冷凝器材质可用铸铁、不锈钢（钛材）或全陶瓷等加内外水喷淋
水力旋流器	ϕ150mm	旋流器进口压力0.17～0.4MPa	所需压力高低与汞炱成分性质等有关

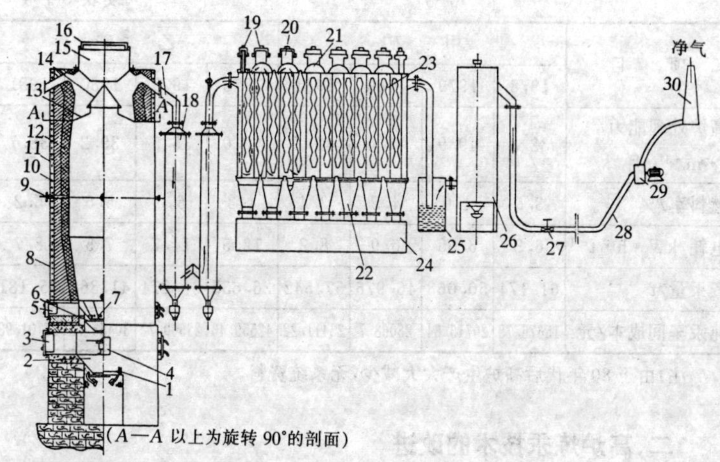

图 3-7-3 高炉炼汞设备结构示意图

1—渣斗控制器;2—渣斗;3—1 号工作门;4—圆盘下渣机;5—2 号工作门;6—集渣斗;7—圆锥炉桥;8—炉壳;9—测温孔;10—石棉粉;11—青砖;12—粘土耐火砖;13—支架;14—圆锥布料器;15—料斗;16—水封盖;17—导气管;18—列管换热器;19—水封盖;20—清理孔;21—上弯(盖);22—下弯(斗);23—波形板淋水装置;24—收汞槽;25—冲击池;26—废气净化装置;27—闸门;28—陶瓷管或水泥盖板烟道;29—抽风机;30—烟囱

表 3-7-4 高炉炼汞主要经济技术指标

项目	甲矿				乙矿			
	1978	1979	1980	1981	1978	1979	1980	1981
入炉矿量/t	30863	35929	37392	42462	52777	22357	42305	34830
矿石含汞/%	0.208	0.150	0.144	0.151	0.098	0.170	0.110	0.116
冶炼回收率/%	93.46	93.10	89.56	90.89	83.20	90.20	88.80	87.40
炉渣率/%	85	85	85	85	85	85	85	85
渣含汞/%	0.0030	0.0021	0.0028	0.0027	0.0023	0.0025	0.0021	0.0017
废气量/$m^3 \cdot t^{-1}$	1500	1500	1500	1500	1200	1200	1200	1200
废气含汞/$mg \cdot m^{-3}$	35.36	32.00	33.77	30.00	33.60	35.00	31.00	29.00

续表 3-7-4

项目	甲矿				乙矿			
	1978	1979	1980	1981	1978	1979	1980	1981
高炉处理能力/$t \cdot m^{-3} \cdot 月^{-1}$	32.8	49.9	41.6	43.7	40.0	35.5	39.2	38.7
燃料率/%	3.5	4.0	4.5	3.4	4.3	5.0	5.5	5.2
电耗/$kW \cdot h \cdot t^{-1}$	6.8	6.55	6.9	8.2	12.5	14.7	7.5	8.7
产汞量/t	61.174	50.068	46.976	57.542	26.635	34.274	41.368	35.181
吨汞车间成本/元	15676.78	20715.84	26068.7	23411.22	42559.43	23560.72	30453.72	35701.98

注:由于 80 年代后高炉生产大大减少,无系统资料。

二、高炉炼汞技术的改进

(一) 鼓风强化焙烧

空气从炉底卸渣处鼓入,大大加剧了辰砂与氧反应的速度,强化了焙烧过程,有利于燃料的完全燃烧和炉内温度的均匀一致;加速了辰砂从矿石内部深处挥发的速度,从而可缩短矿石在炉内停留的时间,生产能力提高。

4.5m^3 高炉强化焙烧含汞品位 0.15%、未经分级的混合矿所得结果列于表 3-7-5。

表 3-7-5 4.5m^3 高炉鼓风强化焙烧的结果

项目	未鼓(抽)风	鼓风强化
入炉量/$t \cdot d^{-1} \cdot 炉^{-1}$	11.1	18.4
冶炼回收率/%	92.1~92.3	92.5
炉渣含汞/%	0.00228	0.00145
废气量/$m^3 \cdot t^{-1}$	1070	818
废气含汞/$mg \cdot m^{-3}$	40.8	40.3
渣口粉尘浓度/$mg \cdot m^{-3}$	62.5~98	8.3~10
燃料率/%	4(焦+木炭)	<4(焦炭)

（二）将人工推车加料改为皮带加料、链条给矿、圆盘配焦（煤）；改活动料钟布料为圆锥布料器；改人工卸渣为圆盘机械卸渣；改箱式冷凝为多种管式和不同材质与内外喷淋水不同冷凝形式的冷凝器；改人工锅炒汞炱为水力旋流器处理等。

第三节 沸腾炉炼汞

我国的沸腾炉炼汞在20世纪70年代曾一度占据重要地位。作为一种新的炼汞方法在中国还是第一次尝试。它可直接处理原矿，冶炼能力大，生产效率高，机械化程度高[18]。但它存在冶炼回收率较低、燃料消耗大、含汞废气量和炉渣及烟尘量大、环境污染严重、劳动卫生条件差、设备腐蚀严重、管理和操作较复杂、生产的稳定性较差、投资大、成本高和建厂周期长、只能生产单一汞产品、不能处理泥化和潮湿矿等问题。1980年4月工业沸腾炉停产，由重选-浮选-蒸馏流程代替。

第四节 蒸馏炉炼汞

蒸馏炉炼汞分为土炉、马弗炉、旋转蒸馏炉三种炼汞。

较早曾采用天地锅瓦盖的土炉炼汞。土法炼汞严重污染环境和危害人体健康，劳动卫生条件很差，劳动强度大，生产率极低，回收率低，燃料消耗大，对资源破坏和浪费极大等，纯系原始作业必须禁止使用。

马弗炉和旋转蒸馏炉炼汞始于1963年，处理浮选汞精矿汞的冶炼直收率96%～97%，回收率99.0%～99.90%，炉渣含汞0.01%～0.005%[20]。但共同存在操作间断、生产率低、燃料消耗大、劳动卫生条件差、炉寿不长等问题。

一、浮选汞精矿的干燥

（一）浮选汞精矿的干燥要求和设备

蒸馏法炼汞通常要求精矿含水小于5%。干燥温度稍高和不均匀，会引起辰砂反应生成汞：

$$HgS+O_2 \xlongequal{498K} Hg\uparrow_{气}+SO_2$$

浮选汞精矿粒度较细，粘性极大，采用一般的干燥方法和设备难以达到干燥的目的。目前浮选汞精矿干燥效果较好的是电热螺旋干燥机（图 3-7-4、图 3-7-5）[21]。

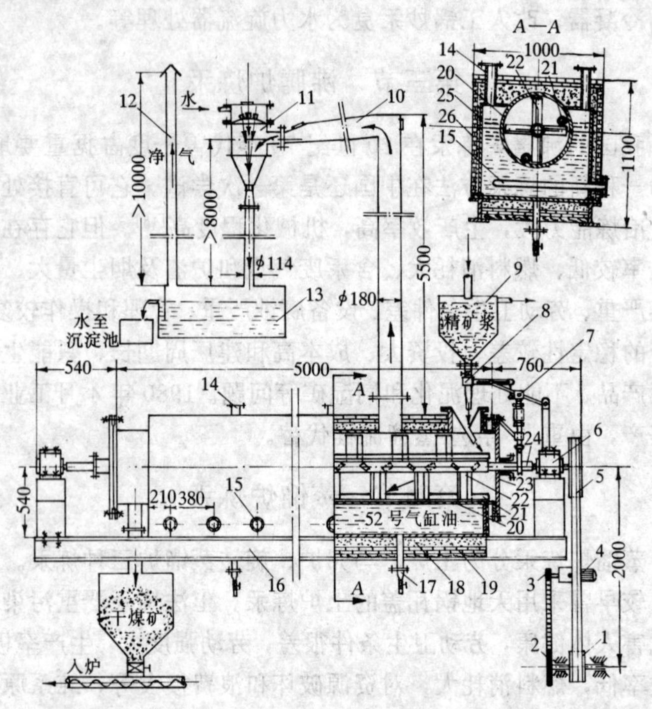

图 3-7-4　电热螺旋干燥机结构示意图

1—小三角皮带轮；2—大链轮；3—小链轮；4—减速电机（2.8kW、出轴转速 48r/min）；5—大三角皮带轮；6—铸铁瓦座；7—加料装置；8—ϕ50 球阀；9—0.3m^3 精矿浆贮槽；10—废气管；11—除尘净化器；12—排气管；13—气水分离池；14—插热电偶、加油、排气用管；15—电加热管（SRY 型，4～5kW/支）；16—工字钢；17—放油管；18—石棉粉；19—轻质保温砖；20—螺旋管（$\phi_{内}$ 600mm）；21—振打棒；22—螺旋叶片；23—端盖法兰；24—螺旋轴；25—油箱；26—铁皮外壳

（二）干燥机的热源和温度控制

SRY 型加热管于油箱底部平插入过热气缸油（规格为 HG—

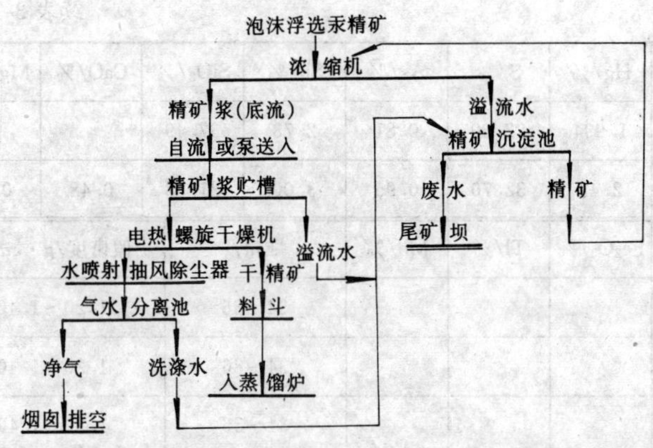

图 3-7-5 电热螺旋干燥机干燥浮选汞精矿工艺流程示意图

52）中。油温用自动温度控制器调控。干燥机电功率为 24～54kW，加料端油温控制为 473K 左右，中部为 493～513K，尾部为 493K。

（三）干燥的主要指标

每昼夜可产干精矿 1.5～3.0t，生产能力为 0.158～0.316t/(d·m^2)；干精矿含水 3%～5%以下，粒度小于 15mm。电耗 300 kW·h/t，水耗 70～80m^3/d。

（四）废气的抽出与净化

采用直径为 180mm 的不锈钢管导入水喷射抽风除尘净化器，经洗涤净化后进入气-水分离池，少量残余气体排入大气[22]。

二、电热旋转蒸馏炉处理浮选汞精矿

浮选汞精矿的性质及成分列于表 3-7-6。

表 3-7-6 浮选汞精矿的化学成分及性质

编号	Hg/%	S/%	As/%	Sb/%	SiO_2/%	CaO/%	MgO/%
1	16.65	3.34			13.97	17.36	11.57
2	24.41	4.38			23.02	13.05	8.24
3	31.87	5.59			20.37	10.97	7.51

续表 3-7-6

编号	Hg/%	S/%	As/%	Sb/%	SiO_2/%	CaO/%	MgO/%
4	1.994	22.60	0.81	2.73	37.49		
5	2.42	32.70	0.95	3.00	21.58	0.48	0.25

编号	Fe_2O_3/%	Tl/%	Mo/%	堆角/°	假密度/g·cm⁻³
1				34～36	1.20～1.40
2				34～36	1.20～1.40
3				34～36	1.20～1.40
4	23.57	0.065	0.092	34～36	1.20～1.40
5	34.70	0.0155	0.108	34～36	1.20～1.40

（一）汞精矿蒸馏的操作条件

电热体 973～1123K，炉料 923～1023K；蒸馏 35～50min；炉尾或炉头负压 400～800Pa，当处理细粒级较少、烟尘量较少、品位较高的精矿时可提高为 666.5～1600Pa；炉子转速 3～5r/min。

（二）工艺流程及设备结构

蒸馏炉类似旋窑，中部大两端小。炉体为耐热铸铁或不锈钢材料制成。中部外直径为 370～530mm，全长约 2～5.8m，炉体厚 8～20mm。炉子倾角 1°～4°，由 1.8～3kW 电机通过减速箱链轮带动。

炉子用间接加热，直径 4～6mm 的镍铬丝放在加热段耐火砖的沟槽内。炉体及整个冷凝系统直至抽风机进口的负压均由仪表指示。炉头、炉体均装有自动温度控制器。设备结构示于图 3-7-6，工艺流程示于图 3-7-7。

（三）主要技术经济指标

蒸馏浮选汞精矿的主要技术经济指标列于表 3-7-7，金属平衡列于表 3-7-8。

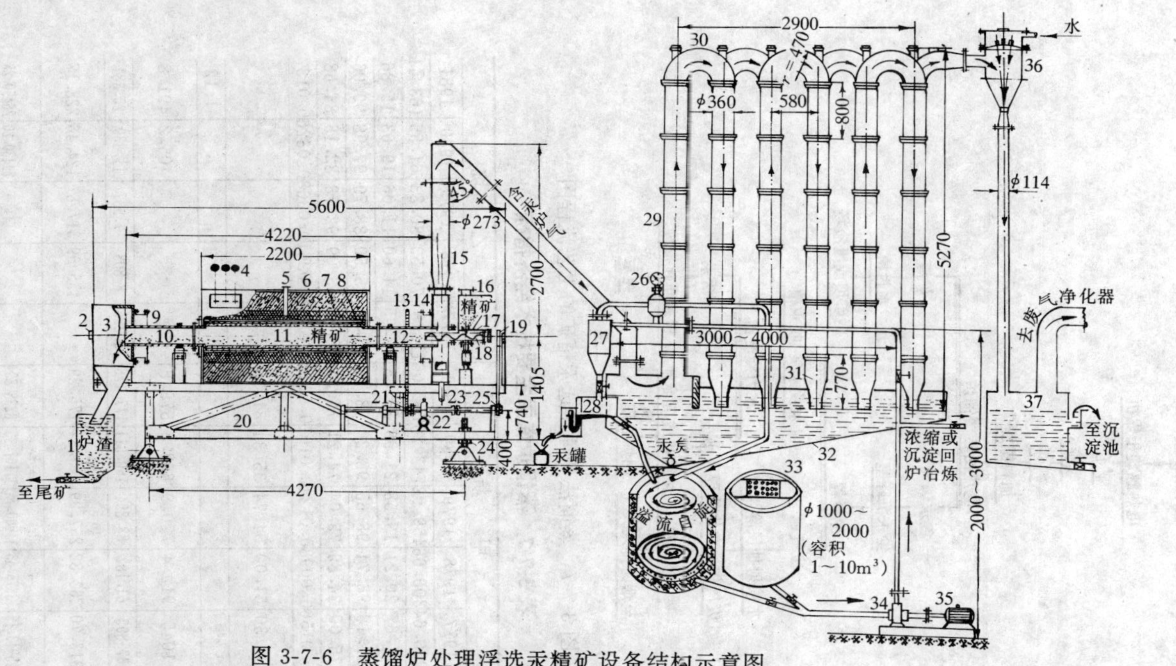

图 3-7-6 蒸馏炉处理浮选汞精矿设备结构示意图

1—水封渣槽；2—炉尾观察孔；3—炉渣箱；4—电源；5—炉体温度控制点；6—炉壳；7—保温层（石棉粉及轻质保温砖）；8—粘土耐火砖（内挂电热体）；9—密封装置；10—炉体尾端；11—炉体；12—炉体前端（炉头）；13—大链轮（$t=19.05$mm，$Z=100$）；14—沉降室；15—炉气导管；16—料斗；17—耙齿；18—加料螺旋；19—大三角皮带轮；20—支架；21—小链轮（$t=19.05$mm，$Z=21$）；22—减速箱及马达（功率 3kW）；23—加、停料离合器；24—小三角皮带塔轮；25—炉体倾角调节螺丝；26—旋流器进口压力表；27—水力旋流器；28—U 形管入罐装置；29—陶瓷冷凝管直管；30—上弯管；31—下弯管；32—水封收汞槽；33—汞炱浆循环槽；34—砂泵（ZPNJF 或 ZPN）；35—马达；36—水喷射抽风除尘净化器；37—气水分离池

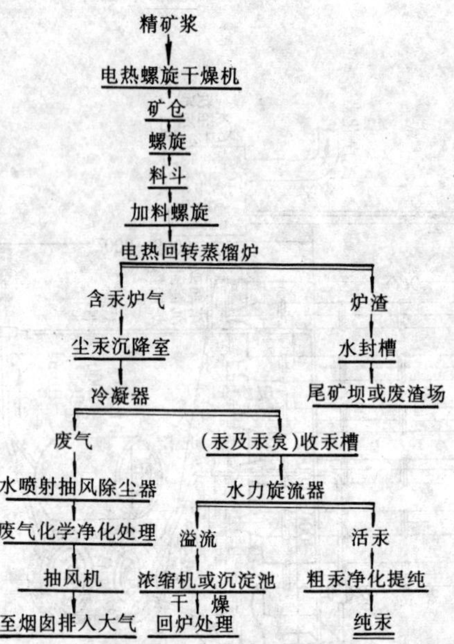

图 3-7-7　蒸馏法处理浮选汞精矿的工艺流程图

表 3-7-7　蒸馏炉炼汞主要技术经济指标

名　　称	甲　坑					乙　坑				
	1977	1978	1979	1980	1981	1977	1978	1979	1980	1981
入炉矿量/t	220.64	306.66	459.92	743.25	762.06	113.84	70.53	80.83	61.55	163.41
精矿品位/%	17.67	20.21	19.58	21.99	23.65	12.65	14.60	11.06	19.63	15.86
冶炼回收/%	97.18	98.74	98.65	98.20	98.31	98.96	85.50	88.79	97.98	99.06
炉渣率/%	75.00	74.85	75.04	74.21	75.35	88.70	63.09	92.73	82.13	84.68
渣含汞/%	0.0156	0.0098	0.0124	0.0101	0.0142	0.0188	0.0261	0.0368	0.0326	0.0137
废气含汞/mg·m^{-3}	34.30	51.00	54.74	35.34	31.16					
煤耗/%										1.12
电耗/kW·h·t^{-1}	1045	919.4	770.9	663.3	579.8				405.2	491.8
产汞量/t	37.895	61.182	88.854	160.511	177.178	14.256	8.803	7.937	11.839	25.681
加工费/元·t^{-1}	313.70	263.82	257.99	245.84	175.29		455.69	317.87	124.46	228.17
吨汞车间成本/元	15943.15	13875.45	11900.75	11167.95	8338.83				24430.20	26450.28

注：返回品率一般为 1.5%～4%，脱硫率 20%～30%，炉子通电率 30%～50%。

表 3-7-8 蒸馏炉处理浮选汞精矿的金属平衡

入炉			产出													冶炼回收率/%
			实际产汞		回炉品(汞炱渣等)				炉渣				废气及其他损失			
汞精矿/kg	含汞/%	金属汞/kg	数量/kg	直收率/%	数量/kg	含汞/%	金属汞/kg	占入炉金属量/%	数量/kg	含汞/%	金属汞/kg	占入炉金属量/kg	废气含汞/mg·m^{-3}	金属汞/kg	占入炉金属量/%	
4191.05	10.80	452.664	409.4	90.44	108	37.50	40.50	8.947	3384.7	0.0319	1.08	0.24	11	1.684	0.373	99.39
3382.73	18.883	638.762	618.90	96.90	46.603	37.32	17.392	2.72	232.92	0.0237	0.552	0.086		1.918	0.294	99.60
2340.2	7.331	171.56	147.75	86.12	64.20	36.15	23.20	13.53	1921	0.017	0.33	0.19	2.8	0.28	0.16	99.65
17600	4.57	804.32	705.5	87.70		36.60				0.0049			2.843			>95

蒸馏炉炉体寿命对比见表 3-7-9。

表 3-7-9　炉体寿命对比结果

炉体材料	炉体厚度/mm	防腐层厚/mm	炉体温度/K	炉寿/d	备　注
灰铸铁	>20	无	973～1123	9	
不锈钢	8	无	973～1123	35	(1Cr18Ni9Ti)
不锈钢	8	无	973～1123	18	
不锈钢	8	40～45	973～1123	207	(停电次数较多)
不锈钢	8	40～45	973～1123	350	
不锈钢	8	40～45	973～1123	400	
不锈钢	8	40～45	973～1123	540	(停电次数较少)

三、炼汞旋转蒸馏炉的设计

炉子的设计与选择必须考虑浮选汞精矿的物理化学性质、成分、颗粒组成、HgS 和 Hg 在高温下的状态及变化，以及旋转蒸馏炉尺寸甚小等特点。

（一）炉型及长径比和生产率计算

炉体应设计为两端小、中部大似腰鼓的炉型。中部高温带内径为两端内径的 1.2～1.6 倍。中部内径目前设计取 400～530mm。为保证汞的挥发，长径比为 13～18，中部长度应大于或等于炉体总长的 50%，炉子尾端为总长的 30%，加料端（炉头）为总长的 20%。按汞精矿在炉内流通的能力计算，旋转蒸馏炉的生产率计算式如下：

$$G = 0.785 D_{均}^{2} \varphi W_{料} \gamma_{料} \quad (t/h)$$

式中　G——单位生产率，t/h；

$D_{均}$——炉子的平均有效内径，m；

φ——汞精矿的平均填充系数，取 0.06～0.08。对高品位汞精矿应偏小，反之可适当偏大；

$\gamma_{料}$——汞精矿的假密度，t/m³；

$W_{料}$——汞精矿轴向移动速度，m/h，以 5～8m/h 为宜，对较高品位的汞精矿偏低，反之偏高。

按汞精矿在炉内反应的时间计算：

$$G = 0.785 \frac{L}{t} D_{均}^{2} \varphi \gamma_{料} \quad (t/h)$$

式中　L——炉体总长度，m；

t——汞精矿在炉内停留的时间，h，一般为0.6～0.9h，对处理较高品位汞精矿时间稍长，反之适当缩短。

炉子生产率大小还可通过转速或斜度加以适当调节。

（二）旋转蒸馏炉运转参数的确定

炉子转速以3～6r/min为宜，斜度通常取炉子倾角β的正弦$\sin\beta$，一般控制在2%～7%左右（注：蒸馏炉电功率和电热元件与普通电炉相同，此略）。

四、蒸馏炉炉体的防腐

汞精矿中的硫化物与高温带炉体长时间接触发生硫化反应，致使炉体穿孔断裂。在炉体内衬以辉绿岩防腐层，炉寿由原来的15～30d可延长到200～400d以上（表3-7-9）[22]。

炉体内衬辉绿岩防腐层所用原料为水玻璃、辉绿岩粉和氟硅酸钠及废铝砖（或石英砂），按0.131∶0.2596∶0.0174∶0.592比例配料，30～40min内在准备好的模型内浇灌完毕。

第五节　火法炼汞的炉气与汞蒸气的冷凝

要使汞尘良好分离，首要的条件是严格保持炉气温度在汞蒸气开始凝结的温度（露点）以上。炉气中汞蒸气开始凝结的温度，主要受矿石品位和单位矿石的炉气产量控制，同时还受着过程动力学因素的影响。因此，当选择炼汞炉气的处理方案时，必须由冶炼方式和流程决定。

一、炉气的除尘

从高炉除尘设备中获得的烟尘含汞30%～50%以上，且有大量活汞。因此，高炉炼汞安装除尘设备难以达到理想的除尘效果。故炉气经除尘室或旋涡粗除尘后直接导入冷凝器冷凝即可。

蒸馏炉出口炉气常年维持在453～493K，仍有1/4～1/3以上的汞于炉头沉降室凝结，烟尘含汞甚高（图3-7-8）。因此，蒸馏炉炼汞的炉气同高炉处理[23]。

沸腾炉炼汞的烟尘量一般占入炉矿的10%左右，必须严格除尘后才能进行汞蒸气的冷凝。通常需经两段旋涡和高温电收尘后，99.5%以上的烟尘方被除掉。

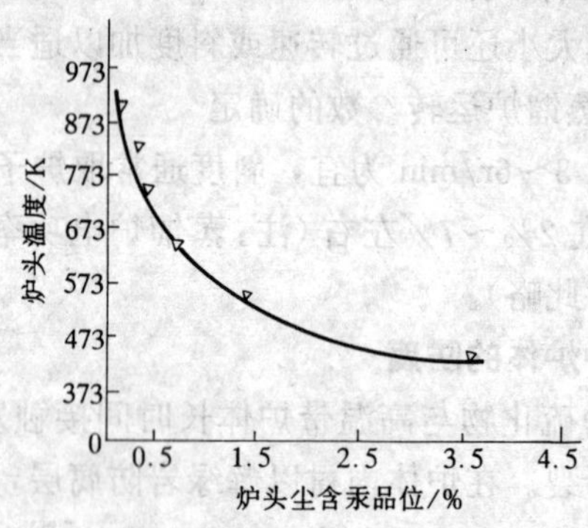

图3-7-8 炉头温度与炉头尘含汞的关系

二、汞蒸气冷凝的热力学与动力学

汞蒸气的冷凝是由温度变化所引起的一种不平衡状态。图3-7-9示出汞的蒸气压力或饱和蒸气中汞的含量与温度的平衡关系，低温时其变化的斜率小，高温时则迅速增大。所以生产中冷凝后的废气温度以低于293K为佳。

汞的蒸气压与比表面的关系可用凯尔文公式说明[11]，并据此公式得知，蒸气状态的汞凝结为液态汞实际上是在其露点以下进行。火法炼汞炉气中汞蒸气开始凝结的温度（露点）用下式算出：

$$T = \frac{-3066}{\lg a - \lg n - 4.8235} \quad (K)$$

式中 a——矿石（精矿）中含汞品位，%；

n——冶炼1t矿石（精矿）的炉气产量，m^3/t。

气态汞转变为液态汞包括液态汞核的生成和汞核的发育成

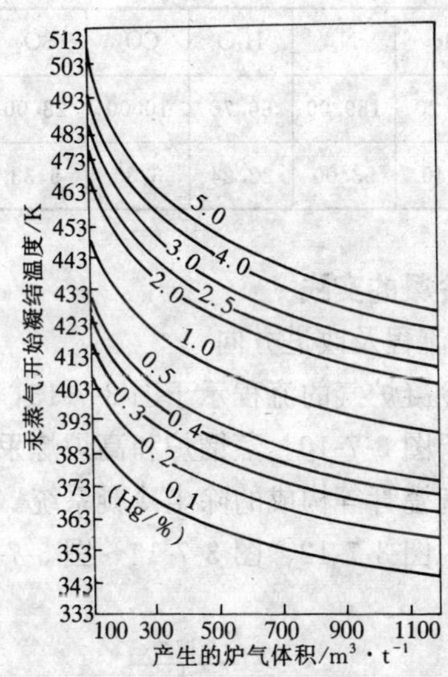

图 3-7-9 汞蒸气开始冷凝温度与矿石品位和炉气量的关系

长。这是一个相变的过程，不同温度有不同的饱和度。因此要实现这种转变首要的条件是使饱和汞蒸气转变成过饱和状态。这个过程关键是不断降低饱和汞蒸气的温度。汞核长大的速度除受温度条件控制外，保持气流在冷凝系统内具有适当的速度将有利于汞核的成长；汞蒸气的浓度越高，也有利于汞核的发育；合适的冷却速度也有利于汞的冷凝。

由于生成的细小汞粒比表面极大，具有颇大的表面自由焓。一部分在冷凝管和收汞槽等处沉落或位移的过程中将突破汞粒外膜的束缚而兼并结合，减小比表面和表面自由焓，而发展成比表面小的连续相的活汞。另一部分或相当大部分的细小汞粒则由于其外膜的包裹仍呈分散相的体系，与烟尘和水等混在一起形成所谓“汞炱”。汞蒸气越纯、浓度越高，烟尘量越少，活汞率则越高。

根据表 3-7-10 的炉气成分，按通常的方法计算出的汞蒸气的冷凝效率为 99.99829%，炉气中水蒸气的冷凝效率为 91.60%。

表 3-7-10　蒸馏炉处理浮选汞精矿（1t/d）的炉气成分

项　目	Hg	N_2	H_2O	CO_2	SO_2	O_2	合计
数量/m^3	22.20	159.00	66.70	10.00	28.00	14.00	300.00
百分比/%	7.40	53.00	22.24	3.33	9.33	4.70	100.00

三、汞蒸气冷凝的实践

（一）方法、流程及改进方向

沸腾炉净化冷凝炉气的流程示于图 3-7-13，蒸馏炉和高炉炉气处理的流程示于图 3-7-10。蒸馏炉和高炉炼汞主要采用除尘室（器）、铸铁管和陶瓷管等构成的除尘冷凝系统。其构造及配置分别示于图 3-7-11、图 3-7-12、图 3-7-14～图 3-7-16。

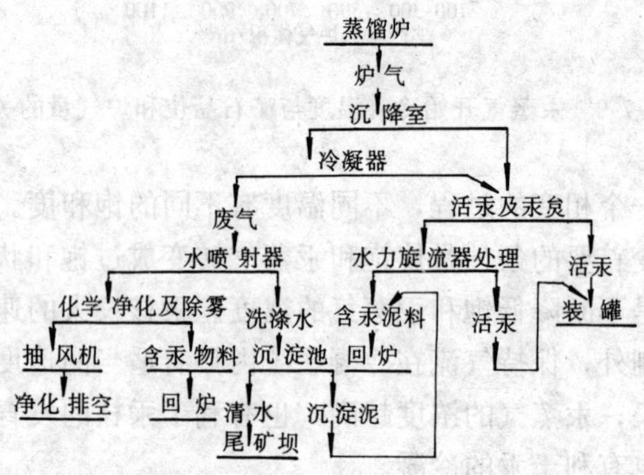

图 3-7-10　蒸馏炉及高炉炼汞炉气的处理流程

（二）冷凝面积及其参数的确定

冷凝器中的气体被空气冷却所放出的热量用下式计算：

$$Q = 4.184KF(T_1 - T_2)(\mathrm{kJ/h})$$

式中　F——冷凝器的面积，m^2；

K——热传导系数，kJ/（m^2·h·K）；

T_1、T_2——气体进口与出口的温度，K。

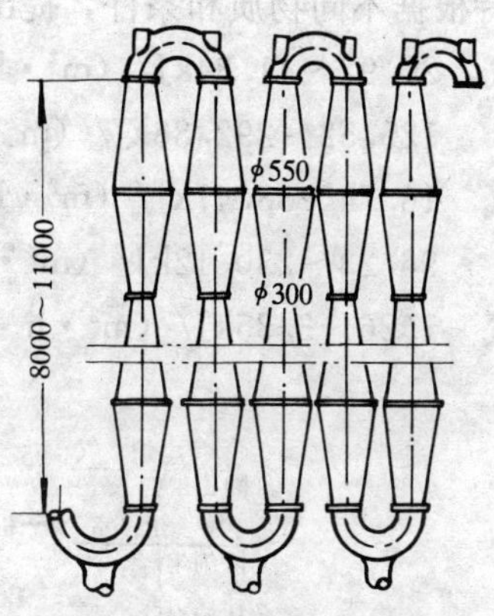

图 3-7-11　变径波形冷凝管

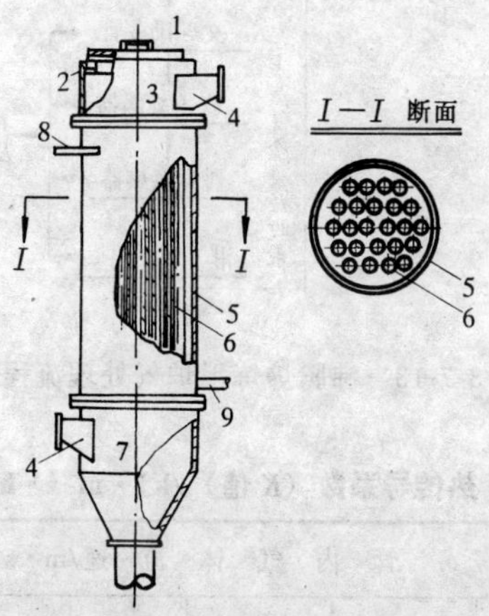

图 3-7-12　列管式水套管冷凝器

1—水封盖；2—水封槽；3—上斗；4—联接部；5—外套；
6—列管；7—下座；8，9—进出水管

表 3-7-11 的 K 值，是管内废气经过金属壁使热传导管外空气的数据。

杜沙克和舒也特根据不同物质和条件，提出的 K 值如下：

空气-金属-空气　20.92～41.84kJ/（m²·h·K）

空气-金属-水　125.52～292.88kJ/（m²·h·K）

空气-陶瓷-空气　16.74～33.47kJ/（m²·h·K）

空气-陶瓷-水　96.23～230.12kJ/（m²·h·K）

空气-木材-空气　1.26～3.35kJ/（m²·h·K）

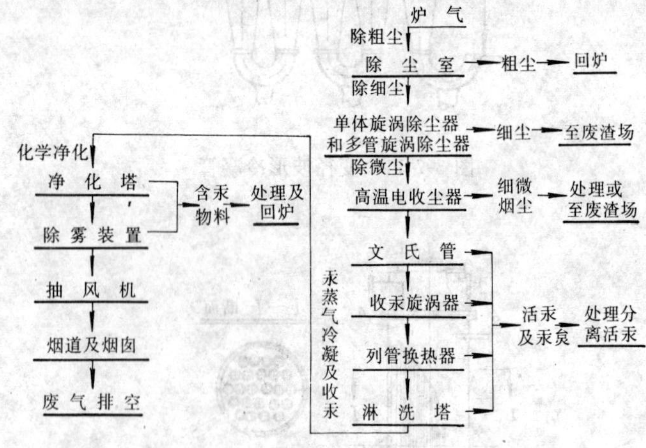

图 3-7-13　沸腾炉炼汞炉气处理流程

表 3-7-11　热传导系数（*K* 值）/kJ·m⁻²·h⁻¹·K⁻¹

壁外空气流速 /m·s⁻¹	管内气体流速/m·s⁻¹					
	0.5	1.0	2.0	5.0	10.0	20.0
0.5	18.83	27.76	24.27	27.61	29.71	28.03
1.0	21.76	25.10	28.87	33.89	27.24	40.17
2.0	24.27	28.87	33.89	40.58	45.61	50.21
5.0	27.61	33.89	40.58	51.04	58.99	67.36
10.0	29.71	27.24	45.61	58.99	69.87	82.01

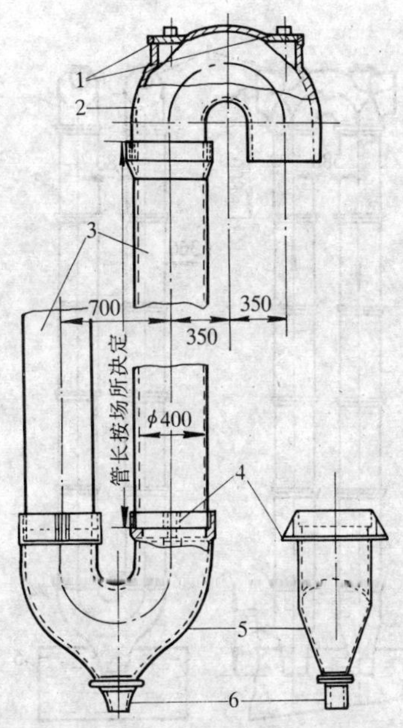

图 3-7-14　汞蒸气铸铁冷凝管

1—冲洗清理孔；2—上弯管；3—中间直管；4—支点；
5—下弯管；6—管嘴（用耐酸料密封）

为了保证汞微粒在冷凝器内的有效沉集，炉气流速一般控制为 4～6m/s 为宜。上列 K 值均系在管内外气速 0.5m/s 以上取得的，对炉气产量较大的沸腾炉、旋窑等较为适合，而对炉气产量很小的蒸馏炉炼汞的冷凝器 K 值一般等于 0.4～1.0kJ/（m^2・h・K）或略小于此数。

第六节　汞炱的处理

为使汞与水和烟尘等杂质达到较理想的分离，昔时曾用人工锅炒法、生石灰或炉渣灰处理法、水淘法、摇床富集法、螺旋处理汞炱法、汞炱机处理法和浮选等方法处理汞炱。这些方法都存在以下缺点：劳动强度大、汞毒及汞污染严重、卫生条件差、严

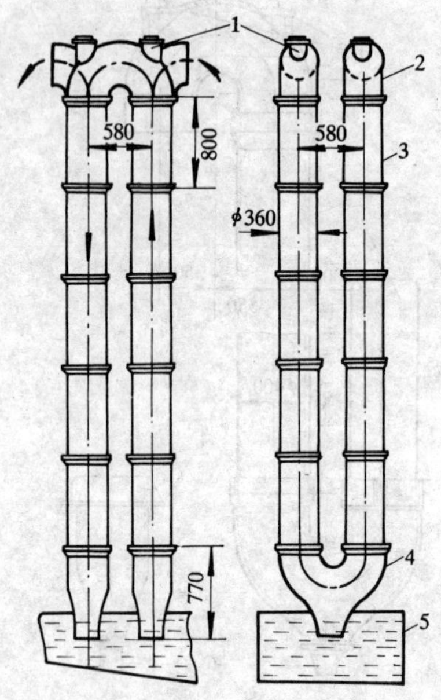

图 3-7-15 陶瓷冷凝管结构及安装示意图

1—清理孔；2—上弯管；3—中间直管；4—下弯管；5—收汞槽

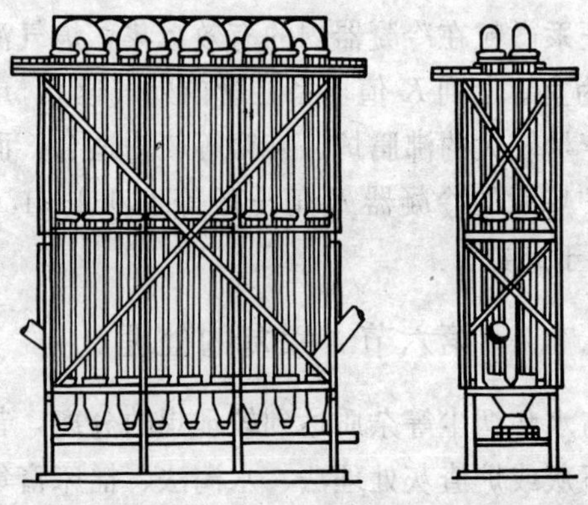

图 3-7-16 双列串联铸铁冷凝管安装示意图

重危害人体健康、汞炱渣含汞高、汞直收率低、生产率低等。用水力旋流器处理汞炱已从根本上消除了上述弊端。

一、汞炱的组成及其热力学性质

（一）汞炱的组成

汞炱成分及密度列于表 3-7-12、表 3-7-13 和示于图 3-7-17。

表 3-7-12 汞炱的化学成分

成　分	含　量 / %		
	No. 1	No. 2	No. 3
Hg	69.5	60.1	80.3
HgS	2.7	3.4	0.25
$HgSO_4$	0.002	0.003	
$Sb_{总}$	0.29	0.33	0.06
Sb_2O_3	0.07	0.07	0.02
As_2O_3	0.32	0.43	0.06
SiO_2	5.3	10.0	1.1
Al_2O_3	3.15	5.57	0.54
CaO	0.55	0.42	2.55

表 3-7-13 汞炱的密度/$g \cdot cm^{-3}$

汞炱含汞 /%	水　分/%				
	0	10	20	30	50
0	2.5	2.17	1.91	1.72	1.43
10	2.75	2.32	2.02	1.79	1.46
20	2.96	2.48	2.14	1.86	1.49
30	3.31	2.69	2.26	1.96	1.54
40	3.71	2.92	2.41	2.05	1.57
50	4.23	3.17	2.56	2.15	1.63
60	4.90	3.52	2.75	2.25	
70	5.87	3.92	2.97	2.38	
80	7.21	4.43	3.22		
90	9.46	5.12			
100	13.60				

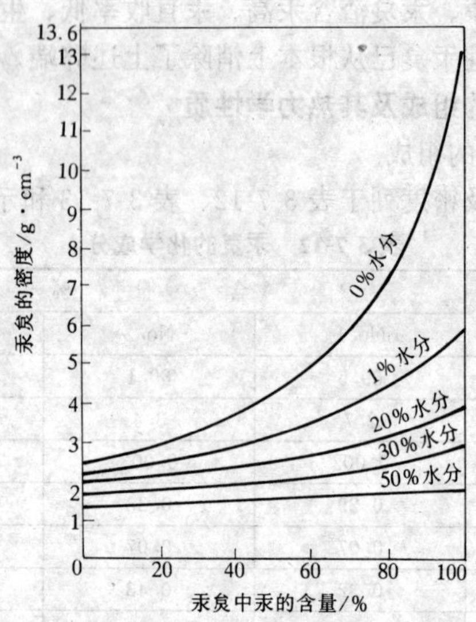

图 3-7-17　汞炱密度与含汞关系

（除汞与水分外，其他物质的密度为 2.5g/cm³）

（二）汞炱的热力学性质

汞炱中细小汞粒或汞沫不能自由结合、兼并成大的汞滴或活汞团的外表附有一层包裹的薄膜，这层薄膜主要是水膜和烟尘，其次是有机油脂等。汞炱或死汞❶中细小汞粒或汞沫的比表面很大，体系的总能量极高（298K 时汞在水相中的表面自由能为 369erg/cm²），故汞炱或死汞属于热力学不稳定体系。只要减小汞粒和汞沫的表面自由焓，就能使汞沫和死汞变成活汞。

二、水力旋流器处理汞炱

（一）水力旋流器处理汞炱的热力学与动力学

1. 汞粒表面自由能的变化

体系表面自由能的变化（ΔG°_{T}）用下式表示：

❶ 死汞：银色或银灰色，一般含 Hg95％以上，汞粒极细，完全呈高度分散的体系不能自由流动与互相结合的糊状物质。

$$\Delta G^{\circ}_{T} = \sigma \Delta A$$

由于汞炱中汞粒均处同一分散介质中，其表面自由能已为常数；当汞粒相聚时其表面剧减，所以 $\Delta A<0$，则：$\Delta G^{\circ}_{T}<0$，因此，应能自动向着结合成大汞滴或活汞团的方向进行。但由于细小汞粒的表面存在着一层不易破裂的薄膜，阻止了这个热力学过程的自动进行。水力旋流器处理汞炱就是用离心力作用于汞粒及其表面，使表面薄膜破坏或被消除而暴露出内部金属界面，在热力学推动力的作用下汞粒比表面自动缩小，细小汞粒转变为连续相的活汞的过程。

2. 活汞形成的动力学

活汞的形成第一步是破坏或消除汞粒表面所包裹的薄膜，使金属内部界面暴露出来。第二步是在金属界面暴露出的瞬间它们立即互相结合、缩小比表面变成大汞滴沉于器锥底部。前者受汞粒在器内所具有的速度和离心力所控制。后者由汞粒表面薄膜被消除或破坏的程度所决定。作用在分散介质中粒子上的离心力用下式求出[24]：

$$F = \frac{(m - m_0)v^2}{r}$$

式中 F——粒子的离心力；

m、m_0——粒子质量与粒子体积相当的流体质量；

v——在半径 r 上粒子旋转的线速度（分散介质与粒子具有同一线速度）；

r——粒子旋转半径。

在离心力较小的周边，将富集着颗粒和密度大的汞珠，而较细和密度小的粒子则被径向流带往中心线半径较小的地方随溢流而去（图 3-7-18）。离心力主要由分散介质的速度决定，而速度又是由进口压力产生。因此，合适的压力应是活汞形成的主要控制因素之一。此外，汞粒的脱膜和结合还与时间和浓度等有关。

在旋流器中活汞真正形成的地点是在器的锥体部分和锥底的闸门上部发生（图 3-7-19）。

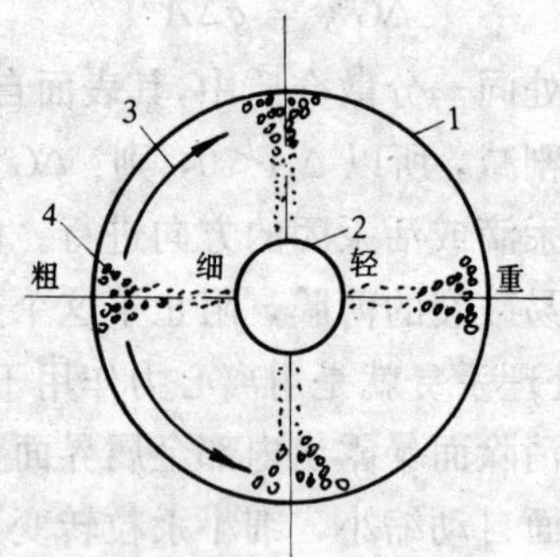

图 3-7-18 受旋流器半径控制的粒子质量与颗粒分布示意图

1—旋流器周边；2—溢流管；3—分散介质旋转的方向；4—粒子

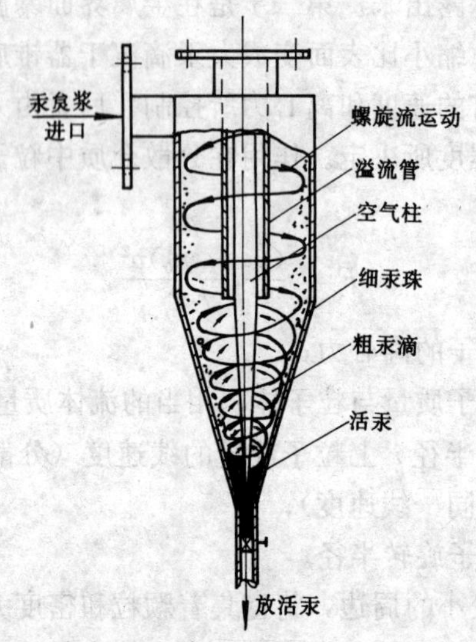

图 3-7-19 活汞形成及流体运动的动力学过程

3. 活汞形成的控制因素[25]

旋流器进口压力和开始出现活汞的时间数据列于表 3-7-14，活汞形成的速度与压力关系示于图 3-7-20。

表 3-7-14　工业生产的汞炱浆进口压力和开始出现活汞的时间

压力/MPa	汞炱浆进器时间/min	结　果
0.10	5～10	出死汞
0.12	5～10	出死汞
0.15	5～10	出死汞
0.17	5～10（2～3）	出死汞（出活汞）
0.20	5～10（2～3）	出死汞（出活汞）
0.22	5～10（2～3）	出死汞
0.25	5～10	出死汞
0.27	5	出活汞（出死汞）
0.30	5	出活汞
0.32	5	出活汞
0.35	5	出活汞
0.37	5	出活汞
0.40	5	出活汞
0.42	5	出活汞
0.45	5	出活汞

注：括号内数据系处理含 Hg10%～40%的贫汞炱的结果，余为处理含 Hg＞80%的汞炱的结果。

从表 3-7-14 和图 3-7-20 看出，进口压力值的确定与汞炱的成分、品位和汞粒细度等有关，波动的范围为 0.17～0.40MPa。

活汞形成的速度与时间关系示于图 3-7-21。

活汞形成的速度与汞炱浆浓度的关系示于图 3-7-22。

其他影响因素：

（1）汞炱中混有砂子、铁锈等固体颗粒的体积占汞炱的 1/3 时，活汞将难以形成。需预先过筛将其除之。

（2）按汞炱的品位、数量等因素计，活汞的放出量不得大于其生成量。

（3）旋流器进口不光滑或被杂物所堵塞（虽未堵死），浆入器内不成切线而成漫射，故活汞不能生成。其进口以作成螺旋线形

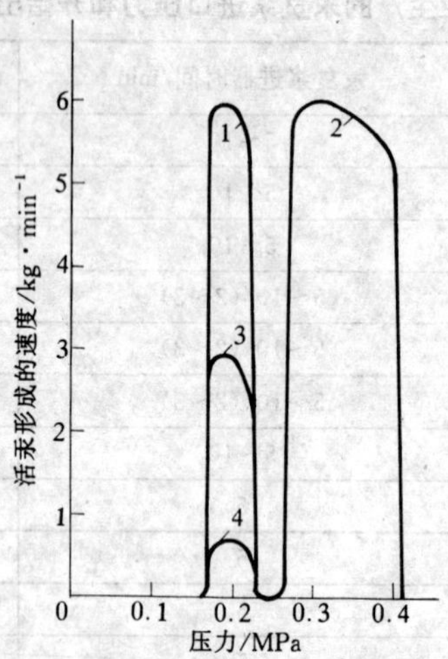

图 3-7-20 活汞形成的速度与压力关系的动力学曲线

1—某厂蒸馏炉汞炱（含 Hg>70%～80%）；2—某矿高炉和蒸馏炉汞炱（含 Hg>80%）；3—某矿蒸馏炉汞炱（含 Hg30%～40%）4—某矿蒸馏炉汞炱（含 Hg10%～20%）

式为佳[26]。

（4）插入器内的溢流管由于汞炱浆长时间对内壁的摩擦及腐蚀作用，其长度会逐步缩短，当超过一定限度后，则缩短了汞炱浆运动的时间和路程，结果便出死汞。

（二）处理汞炱的旋流器结构及计算

处理汞炱的旋流器结构示于图 3-7-23。

水力旋流器的处理能力用下式算出：

$$Q = 5d_n d\sqrt{gH} \quad (\mathrm{L/min})$$

式中 d_n——给浆管直径，cm；

d——溢流管直径，cm；

H——旋流器进口压力，kg/cm^2；

g——重力加速度，m/s^2。

锥体角度不是 20°的水力旋流器，须乘以 $0.81/\alpha^{0.21}$ 的修正值

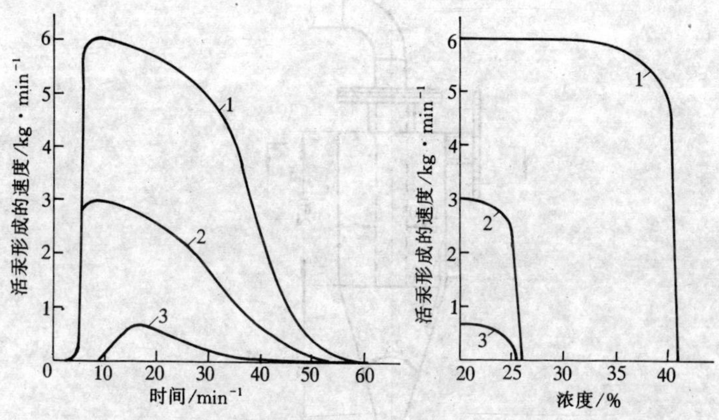

图 3-7-21 活汞形成的速度与时间关系的动力学曲线

1—某厂、矿高炉和蒸馏炉汞炱（含 Hg＞70%～80%）；
2—某矿蒸馏炉汞炱（含 Hg30%～40%）；
3—某矿蒸馏炉汞炱（含 Hg 10%～20%）

图 3-7-22 活汞形成的速度与浓度关系的动力学曲线

1—某厂、矿高炉和蒸馏炉汞炱（含 Hg＞70%～80%）；
2—某矿蒸馏炉汞炱（含 Hg30%～40%）；
3—某矿蒸馏炉汞炱（含 Hg 10%～20%）

代入上式，式中 α 为弧度表示的锥体角度；若锥体角度为 10°，则此修正值为 1.17。

（三）水力旋流器处理汞炱的实践

1. 装置及操作

水力旋流器处理汞炱的装置示于图 3-7-24。浆状的汞炱从收汞槽中流入或用水冲入循环槽 11，以水把汞炱浆的浓度调到 10%～40%，用砂泵把汞炱浆打入旋流器循环处理，片刻即可从旋流器排汞管连续放出大量活汞，直至分离完全。分离金属汞后的溢流含汞一般低于 2%，可泵至浓缩机或沉淀池而后回炉。

2. 水力旋流器处理汞炱的效果

水力旋流器处理汞炱有如下效果：

（1）大大提高了汞的冶炼直收率。汞的直收率一般达 95%以

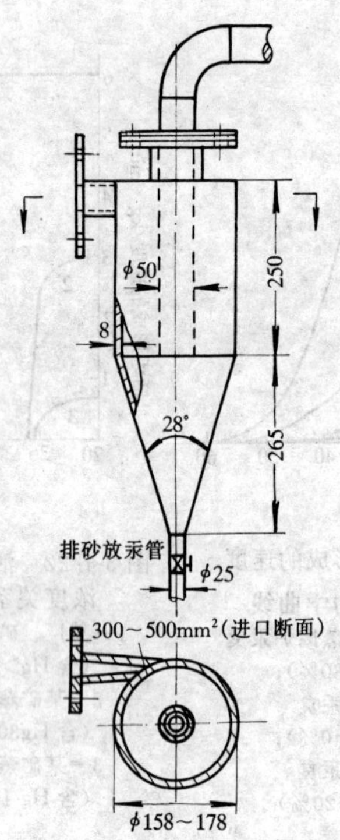

图 3-7-23　用于处理汞炱的水力旋流器结构

上。处理各类汞炱的生产指标和人工锅炒汞炱的对比结果列于表 3-7-15、表 3-7-16 和示于图 3-7-25。

表 3-7-15　水力旋流器处理各类汞炱的工业生产指标

汞炱品位 /%	产汞量 /kg・h⁻¹	汞直收率 /%	1kg 汞电耗 /kW・h	备　注
>80	300～350	98.00	0.02～0.03	1. 旋流器结构尺寸均同 2. 1、2、3 号为蒸馏炉汞炱 3. 4 号为沸腾炉汞炱
73	70～80	97.80	0.025～0.03	
10～40	100～120	95.50	0.08～0.10	
>80	700～1000	96.00	0.02	

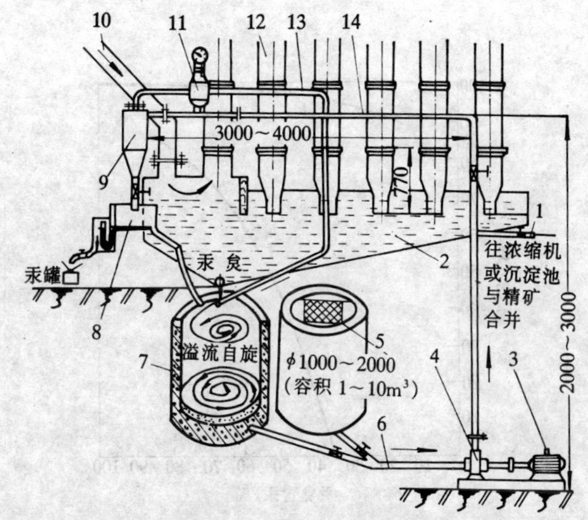

图 3-7-24　水力旋流器处理汞炱的工业生产装置

1—分离汞后的溢流排出管；2—收汞槽；3—马达；4—砂泵；
5—活动塑料板筛；6—砂泵进浆管；7—汞炱浆循环槽；8—活汞入罐 U 形管；
9—水力旋流器；10—汞蒸气导管；11—隔离缓冲器；12—冷凝管；
13—旋流器溢流循环管；14—旋流器进浆管

表 3-7-16　人工锅炒（A）与水力旋流器（B）处理汞炱的结果

项　目	含汞/%											
	80		70		60		50		40		35	
	A	B	A	B	A	B	A	B	A	B	A	B
总汞/kg	80	80	70	70	60	60	50	50	40	40	35	35
渣净重/kg	20	20	30	30	40	40	50	50	60	60	65	65
渣含汞/%	>35	～2	>35	～2	>35	～2	>35	～2	>35	～2	>35	～2
渣含汞量/kg	10.77	0.41	16.10	0.612	21.54	0.816	27	1.02	32.3	1.22	35	1.3
活汞/kg	69.23	79.59	53.9	69.388	38.46	59.184	23	48.98	7.7	38.78	0	33.70
汞直收率/%	86.54	99.49	77	99.12	64.10	98.64	46	97.96	19.25	96.59	0	96.20

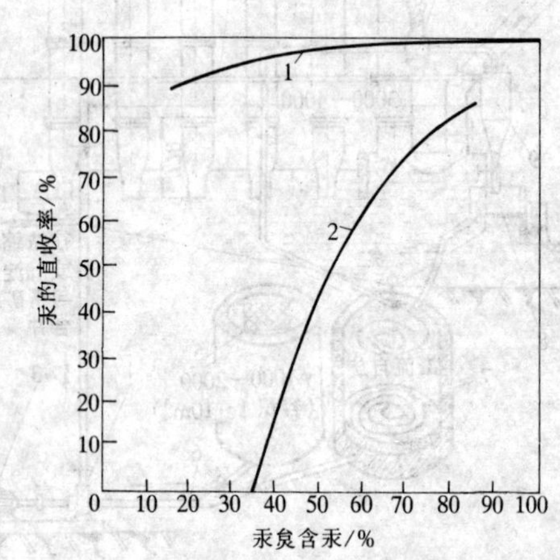

图 3-7-25 处理汞炱的品位与汞直收率的关系

1—水力旋流器处理汞炱的曲线；2—人工锅炒汞炱的曲线

(2) 净化提纯处理汞炱时它包含着对金属汞的无数次强力粉化又聚合的物理化学净化过程，多年来汞产品均在 99.9990%以上，各项指标完全符合国家标准。

(3) 完全消除了人工处理汞炱的弊病，活汞全部是从旋流器直接放出自动装罐。实现了湿法机械化自动化无粉尘文明生产，大大改善了劳动卫生条件，免除了对环境的污染和汞毒对人体的严重危害。

第七节 汞锑型汞矿的处理

一、汞锑型汞矿的成分与选矿

我国陕西汞锑型汞矿的化学成分（%）如下：

Hg	Sb	S	Fe	As	P	Pb	Zn	SiO_2	CaO	MgO	Al_2O_3
0.345	5.18	2.52	0.5	0.023	0.26	0.003	0.46	27.64	31.75	1.17	0.91

处理这种矿石采用混合浮选的效果较好（见表 3-7-17）[27]。

表 3-7-17 汞锑型汞矿混合浮选的结果

项 目	产率/%	品位/%		回收率/%	
		Hg	Sb	Hg	Sb
汞锑混合精矿	15.27	2.04	31.67	97.84	91.90
中 矿	2.11	0.09	2.96	0.60	1.19
尾 矿	82.62	0.006	0.44	1.56	6.91
原 矿	100.00	0.318	5.26	100.00	100.00

二、汞锑精矿的真空蒸馏[28]

硫化汞和三硫化二锑升华的速度与温度、压力的关系示于图 3-7-26 至图 3-7-29。真空蒸馏法处理汞锑精矿的工艺流程示于图

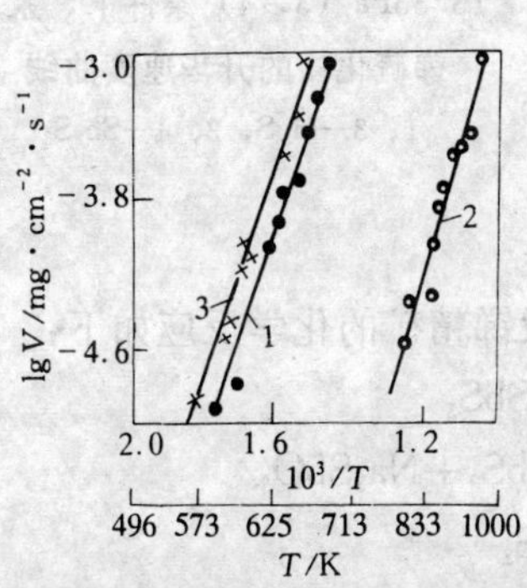

图 3-7-26 汞锑硫化物升华的速度与温度的关系

1—HgS；2—Sb_2S_3；3—As_2S_3

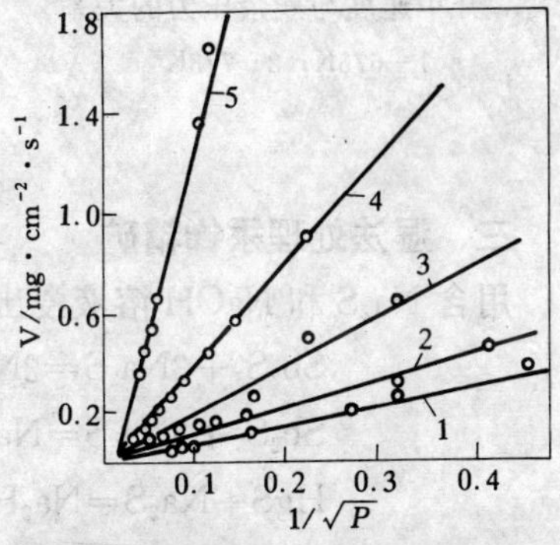

图 3-7-27 温度为 T (K) HgS 的升华速度与残余压力的关系

1—613K；2—653K；3—673K；4—723K；5—773K

3-7-30。当汞锑精矿含 Hg0.44%～4.4%、Sb13.46%～35.0%、S 6.1%～18.5%、蒸馏温度 593～693K、时间 3～5min、炉内残余压力 1.3～4kPa 时，炉子生产率达 10～12t/(d · m²)，汞的挥发率为 99%以上，烧渣含 Hg0.002%～0.004%，几乎全部锑以硫

化物形态残留于渣中，完全适于作炼锑的原料；炉气经除尘后冷凝物中含 Hg80%～86%、Sb<1%；烟尘的逸出量为入炉矿的 2%～5%。

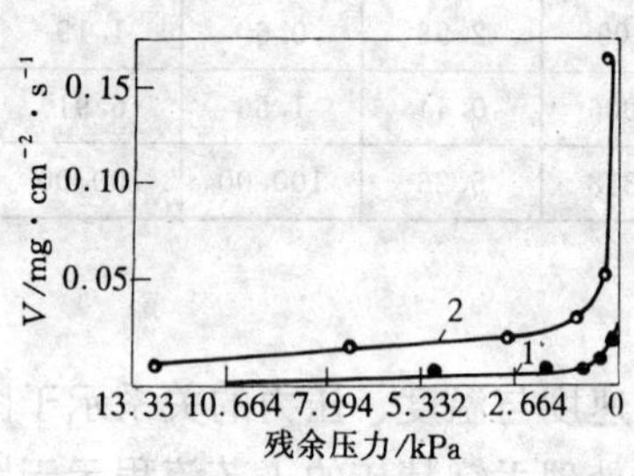

图 3-7-28 温度为 T（K）Sb_2S_3 的升华速度与残余压力的关系

1—673K；2—773K

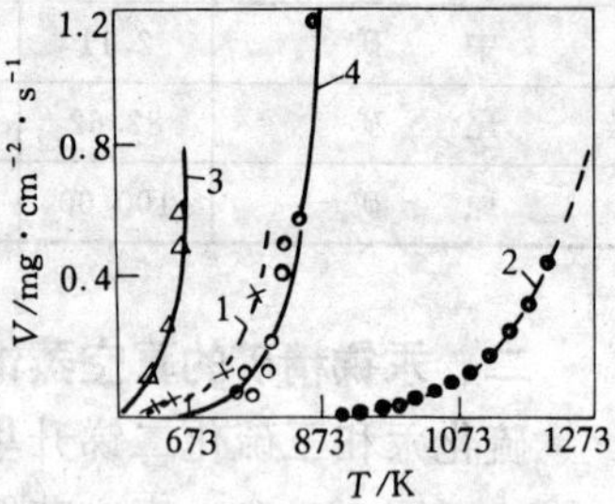

图 3-7-29 在 0.1216MPa 和 13.33Pa（3，4）条件下，汞锑硫化物的升华速度曲线

1、3—HgS；2、4—Sb_2S_3

三、湿法处理汞锑精矿

用含 Na_2S 和 NaOH 溶液浸出汞锑精矿的化学反应如下：

$$Sb_2S_3+3Na_2S=2Na_3SbS_3$$

$$Sb_2S_3+3Na_2S=Na_3SbS_3+Na_3SbO_3$$

$$HgS+Na_2S=Na_2HgS_2$$

用硫化锑精矿或富矿从浸出液中沉淀出 HgS。沉淀是在温度为 323K 电磁搅拌及分批加入 Sb_2S_3 的条件下于 1h 内完成（图 3-7-31）。沉淀后的溶液含 SbS_3^{3-} 130g/L，而后用电解法生产锑。沉出的 HgS 再用电解液浸出，得到的含汞浸出液用电积或其他方法析出金属汞（图 3-7-32）[29]。

四、联合法处理汞锑精矿

（一）湿法炼锑-火法炼汞

该法处理汞锑精矿的工艺流程示于图 3-7-33。汞锑精矿成分（%）为：Sb22～30.5、Hg0.5～1.6、As0.4～0.5 和含 Sb19.5～

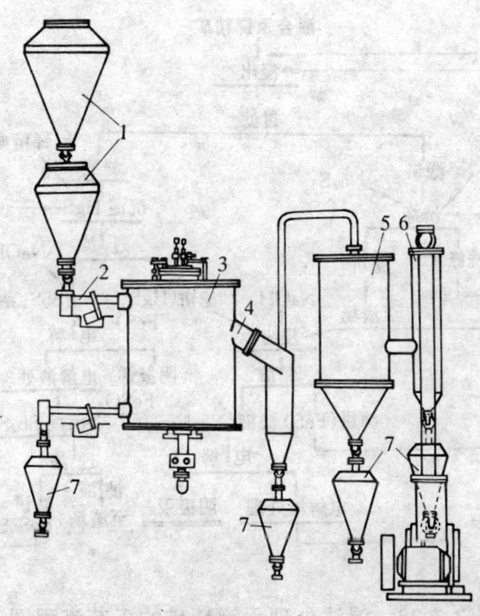

图 3-7-30 真空蒸馏法处理汞锑精矿的工艺流程

1—加料斗；2—给矿机；3—真空蒸馏炉；4—旋涡除尘器；5—冷凝器；6—过滤器；7—卸料器

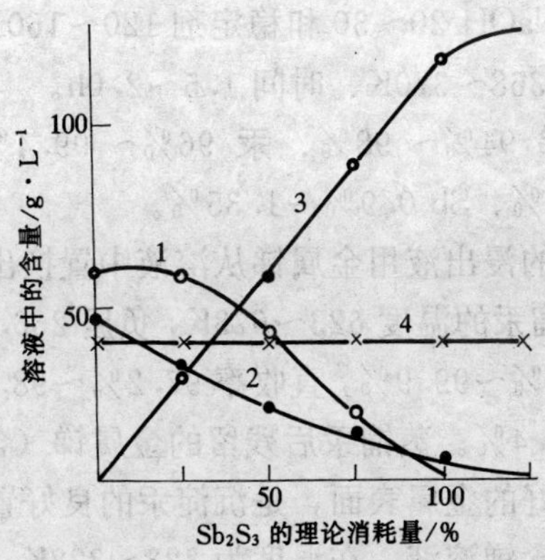

图 3-7-31 在硫化碱溶液中加入 Sb_2S_3 时 HgS_2^{2-}（1）、Na_2S（2）、SbS_3^{3-}（3）和 NaOH（4）的变化

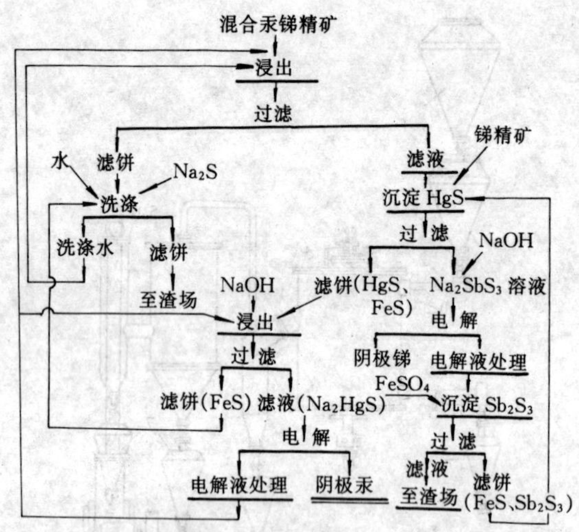

图 3-7-32 湿法处理汞锑精矿的工艺流程图

32.4、Hg5～8、As0.2～0.3 两种。

浸出条件：精矿按重量与溶液（电解液含（g/L）Sb 20～22、Na_2S 80～100、NaOH 20～30 和稳定剂 120～160）体积比为 1：6～9、浸出温度 368～370K、时间 1.5～2.0h。

浸出率：锑 94%～98%、汞 96%～99.4%。浸出渣含 Hg0.05%～0.06%、Sb 0.9%～1.35%。

所得含汞锑的浸出液用金属锑从溶液中置换出汞，再用蒸馏法分离汞锑。蒸馏汞的温度 623～673K，负压 266.6～4000Pa。汞的回收率为 99.2%～99.9%，直收率 97.2%～98.5%，锑的直收率为 90.6%～93.4%。蒸馏汞后残留的金属锑（含 Hg 0.04%～0.05%）具有极好的金属表面，是沉淀汞的良好置换剂。

分离汞后的含锑溶液，在温度为 323～328K、溶液循环速度 1L/min、阴极电流密度 140～210A/m^2、阳极电流密度 710～1200A/m^2、槽电压 2.3～2.5V 的条件下进行电积锑。锑的电流效率为 72.5%～82%、1t 锑的电耗 2200～2300kW·h。

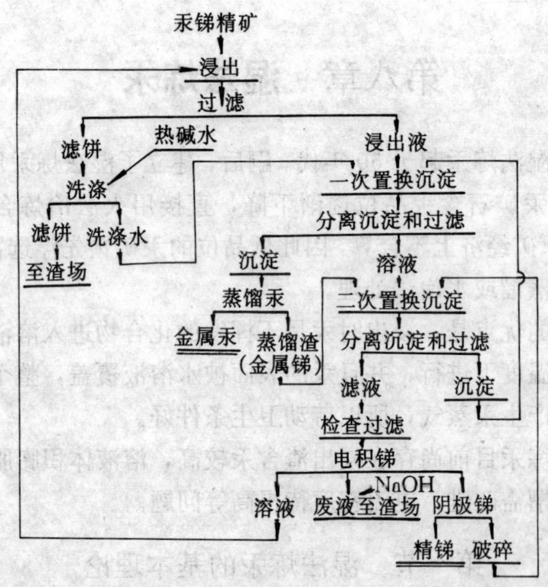

图 3-7-33　湿法炼锑-火法炼汞联合法处理汞锑精矿的工艺流程

（二）火法蒸汞-湿法炼锑

汞精矿经振动真空蒸馏炉蒸馏，汞进入冷凝系统回收，锑呈硫化物残留在炉渣中且完全适合于湿法炼锑要求。其工艺与湿法炼锑相同。

采用此法，精矿中的汞无需首先转入溶液，相应减少了湿法冶炼的负荷及化学试剂的消耗；废液处理量大大减少，工艺过程比较简单；在真空蒸馏汞的过程中，基本上可实现无三废作业。此法对环境保护和劳动卫生条件的改善较为有利，因此该流程是一种较好的方法。

第八章　湿法炼汞

我国湿法炼汞起于50年代。嗣后，建立了湿法炼汞厂。近年来，由于汞矿石含汞品位逐渐下降，直接用火法冶炼含汞低于0.1%的原矿经济上不合算，因此低品位的汞矿预先浮选富集，而后用火法蒸馏或水冶法处理。

湿法的优点是：浸出时汞呈不挥发的化合物进入溶液，电解是在较低温度下进行，并且汞的表面被水溶液覆盖，整个冶炼过程几乎不产生汞蒸气，所以劳动卫生条件好。

湿法炼汞目前尚存在浸出渣含汞较高，溶液体积膨胀及其净化、电解槽需改进，电流密度待提高等问题。

第一节　湿法炼汞的基本理论

一、浸出

过程发生的化学反应如下：

$$HgS+Na_2S=Na_2HgS_2$$

$$HgS+S^{2-}=HgS_2^{2-}$$

$$K_C=\frac{[HgS_2^{2-}]}{[HgS][S^{2-}]}$$

由于硫化汞的溶解度极小，它在溶液中的浓度是一个恒量，因此

$$K'_C=\frac{[HgS^{2-}]}{[S^{2-}]}$$

上式表示，在一定温度下，溶液中络离子与硫离子浓度的比值是恒量。如果溶液中 $[HgS_2^{2-}]/[S^{2-}]$ 的比值小于平衡值，那么，溶解过程就能自动进行，而且这个比值越小，反应自由能的负值就越大，溶液对矿石的浸出能力也就越强。

浸出剂 Na_2S 在水中会发生强烈水解，故在浸出液中必须加

入一定数量的 NaOH。

二、电解

采用隔膜电解。阳极室内注入 NaOH 溶液。电解时的反应为：

$2OH^- - 2e = H_2O + \frac{1}{2}O_2\uparrow$

$S^{2-} - e = S^-$（由 Na_2S 转变为 Na_2S_2）

$S^{2-} - 2e = S$　$2S_2^{2-} + 3O_2 = 2S_2O_3^{2-}$

$S^{2-} + 2O_2 = SO_4^{2-}$　$HgS_2^{2-} - 2e = HgS + S$

阴极液发生的反应为：

$HgS_2^{2-} + 2e = Hg + 2S^{2-}$ 或 $Hg^{2+} + 2e = Hg$

在电解过程中，阳极液需保持一定的速度向阴极渗透。

第二节　湿法炼汞实践

湿法炼汞的生产工艺流程见图 3-8-1。

浮选汞精矿的化学成分（%）如下：

Hg	S	Al_2O_3	Fe_2O_3	CaO	MgO	SiO_2
10～15	19～21	10～11	14～18	5～6	0.5～1.0	10～15

工艺设备包括圆锥底矿浆搅拌槽，板框压滤机、电解槽（图 3-8-2），直流供电设备、输液泵等。

浸出的技术条件列于表 3-8-1。生产测定的浸、洗后液的主要成分列于表 3-8-2。浸、洗后液含汞浓度与渣含水和滤液含汞品位的关系见表 3-8-3。

表 3-8-1　浸出的技术条件

名　　称	条件	一次洗涤	二次洗涤	三次洗涤
浮选汞精矿含汞/%	≈15			
汞精矿含水量/%	≈10			
浸、洗前液含汞/$g\cdot L^{-1}$	20～25	15～18	1.7～2.0	0.5～1.0
浸、洗后液含汞/$g\cdot L^{-1}$	80～90	20～25	5～7	1.5～2.0

续表 3-8-1

名称	条件	一次洗涤	二次洗涤	三次洗涤
浸、洗后液含 Na_2S/g·L^{-1}	120～135	120～135	30～50	12～15
浸、洗后液含 NaOH/g·L^{-1}	25～30	25～30	10～15	3～5
液固比	2～2.5	2.5～3	1.26～1.29	1.26～1.29
搅拌时间/h	2	1.5	1	1
浸洗后滤渣含水/%	≈20	≈20	≈20	≈20
浸洗温度/K	298	298	298	298
浸洗后渣含汞/%	2～2.5	0.5～0.6	0.12～0.14	0.08

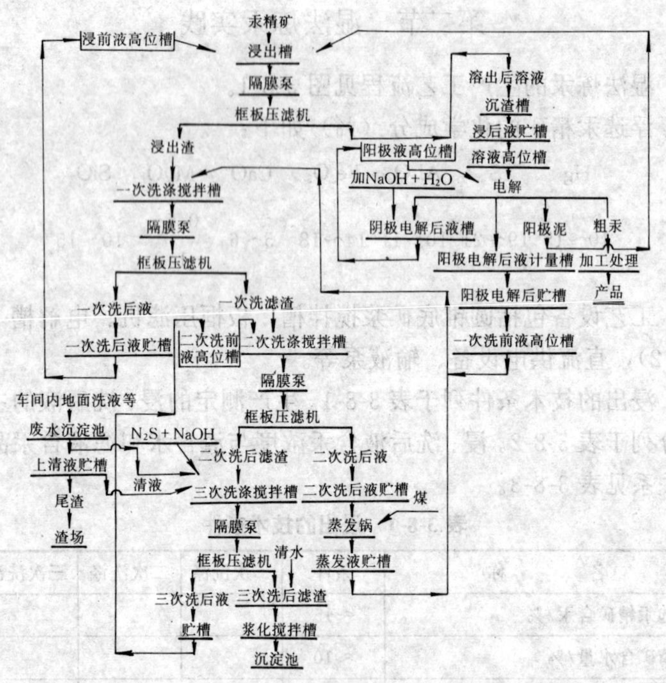

图 3-8-1 湿法炼汞生产流程示意图

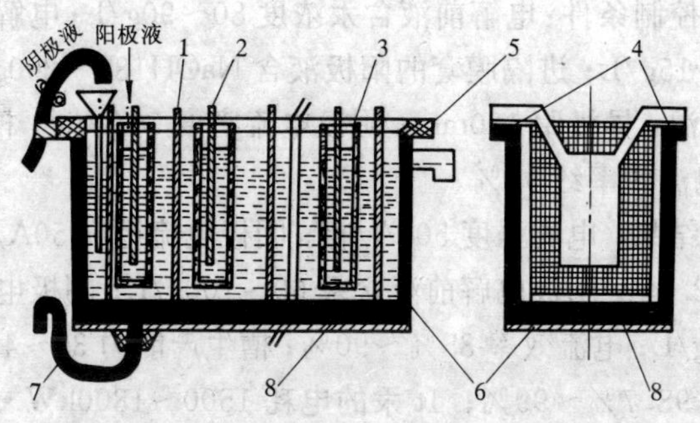

图 3-8-2　混合型隔膜电解槽结构示意图
1—阴极片；2—阳极片；3—帆布；4—导电棒；
5—胶木板；6—电解槽；7—排汞管；8—阴极汞

表 3-8-2　浸、洗前后液的主要成分/g·L⁻¹

溶液名称	Hg	Na_2S	NaOH	溶液名称	Hg	Na_2S	NaOH
浸出前液	22～28	80～120	25～35	二洗前液	1.2～3	5～10	3～8
浸出后液	70～90	70～110	25～35	二洗后液	3～6	10～15	5～10
一洗前液	6～10	80～120	25～35	三洗前液	0.5～0.6	5～10	3～8
一洗后液	22～28	80～120	25～35	三洗后液	1.2～3	5～10	3～8

表 3-8-3　浸、洗后液含汞浓度与渣含水和滤渣含汞品位的关系

浸出			一次洗涤			二次洗涤			三次洗涤		
液含汞/g·L⁻¹	渣含水/%	渣含汞/%	液含汞/g·L⁻¹	渣含水/%	渣含汞/%	液含汞/g·L⁻¹	渣含水/%	渣含汞/%	液含汞/g·L⁻¹	渣含水/%	渣含汞/%
92.2	20.6	2.16	27.0	19.1	1.14	10.75	24.5	0.54	4.1	29.15	0.23
87.6	25.4	2.11	25.9	27.3	0.73	8.6	21.45	0.27	0.4	23.65	0.13
71.6	22.0	1.51	13.3	23.65	0.38	4.1	24.85	0.17	0.5	27.45	0.12
77.6	25.2	1.52	11.0	23.35	0.37	3.6	24.32	0.41	0.7	28.65	0.10
74.0	21.15	1.18	12.3	22.15	0.39	6.0	22.7	0.21	1.6	25.45	0.10

电解控制条件：电解前液含汞浓度80～90g/L；电解后液含汞浓度10～15g/L；进隔膜套的阳极液含NaOH180～200g/L；电解温度为常温，异极距100mm；阴极电流密度50A/m²；槽电压2～2.5V；电流效率约90%。

电解结果：电流强度500A/槽；阴极电流密度50A/m²；槽电压2.2～2.8V；阴极电解前液含汞60～100g/L；阴极电解后液含汞8～18g/L；电流效率85%～90%；槽生产能力35～44kg/d；活汞产出率98.7%～99%；1t汞的电耗1500～1800kW·h。

生产实践的主要技术经济指标列于表3-8-4。

表3-8-4 湿法炼汞生产的主要技术经济指标

项目		指标	注
精矿含汞品位/%		14.15	
精矿含汞量/t		5.51	
浸出生产能力	$/t\cdot d^{-1}$	4.82	按干精矿计
	$/t\cdot d^{-1}$	0.697	按金属汞产量计
电解生产能力	$/t\cdot d^{-1}$	0.0456	同上
	$/t\cdot a^{-1}$	137	同上
汞浸出率/%		99.38	按渣计
汞浸出回收率/%		98.72	同上
尾渣含汞/%		0.1～0.15	即三次洗后渣
弃渣含汞/%		0.1	浆化后沉淀渣
电流效率/%		90	
活汞产出率/%		98.7	
阳极泥产出率/%		0.11	按产汞量计
汞冶炼直收率/%		96.63	
汞冶炼总回收率/%		97	
1t汞的电耗/kW·h		2158	

续表 3-8-4

项目		指标	注
其中	浸出	386	
	电解	1514	
	照明	258	
1t 汞水耗/t		20	
1t 汞煤耗/t		1.0	
1t 汞耗 Na_2S/t		0.137	按含 Na_2S 56%计
1t 汞耗 NaOH/t		0.486	按含 NaOH 90%计
1t 汞耗 BaS/t		0.42	按含 BaS80%计
1t 汞耗帆布/m		7	
1t 汞耗氯伦布/m		20	

第三节 用浮选汞精矿浸出-沉淀法生产朱砂

此法用 Na_2S 溶液浸出，使 HgS 进入溶液，在终点 pH＝11～12 的条件下，通入 CO_2 使黑辰砂沉淀。继之于硫化碱溶液和一定温度、时间条件下，使黑辰砂转化为红辰砂。

该法金属回收率为 97%～97.8%，浸出率为 99.84%～99.85%，弃渣含汞品位约 0.05%～0.10%，黑辰砂转化率 97.52%～98.09%。

所产朱砂含 HgS 平均为 99.75%，颜色为朱红色，粉末状，经化学分析、晶格结构、光谱发射等检验，符合部颁标准。但生产中的三废治理尚需进一步完善。

第九章　汞的精炼和精制

粗汞中含有机械杂质、有机杂质、金属杂质和气体杂质。按国家标准 GB913－85 或用户的要求，必须对粗汞加以净化提纯。汞的净化提纯分物理法、化学法和电解法。

第一节　汞罐的清洗及要求

在往复式或旋转式洗罐机上铁罐用纯汞洗涤，直至洗涤后从罐内倒出的汞与入罐前的纯汞基本无区别，表明汞罐洗净。

由于塑料汞罐便于清洗，国内曾一度使用。但因其不耐低温和易变色，并且废罐难以处理，目前已不使用。目前铁罐用于洗涤，存在严重的汞毒及汞污染问题。无汞洗罐法或改进包装容器的结构等应是研究的方向。

第二节　粗汞的简易综合提纯法

一、净化设备与流程

净化流程及设备结构示于图 3-9-1 和图 3-9-2。

二、净化程序

先用少量纯硝酸或浓硫酸倒至粗汞表面，使杂质与试剂不断反应，数十分钟或数小时后把酸与反应产物去掉。直至汞表面不再出现脏物时，方可进行过滤处理。

粗汞的过滤分三次：

一次过滤主要是去除汞中绝大部分渣滓、油污和水分。

二、三次过滤主要是用麂皮过

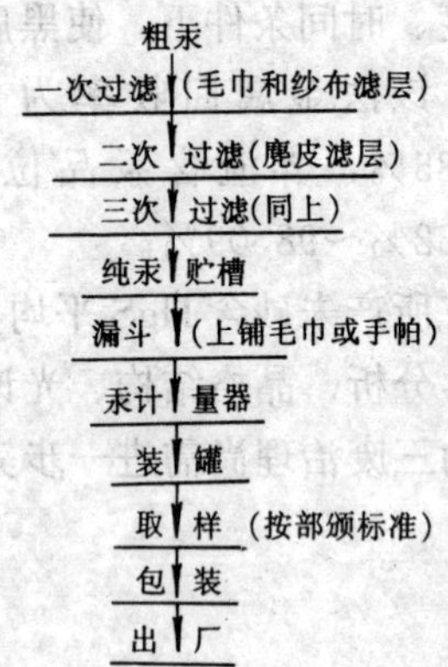

图 3-9-1　简易净化汞的工艺流程

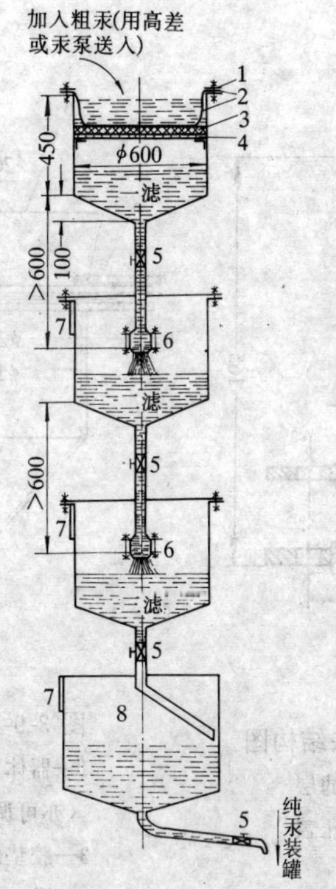

图 3-9-2 净化汞的简易装置

1—压紧法兰；2—毛巾；3—过滤层（毛巾、纱布等棉织物 5～10 层）；4—杉木栅；5—旋塞；6—麂皮过滤喷头；7—工作门；8—纯汞贮槽

滤粗汞，进一步除去杂质，过滤喷头的结构示于图 3-9-3。

经两次麂皮过滤的汞，表面应无任何渣滓，宛如光洁的银镜。

三、纯汞的装罐

粗汞过滤后纯度达 99.9990%，一般无需再行净化提纯。纯汞每罐 34.5kg。图 3-9-4 为汞计量器的一种。

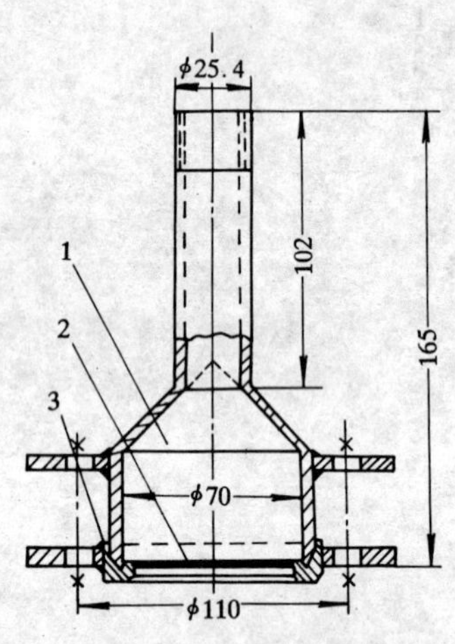

图 3-9-3 过滤喷头结构图

1—漏斗；2—过滤层（麂皮等）；3—压盖

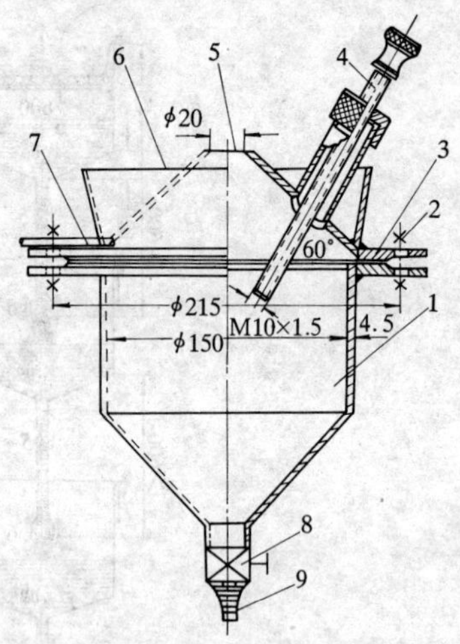

图 3-9-4 汞计量器

1—器体；2—连接螺丝（亦可调节装汞数量）；3—胶垫圈；4—调节螺丝；5—进口；6—接汞沟槽；7—汞溢流管；8—旋塞；9—出口

第三节 除汞中有机杂质的方法

几种除汞中有机杂质的装置示于图 3-9-5 和图 3-9-6。

图 3-9-6 装置主要基于汞中微量的酮、醇、烃等组成的黄色稠状有机物能溶于 NaOH、Na_2CO_3 及 NaCl 而设计的。粗汞经净化后产品完全符合汞的标准[30]。

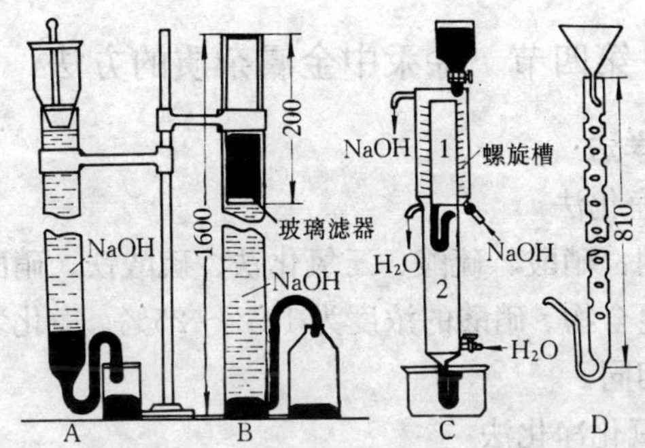

图 3-9-5 用碱液净化汞的玻璃装置

A—上部漏斗给汞，漏斗的毛玻璃塞具有纵向槽沟；

B—上部玻璃过滤器给汞，使汞呈微粒，滴入盛有 NaOH 液的圆柱，而后经 U 型管至承接瓶。此装置特点主要是汞与碱液接触面大；

C—漏斗给汞，汞滴入微斜并浸没在 NaOH 液的螺旋槽内，汞沿螺旋槽流至 U 型管再水洗，最后由下部 U 型管溢出。碱液和洗涤水均可循环流动。此装置的特点是汞与碱液接触的时间长；

D—漏斗给汞，汞滴从上至下沿途碰撞被粉碎，从而使汞与碱液的接触作用良好。

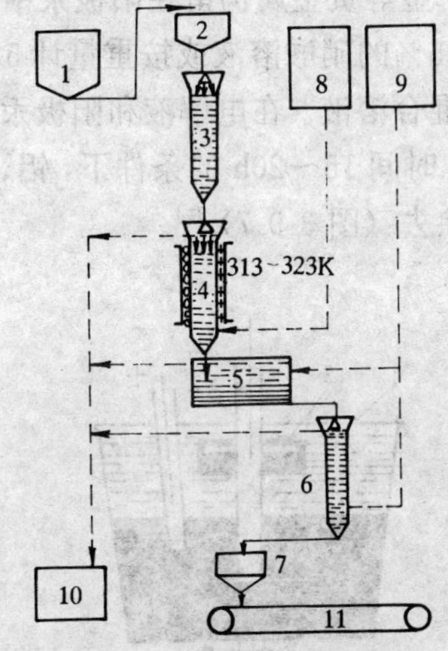

图 3-9-6 粗汞化学净化的工业装置

1—粗汞贮槽；2—高位槽；3—活性炭过滤器；
4—工频加热碱液洗涤器；5—冷却槽；6—水洗脱碱器；
7—麂皮过滤器；8—7%～10%Na_2CO_3 液贮槽；
9—水池；10—沉淀池；11—装罐包装台

第四节　除汞中金属杂质的方法

一、化学法

1. 溶液净化法

所用试剂：硝酸、硫酸、三氯化铁、硫酸铁、硝酸汞、重铬酸钾等或其混合物。硝酸的浓度为10%～25%。净化装置与除汞中有机杂质相同。

2. 空气氧化净化法

根据比汞较负电性的元素可被氧化的原理，将空气经过汞表面或通空气于汞中鼓泡便可达到。若汞中含有0.5%锌，用空气鼓泡48h其效果仍不佳。用纯氧代替空气可除去大量杂质。

3. 阳极溶解净化法

在电流作用下，阳极发生氧化或溶解作用，在汞电位序以前的大多数金属杂质将进入溶液，从而使阳极汞得到提纯。在汞电位序以后的铂、银、金等贵金属仍留在阳极汞中。

电解液用2%～5%的硝酸溶液或按重量计5%纯硝酸，5%纯硫酸和90%纯水的混合溶液。在电解液和阳极汞不断搅拌，阳极电流密度0.2A/dm^2时间15～20h的条件下，铝、铋、锑、砷、锌、铁、锡和铅被完全除去（图3-9-7）[31]。

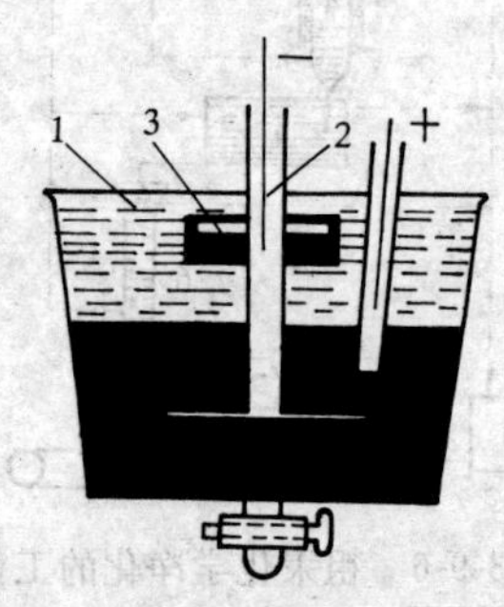

图3-9-7　阳极溶解净化汞的装置

1—电解液；2—搅拌器；3—阴极杯

二、电解法

电解质为高氯酸亚汞，阳极电流密度为 $1A/dm^2$，电压为 0.5V。电解槽分成两室，其一倒入纯汞作阴极，另室倒入粗汞作阳极。电解液连续搅拌并用泵使其从阳极到阴极循环作业。电解液用结晶法净化。电解结果见表 3-9-1。

表 3-9-1　电解的纯汞和粗汞光谱分析结果

波长/nm	元素	光谱线强度		波长/nm	元素	光谱线强度	
		粗汞	纯汞			粗汞	纯汞
213.850	Zn	0	无	242.012	Ag	1	无
214.066	Cu	1	无	242.170	Sn	1	无
214.439	Cd	4	无	242.170	Au	2	无
216.510	Cu	0	无	242.951，242.965	Ag 和 Sn	2	无
217.895	Cu	1	无	255.795	Zn	2	无
218.171	Cu	0	无	257.304	Cd	3	无
219.224	Cu	2	无	267.595	Au 和 Hg	4	痕量
219.462	Cd	2	无	270.650	Sn	3	无
219.962	Cu	1	无	274.858	Cd	5	无
221.024	Cu	1	无	283.999	Sn	4	无
221.808	Cu	1	无	286.332	Sn	4	无
223.008	Cu 和 Hg	1	痕量	289.798	Bi	2	无
223.986	Cd	2	无	393.831	Bi	1	无
224.260	Cu	3	痕量	298.904	Bi	0	无

续表 3-9-1

波长/nm	元素	光谱线强度		波长/nm	元素	光谱线强度	
		粗汞	纯汞			粗汞	纯汞
224.693	Cu	3	痕量	302.464	Bi	0	无
226.503	Cd	10	无	306.773	Bi	3	无
227.624	Cu	1	无	317.105	Sn	3	无
228.803	Cd	8	无	324.755	Cu	10	2
230.663	Cd	2	无	326.233	Sn 和 Hg	4	2①
231.288	Cd	5	无	327.397	Cu	10	2
232.115	Cd	2	无	308.067	Ag	4	无
232.927	Cd	3	无	329.897	Cd	5	无
235.663	Cu	3	无	236.988	Cu	3	无

① 此线在波长为 326.406nm 的汞光谱中被吸收。

三、真空蒸馏法

使砷镉锌与汞分离应在低于汞的沸点（453～473K）和减压的条件下进行蒸馏。

含铅铋锡钠和铜的汞需多次重复真空蒸馏才能使这些杂质分离。

汞与金的较好分离，是在低于 13.33Pa 的真空度下重复蒸馏，但净化的产量不高。

蒸馏时加入适量木炭可改善分离杂质的效果。蒸馏器构造示于图 3-9-8 和图 3-9-9。

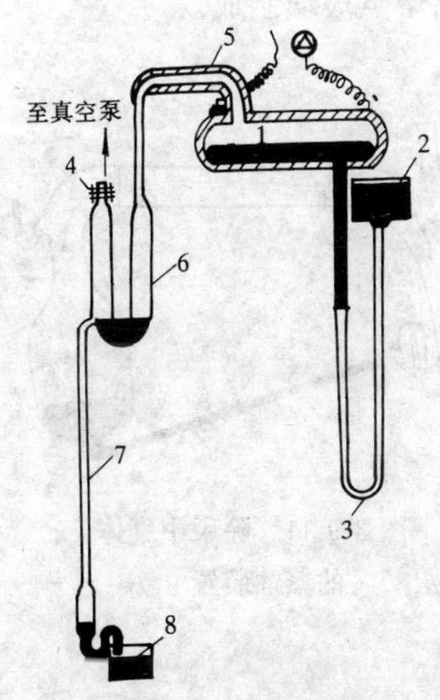

图 3-9-8　真空精炼汞装置

1—蒸馏器；2—盛汞均衡器；3—联管；4—旋塞；5—绝热保温管；6—U 形冷凝管；7—溢流管；8—纯汞容器

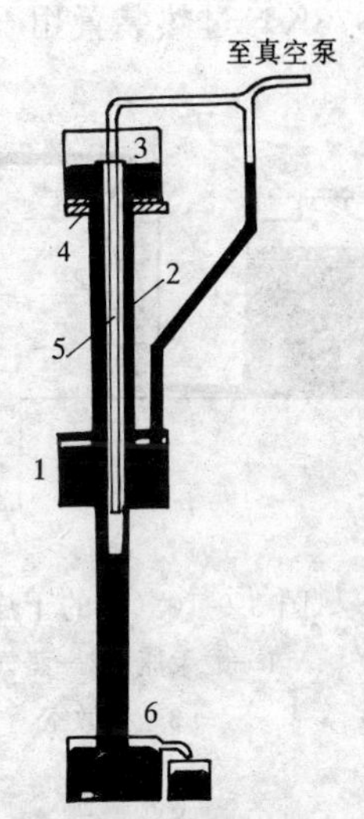

图 3-9-9　汞真空蒸馏器

1—接受盘；2—连通管；3—蒸馏器；4—电热器；5—冷凝管；6—纯汞容器

第五节　汞的干燥脱水

经化学或电解精炼的汞一般需干燥才能装罐。干燥装置示于图 3-9-10。除气装置示于图 3-9-11。图中 1 为蒸馏器，在此产生 473K 的汞蒸气导入 2，2 由铬铁制成并单独加热到 1173～1273K。汞蒸气经高温处理后于装置中冷凝，不凝气体被抽出净化。冷凝的汞可循环重复蒸馏。当蒸馏器温度 473K 时，汞蒸馏的速度为 $20cm^3/h$。经过热处理的汞应置于玻璃瓶中存放，瓶口以喷灯熔封提供用户。

图 3-9-12 装置是汞真空蒸馏过热处理的另一种形式。图中 3 是汞蒸气过热器，5 是蒸馏产品接收瓶。汞蒸气过热的温度为 873

~1073K。过热装置用石英或其他高熔点玻璃制成。

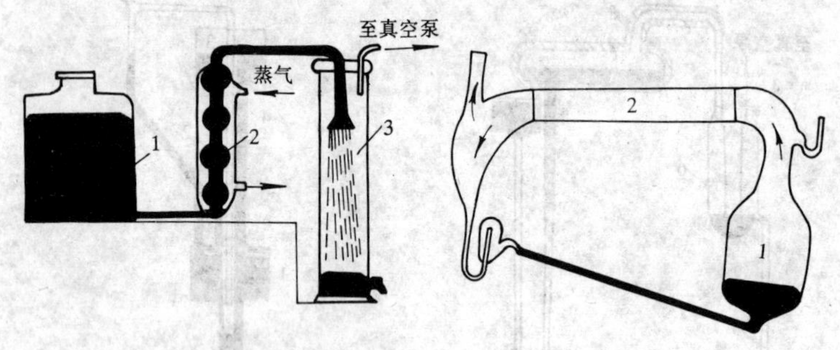

图 3-9-10 汞的干燥装置

1—贮汞瓶；2—蒸气加热套；3—扩散室

图 3-9-11 除汞中气体的蒸馏装置

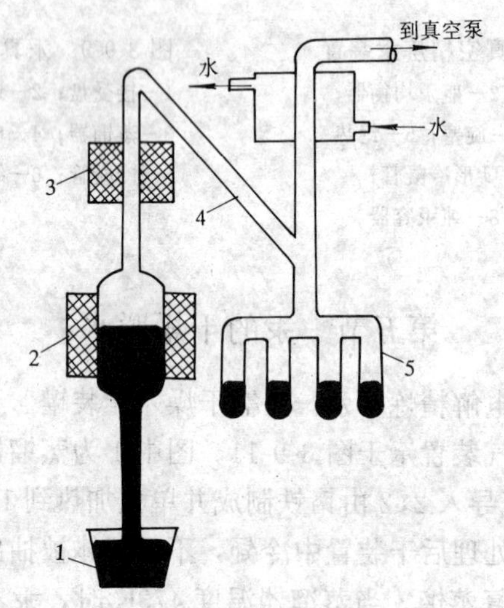

图 3-9-12 汞真空蒸馏过热处理示意图

1—汞贮器；2—加热器；3—蒸气过热器；4—冷凝管；5—纯汞瓶

第十章　汞的生产和消费

第一节　汞产量的历史统计

80 年代各国产量和国外主要产汞企业列于表 3-10-1 和表 3-10-2。据统计，1949 年底至 1981 年底止，中国汞产量为 32814t，朱砂为 2771t[8,11]。

表 3-10-1　世界各国近期产汞量/t

国　家	1980 年	1981 年	1982 年	1983 年	1984 年	1985 年	1986 年	1987 年	1988 年
西班牙	1667	1561	1553	1655	1520	1553	1470	1571	1499
苏　联	2139	2174	2208	2207	1600	1600	1500	1650	1650
美　国	1058	963	889	865	657	570	483	100	380
中　国				690	800	800	850	900	950
阿尔及利亚	842	863	690	345	587	794	756	705	700
墨西哥				276	384	394	185	124	345
南斯拉夫				52	72	88	75	67	70
土耳其				126	182	226	262	211	97
芬　兰					79	152	87	217	97
捷克斯洛伐克				151	152	158	168	164	168
总　计	6808	7272	6817	6483	6000	6300	5800	5700	6000

注：(1) 中国汞产量的统计数偏低；(2) 资料来源：World mineral statistics 1984～1988。

表 3-10-2　国外主要产汞企业概况

国　家	企　　业	炉　型	处理矿量/$t \cdot d^{-1}$
西班牙	阿尔马登	多膛炉、旋窑	7 万 $t \cdot a^{-1}$
前苏联	海达尔肯汞联合企业	旋窑、沸腾炉	400

续表 3-10-2

国 家	企 业	炉 型	处理矿量/t·d^{-1}
前苏联	尼基托夫卡汞联合企业	旋 窑	1100
意大利	蒙泰-阿米亚塔矿山公司	旋窑、多膛炉	年产汞 1725t
前南斯拉夫	国营银汞矿	旋 窑	年产汞 500t
美 国	麦克德米特汞矿	多膛炉	10
美 国	新依德里亚汞矿	旋 窑	400
加拿大	品契湖矿	旋窑、多膛炉	年产汞 690t
墨西哥	佩德纳来斯汞矿	旋 窑	50
阿尔及利亚	伊斯梅尔厂	旋 窑	年产汞 1200t
土耳其	汞中心冶炼厂	旋 窑	320
日 本	大镇冶炼厂	旋窑、多膛炉	年产汞 195.8t
日 本	尤升殿厂	旋 窑	

第二节 汞的经济与消耗

全世界每年平均耗汞量列于表 3-10-3[1]。2000 年美国和世界汞的需求预测列于表 3-10-4，2000 年按用途美国汞的消耗量列于表 3-10-5，世界产汞量与美国汞售价的关系示于图 3-10-1，中国 70～80 年代汞的消耗情况列于表 3-10-6、中国国内有关行业耗汞比例列于表 3-10-7。

表 3-10-3 全世界每年平均耗汞量

年 代	耗汞量/t	年 代	耗汞量/t
16～17 世纪	450	1960～1970 年	9000
18 世纪	850	1971～1980 年	8000
19～20 世纪	4000	1981～1990 年	8000

表 3-10-4　2000 年美国和世界汞的需求预测

名　目		2000 年需求量/t		2000 年可能达到量/t
		低	高	
美　国	基本	483	2207	1345
	其他	103	414	241
	合计	586	2621	1586
其余国家	基本	5655	8138	6897
	其他	1069	1517	1034
	合计	6724	9655	7931
总　计		7310	12276	9517

表 3-10-5　按用途美国汞的消耗量/t

用　途	2000 年		
	低	高	可能达到数
牙　科	17.5	69	35
电气设备	517	1724	1034
氯碱生产	0	276	172
工业及控制仪器	34	138	69
油漆防污剂		276	207
其　它	17.5	138	69
总　计	586	2621	1586

表 3-10-6　中国汞消耗量/t

用　途	1975 年	1976 年	1977 年	1978 年	1979 年	1983 年	用途形态
氯　碱	65	141	55	41	41	52	Hg
氯化汞	35.6	56	56	56	60.3	66	$HgCl_2$、$HgSO_4$（触媒）
医　药	150	150	150	150	150	27（电池）	主要为 HgS
仪器仪表	40	40	40	45	45	105	Hg
冰醋酸	20	20	20	30	33.6	7（电器）	（触媒）

续表 3-10-6

用　途	1975 年	1976 年	1977 年	1978 年	1979 年	1983 年	用途形态
丁辛醇	15	15	15	12	12.4		(触媒)
化学试剂	20	20	20	20	25	21	各种化合物
军　工	64	83.5	83	115	78	21	
其　他	81.8	61	67	63	64.2	21	牙科等
总　计	491.1	586.5	506	532	510	320	

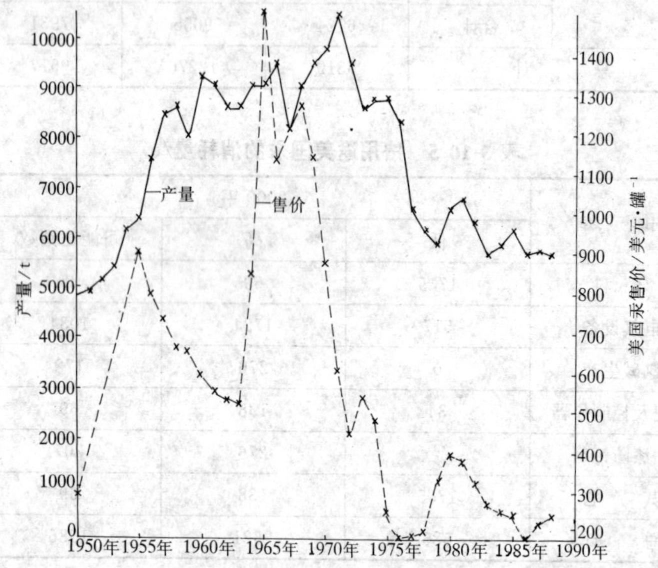

图 3-10-1　世界汞产量与美国汞售价关系（每罐 34.5kg）

表 3-10-7　近年中国国内有关行业耗汞比例

行　业	耗汞比例/%	行　业	耗汞比例/%
氯碱工业	8～10	医药制造	30
化工无机盐制备	20～30	其他行业	25
仪器仪表	10		

第三节　汞用途简析

40～50 年代美国汞的消耗量上升，进入 70 年代后，汞的消耗有下降的趋势；近年来世界汞的消耗量也不断下降。这主要与环境保护、汞毒及汞污染有关，不少行业已废除了汞或用其他试剂取代。由于汞具有许多独特的物理化学性质，它在国民经济、科学技术领域中仍有广泛的用途。

目前世界上约有 80 种工业生产以汞作原料或辅助性材料，30％左右呈金属汞状态使用，70％为化合物（$HgCl_2$、HgO、$HgSO_4$ 等）形态被消耗。每年将有 5000t 以上的汞人为抛入环境[32]。

第十一章　汞冶金中三废处理及综合利用

第一节　火冶汞废气的净化

一、硫酸软锰矿净化法[33]

1. 方法原理

净化反应如下：

$$2Hg+MnO_2=Hg_2MnO_2$$

$$Hg_2MnO_2+4H_2SO_4+MnO_2=2HgSO_4+2MnSO_4+4H_2O$$

$$HgSO_4+Hg=Hg_2SO_4$$

$$Hg_2SO_4+MnO_2+2H_2SO_4=MnSO_4+2HgSO_4+2H_2O$$

该法净化含汞废气的重要反应物质是 $HgSO_4$，而被净化的最终产物也是 $HgSO_4$，并且随过程的进行其浓度不断提高，因此此法的除汞效果较佳。

2. 净化效率与装置

处理沸腾炉尾气的成分如下：净化液浓度和净化效率列于表3-11-1。装置和流程示于图 3-11-1 和图 3-11-2。

CO_2/%	CO/%	O_2/%	N_2/%	H_2O/%	SO/mg/m^3	Hg/mg/m^3	烟尘/mg/m^3
5～13	0.1～0.3	11～14	75～80	2～6	90～100	38～95	～200

表 3-11-1　净化液的硫酸浓度与净化效率

塔　型	竹环填料层厚/m	硫酸浓度/$g\cdot L^{-1}$	循环量 $m^3\cdot(m^2\cdot h)^{-1}$	废气含汞/$mg\cdot m^{-3}$		净化效率/%
				净化前	净化后	
一座塔	2	10	12	36	4.10	88.60
一座塔	2	30	12	38	3.79	89.50

续表 3-11-1

塔　型	竹环填料层厚/m	硫酸浓度/g·L^{-1}	循环量 $m^3 \cdot (m^2 \cdot h)^{-1}$	废气含汞/mg·m^{-3}		净化效率/%
				净化前	净化后	
一座塔	上　1 下　1.5	15	12	67	5.03	92.50
一座塔	上　1 下　1.5	25	12	85	4.85	94.3
二座塔	2	10	12	4.5	1.37	96.70
串联塔	2	20	12	73	2.70	96.30
串联塔	上　1 下　1.5	10	5	40	1.84	95.40
串联塔	上　1 下　1.5	20	5	49	1.57	96.80
串联塔	上　1 下　1.5	30	5	68	2.25	96.70

注:净化液含软锰矿为100g/L,空塔速度为0.3m/s。

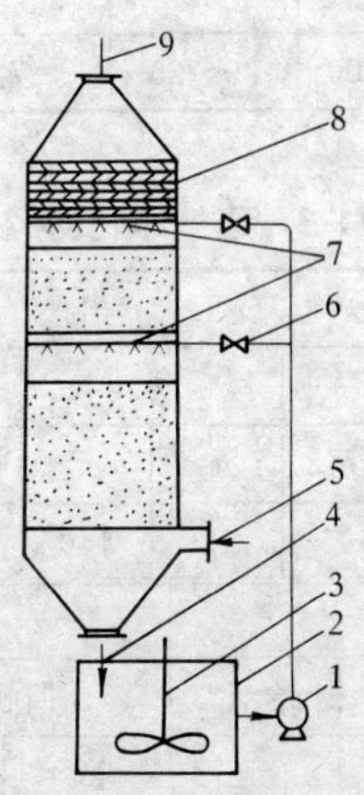

图 3-11-1　工业实验净化装置示意图

1—塑料泵；2—循环池；3—搅拌机；4—净化液出口；5—炼汞尾气入口；6—阀门；7—喷头；8—除雾器；9—净化尾气出口

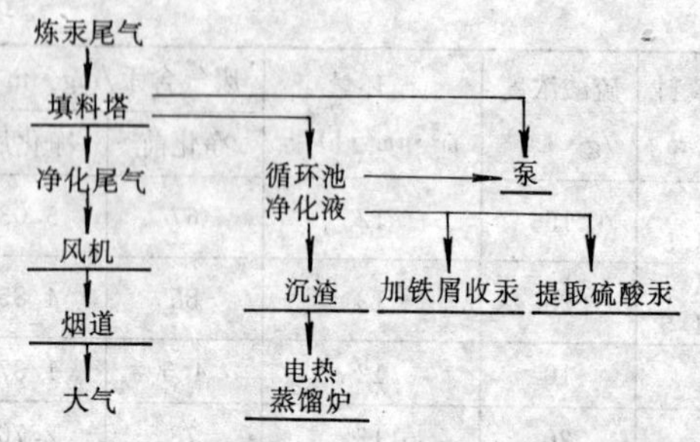

图 3-11-2　沸腾炉炉气处理工艺流程

3. 净化的主要技术经济指标列于表 3-11-2 和表 3-11-3。

表 3-11-2　净化的技术指标

空塔气流速度/$m \cdot s^{-1}$	净化液喷洒量/$m^3 \cdot m^{-2} \cdot h^{-1}$	净化液成分/$g \cdot L^{-1}$		气液接触时间/s	填料塔阻力/Pa	温度/K	
		MnO	H_2SO_4			入口	出口
0.3	5	50～100	20～25	7	16000	304	302

表 3-11-3　废气净化的经济指标

支出									
H_2SO_4		MnO_2		水		电		冶炼加工	
kg	元	kg	元	t	元	kW·h	元	t	元
1125	900	2025	405	15	140	3600	720	1	1000

支出				收入		
人工		折旧	合计	回收汞		盈
个	元	元	元	kg	元	(元)
4	400	2000	5565	270	8100	2535

二、漂白粉净化法[34]

1. 净化原理

净化反应如下：

$$Ca(ClO)_2+CO_2=CaCO_3+Cl_2+\frac{1}{2}O_2$$

$$Ca(ClO)_2+SO_2=CaSO_4+Cl_2$$

$$Ca(ClO)_2+3Hg+H_2O=Hg_2Cl_2+Ca(OH)_2+HgO$$

$$2Hg_2Cl_2+3Ca(ClO)_2+2H_2O=$$
$$4HgCl_2+CaCl_2+2Ca(OH)_2+2O_2$$

$$2[Cl]+2Hg=Hg_2Cl_2$$

$$Hg_2Cl_2+[2Cl]=2HgCl_2$$

$$HgCl_2+Hg=Hg_2Cl_2$$

$$Hg+Cl_2=HgCl_2$$

2. 净化过程与效果

淋洗塔的结构示于图 3-11-3，用沸腾炉和高炉炼汞的废气（表 3-11-4）净化的结果列于表 3-11-5，运行的经济效果列于表 3-11-6。

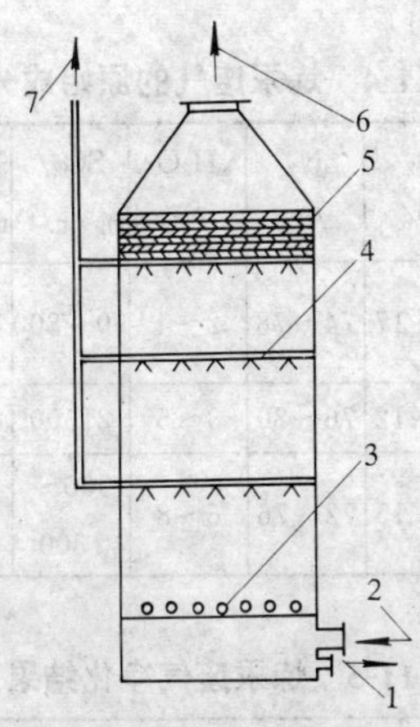

图 3-11-3 工业实验装置示意

1—净化液出口；2—炼汞尾气入口；3—气体分布板；
4—喷头；5—除雾器；6—净化尾气出口；7—净化液入口

水平机械洗涤器容积为 0.94m³、直径 0.9m、长 1.5m 的净化装置（见图 3-11-4）。装置出口气体的负压为 13330～21328Pa，阻力损失小于 2666～5332Pa。汞的净化效率 90%以上，70%以上的汞富集到固体尘泥中。漂白粉耗量低于 0.5g/m³。尘浆回炉，含活性氯 600～800mg/L 的溢流也返回使用。

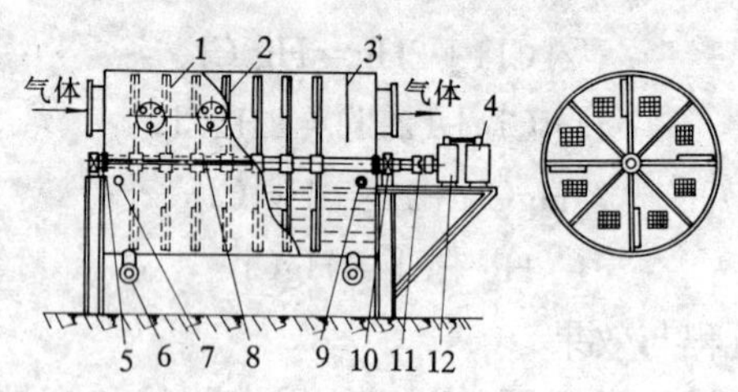

图 3-11-4　净化旋窑炼汞废气的水平机械洗涤器

1—观测孔；2—圆盘；3—挡板；4—电动机；5—密封盖；6—卸料管；7—净化液入口管；8—转轴；9—溢流管；10—轴承；11—联轴器；12—减速箱

表 3-11-4　炼汞废气的原始成分

炉　别	CO_2 /%	CO /%	O_2 /%	N_2 /%	H_2O /%	SO_2/ $mg\cdot m^{-3}$	Hg/ $mg\cdot m^{-3}$	烟尘/ $mg\cdot m^{-3}$	其他
高炉	6～11	0.24	14～17	74～78	2～4	90～800	40～80	＜100	有机物炭黑
电热蒸馏炉			10～12	76～80	3～5	21500	40～60	＜100	
沸腾炉	8～12	0.6～0.8	12～15	72～76	6～8	900～1300	40～120	1000	有机物质

表 3-11-5　炼汞废气净化结果

废气量/ $m^3\cdot h^{-1}$	净化液喷洒量 / $m^3\cdot m^{-2}\cdot h^{-1}$	废气含 Hg 浓度/ $mg\cdot m^{-3}$		净化效果/%
		净化前	净化后	
2500	0.985	42	1.68	96
2800	1.002	86	4.13	95.2
2700	1.001	97	4.85	94.8

续表 3-11-5

废气量/ $m^3 \cdot h^{-1}$	净化液喷洒量 / $m^3 \cdot m^{-2} \cdot h^{-1}$	废气含 Hg 浓度/ $mg \cdot m^{-3}$		净化效果/%
		净化前	净化后	
2750	1.005	105	5.26	95.0
3000	1.100	123	8.61	93.0
2800	2.100	103	5.67	94.5

表 3-11-6 炼汞废气净化的经济效果

收入		支出									盈亏
汞		漂白粉消耗		电耗		人工		折旧		合计	盈
kg	元	t	元	kW・h	元	人	元	年	元	元	元
60	1800	3.6	720	432	64.80	4	400	5	468	1652.8	247.2

三、多硫化钠净化法[34]

1. 方法原理

净化反应如下：

$$SO_2+H_2O+Na_2S_x=Na_2SO_3+H_2S+(x-1)S$$

$$SO_2+2H_2S=2H_2O+3S$$

$$3SO_2+2Na_2S=2Na_2S_2O_3+S$$

$$CO_2+H_2O+Na_2S_x=Na_2CO_3+H_2S+(x-1)S$$

$$CO_2+H_2O+Na_2S=Na_2CO_3+H_2S$$

$$2H_2S+O_2=2H_2O+2S$$

$$Hg_{液}+\frac{1}{2}S_2=HgS_{固}$$

$$2Hg+2H_2S+O_2=2HgS+2H_2O$$

上列反应生成的 HgS 沉积在焦炭上，它对汞与硫的化合起着催化剂的作用，并因此显示出净化后期除汞效率不减的效果。另外，焦炭疏松多孔、具有较大的比表面，当含汞废气穿过焦炭层时，还可吸附部分汞蒸气，同时达到除汞的目的。

2. 净化过程及效果

冲击-焦炭填料塔的结构见图 3-11-5，净化的技术条件及效果列于表 3-11-7。

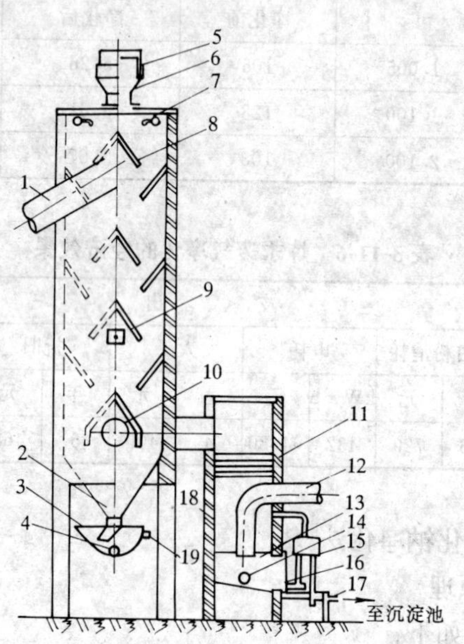

图 3-11-5 冲击-焦炭联合净化塔

1—排气管；2—排料斗；3—船形水封闸；4—排液管；5—料斗盖；6—料斗；7—喷嘴；8—布料板；9—人字隔板；10—进气口（焦炭塔）11—挡水板；12—冲击塔进气管；13—塔体液池；14—排污孔；15—溢流堰；16—人孔；17—水封溢流池；18—供溢管；19—溢流管

四、碘络合法

SO_2 烟气中含有的汞蒸气与碘化钾溶液作用生成络合物：

$$2Hg + H_2SO_3 + 8I^- + 4H^+ = 2HgI_4^{2-} + S + 3H_2O$$

$$Hg + 4I^- + \frac{1}{2}O_2 + 2H^+ = HgI_4^{2-} + H_2O$$

吸收液经脱除 SO_2 后，送电积脱汞和再生碘：

阴极：$HgI_4^{2-} + 2e = Hg + 4I^- \quad E^\circ = -0.038V$

阳极：$HgI_4^{2-} - 2e = HgI_2 + I_2 \quad E^\circ = 0.5V$

表 3-11-7 废气净化的技术条件及效果

次数	时间/d	废气流量/$m^3 \cdot h^{-1}$	气流速度/$m \cdot s^{-1}$			塔阻力/Pa		废气含汞/$mg \cdot m^{-3}$		净化效率/%	处理矿量/t	耗药量/kg	药剂单耗/$kg \cdot t^{-1}$
			冲击塔		焦炭填料塔	冲击塔	焦炭塔	净前	净后				
1	8	2430	喷头 10.3	空塔 0.84	0.27	10797.3	33725	46.5	3.5	91.7	299.5	434.3	1.45
2	21	1980	9.5	0.66	0.21	15996	15596.1	61.9	8.3	84.1	612.5	751.5	1.22
3	71	2750	13.4	9.93	0.30	17595.6	10664	39.3	7.0	81.1	1943	2279	1.22
4	17	2220	9.3	0.75	0.24	15063	27993	43.6	3.7	91.9	529	1217	2.31
5	10	2380	10	0.82	0.26	14663	10664	50.4	6.8	85.7	273	563.5	1.37
合计(平均)	127	2352	10.5	0.80	0.26	14663	19728.4	49.3	5.9	86.9	3657	5245.3	1.43

注：$1m^3$ 水中加工业 Na_2S(纯度 61%)180kg，加热溶解，再加硫磺 135kg，搅拌后即为多硫化钠净化液。

$$2H_2O - 4e = 4H^+ + O_2 \quad E^\circ = 1.229V$$

析出的碘与电解液中的 H_2SO_3 反应：

$$I_2 + H_2O + H_2SO_3 = H_2SO_4 + 2HI$$

净化汞的工艺流程示于图 3-11-6；汞的净化效率 98%以上，电流效率大于 90%，1t 汞的直流电耗 1000kW·h，碘单耗 60kg；当烟气含汞大于 20mg/m³ 时净化回收汞有盈利。

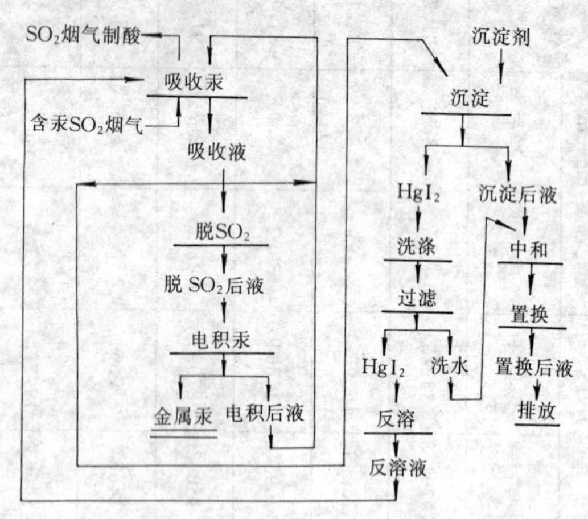

图 3-11-6　碘络合法净化 SO_2 烟气中汞的工艺流程

为了减少含汞废气对环境的污染，将排放的炼汞废气部分回炉循环使用，或供给富氧空气及纯氧炼汞，这对蒸馏炉炼汞更有其现实意义。

第二节　炼汞废水（液）的净化

一、火法炼汞废水的净化

1. 硫化钠净化法

火冶汞厂的废水中汞存在的形态及其含量列于表 3-11-8。

净化原理是基于 Hg^{2+} 与 S^{2-} 反应能生成极难溶解的 HgS 沉淀：其溶度积为〔Hg〕〔S〕$=4\times10^{-53}$，溶解度为 6.3×10^{-27}mol/

L。为防止已生成的 HgS 沉淀被过量的 Na_2S 溶解，沉淀作用在不形成 HgS_2^{2-} 的条件下进行。故需严格控制 Na_2S 的加入量。

表 3-11-8　废水中汞的含量及其形态

号次	pH	总汞/%	零价汞/%	离子汞/%	
				Hg^{2+}	Hg^{+}
1	4	87.80	13.64	45.06	29.10
2	5	168.20	38.64	118.32	21.24
3	4	76.48	21.13	52.34	3.01
4	6	48.52	11.28	36.43	2.00
5	4	87.8	42.80	45.00	
6	5	171.80	88.60	83.30	
7	4	78.50	45.20	33.30	
8	6	48.30	18.20	30.10	

净化中还需加石灰乳以提高废水的 pH 值，避免在酸性介质中操作和防止 FeS 胶体被破坏。

净化的工艺流程示于图 3-11-7。净化的技术经济指标列于表 3-11-9 和表 3-11-10。

表 3-11-9　炼汞废水净化的效果

废水含汞/mg·L^{-1}		净化率/%
净化前	净化后	
25	0.009	99.96
27	0.008	99.97
30	0.014	99.95
40	0.010	99.97
66	0.004	99.994
50	0.004	99.992
160	0.016	99.996
228	0.012	99.995

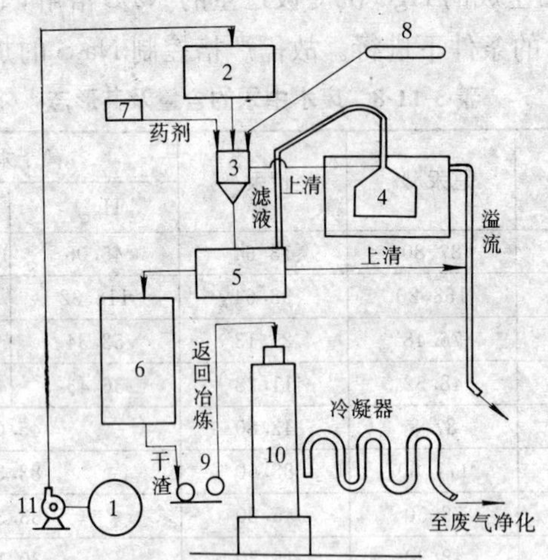

图 3-11-7　火冶汞废水工业净化流程图

1—均化池；2—高位槽；3—反应沉淀池（两个）；4—无阀过滤池；
5—浓缩沉淀池；6—干化池；7—加药槽；8—空压机；
9—提升机；10—炼汞炉；11—水泵

表 3-11-10　炼汞废水净化的经济指标（处理 1000t 计）

项　目	单　位	单价/元	消耗定额	消耗价值/元	占回收价值/%
工业硫化钠	kg	0.5	100	50	4
石　灰	t	32	1	32	2.5
电　耗	kW·h	0.14	400	56	4.4
汞渣回炉①				50	4
工　资				110	8.8
其　他				62	4.9
合　计				360	28.6

①汞渣产量为 0.7～1.2kg/m³，含 Hg3%～8%。

2. 硫氢化钠净化法

该法也是利用汞离子与硫离子相互反应生成硫化汞沉淀以达

到除汞目的。为使生成的HgS不与S^{2-}作用，必须严格控制S^{2-}的浓度。净化装置示于图3-11-8，净化结果列于表3-11-11。

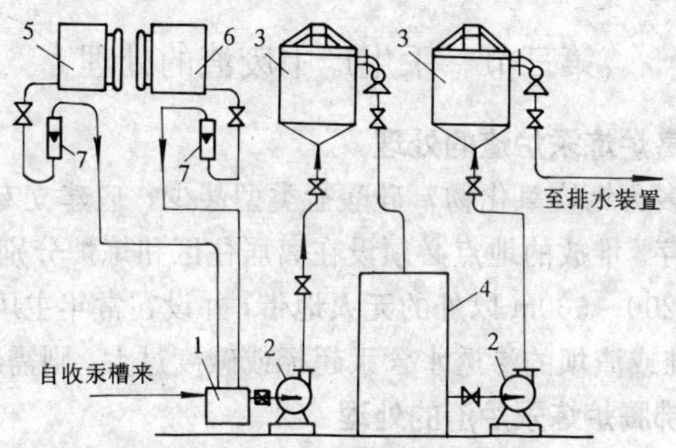

图3-11-8 净化废水除汞的工业装置

1—反应器；2—泵；3—过滤器；4—中间水槽；

5、6—NaHS和$ZnCl_2$（$FeSO_4$）液压力槽；7—转子流量计

表3-11-11 硫氢化钠法净化含汞废水的工业实践结果（$50m^3 \cdot h^{-1}$）

编号	原始废水		净后尾水含汞量/mg·L⁻¹
	含汞量/mg·L⁻¹	pH	
1	2.0	10.5	0.0075
2	13.5	10.8	0.0075
3	18	10.0	0.015
4	150	10.0	0.0075
5	70	10.2	0.0075
6	15.0	10.1	无
7	12	10.3	0.0075
8	5	9.55	0.0045
9	25	9.4	0.001
10	8	10.3	0.003

注：1～5号为加入$ZnCl_2$的结果，余为加$FeSO_4$的数据。

二、湿法炼汞废液（水）的净化

可用蒸发结晶法、BaS沉淀法、酸或酸式盐中和法以及硫化锑沉淀法净化。

第三节　汞生产中废渣的处理

一、高炉炼汞炉渣的处理

炉渣多为钙镁氧化物，硅酸盐类型甚少，应建立专门的渣坝或渣场堆存。堆放的地点必须设在离居住区和炼炉分别为1000～2000m和200～500m以外的无人地带，并设在常年主风道的下风方向。渣堆或渣坝的渗透水含汞超标或碱度过大，则需净化处理。

二、沸腾炉炼汞炉渣的处理

此种炉渣多在10mm以下，且渣量大，出炉时温度高（573K以上），严禁排放到有农田与河流的上游地带，而必须建专门的渣坝堆存。其渗透水必须符合废水排放标准。

三、重选、浮选-蒸馏法炼汞废渣的处理

汞矿经重选、浮选产出的尾矿几乎与原矿相等。尾矿中的汞主要呈HgS矿物形态存在，无毒性，但也应建立永久性的尾矿坝堆存。从尾矿坝渗透或溢流的水应返回生产使用。

蒸馏炉炼汞的炉渣量极少，不到原矿的1.5%，可并入选厂尾矿处理。

四、湿法炼汞废渣的处理

由于水冶汞的浸出渣含汞较高，且为弱碱性，因此应单独堆放。渣坝选址及其外排水的要求同上。

第四节　从汞矿中回收稀有元素

一、从汞炱中提取硒

汞矿石在炉内973～1123K较长时间焙烧时，HgSe和Hg(S·Se)同HgS一道发生如下反应：

$$HgSe+O_2=Hg_{气}\uparrow+SeO_{2气}\uparrow$$

$$Hg(S\cdot Se)+2O_2=Hg_{气}\uparrow+SeO_{2气}\uparrow+SO_2$$

$$HgS+O_2=Hg+SO_2$$

$$SeO_2+H_2O=H_2SeO_3$$

$$SeO_2+2H_2SO_3=Se+2H_2SO_4$$

$$H_2SeO_3+2SO_2+H_2O=Se+2H_2SO_4$$

$$H_2SeO_3+2H_2SO_3=2H_2SO_4+Se+H_2O$$

高炉炼汞所产汞炱渣中硒的含量及物相分析的结果分别列于表 3-11-12 和表 3-11-13。

表 3-11-12　高炉炼汞汞炱渣硒的物相分析结果/%

样号	总 Se		元素 Se		SeO_2		HgSe		MeSe	
	含量	占总 Se	含量	占总 Se	含量	占总 Se	含量	占总 Se	含量	占总 Se
1	0.46	100	0.40	87	0.012	2	0	0	0.05	11
2	1.08	100	0.72	68	0.01	1	0.18	16	0.17	15
3	1.23	100	1.04	84	0.01	1	0.05	4	0.14	11

表 3-11-13　不同矿区高炉汞炱渣中 Se 的含量/%

炉号	Se	Hg	炉号	Se	Hg
1	0.212	50.80	8	0.23	30.00
2	0.146	70.39	9	1.70	
3	0.204	54.88	10	2.0	
4	0.70		11	3.5	
5	1.30		12	10.00	
6	0.18	30.00	13	3.3	
7	0.40		14	2.50	

二、汞硒的分离

（一）蒸馏法

蒸馏炉内温度为 873～1023K，负压 400～1333Pa，时间 1h 以上。蒸馏汞的回收率为 99.0%以上，硒在蒸馏渣中的残留率为 95.0%～99.0%，其形态大部分为不溶于水的硒化物（表 3-11-

14）。

表 3-11-14　蒸馏渣中硒的物相组成/%

样号	总硒	元素硒	HgSe	水溶硒	SeO_2	其他硒化物	硒的残留率	备　注
1	0.59	微量	0.37	0	0	0.22	100	汞炱中含汞60.45%～65.88%，残渣金属0.1%～0.001%汞回收率99.8%以上
2	0.39	0	0.33	0	0	0.06	100	
3	1.00	0	0.95	0	0	0.05	100	
4	0.97	0	0.84	0	0	0.13	100	
5	0.34	0	0.33	0	0	0.01	100	

（二）加熔剂蒸馏法

蒸馏的工艺流程示于图 3-11-9，蒸馏时发生的化学反应如下：

$$4KNO_3 = 2K_2O + 4NO + 3O_2$$

$$HgSe + O_2 = Hg + SeO_2$$

$$SeO_2 + K_2O = K_2SeO_3$$

$$2K_2SeO_3 + O_2 = 2K_2SeO_4$$

$$HgS + O_2 = Hg + SO_2$$

$$8HgS + 8K_2O = 8Hg + 6K_2S + 2K_2SO_4$$

工业硝酸钾（苏打亦可）的用量为汞炱渣重的 8%～15%。先将 KNO_3 溶于水，与物料拌成泥粒入炉蒸馏。其他控制条件与蒸馏法相同。蒸馏结果为：汞回收率大于 99.0%，Se95.0%～99.0%以 K_2SeO_4 和 K_2SeO_3 形态存在。水溶性 Se 中 90%以上为 6 价，其余为 4 价。强化了蒸馏过程，生产率提高 1～2 倍，汞硒分离较好。

三、从分离汞后的渣中制取硒

（一）从蒸馏法炉渣中制取硒

1．硫酸化升华法

工艺流程与一般升华法相同，所得结果列于表 3-11-15。此法升华温度低，硒的升华率高，可在吸收及冷凝器中回收粗硒和残余的少量汞。

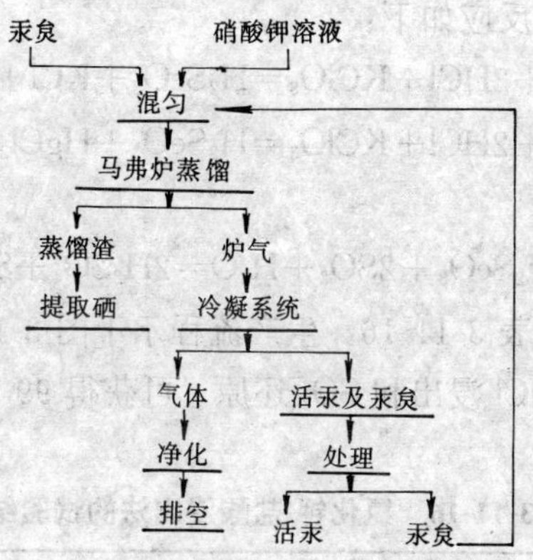

图 3-11-9　加熔剂蒸馏的工艺流程

表 3-11-15　硫酸化升华法的试验结果

温度/K	硫酸比/%	蒸馏时间/h	渣中硒含量/%		硒挥发率/%
			升华前	升华后	
673	40	2	0.98	0.01	99.9
			0.98	0.03	99.9
723	50	2	1.02	0.02	99.9
			1.02	0.05	99.9
773	60	2	1.26	0.01	99.9
			1.26	0.01	99.9
823	70	2	0.94	0.005	99.9
			0.94	0.003	99.9
873	80	2	0.82	0.001	99.9
			0.82	0.001	99.9
873	90	2	1.42		100
			1.42		100
873	100	2	0.73		100
			0.73		100

2. 氯酸钾加盐酸浸出法

浸出时主要反应如下：

$$Se + 2HCl + KClO_3 = H_2SeO_3 + KCl + Cl_2$$

$$HgSe + 2HCl + KClO_3 = H_2SeO_3 + HgCl_2 + KCl$$

沉淀还原时：

$$H_2SeO_3 + 2SO_2 + H_2O = 2H_2SO_4 + Se$$

浸出的结果列于表 3-11-16，生产流程示于图 3-11-10。所得粗硒再用 $KClO_3$ 加 HCl 浸出和 SO_2 还原，可获得 99.5%～99.90%的较纯产品。

表 3-11-16 氯化钾-盐酸浸出法的试验结果

液固比	酸度/mol·L^{-1}		渣中含硒量/%		浸出率/%
	浸出前	浸出后	浸出前	浸出后	
2∶1	12	11	1.05	0.01	99.99
			1.05	0.01	99.99
1∶1	6	5	1.43	0.01	99.99
			1.43	0.02	99.99
1∶2	4	3	0.97	0.05	94.48
			0.97	0.06	93.81
1∶3	2	1	1.23	0.38	69.11
			1.23	0.39	68.29

（二）从加熔剂的蒸馏渣中制取硒

1. 碘还原法

在碘离子存在下，于控制 HCl 浓度为 0.5～0.6mol/L、Cl^- 总浓度大于 1.7mol/L，碘离子浓度为 0.001mol/L 及温度为 263K 的条件下，用 SO_2 还原 3h，硒可从溶液中几乎被完全还原（表 3-11-17）。

2. 氢还原法[36]

在压力下用氢从碱性溶液中析出硒，反应式如下：

$$K_2SeO_4 + H_2 = K_2SeO_3 + H_2O$$

$$Na_2SeO_4 + H_2 = Na_2SeO_3 + H_2O$$
$$K_2SeO_3 + 3H_2 = K_2Se + 3H_2O$$
$$Na_2SeO_3 + 3H_2 = Na_2Se + 3H_2O$$
$$K_2SeO_3 + 2H_2 = Se + 2KOH + H_2O$$
$$Na_2SeO_3 + 2H_2 = Se + 2NaOH + H_2O$$
$$K_2Se + \frac{1}{2}O_2 + CO_2 = Se + K_2CO_3$$
$$Na_2Se + \frac{1}{2}O_2 + CO_2 = Se + Na_2CO_3$$

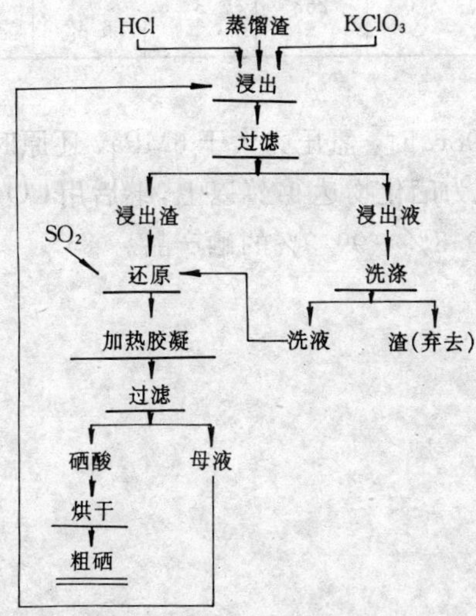

图 3-11-10　氯酸钾-盐酸浸出法生产硒的工艺流程

表 3-11-17　在不同条件下硒的还原结果

碘离子浓度/mol·L^{-1}	酸度/mol·L^{-1}	氯离子浓度/mol·L^{-1}	温度/K	还原时间/h	溶液中硒的含量/%		还原率/%
					还原前	还原后	
0	0.5	1.7	203	3	10.86	10.32	5.38
0.001	0.5	1.7	263	3	10.86	0.17	98.43
					10.86	0.19	98.24

续表 3-11-17

碘离子浓度/$mol \cdot L^{-1}$	酸度/$mol \cdot L^{-1}$	氯离子浓度/$mol \cdot L^{-1}$	温度/K	还原时间/h	溶液中硒的含量/%		还原率/%
					还原前	还原后	
0.001	0.6	2.0	263	3	5.24	0.06	98.78
					5.24	0.08	98.46
0.001	0.7	2.5	263	3	7.48	0.06	99.26
					7.48	0.06	99.26
0.001	0.8	3.0	263	3	6.42	0.01	99.78
					6.42	0.02	99.64

当温度为 498K 时，氢压力大于 6MPa、还原时间 3h，硒酸盐和亚硒酸盐还原为硒化物达 97%以上，继后用 CO_2 和 O_2 处理，即可获得纯度为 99.3%～99.9%的硒产品。

第十二章　汞毒防治及劳动保护

在我国汞毒及汞污染的防治和环境保护工作已取得很大成绩。但这方面所存在的问题仍相当严重，离本世纪末环境保护的奋斗目标相差很远。比如，生产中的三废仅少数达到国家规定，生产、生活区的环境质量远未符合标准要求。

第一节　环境中的汞对人体的危害

一、环境中的汞与人的关系

汞对环境的污染和人体的危害，主要有“气、渣、水”三个方面。前者对人类的危害和环境的污染更为广泛和直接（见表3-12-1至表3-12-3）。

表3-12-1　生产环境中空气汞浓度与汞吸收、汞中毒关系

汞蒸气浓度 μg·m⁻³	检查人数	未发现汞中毒		汞吸收		轻度汞中毒		中度汞中毒		驱汞试验	
		例	%	例	%	例	%	例	%	例	%
10以下	608	521	85.69	70	11.51	1	0.16	1	0.16	15	2.47
11～50	1236	836	66.19	328	25.97	66	5.23	2	0.15	31	2.45
51～100	418	134	32.06	160	38.28	58	13.88	7	1.67	59	14.11
101～249	608	263	43.26	157	25.82	123	20.33	9	1.48	56	9.21
250以上	394	205	52.03	74	18.78	74	18.78	11	2.79	30	7.61
Σ	3291	1959		789		322		30		191	

表 3-12-2　冶炼工段汞作业工人人数、空气汞浓度与尿汞浓度的关系

空气汞浓度/$\mu g \cdot m^{-3}$	人数	尿汞浓度 /$mg \cdot L^{-1}$									
		<0.02	0.02～0.09	0.10～0.17	0.18～0.25	0.26～0.33	0.34～0.41	0.42～0.49	0.5～0.57	0.58～0.65	0.66以上
10以下	125	68	56	1							
11～50	146	57	71	5	7	3	1		2		
51～100	168	38	81	16	5	12	2	1	7	3	3
101～249	239	40	103	45	13	19	11	1		4	3
250以上	98	6	31	28	4	12	5	7	3		2
Σ	776	209	342	95	29	46	19	9	12	7	8

表 3-12-3　不同工种、人群发汞含量与空气汞浓度的关系

类　别	例数	发汞均值/$\mu g \cdot g^{-1}$	空气汞浓度均值/$mg \cdot m^{-3}$
冶炼工	127	10.98±7.63	0.147±0.121
冶炼辅助工	238	6.41±4.09	0.053±0.050
井下工	149	3.862±1.660	0.04
脱离汞作业工人	39(79)	15.55±10.22	0.1615
	39(83)	4.03±2.30	0.004
污染区非职业接触人群	200	3.551±1.761	0.004
非污染区人群(对照组)	154	1.739±1.511	0.0003

工作区的空气中汞的浓度为 1.5～5mg/m³ 时可发生急性汞中毒。含汞 0.6～2mg/m³ 和 0.01～0.04mg/m³ 时易发生慢性重度汞中毒和慢性轻（中）度汞中毒。在慢性汞中毒的前期，通常尿汞和发汞增高，此时已为“汞吸收”。

在生产和用汞部门中，车间空气含汞浓度应控制在 0.01～0.001mg/m³ 以下才较为安全可靠。

二、汞对人体的危害

汞对人体的危害与它进入人体的途径、形态、浓度和积蓄的差异等有关。无机汞的毒性主要表现为肾损害和轻度肝损伤，而甲基汞主要造成特异的脑神经障碍，毒性较大。甲基汞和无机汞在人体内的生物半衰期分别为70～76d和42d。

一般认为汞可与酶中的巯基结合形成硫醇盐，因而使一系列含巯基的酶的活性受到抑制，其机能受到减弱或消失，此时汞对酶的损害就表现出毒性。汞离子能与细胞膜内的磷酰基结合，和酶系统中的氨基、羧基、羟基也有亲和力；还可使血液中谷胱甘肽含量减少等，因此，汞的毒性作用主要是由于它是许多酶的非特异抑制剂的结果。

当汞作用于中枢神经系统、周围神经系统及植物神经系统时，结果出现汞毒性脑病；四肢麻木、疼痛、肌无力、视力模糊；心悸、血管运动神经功能失调、多汗及皮肤划痕呈阳性等。

当急性汞中毒时，肾脏严重损伤，尿中可出现蛋白，红细胞和管型，发生急性肾炎。重者可有肾脏坏死、肾功能障碍甚至出现尿闭。慢性汞中毒病例的肾脏损伤极少。还有人研究得出，氯化汞对肾脏的破坏更甚。

当身体敏感的人受汞作用时，可出现湿疹、皮炎、毛发脱落，甚至出现剥脱性皮炎。这是汞离子与组织的蛋白结合形成疏松的蛋白盐，从而对皮肤、粘膜产生强烈的刺激和腐蚀作用所致。

其次，汞毒还可产生口腔炎和结肠炎，对生殖器官、眼球晶体状、肝脏等也有一定的影响。

第二节 汞中毒的临床表现及医治

汞中毒的临床表现分汞吸收、慢性汞中毒和急性汞中毒三种类型，并相应表示病情的严重程度。汞中毒的治疗分驱汞疗法和一般疗法。驱汞疗法主要是使药物与汞生成稳定的毒性小的络合物，以达解毒目的。国内外应用较广的有效驱汞药物为二巯基丙磺酸钠、二巯基丁二酸钠等。实践证明，汞中毒患者经治疗和适当休息或脱离汞污染环境后，身体一般均可好转，恢复健康，并非终生不愈。

主要参考文献

[1] 萨乌科夫 A.A.，汞的地球化学，科学出版社，1955，第1页。

[2] 中南矿冶学院有色重金属冶炼教研组编，有色重金属冶金学，下册，冶金工业出版社，1959，第262页。

[3] 北京钢铁学院中国冶金简史编写小组编，中国冶金简史，科学出版社，1978。

[4] 中国科学院中国自然科学史研究室编，中国古代科学家，科学出版社，1959。

[5] 刘昫，唐书（二百卷本），一百九十七卷，后唐庄宗，公元九百二十四年，开明书店，第五百五十五页。

[6] 任可澄、杨恩之等，贵州通志·食货志（一百零五册本），贵阳交通书局，1947。

[7] 汪敬虞编，中国近代工业史资料（第二辑1895～1914年），上册，科学出版社，1957，第112～115页。

[8] 黄正中，有色金属（冶炼部分），(1983)，No.6，40。

[9] 江开忠，有色金属（冶炼部分），(1980)，No.2，40。

[10] 江苏师范学院等编，物理化学，人民教育出版社，1980，第418页。

[11] 王旷、罗经源主编，物理化学，下册，冶金工业出版社，1982，第126页。

[12] Мельников С. М. Ртуть Государственное Научно-техническое издательство литературы по черной и цветной металлургии, Москва, 1951.

[13] 赵天从主编，重金属冶金学，下册，冶金工业出版社，1981。

[14] 化工辞典，燃料化学工业出版社，1969。

[15] [日] 堀口博著，公害与毒物·危险物（无机篇），化学工业出版社，1981。

[16] 唐德保，科学通报，(1982)，No.4，224。

[17] 龚明光、李青、郭迺熙编，浮游选矿，冶金工业出版社，1959。

[18] 贵州汞矿，贵州省冶金设计研究院，有色金属（选冶部分），(1974)，No.5，15。

[19] Kirk, *et al.*, Encyclopedia of Chemical Technology, 3rd Ed. Vol. 15, p145～151.

[20] 江开忠，有色金属，(1964)，No.9，43。

[21] 江开忠，有色金属（冶炼部分），(1983)，No.5，20。

[22] 江开忠，冶金安全，(1983)，No.1，36；(1983)，No.4，52。

[23] 江开忠，有色冶炼，(1983)，No.7，10。

[24] Поваров А.И.，水力旋流器，中国工业出版社，1964。

[25] 江开忠，矿冶工程，(1986)，No.3，59。

[26] Поваров А.И.，选矿厂水力旋流器，冶金工业出版社，1982。

[27] 陕西冶金地质研究所选矿室，有色金属（选矿部分），(1974)，No. 10，51。
[28] Исакова Р. А.，Цвет. Мет. (1968)，No. 7，28.
[29] Корякин И. В.，Севрюков Н. Н.，И. В. У. З. Цвет. Мет.，(1970)，No. 3，158.
[30] 张锦林、徐泽棣，有色金属（选冶部分），(1978)，No. 12，60。
[31] 徐采栋著，汞冶金的理论基础，上海科学技术出版社，1964。
[32] 中国科学技术情报研究所编，国外公害概况，36，人民出版社，1975。
[33] 唐德保，有色金属（冶炼部分），(1981)，No. 4，14。
[34] 唐德保，冶金安全，(1981)，No. 3、No. 4、No. 6。
[35] 江开忠、唐德保，稀有金属，(1982)，No. 2，18。
[36] Орлов А. М. и др.，Цвет. Мет.，(1963)，No. 3，81.
[37] 江开忠，汞毒及汞污染的防治，贵州科技出版社，1992。

心血管病基
与临床研究